Wolfgang Stegmüller

Probleme und Resultate der Wissenschaftstheorie
und Analytischen Philosophie, Band IV
Personelle und Statistische Wahrscheinlichkeit

Studienausgabe, Teil A

Neue Betrachtungen über Aufgaben und Ziele der Wissenschaftstheorie

Wahrscheinlichkeit—Theoretische Begriffe—Induktion

Das ABC der modernen Wahrscheinlichkeitstheorie und Statistik

Springer-Verlag Berlin · Heidelberg · New York 1973

Professor Dr. WOLFGANG STEGMÜLLER
Philosophisches Seminar II
der Universität München

Dieser Band enthält die Einleitung und Teil 0 der unter dem Titel „Probleme und Resultate der Wissenschaftstheorie und Analytischen Philosophie, Band IV, Personelle und Statistische Wahrscheinlichkeit, Erster Halbband: Personelle Wahrscheinlichkeit und Rationale Entscheidung" erschienenen gebundenen Gesamtausgabe

ISBN 3-540-05989-X broschierte Studienausgabe Teil A
Springer-Verlag Berlin Heidelberg New York

ISBN 0-387-05989-X soft cover (Student edition) Part A
Springer-Verlag New York Heidelberg Berlin

ISBN 3-540-05986-5 gebundene Gesamtausgabe
Springer-Verlag Berlin Heidelberg New York

ISBN 0-387-05986-5 hard cover
Springer-Verlag New York Heidelberg Berlin

Vorwort

Verschiedene Gründe haben mich bewogen, den vorliegenden vierten Band dem ursprünglich geplanten dritten Band über Induktivismus und Deduktivismus vorzuziehen. Das wichtigste Motiv ist dies, daß ich in diesem Band mehr Neues sagen zu können glaube als in den beiden vorangehenden und daß ich diese neuen Resultate zur Diskussion stellen will. Ein zweiter, ebenfalls wichtiger Grund liegt darin, daß ich im dritten Band den ‚Deduktivismus' POPPERS eingehender erörtern wollte, daß es mir aber ratsam erschien, dazu den bereits seit längerer Zeit angekündigten *Schilpp*-Band über POPPERS Philosophie abzuwarten, der zweifellos viele wichtige Diskussionsbemerkungen und Erwiderungen enthalten wird, die zur weiteren Klärung der Popperschen Auffassung beitragen.

Ein dritter Grund dafür, diesen Band zunächst fertigzustellen, hängt mit der größeren Schwierigkeit und Kompliziertheit der darin behandelten Materie zusammen. Bestimmend war dabei weniger die Furcht vor künftigem Nachlassen der Kräfte als das Gefühl, daß die Zeiten bald vorbei sein werden, in denen ich mich über mahnende Stimmen, die mich auf Berge von nicht gelesener Literatur — insbesondere im Gebiet der mathematischen Statistik — verweisen, mit ‚jugendlicher Unbekümmertheit' hinwegsetzen kann.

Meine Grundthese, die für die Art der Behandlung der Wahrscheinlichkeitsprobleme bestimmend war, lautet, daß das sog. Induktionsproblem durch zwei Klassen von Problemen zu ersetzen ist, die an seine Stelle zu treten haben: die *praktischen* und die *theoretischen Nachfolgerprobleme* zum Induktionsproblem. Da diese These sicherlich nicht allgemein akzeptiert werden dürfte, möchte ich sogleich auf zweierlei hinweisen: Erstens darauf, daß die These in die Details, die sich in den fünf Hauptteilen des Buches finden, *nicht* eingeht. Zweitens daß man bei einer kritischen Beurteilung der These von einer dreifachen Differenzierung ausgehen sollte: (1) der *prinzipiellen* Unterscheidung zwischen den beiden Klassen von Nachfolgerproblemen; (2) der *Art der Grenzziehung*, die ich zwischen den beiden Bereichen vornehme; (3) der *Interdependenz* zwischen den beiden Problemfamilien. Zum letzten habe ich außer gelegentlichen Hinweisen vorläufig nichts Wesentliches zu sagen. Es ist daher wichtig, die beiden ersten Punkte auseinanderzuhalten. Es könnte z. B. der Fall sein, daß jemand zwar bereit ist, die prinzipielle Unterscheidung zu übernehmen, jedoch die Art der Grenzziehung ablehnt, die ich zwischen diesen beiden Bereichen vornehme.

Ich habe nämlich versucht, den Anwendungsbereich der Entscheidungstheorie enger zu umgrenzen als dies heute üblich ist. Der relativ umfangreiche Abschnitt 10 über Schätzungen im dritten Teil ist u. a. darauf zurückzuführen, daß hier an einem Spezialproblem aufgezeigt werden sollte, was sich *nicht* entscheidungstheoretisch behandeln läßt. Im ‚globalen Personalismus' erblicke ich einen — mißglückten — Versuch, alle theoretischen Nachfolgerprobleme zum Induktionsproblem durch die praktischen Nachfolgerprobleme zu absorbieren.

Die *rationale Entscheidungstheorie* oder *Entscheidungslogik* ist hingegen dasjenige Gebiet, in dem mit Recht der *personelle Wahrscheinlichkeitsbegriff*, zum Unterschied vom statistischen, im Vordergrund steht. Hier wird eine wichtige Klasse von praktischen Nachfolgerproblemen zum Induktionsproblem systematisch untersucht. Den Unterschied zwischen den beiden Problemfamilien könnte man schlagwortartig so kennzeichnen: Geht es bei den theoretischen Nachfolgerproblemen um das *theoretische Räsonieren*, welches zu *wissenschaftlichen Hypothesen* führt, so geht es bei den praktischen Nachfolgerproblemen um das *praktische Deliberieren*, welches den *rationalen Entscheidungen unter Risiko* zugrunde liegt. Die Unterscheidung zwischen theoretischem Räsonieren und praktischem Deliberieren ist sehr alt. Sie findet sich vermutlich erstmals in der Nikomachischen Ethik des ARISTOTELES. Neu hingegen dürfte der Versuch sein, das sog. Induktionsproblem unter diesem Gesichtspunkt aufzusplittern.

Bei der Niederschrift dieses Bandes haben mich, natürlich neben vielen wertvollen Spezialabhandlungen verschiedenster Autoren, vor allem die Schriften von fünf Philosophen am nachhaltigsten beeinflußt, nämlich von R. C. JEFFREY, R. CARNAP, J. HACKING, C. G. HEMPEL und W. SALMON. Bezüglich der Arbeiten von SALMON tritt dies, abgesehen vom Abschnitt 4 des letzten Teiles, nicht so deutlich zutage wie hinsichtlich der Werke der anderen genannten Denker. Doch hat die Auseinandersetzung mit seinen zahlreichen interessanten Schriften zum Thema „Induktion", vor allem auch meine kritische Beschäftigung mit SALMONs Popper-Kritik[1], erheblich zur Herausbildung meiner Grundthese beigetragen, mag diese auch mit SALMONs eigener Auffassung in Widerspruch stehen.

Im ersten Abschnitt der Einleitung habe ich einige Gedanken über die Aufgaben und Ziele der Wissenschaftstheorie niedergelegt. Ich habe darin, soweit es mir möglich war, u. a. eine Antwort auf allgemeinere Fragen zu geben versucht, die für manche Leser nach der Lektüre der beiden ersten Bände offengeblieben waren. Dieser Abschnitt ist vom Rest des Buches vollkommen unabhängig. Die Abschnitte 2 bis 4 enthalten grund-

---

[1] Vgl. W. STEGMÜLLER, „Das Problem der Induktion: Humes Herausforderung und moderne Antworten", in: H. LENK (Hrsg.), *Neue Aspekte der Wissenschaftstheorie*, Braunschweig 1971, S. 13—74.

sätzliche Bemerkungen zu den Themen „Wahrscheinlichkeit", „Theoretische Begriffe" und „Induktion".

Im Teil 0 habe ich versucht, den Leser in einfacher Weise und zugleich auf relativ schmalem Raum mit den wichtigsten Begriffen der Wahrscheinlichkeitstheorie und Statistik vertraut zu machen und ihm außerdem den Einstieg in die Maß- und Integrationstheorie zu erleichtern. Die Aufteilung des Stoffes in vier Kapitel sollte der Gewinnung größerer Übersichtlichkeit über diese umfangreiche Materie dienen. Die Art der Gliederung läßt sich nur vom didaktischen Gesichtspunkt, nicht vom systematischen her rechtfertigen. (Für die Benützung dieses Teiles vgl. die Gebrauchsanweisung hinter dem Inhaltsverzeichnis.)

Der auf die intuitiv-einführenden Abschnitte folgende systematische Abschnitt 7 des ersten Teiles baut auf den Ideen von JEFFREY auf. Ich halte seine Theorie unter allen bisherigen Versuchen für die interessanteste und attraktivste. Was ich hier beizusteuern habe, betrifft viel weniger den Inhalt als die Art des Aufbaus und der Darstellung. Ich kann mir nämlich nicht vorstellen, daß ein Nichtlogiker und Nichtmathematiker JEFFREYs Buch über die Entscheidungslogik, das inzwischen auch in deutscher Sprache erschienen ist[2], zu lesen vermag. Ja selbst ein mathematisch routinierter Leser wird große Mühe haben, die Theoreme, welche dort oft nur in Beispielen verschlüsselt vorzufinden sind, sowie die für ihren Nachweis erforderlichen Hilfssätze in der richtigen Reihenfolge ausfindig zu machen und die meist nur angedeuteten oder fehlenden Beweise zu rekonstruieren bzw. erst zu entdecken. *Ich habe demgegenüber eine möglichst systematische Darstellung mit vollständigen Beweisen zu geben versucht.* Da sich im Werk von JEFFREY außerordentlich viele Illustrationsbeispiele finden, habe ich mich in diesem Abschnitt stärker als sonst auf die systematische Darstellung konzentriert. Der an Beispielen interessierte Leser kann solche in großer Fülle in dem Werk von JEFFREY finden.

Der zweite Teil stützt sich hauptsächlich auf die Spätschriften CARNAPs, die bei der Abfassung dieses Manuskriptes noch nicht veröffentlicht waren und die auch in der Zwischenzeit nur zum Teil publiziert worden sind. *Neuartig ist die rein entscheidungstheoretische Interpretation des Carnapschen Projektes*, auf die ich bereits im genannten Induktions-Aufsatz hingewiesen habe. Da dieser Aufsatz zu einigen Mißverständnissen geführt hat, möchte ich ausdrücklich betonen, daß es sich hier um *meine Interpretation* CARNAPs handelt und daß ich nicht weiß, ob und bis zu welchem Grade CARNAP meiner Deutung zugestimmt hätte. Die Gründe, welche nach meiner Überzeugung diese Interpretation erzwingen, habe ich, soweit sie nicht aus der systematischen Darstellung hervorgehen, im Abschnitt 4 der Einleitung kurz zusammengestellt. Viele Einwendungen, die gegen

[2] Vgl. die Bibliographie im Anschluß an Teil I.

Carnaps Theorie vorgebracht worden sind, werden bei dieser Deutung hinfällig. So z. B. erweist sich auch der Gegensatz zwischen Popper und Carnap als scheinbar, wenn man Carnaps Theorie als einen Versuch deutet, praktische Nachfolgerprobleme zum Induktionsproblem zu lösen. Denn Popper und seine Schüler haben sich stets nur mit den theoretischen Nachfolgerproblemen beschäftigt.

Ich will dem Leser meine Deutung der Carnapschen Theorie jedoch nicht aufdrängen. Diese Deutung kommt nur in den folgenden Aspekten zur Geltung: (1) in der Anordnung der Materie, (2) in gelegentlichen Akzentuierungen, (3) in der scharfen Herausarbeitung des Unterschiedes zwischen der Auffassung Carnaps und der Personalisten, welche sich im Übergang von der manifesten Funktion *Cr* zur dispositionellen Funktion *Cred* zeigt, und (4) in der ausführlichen Diskussion im Abschn. 17 von Teil II. Im übrigen beschränke ich mich darauf, Carnaps Gedanken so einfach und übersichtlich wie möglich darzustellen. Nur in zwei Hinsichten weiche ich von Carnaps Darstellung ab: Erstens wird der modelltheoretische Gesichtspunkt ganz hervorgekehrt und dementsprechend die ‚linguistische Version‘ in den Hintergrund gedrängt. Zweitens habe ich darauf verzichtet, die numerischen repräsentierenden Funktionen Carnaps zu verwenden. Die zweite Hälfte der Neufassung seiner Theorie hat Carnap nämlich ganz in der Sprache dieser numerischen Funktionen abgefaßt. Zu diesem Zweck hat er eine ‚numerische Stenographie‘ entwickelt, die zwar viele Definitionen, Theoreme und Beweise vereinfacht, die aber den praktischen Nachteil hat, daß man sie erst lernen muß, um den Carnapschen Text überhaupt lesen zu können. Nun kann sich ein Mensch häufig trotz schwerwiegender Gründe nicht entschließen, die Sprache eines Volkes zu erlernen. Um so schwerer wird ihm der Entschluß fallen, die Sprache eines Einzelnen zu studieren. Ich hoffe, daß es mir durch den Versuch einer ‚Rückübersetzung‘ in die intuitiv viel durchsichtigere Sprache der *M*- und *C*-Funktionen geglückt ist, den Kreis derer, welche sich mit Carnaps Theorie beschäftigen wollen, zu erweitern.

Der dritte Teil enthält den Versuch eines *Brückenschlages* zwischen philosophisch-wissenschaftstheoretischen Betrachtungen über Prüfung und Bestätigung von Hypothesen auf der einen Seite und Spezialuntersuchungen zum ‚statistischen Schließen‘ auf der anderen. Soweit es sich dabei um theoretische und nicht um praktische Nachfolgerprobleme zum Induktionsproblem handelt, sind die Methoden Carnaps hier nicht anwendbar. Auf der anderen Seite ist die Poppersche Wissenschaftstheorie ganz auf deterministische Hypothesen zugeschnitten und daher für die Behandlung derjenigen Nachfolgerprobleme zum Induktionsproblem ungeeignet, die bei statistischen Hypothesen auftreten. Eine Analyse des ‚statistischen Schließens‘ muß sich ‚jenseits‘ der Denkpfade von Popper und Carnap bewegen.

Für weite Partien dieses Teiles habe ich an das Buch von J. HACKING, *Logic of Statistical Inference*, angeknüpft, welches aus der bisher detailliertesten Beschäftigung eines Philosophen mit dieser Materie hervorgegangen sein dürfte. Da die Punkte der Übereinstimmung in Teil III ausführlich zur Sprache kommen — darunter auch *die Deutung der statistischen Wahrscheinlichkeit als einer nicht definierbaren theoretischen Größe* —, beschränke ich mich hier wieder darauf, einige Punkte anzuführen, in denen meine Überzeugung von der in diesem Buch vertretenen Auffassung entscheidend abweicht:

(1) Der Versuch HACKINGs, den Begriff der statistischen Wahrscheinlichkeit über einen Begriff der Stützung (englisch: support) statistischer Hypothesen zu definieren oder wenigstens indirekt zu charakterisieren, scheint mir ebenso zum Scheitern verurteilt zu sein wie der seinerzeitige Versuch BRAITHWAITEs, diese Charakterisierung über eine Testregel vorzunehmen. Positiv ausgedrückt: Ich bin zu der Überzeugung gelangt, daß man die Propensity-Theorie von POPPER weiterverfolgen, dabei allerdings durch eine *qualitative Theorie der Propensity* ergänzen muß, wie dies SUPPES am Beispiel der klassischen Theorie des radioaktiven Zerfalls vorexerziert hat (vgl. III, 12.b).

(2) HACKINGs 'law of likelihood' ist meines Erachtens falsch. Damit wird auch seine Annahme hinfällig, den statistischen Stützungsschluß sowie die Einzelfall-Regel (unique case rule) aus einem *allgemeineren* Prinzip herzuleiten. Wie gezeigt werden soll, erzwingen Gegenbeispiele die Abschwächung dieses Prinzips zu dem, was ich die *Likelihood-Regel* nenne. Diese Regel erweist sich als bloße konjunktive Zusammenfassung des statistischen Stützungsschlusses und der Einzelfall-Regel.

(3) Der Begriff der Likelihood erscheint auch mir als ein prima facie recht guter Kandidat für die Präzisierung eines komparativen Bestätigungsbegriffs für statistische Hypothesen. (Ich habe diesen Eindruck durch die Heranziehung einiger neuerer Arbeiten, z. B. von DIEHL und SPROTT, weiter zu untermauern versucht.) Trotzdem glaube ich, daß Paradoxien von der Art des in III, 11. b geschilderten Paradoxons von KERRIDGE vielleicht die ganze Likelihood-Stützungstheorie in Frage stellen.

(4) Die Einzelfall-Regel bleibt bei HACKING weitgehend im Vagen. Wegen der Kompliziertheit dieser Materie habe ich einen Präzisierungsversuch aus dem Teil III herausgenommen und erst im Teil IV zu geben versucht, und zwar auf einem etwas merkwürdigen Umweg, nämlich über eine Uminterpretation der Hempelschen Theorie der statistischen Erklärung in eine Theorie der *statistischen Begründung von rationalen Erwartungen.*

(5) Eine Klasse von Abweichungen bezieht sich auf Details. Diese betreffen zum Teil *Begriffe* (Beispiel: der Begriff der Unabhängigkeit), zum Teil *die Art der Formalisierung* (Beispiel: der Begriff der kombinierten

statistischen Aussage), zum Teil Einzelheiten der *Rekonstruktion von Argumenten* (Beispiel: das Fiduzial-Argument).

Hierzu eine Ergänzung: Das Buch von HACKING enthält eine etwas seltsame Mischung von systematischen Ansätzen und aphoristischen Bemerkungen. Dadurch war ich häufig genötigt, auch dort, wo ich an ihn anknüpfte, abweichende Formulierungen zu gebrauchen. Bei der Rekonstruktion kam öfter etwas heraus, von dem ich nicht mehr zu sagen wage, ob und inwieweit es mit den Auffassungen HACKINGs übereinstimmt. Dies gilt um so mehr, als ich mehrere ‚Aphorismen' HACKINGs überhaupt nicht verstanden habe.

Verglichen mit den anderen Teilen ist der dritte Teil der unfertigste. Dieser Vorstoß in philosophisches Neuland enthält — oft in ein scheinbar kategorisches Gewand gekleidet — viel mehr Vermutungen, Vorschläge und kritische Anmerkungen als systematische Analysen. Es handelt sich hier um einen Bereich, in dem jedem Philosophen, der sich nicht selbst betrügt, bewußt werden sollte, wie sehr POPPERs Bemerkung, daß unsere Unwissenheit grenzenlos ist, auch für die Metaebene des menschlichen Wissens zutrifft.

Eine Rechtfertigung dafür, diese Gedanken, die sich noch in einem ziemlichen Rohzustand befinden, zu publizieren, erblicke ich in einer dort geschilderten, von CARNAP abweichenden Vorstellung von der Begriffsexplikation als einem mehr oder weniger komplizierten Rückkoppelungsprozeß: Dieser Prozeß könnte durch zu frühe formale Präzisierungen in seiner Entwicklung gehemmt werden und vorzeitig erstarren.

Am stärksten weiche ich von herkömmlichen Auffassungen vermutlich im letzten Teil ab. Dieser Teil IV ist aus einer kritischen Auseinandersetzung mit zwei konkurrierenden Theorien der statistischen Erklärung hervorgegangen: den Theorien von C. G. HEMPEL und von W. SALMON. Eine meiner Thesen lautet: Den Analysen von HEMPEL und von SALMON liegen *vollkommen verschiedene Explikanda* zugrunde: beide Explikate sollte man *nicht* Erklärungen nennen. Die von mir vertretene These könnte man schlagwortartig charakterisieren durch: „Statistische Begründung statt statistische HEMPEL-Erklärung" und „Statistische Analyse statt statistische SALMON-Erklärung". Die Hempelschen Analysen betreffen nach meiner Auffassung deshalb keine Erklärungen, weil sie sich nur *für Begründungen von Aussagen* verwenden lassen, *die keine akzeptierten Tatsachen zum Inhalt haben* (Erklärungen dagegen sind Erklärungen von Tatsachen). Die Hempelschen Überlegungen sind deshalb in den Kontext des statistischen Schließens einzuordnen. Die Untersuchungen von SALMON beziehen sich zwar auf Analysen von *Tatsachen*, aber auf Analysen von solcher Art, die Erklärungen zu nennen Absurditäten im Gefolge hat, und von denen man daher besser sagen sollte, daß sie ein *statistisches Situationsverständnis* liefern.

Im Anhang I habe ich versucht, die bereits im ersten Band skizzierten Gedanken über den *Indeterminismus vom zweiten Typ* sowohl zu präzisieren als auch zu vereinfachen. Die hier behandelten diskreten Zustandssysteme werden zwar ausnahmslos von deterministischen Zustands- und Ablaufgesetzen beherrscht, sind aber trotzdem keine deterministischen Systeme. Der indeterministische Grundzug kommt dadurch hinein, daß sie außer ‚Zuständen im üblichen Sinn' auch *Wahrscheinlichkeitszustände* enthalten.

Der Anhang II enthält eine Ergänzung zur Diskussion der subjektivistischen Wahrscheinlichkeitstheorie und Statistik in Teil III, 12.a. Da die Auseinandersetzungen in 12.a *kritisch-polemischer Natur* sind und da darin außerdem *der testtheoretische und nicht der grundlagentheoretische* Gesichtspunkt in den Vordergrund gerückt wird, besteht die Gefahr, daß im Leser nach der Lektüre von III, 12.a ein Zerrbild von der subjektivistischen Theorie entsteht. Der Anhang II dient dazu, dem Leser auf dem Wege über das Repräsentationstheorem von DE FINETTI einen positiven Eindruck von der subjektivistischen Theorie zu vermitteln, deren großartige Geschlossenheit auch derjenige anerkennen sollte, der sich aus prinzipiellen wissenschaftstheoretischen Erwägungen heraus dieser Theorie nicht anschließen kann. Den besten intuitiven Zugang zum Verständnis des Repräsentationstheorems dürfte der dabei benützte Begriff der *Mischung von Bernoulli-Wahrscheinlichkeiten* bilden.

Im Anhang III wird eine Ergänzung zu der in Teil III, 12.b geschilderten qualitativen Theorie der Propensity von P. SUPPES geliefert. Ich erblicke in den Überlegungen von SUPPES den bisher wichtigsten grundlagentheoretischen Beitrag zur Interpretation der statistischen Wahrscheinlichkeit als einer *theoretischen Größe*. Der Hauptgedanke von SUPPES, die Kolmogoroff-Axiome als Bestandteil eines Repräsentationstheorems aufzufassen, wird erst dann voll verständlich, wenn man einen genaueren Einblick in die axiomatische Theorie der Metrisierung gewonnen hat. In diesem Anhang werden die Grundgedanken der Theorie zunächst am wichtigsten Beispielsfall: den *extensiven Größen*, geschildert und dann auf die *Metrisierung verschiedener Arten von qualitativen Wahrscheinlichkeitsfeldern* angewendet.

Hierzu noch eine Bemerkung, die verhindern soll, daß der Leser über eine zufällige Äquivokation stolpert: Der Ausdruck „Repräsentationstheorem" hat sich unabhängig für die beiden in Anhang II und Anhang III behandelten Materien herausgebildet. Die beiden Bedeutungen dieses Ausdruckes haben miteinander *nichts* zu tun.

Um dem Leser auch den Zugang zu der Literatur zu erleichtern, wurde das einheitliche Literaturverzeichnis in *neun spezielle Bibliographien* aufgeteilt. Die in der Einleitung erwähnte Literatur wird außerdem dort getrennt angeführt.

Ich glaube, mit gutem Gewissen sagen zu können, daß ich in diesen Band mehr an Zeit, Energie und Arbeit investiert habe als in irgendeine andere Publikation vorher. Über die Qualität folgt daraus natürlich nichts. Es ist mir nicht verborgen geblieben, daß bei weitem nicht die meisten Pianisten, die Schumann gern spielen, ihn außerdem gut spielen. Auch kann ich nur hoffen, nicht das bekannte Sprichwort zu bestätigen, daß die Kinder des Schusters die schlechtesten Schuhe tragen.

Alle in diesem Band verwendeten Symbole werden, soweit sie nicht bereits in Kap. 0 von Bd. I vorkamen, erklärt. Generell wird von den folgenden Konventionen Gebrauch gemacht: „gdw“ ist eine Abkürzung für „genau dann wenn“ oder „dann und nur dann wenn“. *Doppelte Anführungsstriche* dienen, wie üblich, zur Bildung von Namen für sprachliche Ausdrücke. Metaphorischer Gebrauch einer Wendung wird dagegen durch einen *einzigen Anführungsstrich* kenntlich gemacht.

Zahlreiche Kollegen, Mitarbeiter und Schüler haben durch Kritiken und Diskussionsbeiträge die Arbeit am vorliegenden Band entscheidend gefördert. Ganz besonders bedanken möchte ich mich bei den Herren Dr. Czermak, Professor Dr. Bar-Hillel, Professor Dr. C. G. Hempel und Dr. Blau. Ohne die Hilfe von Herrn Dr. Czermak, München, wäre der letzte Abschnitt von Teil I in eine uferlose Rechnerei ausgeartet. Herr Professor Bar-Hillel hat große Teile des Manuskriptes gelesen und mich auf eine Reihe von undeutlichen und fehlerhaften Formulierungen aufmerksam gemacht. Auf ihn geht auch der Vorschlag zurück, das Ergebnis dessen, was ich in Teil IV eine geglückte statistisch-kausale Tiefenanalyse nenne, als Gewinnung eines statistischen Situationsverständnisses zu bezeichnen. Herr Professor Hempel und Herr Dr. Blau haben mir durch ihre (destruktiven sowie konstruktiven!) Diskussionsanmerkungen die Arbeit an der — vorläufig — endgültigen Fassung der Regel für statistische Begründungsschlüsse (‚Einzelfall-Regel‘) im Teil IV wesentlich erleichtert, einer Regel, die durch Modifikationen und Umdeutungen aus der Hempelschen Regel der maximalen Bestimmtheit hervorgegangen ist.

Im Verlauf der letzten Jahre haben die folgenden Herren durch Diskussionsbemerkungen, Kritiken und Formulierungsvorschläge für Verbesserungen in sachlicher wie in didaktischer Hinsicht beigetragen: Herr Dr. U. Blau, Herr Dr. P. Hinst, Herr Dozent Dr. N. Hoerster, Herr Dipl. Math. J. Humburg, Herr Dr. A. Kamlah, Herr Dipl. Math. G. Link, Herr Dozent Dr. E. v. Savigny und Herr stud. phil. W. Spohn. Auch ihnen allen gilt mein herzlicher Dank. Wenn das Buch dennoch in vieler Hinsicht unvollkommen geblieben ist, so nicht *wegen*, sondern *trotz* der Verbesserungsvorschläge, von denen ich vermutlich mehrere in den Wind geschlagen habe, die ich hätte ernst nehmen sollen.

Frau G. Ullrich, Frau K. Lüddeke und Fräulein E. Weinberg gebührt mein Dank für die sorgfältige Niederschrift des Manuskriptes. Den Herren Doz. Dr. N. Hoerster, Dr. U. Blau, Dipl. Math. G. Link, Dr. P. Hinst, Dr. A. Kamlah und W. Spohn bin ich für die Hilfe bei den Korrekturen und Herrn Dr. P. HINST außerdem für die Anfertigung des Registers zu großem Dank verpflichtet.

Dem Springer-Verlag danke ich herzlich für das freundliche Entgegenkommen gegenüber meinen Wünschen bezüglich Art und Gliederung der Ausgabe sowie für die vorzügliche Ausstattung der beiden Bände.

Ich widme beide Halbbände dem Gedenken an R. CARNAP und seine unvergeßlichen Leistungen. Ihm verdanken heute außer mir viele andere Philosophen ihren Maßstab für philosophische Klarheit und Genauigkeit. Auch das Verständnis für viele wahrscheinlichkeitstheoretische Probleme wäre ohne CARNAP ebenso undenkbar wie das durch ihn erweckte wissenschaftstheoretische Interesse an den vielen ungelösten Fragen auf diesem Gebiet. Daß ich ihm sogar entscheidende Impulse für die Beschäftigung mit den im zweiten Halbband diskutierten Fragen verdanke, welche sich mit seinen eigenen Problemen kaum berühren, möge eine kurze Episode verdeutlichen: Bei einer meiner letzten Begegnungen mit CARNAP zeigte ich ihm ein Bündel mit stenografischen Notizen zur Literatur über das statistische Schließen, darunter auch ein kleineres Manuskript über BRAITHWAITEs Theorie der statistischen Wahrscheinlichkeit und ein wesentlich umfangreicheres mit Auszügen, Anmerkungen und Rekonstruktionsversuchen, die sich auf HACKINGs Buch bezogen. CARNAP meinte, ich solle diese Dinge aufs Papier bringen. Ich äußerte nicht nur Zweifel an meiner Fähigkeit, dies zu tun, sondern betonte und illustrierte durch Beispiele, wie stark diese Denkweisen von den in seiner induktiven Logik entwickelten Gedanken abwichen. Es war für CARNAP charakteristisch, daß diese letzteren Bemerkungen sein Interesse nicht verringerten, sondern im Gegenteil in solchem Maße verstärkten, daß er geradezu in mich eindrang, seinen Vorschlag zu befolgen. Mit der Niederschrift des zweiten Halbbandes glaube ich somit — leider sehr verspätet — einem Wunsch CARNAPs nachzukommen, bin mir dabei allerdings dessen bewußt, wie sehr vor allem der noch recht amorphe Teil III hinter den Ansprüchen an Präzision zurückbleibt, die CARNAP immer an seine eigene Arbeit gestellt hat.

Lochham, im November 1972 WOLFGANG STEGMÜLLER

Inhaltsverzeichnis

Einleitung

Teil 0. Das ABC der modernen Wahrscheinlichkeitstheorie und Statistik

Von den gebundenen Ausgaben des Bandes „Probleme und Resultate der Wissenschaftstheorie und Analytischen Philosophie, Band IV, Personelle und Statistische Wahrscheinlichkeit“ erscheinen folgende weiteren Teilbände:

Studienausgabe Teil B: Entscheidungslogik (rationale Entscheidungstheorie).

Studienausgabe Teil C: Carnap II: Normative Theorie des induktiven Räsonierens.

Studienausgabe Teil D: ‚Jenseits von Popper und Carnap‘: Die logischen Grundlagen des statistischen Schließens.

Studienausgabe Teil E: Statistische Begründung. Statistische Analyse. Das Repräsentationstheorem von de Finetti. Metrisierung qualitativer Wahrscheinlichkeitsfelder.

Einleitung

1. Neue Betrachtungen über die Ziele und Aufgaben der Wissenschaftstheorie

(I) Wissenschaftstheorie als Metatheorie. Der Ausdruck „Wissenschaftstheorie" wird von mir im gleichen Sinn verwendet wie der englische Ausdruck "metascience of science"[1]. In erster Annäherung kann man „Wissenschaftstheorie" daher mit „*Metatheorie der einzelwissenschaftlichen Erkenntnis*" gleichsetzen. Diese Verwendung des Ausdruckes „Wissenschaftstheorie" läßt sich als eine Verallgemeinerung des von D. HILBERT geprägten Begriffs der *Metamathematik* auffassen.

Um diese Bemerkung nicht mißzuverstehen, muß man berücksichtigen, daß innerhalb der mathematischen Grundlagenforschung der Ausdruck „Metamathematik" seit HILBERT einen Bedeutungswandel im Sinne einer Bedeutungserweiterung erfahren hat. Die klassische Mathematik schien, selbst in der von FREGE logisch präzisierten Fassung, wegen des Auftretens von Antinomien vom Zusammenbruch bedroht zu sein. HILBERT reagierte auf diese Gefahr mit dem Projekt, einen axiomatischen Aufbau der klassischen Mathematik zu liefern, von dem man nicht nur *hoffen* kann, daß er widerspruchsfrei ist, sondern dessen Widerspruchsfreiheit sich *nachweisen* läßt. Für die Realisierung dieses Programms waren zwei Bedingungen zu erfüllen: Erstens hat das Axiomensystem, aus dem die Lehrsätze der klassischen Mathematik folgen, in kalkülisierter Gestalt vorzuliegen, so daß es selbst *zum Objekt* inhaltlicher metatheoretischer Untersuchungen gemacht werden kann. Zweitens durften die bedenklichen Schlußweisen der klassischen Mathematik in die inhaltlichen, d.h. in die nicht formalisierten metamathematischen Beweisgänge keinen Eingang finden. Als bedenklich hatten alle nichtkonstruktiven Überlegungen — wie z.B. die Benützung der ganzen klassischen Logik unter Einschluß des tertium non datur oder die Verwendung imprädikativer Begriffsbildungen — zu gelten. Die Versuche, konstruktive Widerspruchsfreiheitsbeweise zu liefern, stießen bereits für relativ elementare Teile der klassischen Mathematik auf die allergrößten Schwierigkeiten. HILBERT, seine Mitarbeiter und seine Nachfolger sahen sich daher gezwungen, das für unbedenklich erklärte konstruktive Denken über die Domäne des ursprünglich allein zugelas-

[1] Dieser Ausdruck ist allerdings irreführend; vgl. dazu die kritische Anmerkung am Ende von (II).

senen ‚finiten Schließens' hinaus auszudehnen. Auf dieser erweiterten Basis glückte GENTZEN erstmals ein Widerspruchsfreiheitsbeweis für die Zahlentheorie. Doch im gegenwärtigen Zusammenhang ist eine andere Revision des Begriffs der Metamathematik von Bedeutung: Widerspruchsfreiheitsbeweise zu erbringen blieb nicht das einzige Ziel der auf kalkülisierte mathematische Theorien gerichteten metatheoretischen Bemühungen. Untersuchungen, in denen die Unvollständigkeit (GÖDEL) und die Unentscheidbarkeit (CHURCH) mathematischer Kalküle nachgewiesen wurde, zeigten neue Forschungsrichtungen und -ziele auf. Es wurde üblich, auch diese andersartigen metatheoretischen Untersuchungen unter den Begriff der Metamathematik zu subsumieren, jene Forschungen hingegen, in denen es um die Verfolgung des Hilbertschen Projektes ging, unter der Bezeichnung „Beweistheorie" als ein Spezialgebiet der Metamathematik zu betrachten. Die Bezeichnung selbst geht zwar ebenfalls auf HILBERT zurück; doch die Bedeutung hatte sich gewandelt; denn HILBERT hatte „Metamathematik" und „Beweistheorie" noch als synonyme Ausdrücke verstanden. Vielfach wird heute das Wort „Metamathematik" in einer nochmals erweiterten Bedeutung verwendet, indem auch nichtkonstruktive Untersuchungen einbezogen werden[2].

Es ist dieser *allgemeinste* Begriff der Metamathematik, der durch den Begriff der Wissenschaftstheorie eine weitere Verallgemeinerung erfahren hat, diesmal nach einer ganz anderen Dimension, nämlich in bezug auf den *Gegenstand.* Es werden darin auch nichtmathematische Disziplinen, insbesondere *die empirischen Wissenschaften,* zum Gegenstand metatheoretischer Analysen und Kritiken gemacht. Unter welchen Aspekten man die Einzelwissenschaften metatheoretisch untersuchen kann, soll hier nicht weiter geschildert werden, da eine solche Schilderung bereits an anderer Stelle erfolgte (vgl. Bd. I dieser Reihe, Einleitung, S. XVIIff.). Dagegen erscheint es mir als wichtig, eine *Ergänzung* vorzunehmen, deren Notwendigkeit ich bei der Niederschrift des ersten Bandes noch nicht deutlich erkannt hatte und die mir erst im Verlaufe neuerlicher Beschäftigung mit dem Themenkreis „Induktion" bewußt geworden ist, insbesondere bei der kritischen Abwägung der Positionen der ‚Deduktivisten' (vor allem der Auffassung von K. POPPER und seinen Schülern) und der ‚Induktivisten' (vor allem der Gedanken von CARNAP und HINTIKKA sowie deren Schülern). Um diese Ergänzung andeuten zu können, ist es notwendig, einige Worte über das Thema „Induktion" zu sagen. Diese Bemerkungen haben vorläufigen Charakter, sind dementsprechend stark vereinfachend und enthalten zum Teil nur mehr oder weniger vage Hinweise auf das, was später ausführlich dargelegt werden soll.

---

[2] Die Geschichte der sog. Theorie der rekursiven Funktionen legt Zeugnis ab von diesem Bedeutungswandel.

Wenn man unter „induktives Räsonieren" Überlegungen versteht, die *probabilistischen* Charakter im Sinne der mathematischen Wahrscheinlichkeitstheorie haben, dann dürften die ‚Deduktivisten' darin rechthaben, daß die theoretische Beurteilung von Gesetzeshypothesen nicht mit Hilfe eines ‚induktiven Begriffs der Bestätigung' erfolgt. Trotzdem gibt es einen wichtigen Anwendungsbereich des induktiven Räsonierens: Es sind dies die ‚subjektiv'-probabilistischen (oder besser: die personell-probabilistischen) Überlegungen, auf denen die sog. *Entscheidungen unter Risiko* beruhen. *Wahrscheinlichkeit* bedeutet hier soviel wie Glaubens- oder Überzeugungsgrad an das Eintreffen eines Ereignisses. Daß es sich hierbei um *probabilistische* Überlegungen handelt, ist nicht nur *vermutlich* richtig, sondern *nachweislich* richtig, wie in Teil II gezeigt werden soll. Die Begründung für diese These setzt allerdings voraus, daß der Handelnde eine Person ist, die über ein genau angebbares Minimum an Rationalität verfügt. Man nennt die fragliche Theorie daher *Rationale Entscheidungstheorie* und bezeichnet den darin verwendeten Wahrscheinlichkeitsbegriff als den Begriff der *personellen Wahrscheinlichkeit* (zum Unterschied von dem in empirisch-psychologischen Aussagen über — möglicherweise stark irrational handelnde — Personen benützten subjektiven Wahrscheinlichkeitsbegriff). Die personelle Wahrscheinlichkeit ist *der Grad des rationalen Glaubens* (zum Unterschied vom Grad des tatsächlichen Glaubens).

Die Entscheidungstheorie hat es nicht mit theoretisch-wissenschaftlichem Räsonnement zu tun, sondern mit *‚praktischen Überlegungen'*. Nach der von mir vertretenen Auffassung muß daher der Begriff der Induktion von der theoretischen auf die praktische Ebene verlagert werden. Diese Auffassung habe ich erstmals vertreten in dem Aufsatz: „Das Problem der Induktion: HUMES Herausforderung und moderne Antworten"[3]. Was dort nur kurz skizziert bzw. ohne nähere Begründung behauptet worden ist, soll in diesem Buch, vor allem in Teil II, näher ausgeführt werden. Es ergibt sich nun zwangsläufig eine weitere Verallgemeinerung des Themenkreises der Wissenschaftstheorie. Sie kann charakterisiert werden als *Metatheorie der einzelwissenschaftlichen Erkenntnis sowie des rationalen Handelns*. Der Ausdruck „Metatheorie" ist auch im zweiten Fall insofern angemessen, als hier die formale Struktur der Überlegungen untersucht wird, auf denen die rationalen Entscheidungen bestimmter Art beruhen.

Diese Erweiterung der wissenschaftstheoretischen Problemgebiete um eine ‚praktische Dimension' hat übrigens unabhängig davon Geltung, welche Position man in der Frage der Beurteilung naturwissenschaftlicher Hypothesen einnimmt. Ob sich die ‚Induktivisten' im engeren Sinne, nach deren Auffassung auch diese Beurteilungen probabilistisch sind, im Irrtum

[3] Erschienen in: Neue Aspekte der Wissenschaftstheorie, Braunschweig 1971, S. 13—74.

befinden oder nicht, ist ein Problem, das ausschließlich den *theoretischen* Bereich betrifft. Nach meiner Überzeugung ist die Carnapsche Theorie *nur* eine ‚*Metatheorie der Praxis*', d.h. sie läßt sich in adäquater Weise *nur* als eine Grundlegung der Entscheidungstheorie interpretieren. Nach der Auffassung der Induktivisten (und auch nach CARNAPS ursprünglichem Selbstverständnis) enthält sie *sowohl* eine Metatheorie der Hypothesenbeurteilung *als auch* eine Grundlegung der Entscheidungstheorie.

Anmerkung 1. Die statistische Wahrscheinlichkeit wurde hier nicht erwähnt. Im Teil III dieses Bandes soll das Problem der Bestätigung und der Prüfung von statistischen Hypothesen erörtert werden. Der dort verwendete Bestätigungsbegriff wird sich ebenfalls als nicht-induktiv im Sinne von nicht-probabilistisch erweisen.

Anmerkung 2. Die hier versuchte Trennung von theoretischer und praktischer Sphäre wird zunächst vermutlich auf Ablehnung stoßen. Einer der möglichen Einwände wird lauten, daß man z.B. auch statistische Hypothesen entscheidungstheoretisch behandeln könne und müsse. Diese Ansicht ist sehr verbreitet und wird vor allem in der statistischen Schätzungstheorie vertreten. Ich halte diese Auffassung für unrichtig. Sie kam vermutlich dadurch zustande, daß man eine Äquivokation im Ausdruck „Schätzung" übersehen hat. Dieser Ausdruck kann zwei vollkommen verschiedene Dinge beinhalten, nämlich entweder *theoretische Vermutungen*, die wahr oder falsch sind, oder *praktische Dispositionen* (z.B. eines Feldherrn vor einer Schlacht; eines Fußballtrainers vor einem entscheidenden Spiel; eines Geschäftsmannes zu Saisonbeginn), die wünschenswerte oder nachteilige Folgen haben. Je nachdem, ob das Erste oder das Zweite gemeint ist, sind nicht nur andere Beurteilungsmaßstäbe, sondern auch andere Beurteilungsmethoden anzuwenden. Dies sowie der Umstand, daß auch im theoretischen Fall das Problem unterbestimmt bleibt, solange man sich nicht auf bestimmte Gütekriterien festlegt, ist der hauptsächliche Grund dafür, daß der Abschnitt 10 von Teil III über statistische Schätzungstheorie umfangreicher ausgefallen ist als die übrigen Abschnitte dieses Teiles.

Anmerkung 3. Eine Ausnahme von dem oben Behaupteten bildet die sog. Fiduzialwahrscheinlichkeit von R.A. FISHER. In diesem Punkt scheint bis heute keine endgültige Klarheit erzielt worden zu sein. Im letzten Abschnitt von Teil III soll versucht werden, das Fiduzialargument unter Benützung der vorbereitenden Arbeit von J. HACKING kommentarlos, aber möglichst präzise zu rekonstruieren, in der Hoffnung, daß sich in der Zukunft mehr Wissenschaftstheoretiker dieses Problemkomplexes annehmen werden.

Anmerkung 4. Die hier und in dem oben angeführten Artikel geäußerte Auffassung zum Thema *Induktion* scheint im Widerspruch zu stehen zu verschiedenen Ausführungen in Bd. I sowie in den letzten Teilen von Bd. II, wo mehrmals von induktiven Relationen oder von induktiver Bestätigung die Rede ist. Dazu ist folgendes zu sagen: Der Ausdruck „induktiv" wird dort stets im *vorexplikativen* Sinn gebraucht. Es bleibt an diesen Stellen also vollkommen offen, ob es sich um einen im mathematischen Sinn *probabilistischen* Bestätigungsbegriff handelt oder nicht, insbesondere also, ob im Fall der Beurteilung deterministischer Hypothesen etwas ähnliches gemeint ist wie das, was POPPER Bewährung nennt. Man sollte die Alternative ‚deduktivistisch-induktivistisch' übrigens nicht zu ernst nehmen. Wenn man nur mit einem klassifikatorischen Begriff der Bestätigung arbeitet, so kann man überhaupt nicht sagen, worin der Unterschied zwischen einem ‚induktivistischen' und einem ‚deduktivistischen' Bestätigungsbegriff besteht, es sei denn, man nennt einen Begriff der Bestätigung genau dann deduktivistisch, wenn er nur mit Hilfe von Begriffen der deduktiven Logik definiert worden ist. In diesem Fall wäre z.B. auch HEMPELs Bestätigungsbegriff *deduktivistisch* zu nennen. Wie ich in der zitierten Arbeit, S. 55, erwähnt habe, hätte CARNAP durch einen einfachen terminologischen Beschluß seine quantitative Theorie der Bestätigung in eine nicht-probabilistische, also in eine in dem speziellen Sinn *nicht-induktivistische* Bestätigungstheorie verwandelt, wenn er den Begriff des Bestätigungsgrades mit demjenigen identifiziert hätte, den er *Relevanzmaß* nannte. Diese Verwendung des Ausdruckes „Bestätigungsgrad" wäre sogar sprachlich angemessener gewesen.

(II) Wissenschaftstheorie, Wissenschaftlichkeit und Einzelwissenschaften. Der Wissenschaftstheoretiker kann nicht mit der Frage beginnen: „Was ist Wissenschaft?" Diese Frage könnte bestenfalls am Ende aller wissenschaftstheoretischen Analysen — wenn es ein solches Ende gäbe! — gestellt werden; denn die Explikation des Wissenschaftsbegriffs setzt die Lösung der wissenschaftstheoretischen Spezialprobleme voraus. Zu *Beginn* seiner Untersuchungen kann er nichts anderes tun als enumerativ vorgehen, nämlich als wissenschaftliche Tätigkeit alles anerkennen, was in einer Forschungs- oder Lehranstalt unter der Bezeichnung „Forschung" oder einer ähnlichen getan wird. In einer solchen Aufzählung werden nicht nur die ‚großen', in viele Teilbereiche zerfallenden Gebiete, wie Anglistik oder theoretische Physik, zu berücksichtigen sein, sondern auch gegenständlich wie methodisch sehr eng umgrenzte Bereiche, wie die Mondforschung, die Hethitologie oder die Neutrinoteleskopie. Der enumerative Ansatz ist erforderlich ungeachtet dessen, daß die Ergebnisse wissenschaftstheoretischer Analysen einerseits, der empirischen Untersuchungen gewisser solcher Tätigkeiten andererseits zu einem späteren Zeitpunkt ergeben *können*, daß diese Tätigkeiten teilweise oder ganz einen ‚unwissenschaftlichen' oder ‚pseudowissenschaftlichen' Charakter haben.

Ein solcher Ausschluß aus dem Bereich wissenschaftlicher Tätigkeit, d.h. die Kennzeichnung einer Tätigkeit als ‚unwissenschaftlich', ist allerdings u.U. bereits zu einem früheren Zeitpunkt möglich, wenn nicht zumindest gewisse *formale* Bedingungen der Wissenschaftlichkeit erfüllt sind, die man zusammen als *rationale Suche nach Wahrheit* bezeichnen kann.

Die erste unerläßliche Voraussetzung wissenschaftlichen Arbeitens ist das *Bemühen um sprachliche Klarheit*. Dieses Bemühen sollte zwar zum Erfolg kommen, braucht aber nicht von Anfang an von Erfolg begleitet zu sein. Daher stellt das Aufwerfen von Verständnisfragen und die Bereitschaft zu ihrer Beantwortung eines der äußeren Merkmale wissenschaftlicher Diskussion und rationaler Gespräche überhaupt dar. Sollte trotz dieser Bereitschaft in einer Disziplin der Erfolg hartnäckig ausbleiben, so hätte dies den Zusammenbruch der betreffenden Wissenschaft zur Folge. Mit dieser Denkmöglichkeit soll kein Gespenst an die Wand gemalt, sondern nur auf eine Grundbedingung wissenschaftlichen Arbeitens hingewiesen werden;

denn bei Vorherrschen einer babylonischen Sprachverwirrung ist Wissenschaft nicht möglich.

Wissenschaftliche Äußerungen müssen ferner einer *Kontrolle* durch andere Wissenschaftler unterzogen werden können. Wer wiederholt versichert, etwas zu beobachten, was kein Kollege zu beobachten vermag — trotz Vorliegens analogen vorangegangenen wissenschaftlichen Trainings und Übereinstimmung aller Beteiligten, einschließlich des Behauptenden, bezüglich des Nichtvorliegens störender psychophysischer und physikalischer Faktoren —, und nicht bereit ist, im Hinblick auf die gegenteiligen Feststellungen anderer seine eigene Auffassung zu revidieren, der tritt aus dem ‚Spiel der Wissenschaft' ebenso aus wie einer, der sich in Beweisgängen auf Intuitionen und Evidenzen beruft, die von anderen nicht nachvollziehbar sind und die er selbst nicht weiter zu analysieren vermag.

Im praktischen Verkehr der Wissenschaftler untereinander wird der Verstoß gegen Bedingungen wie die genannten zu *Sanktionen* führen: Man wird ihn nicht mehr ernst nehmen, zu Diskussionen nicht mehr einladen, seine Arbeiten nicht lesen oder deren Publikationen ablehnen usw. Er wird schließlich vor der Wahl stehen, sich entweder der intersubjektiven Kontrolle wieder zu unterziehen oder seinen Ideen außerhalb wissenschaftlicher Aktivitäten nachzugehen, sei es in ‚solipsistischer' Einkapselung, sei es durch Gründung einer Sekte mit gläubigen Jüngern.

Es darf dabei natürlich nicht übersehen werden, daß, wo es Sanktionen gibt, auch Mißbrauch möglich ist, daß es also zu *ungerechtfertigten* Sanktionen kommen kann, weil die Äußerungen einer Person *angeblich* nicht verständlich oder *angeblich* unfundiert sind, weil sie im Widerspruch zu ‚akzeptierten Sätzen der herrschenden Lehrmeinung' stehen. Untersuchungen zu diesem Punkt würden vermutlich ein interessantes Thema der Wissenschaftsgeschichte und Wissenschaftssoziologie bilden.

Die *Forderung nach Intersubjektivität* betrifft beides: intersubjektive Verständlichkeit und intersubjektive Nachprüfbarkeit. Das erstere Verlangen ist grundlegender. Denn bevor man eine Aussage überprüft, muß man ihren Sinn verstehen.

Ein drittes formales Merkmal wissenschaftlicher Tätigkeit besteht darin, daß Behauptungen *durch rationale Argumente gestützt* werden. Wo einfach Behauptungen gegen Behauptungen stehen, da liegt keine wissenschaftliche Diskussion vor. Auf Fragen von der Gestalt: „woher weißt du das?" muß der Befragte *eine Begründung* zu geben bereit sein. Die Berufung auf eine Autorität oder auf göttliche Eingebung bildet ebensowenig eine rationale Begründung wie die subjektive Versicherung, von der Wahrheit des Behaupteten vollkommen überzeugt zu sein.

Zweierlei ist hier zu beachten. Erstens gelten die formalen Kriterien der Wissenschaftlichkeit nicht nur auf der Objektebene, sondern auch auf der Metaebene. Dies bedeutet: Nicht nur die Einzelwissenschaften, welche das *Objekt* wissenschaftstheoretischer Untersuchungen bilden, müssen diese Kriterien erfüllen, sondern *auch die metatheoretischen Untersuchungen selbst.*

Der Wissenschaftstheoretiker hat sich *qua Wissenschaftler* an die Spielregeln der intersubjektiven Verständlichkeit und Nachprüfbarkeit sowie des korrekten Argumentierens zu halten. Zweitens bilden derartige Feststellungen wie die eben getroffenen nichts mehr als mehr oder weniger vage Charakterisierungen mittels vorexplikativer Begriffe. Deren Klärung und Präzisierung ist selbst zum Teil eine — keineswegs einfache — logische und wissenschaftstheoretische Aufgabe. Das „zum Teil" wurde eingefügt, weil diese Präzisierung auch andere Gebiete, wie z.B. die Ethik, berührt.

Die Konjunktion dieser beiden Bemerkungen bildet keinen Zirkel, weder einen vitiosen noch einen ‚hermeneutischen': Die Forderung, daß die Wissenschaftstheorie die genannten formalen Kriterien der Wissenschaftlichkeit zu erfüllen habe, macht die spätere wissenschaftstheoretische Präzisierung gewisser dieser Kriterien natürlich nicht zu einem zirkulären Unterfangen, genausowenig wie im Bereich des Faktischen (nicht Normativen) die Erforschung zentraler Nervenprozesse dadurch zirkulär wird, daß die an dieser Forschung Beteiligten im Verlauf ihrer Untersuchungen die grauen Zellen in Tätigkeit setzen müssen. Die Explikationen der erwähnten Begriffe bilden übrigens nicht nur außerordentlich schwierige, sondern überdies noch längst nicht zum erfolgreichen Abschluß gelangte Tätigkeiten, gehören doch z.B. zum Thema „wissenschaftliche Begründung" solche *allgemeinen* Aufgaben, wie die Präzisierung des Begriffs der logischen Folgerung für formale *wie* für natürliche Sprachen, und zum Thema „Überprüfung" solche *speziellen* Aufgaben wie die Formulierung von Testregeln für statistische Hypothesen.

Die irrige Annahme, daß die angedeutete Zirkularität vorliege, ist vermutlich *einer* der Gründe für den Vorwurf des *Szientismus*, wonach die Struktur der Wissenschaft nicht selbst wieder mit wissenschaftlichen Methoden untersucht werden könne. Bisweilen steckt hinter diesem Vorwurf aber eine speziellere Annahme, nämlich: *der Wissenschaftstheoretiker imitiere bei seiner Beschäftigung mit den Einzelwissenschaften die naturwissenschaftliche Methode*. Sofern sich der Einwand auf diese Annahme gründet, beruht er nicht wie im ersten Fall auf einer logischen Fehleinschätzung der Lage, sondern auf einem groben Mißverständnis: *auf der Verwechslung von Wissenschaftstheorie und Wissenschaftswissenschaft*. Der Unterschied zwischen diesen beiden Disziplinen soll in (IV) genauer zur Sprache kommen. Hier sei bloß dies gesagt: Nur dort, wo Wissenschaftstheorie als Metatheorie der Wissenschaften (metascience of science) zur Wissenschaftswissenschaft (science of science) *degeneriert* ist, könnte dieser Einwand sinnvoll vorgebracht werden. Wenn „Wissenschaftstheorie" im Sinn von (I) verstanden wird, ist der Vorwurf sinnlos. Die Methoden der Wissenschaftstheorie sind *logische* Methoden. Auf die Frage: „Wendest du als Wissenschaftstheoretiker geistes- oder naturwissenschaftliche Methoden an?" lautet die korrekte Antwort: „Selbstverständlich keines von beiden." Wissenschaftstheorie ist *angewandte Logik*, dagegen nicht angewandte Realwissenschaft, insbesondere *weder* angewandte Geisteswissenschaft *noch* angewandte Naturwissenschaft.

Eine dritte Quelle des Mißverständnisses dürfte der englische Ausdruck "metascience of science" bilden. Da man "science" gewöhnlich im Sinne von „Naturwissenschaft" verwendet, liegt die Vermutung nahe, daß das, was hier metascience genannt wird, eine mit naturwissenschaftlichen Methoden arbeitende Forschungsrichtung darstelle. Eine geeignetere englischsprachige Bezeichnung für den in (I) charakterisierten Begriff der Wissenschaftstheorie wäre daher die folgende: "metatheory of science, of humanities and of rational actions."

(III) Wissenschaftstheorie: deskriptiv oder normativ? Diese Frage wird heute oft gestellt, meist in der ungeduldigen Weise, daß man dem Wissenschaftstheoretiker die Pistole auf die Brust setzt und von ihm ein Bekenntnis verlangt: „*Beschreibst* du die Struktur *faktisch vorliegender* Theorien, ihres Begriffsgerüstes und der Formen ihrer Anwendung; oder lieferst du eine *Begründung der Normen* korrekten wissenschaftlichen Arbeitens, die ein gewissenhafter Forscher befolgen *sollte*?"

Wie so häufig im Bereich rationalen Diskutierens, ist auch hier ein Denken in ausschließenden Alternativen irreführend. Man überwindet es allerdings nicht, indem man nur mit einem unverbindlichen und verschwommenen „sowohl als auch" antwortet. Vielmehr ist aufzuzeigen, inwiefern die *rationale Rekonstruktion* wissenschaftlicher Erkenntnis, welche sich die Wissenschaftstheorie zur Aufgabe gemacht hat, sowohl eine *deskriptive Komponente* als auch eine *normative Komponente* enthält. Dies genau und im einzelnen aufzuzeigen ist nur im Rahmen konkreter wissenschaftstheoretischer Detailuntersuchungen möglich. An dieser Stelle ist nur Raum für einige allgemeine Bemerkungen, die allerdings durch die Überlegungen von (V) zu ergänzen sind.

Die logische Rekonstruktion wissenschaftlicher Tätigkeit schließt ein die begriffliche Durchdringung und Präzisierung des Begriffs- und Satzgerüstes von Theorien, der in Theorien enthaltenen logisch-mathematischen Strukturen, der Methoden wissenschaftlicher Überprüfung und der Anwendungskriterien von Theorien. Um Untersuchungen von dieser Art anstellen zu können, muß sich der Wissenschaftstheoretiker an vorhandene Wissenschaften wenden. Diese bilden *das Datum, welches ihm vorgegeben ist.* Negativ formuliert: der Wissenschaftstheoretiker kann nicht so vorgehen, daß er durch Apriori-Betrachtungen ein Bild oder einen Begriff von der ‚wahren Wissenschaft' entwirft und erst im zweiten Schritt die tatsächlich vorfindbaren Wissenschaften daraufhin überprüft, ob und in welchem Grade der Approximation sie seinem Idealbild genügen.

Würde er in dieser Weise verfahren, so würde er sich vermutlich sehr bald in wirklichkeitsfremden Spekulationen verlieren, in denen er von einer Wissenschaft spricht, die zu realisieren menschenunmöglich ist. So z.B. läge es bei Unkenntnis des tatsächlichen empirischen Wissenschaftsbetriebes nahe zu verlangen, daß eine Wissenschaft nur ein System wahrer Aussagen produzieren dürfe und daß die Wahrheit dieser Aussagen absolut gesichert sein müsse. Diese Forderung, daß die Wissenschaft zu unbezweifelbarem Wissen führen müsse, hat nicht nur ein philosophisches Verständnis der modernen Wissenschaften lange Zeit hindurch verhindert; sie war — neben anderen Faktoren — eines der Hemmnisse für die Entstehung und Weiterentwicklung dieser Wissenschaften selbst, die sich mit zwar kontrollierbarem, jedoch niemals definitiv verifizierbarem *hypothetischen* Wissen begnügen müssen.

Die wissenschaftstheoretische Zielsetzung, zur Klärung und Präzisierung *vorliegenden wissenschaftlichen Materials* beizutragen, enthält ein stillschweigendes Zugeständnis an die Einzelwissenschaften, nämlich *daß die Intuitionen der Fachwissenschaftler im Prinzip korrekt sind.*

Dieses Zugeständnis gilt aber nur als ein *bedingtes*. Es enthält die Widerrufsklausel: „*Solange nicht das Gegenteil bewiesen ist*". Mit dem Einbau dieser Widerrufsklausel wird dem deskriptiven Ausgangspunkt eine normative Komponente hinzugefügt.

Jeder Wissenschaftler hat zahlreiche intuitive Vorstellungen vom Aufbau der ihn beschäftigenden Theorien; von der Art und Weise, wie, und von der Ordnung, in der die in diesen Theorien vorkommenden Begriffe einzuführen sind; davon, wie diese Theorien kritisch zu überprüfen sind und wie sie benützt werden können, um empirische Behauptungen aufzustellen; davon, wie sie für Deutungen, Erklärungen, Prognosen zu verwenden sind. Daß es sich dabei um intuitive Vorstellungen handelt, besagt: *Es liegen keine explizit formulierten Kriterien und Regeln vor.* Im Verlauf der Suche nach solchen Kriterien kann es sich aus verschiedensten Gründen als notwendig erweisen, die ursprünglichen Vorstellungen zu modifizieren oder preiszugeben: Es kann sich herausstellen, daß sie *undeutlich*, *verworren* oder *mehrdeutig* sind; daß *Unterscheidungen* vorgenommen werden müssen, für die man zunächst keinen Grund sah; daß verschiedene Vorstellungen *miteinander unverträglich* sind; daß die Klärung eines Begriffs verlangt, *ganz neue Wege wissenschaftlichen Denkens einzuschlagen*, an die man zunächst überhaupt nicht dachte.

Im Rahmen der für die Durchführung wissenschaftstheoretischer Analysen unerläßlichen Begriffsexplikationen kann die normative Komponente so stark in den Vordergrund treten, daß die wissenschaftstheoretische Tätigkeit der logischen Rekonstruktion schließlich wie ein *normatives Unternehmen* aussehen kann.

Im Grunde verhält es sich aber nicht anders als mit der Logik. Auch dort bildet die Ausgangsbasis eine mehr oder weniger deutliche oder undeutliche Vorstellung von korrektem Argumentieren innerhalb des wissenschaftlichen Denkens. Die präzise formulierten *Regeln* korrekten Argumentierens werden erst vom Logiker formuliert. Die Untersuchungen, welche er anstellt, sind zwar rein theoretischer Natur. Aber die Regeln, zu denen er gelangt, dienen im nachhinein *als Kriterien zur Überprüfung der Korrektheit wissenschaftlicher Beweise.*

Beide, Logik und Wissenschaftstheorie, haben ihr Ziel noch längst nicht erreicht, obzwar die moderne Logik deshalb rascher vorangekommen ist, weil sie seit längerer Zeit und von einem größeren Personenkreis aktiv betrieben wird. In zweifacher Hinsicht sind die logischen Forschungen noch *prinzipiell* unzulänglich:

Erstens orientierte sich die moderne Logik hauptsächlich am *mathematischen Argumentieren* und wurde dementsprechend als *formale* Logik aufgebaut, die sich ganz auf die Bedeutung logischer Ausdrücke gründet, wie „nicht", „oder", „es gibt", „für alle". Erst in der allerneusten Zeit hat sich herausgestellt, daß neben der formalen Logik verschiedene *philosophische Logiken* möglich sind und daß ihre Entwicklung ein dringendes Desiderat darstellt. Diese weiteren Logiken zeichnen sich dadurch aus, daß sie sich nicht nur auf die logischen Ausdrücke allein stützen, sondern auf weitere Ausdrücke, die in ihnen eine ebenso zentrale Rolle spielen, wie dies in der formalen Logik die logischen Ausdrücke tun: etwa die Worte „erlaubt" und „verboten" *(Deontische Logik)*, die temporalen Ausdrücke *(Chronologische Logik)*, die Ausdrücke „glauben" und „wissen" *(Epistemische Logik)*. Neben weiterem wäre hier auch die *Modalitätenlogik* sowie die in den beiden ersten Teilen dieses Bandes behandelte *Entscheidungslogik* mit den Grundbegriffen der rationalen Präferenz und der personellen Wahrscheinlichkeit zu erwähnen.

Zweitens aber sind alle Logiktheorien auf Kunstsprachen bezogen und liefern daher überhaupt keine Kriterien für die Überprüfung von Argumenten, die in einer natürlichen Sprache vollzogen werden. Es wäre die Hauptaufgabe der *Rethorik* gewesen, zwischen ‚Logik' und ‚Grammatik' eine solche Verbindung herzustellen, daß derartige Kriterien hätten entwickelt werden können. Doch ist diese Aufgabe mehr und mehr in den Hintergrund getreten, um schließlich ganz vergessen zu werden. Erst in der *modernen Linguistik* haben Logiker und Sprachtheoretiker in Zusammenarbeit damit begonnen, sich diesem ungeheuer wichtigen und schwierigen Problemkreis zuzuwenden. Ungeheuer wichtig: denn noch verfügen wir über keine präzisen Kriterien zur Überprüfung der Gültigkeit der meisten Argumente, die etwa bei zwischenstaatlichen Verhandlungen, in einem Wahlkampf oder in einem Parlament vorgebracht werden.

Von der Wissenschaftstheorie gilt die Feststellung, daß sich hier vieles, wenn nicht das meiste, erst in statu nascendi befindet, in weit höherem Maße als von der Logik. Bezüglich der in diesem Band enthaltenen Erörterungen gilt dies in ganz besonderem Maße für die tastenden Versuche des dritten Teiles, *eine Brücke zu schlagen zwischen philosophischen Bestätigungstheorien und statistischen Spezialuntersuchungen.* Es gilt aber auch für die versuchsweise vorgenommene, rein entscheidungstheoretische Interpretation des späteren Carnapschen Projektes im zweiten Teil, wobei zusätzlich daran zu erinnern wäre, daß CARNAP selbst seine eigenen Überlegungen ebenfalls nur als die Schaffung einer ersten Ausgangsbasis für eine neue Forschungsrichtung interpretiert hat.

Was nun den kritischen und normativen Aspekt der Wissenschaftstheorie betrifft, so seien zur Erläuterung und Exemplifikation sechs Klassen von Fällen angeführt, in denen dieser Aspekt besonders stark in den Vordergrund rückt. Es soll damit natürlich nicht der Anspruch erhoben werden, sämtliche Falltypen erfaßt zu haben:

(1) Zur ersten Klasse gehören diejenigen wissenschaftstheoretischen Analysen, die durch eine große Nähe zu logischen Untersuchungen ausgezeichnet sind und die sogar bisweilen dem Gebiet der formalen Logik zugerechnet werden. Hierher gehören alle Betrachtungen, welche die ‚formale‘ Struktur wissenschaftlicher Theorien sowie des Begriffsgerüstes solcher Theorien betreffen. Wenn z.B. einem Wissenschaftler nachgewiesen wird, daß er in seiner Theorie einige Begriffe zirkulär definiert oder daß seine Definitionen nicht ausnahmslos dem Prinzip der Eliminierbarkeit und der Nichtkreativität genügen, so kommt dies dem *Vorwurf* gleich, mit einem unsauberen Begriffssystem zu arbeiten und (oder) in irreführender Weise empirische Annahmen und Lehrsätze einerseits mit der Einführung neuer Ausdrücke andererseits zu vermengen. Ebenso impliziert ein Nachweis der Ableitbarkeit gewisser Grundannahmen einer axiomatisch aufgebauten Theorie aus anderen oder der Nachweis der Inkonsistenz dieses Systems die *Forderung* an den Erbauer des Systems, daß er seine Theorie je nach der Lage des Falles vereinfachen, revidieren, modifizieren oder ganz preisgeben *solle*.

(2) Eine andere Klasse von Fällen ist durch das folgende Merkmal charakterisiert: Die wissenschaftstheoretische Untersuchung eines bestimmten Typus von einzelwissenschaftlichen Deutungen oder Begründungen ergibt, daß sich der mit diesen Deutungen bzw. Begründungen von Fachwissenschaftlern aufgestellte Erkenntnisanspruch nicht aufrechterhalten läßt, allerdings — zum Unterschied vom Falltyp (1) — auch nicht gänzlich preisgegeben werden muß, sondern daß die wissenschaftliche Argumentation und Interpretation nur dadurch aufrechterhalten werden kann, *daß man den ursprünglichen Erkenntnisanspruch zurückschraubt.*

Typische Beispiele dieser Art bilden meines Erachtens die sog. Funktionalanalysen, die in Bd. I, S. 555—585 diskutiert wurden. Die Situation ist hier komplizierter als bei den zur ersten Klasse gehörenden Fällen: *Prima facie* führt zwar die logische Analyse funktionalanalytischer Argumente zu dem Resultat, daß es sich dabei um logische Fehlschlüsse handele (vgl. a.a.O. S. 566). Eine weitergehende Analyse zeigt jedoch, ‚daß die Sache wieder in Ordnung gebracht werden kann‘, allerdings nur auf Kosten des Erklärungswertes, den die Funktionalanalytiker mit ihrer Methode ursprünglich erreichen wollten (vgl. a.a.O. S. 569 und 573ff.).

(3) Ein weiterer Falltyp liegt dort vor, wo eine genauere Begriffsanalyse eine bisher unentdeckt gebliebene Äquivokation aufzeigt, deren Behebung nur in der Weise erfolgen kann, daß man getrennte Untersuchungen für jede der verschiedenen Bedeutungen anstellt. Ein typisches Beispiel von dieser Art soll in Teil III, Abschnitt 10 erörtert werden: Der in der statistischen Schätzungstheorie verwendete Ausdruck „Schätzung" hat zwei vollkommen verschiedene Bedeutungen. Einmal versteht man darunter *theoretische Vermutungen* von bestimmter Art, die richtig oder unrichtig sein können. Zum anderen werden darunter auch *nichttheoretische Akte* verstanden. Die Gütekriterien für Schätzungen, in deren Formulierung eine Hauptaufgabe der Schätzungstheorie erblickt wird, müssen aber anders lauten, je nach dem, ob darunter das erstere oder das letztere verstanden wird.

(4) Eine weitere Klasse von Fällen ist dadurch gekennzeichnet, daß die logische Rekonstruktion einzelwissenschaftlicher Begriffe oder Verfahren auf *unerwartete* — d.h. aufgrund der bei Beginn der Analyse zur Verfügung stehenden einzelwissenschaftlichen Daten sowie logischen Kenntnisse nicht voraussehbare — *Schwierigkeiten* stößt und *daß die Behebung dieser Schwierigkeiten nicht anders als durch eine mehr oder weniger ‚radikale Kehrtwendung' von hergebrachten Denkweisen erfolgen kann.* Ein Beispiel von dieser Art bildet die in Teil IV dieses Bandes untersuchte Anwendung statistischer Regularitäten für die Zwecke statistischer Erklärungen. Wer der dortigen Diskussion und insbesondere den Analysen der zahlreichen Paradoxien und Dilemmas zustimmt, muß am Ende zu dem Resultat gelangen, daß der Begriff der statistischen Erklärung überhaupt *preiszugeben und durch zwei andere Explikate zu ersetzen ist.* Das eine Explikat betrifft die Verwendung statistischer Gesetze für ‚argumentative' Zwecke, genauer: solche Fälle des ‚statistischen Schließens' — später *statistische Begründungen* genannt —, in denen, gestützt auf eine akzeptierte statistische Hypothese, eine Aussage darüber gemacht wird, was vermutlich der Fall ist (war, sein wird) (in prognostischer Situation etwa: was aufgrund dieser statistischen Gesetzmäßigkeit rational zu erwarten ist), die aber eben deshalb *überhaupt keinen Erklärungswert* beanspruchen dürfen, weil sie, als Antworten auf Erklärung heischende Warum-Fragen gedacht, zu Absurditäten führen würden. Mit dem zweiten Explikat — dem später *statistisch-kausale Minimalanalyse* genannten Begriff — wird gar nicht der Anspruch verbunden, irgendeine argumentative Verwendung statistischer Regularitäten zu liefern; vielmehr vermittelt es *ein Minimum an statistischem Situationsverständnis* in einer konkreten Situation.

(5) Einen relativ ‚reinen Fall' liefert die in den Teilen I und II dieses Bandes behandelte *rationale Entscheidungstheorie.* Auch hier bildet zwar ein

deskriptives Datum den Ausgangspunkt, nämlich die Beschreibung und Analyse faktischen Entscheidungsverhaltens. Was durch die wissenschaftstheoretischen Analysen *erstrebt* wird, sind jedoch *keine empirischen Gesetzmäßigkeiten*, unter die das Verhalten aller oder der von uns (immer oder meist) als rational bezeichneten Leute zu subsumieren wäre. Vielmehr geht es darum, *Rationalitätskriterien* für derartiges Verhalten zu entwickeln. Zu solchen Rationalitätskriterien gehören, wie in Teil II gezeigt werden soll, bei ‚Entscheidungen unter Risiko' insbesondere die wahrscheinlichkeitstheoretischen Grundaxiome. Die dort geschilderte Carnapsche Rechtfertigung dieser Axiome mittels elementarer Feststellungen über rationales Wettverhalten soll zeigen: Ein faktischer Verstoß gegen die wahrscheinlichkeitstheoretischen Grundaxiome im subjektiv-probabilistischen Räsonieren bestimmter Menschen ist kein Anzeichen dafür, daß diese Axiome *empirisch falsifiziert* sind, sondern ein Symptom dafür, *daß diese Menschen ein irrationales Verhalten an den Tag legen.*

(6) Schließlich sei noch, last not least, diejenige Klasse von Fällen erwähnt, die zum Kontext „Hypothesenprüfung, Bestätigung, Bewährung, Stützung" gehören. Trotz der Angriffe, die TH. KUHN und andere gegen POPPERS Begriff der empirischen Falsifikation vortragen, und sicherlich auch ungeachtet dessen, daß bisher alle Versuche zur Formulierung eines empiristischen Signifikanzkriteriums gescheitert sind, wird man doch nicht leugnen können, daß die Analyse der Testproblematik deterministischer wie statistischer Gesetzeshypothesen mindestens einen *wichtigen Nebeneffekt* hat, nämlich: empirisch nachprüfbare Systeme von Aussagen von solchen unterscheiden zu lernen, die durch den Einbau von ‚Immunisierungsstrategien'[4] der empirischen Kontrolle entzogen und damit *zu wissenschaftlich wertlosen Theorien* gemacht werden. Für einen ähnlichen Zweck kann man, wie ich in Bd. II, *Theorie und Erfahrung*, S. 423, zu zeigen versuchte, auch den Ramsey-Satz einer Theorie verwenden. Auf eine kurze Formel gebracht, besagt diese Überlegung: Unabhängig davon, welche Position man in der Frage der *Signifikanz* und auch in der Frage des *Tests* einnimmt, kann man die Tatsache, daß der Ramsey-Satz einer Theorie eine logische Wahrheit darstellt, als Symptom für die empirische Trivialität der Theorie verwenden.

Was eben an einigen Falltypen aufgezeigt wurde, gilt mutatis mutandis für die hier nicht erwähnten Fälle von *Begriffsexplikationen*, um die sich der Wissenschaftstheoretiker bemüht. Man sollte sich dabei vor der Vorstellung hüten, in einer Begriffsexplikation einen — sei es sprunghaften, sei es stetigen — *geradlinigen* Übergang von der deskriptiven zur normativen Betrachtungsweise zu erblicken, so, als ob es nur bei der Schilderung der intuitiven Basis darum gehe, zu *beschreiben*, ‚was die Wissenschaftler tun', während mit fortschreitender begrifflicher Präzisierung diese intuitive Aus-

[4] Dieser Ausdruck stammt von HANS ALBERT.

gangsbasis mehr und mehr vergessen werden dürfe und solle, um schließlich dem ‚idealen Ergebnis der Rekonstruktion' Platz zu machen. Obzwar diese Vorstellung nicht vollkommen verkehrt ist, liegt in der mit ihr sich aufdrängenden Assoziation eine nicht zu unterschätzende Simplifikationsgefahr.

Zunächst sei auf eine Doppeldeutigkeit des Wortes „rationale Rekonstruktion" hingewiesen. Darunter kann entweder eine bestimmte Art von *geistiger Tätigkeit* oder aber das *Endprodukt* einer solchen Tätigkeit verstanden werden. Was nun die Tätigkeit betrifft, durch welche im Idealfall das erstrebte Endprodukt, in den meisten Fällen ein *vorläufiges Zwischenprodukt* erzeugt wird, so scheint mir hier das *kybernetische Modell des Rückkopplungsverfahrens* angemessener zu sein als das Bild vom geradlinigen Fortschreiten: Präzisierungsansätze werden einerseits meist zu einer Revision der intuitiven Ausgangsbasis in mehrfacher Hinsicht führen, andererseits häufig nicht vorhersehbare Probleme im Gefolge haben, deren Überwindung zu einer sukzessiven Entfernung vom ursprünglichen inhaltlichen Denken, im Extremfall sogar zur gänzlichen Preisgabe des intuitiven Begriffs, den man als Ausgangspunkt wählte, führen (wie dies oben unter (4) für ein konkretes Beispiel angedeutet worden ist). Und zwar werden sich Rückkehr zur intuitiven Ausgangsbasis sowie fortschreitende Präzisierungen oft wiederholen, häufig sogar auf ineinander verschlungenen Wegen. Das Vorgehen im dritten Teil wird das, was eben mit wenigen Worten nur als dürres Skelett entworfen wurde, in Gestalt einer konkreten Exemplifikation mit Fleisch und Blut füllen und damit veranschaulichen.

Über einen Punkt möchte ich aber keinen Zweifel erwecken, nämlich über meine Überzeugung, daß am Ende *jede* Begriffsexplikation in eine mehr oder weniger starke *Formalisierung* einmünden wird. *Daß* dies so ist und *warum* dies so sein muß, kann man nur anhand konkreter Beispiele überzeugend demonstrieren. An dieser Stelle muß ich mich darauf beschränken zu versichern, daß erst die formalen Kunstsprachen uns die Mittel dafür bereitstellen, *genau zu sagen, was wir eigentlich meinen.* Es erscheint mir daher als gänzlich verfehlt, wenn heute von vielen Vertretern einer Philosophie der Wissenschaft gegen CARNAP und die ‚Carnapianer' der Vorwurf erhoben wird, man ‚flüchte sich in Formalisierungen' und gehe dadurch den eigentlichen Problemen aus dem Wege. Es verhält sich genau umgekehrt: Die Apparatur formaler Kunstsprachen gibt uns erst die Mittel in die Hand, die Probleme *klar zu formulieren* und dadurch überhaupt erst *klar zu sehen* und sie Lösungen zuzuführen, mit denen *ein für den Menschen erreichbares Optimum an Genauigkeit verbunden ist.*

Wenn man den ‚Carnapianern' in diesem Zusammenhang überhaupt einen Vorwurf machen kann, so vielleicht den, daß sie die Neigung haben, Begriffsexplikationen nicht unter dem erwähnten feedback-Aspekt zu sehen, sondern in dem Sinn als einen ‚geradlinigen' Vorgang aufzufassen, daß die intuitive Ausgangsbasis im Verlaufe der Rekonstruktion nach gewissen vorbereitenden Klärungen *endgültig* verlassen werden kann. Anders gesprochen: die Klärung dessen, was CARNAP Explikandum nennt, ist nicht immer hinreichend. Die ‚Popperianer' unterliegen der dazu dualen Gefahr, bei inhaltlichen Vorbetrachtungen stehen zu bleiben und sich daher gefallen lassen zu müssen, daß man ihnen vorwirft, nicht klar zu sagen, was sie eigentlich meinen[5].

(IV) Wissenschaftstheorie und Wissenschaftswissenschaft, Wissenschaftskritik, Wissenschaftspolitik. Wissenschaftstheorie als Metatheorie der Einzelwissenschaften hat Sätze, Systeme von Aussagen und von Begriffen, linguistische Gebilde einer Objektsprache und deren semantische Entsprechungen, Argumentations- und Begründungsweisen zum Gegenstand. Es dürfte kaum möglich sein, sich zu Beginn präziser auszudrücken, ohne zugleich eine möglicherweise falsche Vorentscheidung über erst zu liefernde Forschungsresultate und die dafür erforderlichen Hilfsmittel zu treffen. So könnte z.B. eine genauere Untersuchung ergeben, daß *eine Theorie* nicht als ein Satzsystem, sondern *als ein einziger unzerlegbarer Satz oder als dessen modelltheoretisches Korrelat* zu rekonstruieren ist[6]. Auch soll mit der vagen Kennzeichnung keine Beschränkung auf syntaktische und semantische Methoden erfolgen. Bisweilen und vielleicht sogar häufiger, als die Begründer der modernen Wissenschaftstheorie dachten, wird es sich als notwendig erweisen, Begriffe der *Pragmatik* mit heranzuziehen bzw. im Rahmen von Begriffsexplikationen *pragmatische Relativierungen* vorzunehmen. Wie bereits in (I) hervorgehoben wurde, erweist es sich außerdem als zweckmäßig, insofern keine Beschränkung auf den Gegenstand *Wissenschaft* vorzunehmen, *als die Probleme des induktiven Räsonierens und der personellen Wahrscheinlichkeit den Gesamtkomplex „rationale Entscheidungen unter Risiko" betreffen.* Aus diesem Grund werden die Überlegungen der ersten beiden Teile dieses Bandes jedenfalls *nicht direkt* auf ein noch so weit verstandenes Thema „wissenschaftliche Erkenntnis" Bezug nehmen.

Trotz aller dieser Ausweitungen der Wissenschaftstheorie als einer Metatheorie des einzelwissenschaftlichen sowie des außerwissenschaftlichen Räsonierens, die sich teils aus der im Verlauf spezieller Begriffsexplikationen erwachsenen Einsicht ergeben können, zunächst nicht ins Auge gefaßte

---

[5] Vgl. zu diesen beiden letzten Punkten z.B. meinen Aufsatz [Induktion], insbesondere S. 30ff. und S. 54f.

[6] Daß z.B. eine physikalische Theorie als eine einzige, nicht weiter zerlegbare Aussage bzw. als deren modelltheoretische Entsprechung zu interpretieren ist, wird durch die höchst interessanten, den Ramsey-Ansatz verbessernden und weiterführenden Untersuchungen von J.D. SNEED in: "The Logical Structure of Mathematical Physics", im folgenden zitiert als [Physics], Dordrecht 1971, nahegelegt. Da dieses Werk erst ca. ein Jahr nach Veröffentlichung von Bd. II dieser Reihe erschienen ist, konnten die Ergebnisse SNEEDs darin leider nicht mehr berücksichtigt werden.

gedankliche Hilfsmittel in Anspruch nehmen zu müssen (Beispiel: *pragmatische* Begriffe statt bloß semantischer und syntaktischer), teils der Erkenntnis notwendiger Themenverlagerungen und -erweiterungen entspringen (Beispiel: ‚induktives Räsonieren' als ein *alles rationale Handeln* bestimmter Art, wissenschaftliches *und außerwissenschaftliches*, betreffendes Problem) — trotz all dieser Ausweitungen darf die Wissenschaftstheorie *als Metatheorie* menschlichen Räsonierens nicht mit fachwissenschaftlichen Untersuchungen *jener menschlichen Tätigkeiten*, die wir als wissenschaftliche Tätigkeiten bezeichnen, verwechselt werden. Selbstverständlich kann man und soll man bei der Beschäftigung mit den Wissenschaften auch diesen Gesichtspunkt nicht vernachlässigen: nämlich daß jede wissenschaftliche Erkenntnis, jede wissenschaftliche Hypothese und jeder wissenschaftliche Befund das Produkt ‚individuellen' oder ‚sozialen' menschlichen Verhaltens ist, daß, um ein heutiges Modewort zu verwenden, auch ‚Wissenschaft als Lebenspraxis' den Gegenstand von Untersuchungen bilden kann.

Der Wissenschaftsbetrieb kann, wie alle anderen menschlichen Aktivitäten, den Gegenstand *empirischer Forschungen* bilden. Derartige Untersuchungen gehören zum Themenkreis der *Wissenschaftswissenschaft* und nicht der *Wissenschaftstheorie*, der '*science of science*' und nicht der '*metascience of science*'.

Auch für die Wissenschaftswissenschaft gibt es ein ungeheures Feld zu beackern: Dazu wäre z.B. das zu rechnen, was man *Psychologie und Soziologie der Forschung* nennen könnte, also etwa psychologische Untersuchungen darüber, welche Gründe Menschen dazu bewegen können, den Beruf des Wissenschaftlers zu wählen; ob es genau beschreibbare individualpsychologische und (oder) soziale Bedingungen für die Gewinnung neuer wissenschaftlicher Entdeckungen gibt; von welchen Motiven und außerwissenschaftlichen Interessen sich Forscher bei der Wahl ihrer Themen leiten lassen; unter welchen ökonomischen und gesellschaftlichen Bedingungen es zum ‚normalen' Fortgang der Wissenschaften, unter welchen es zu ‚wissenschaftlichen Revolutionen' kommt. Hierzu gehört ferner das *Studium* vergangener und gegenwärtiger *wissenschaftlicher Institutionen*, ihrer Organisation und ihres Zusammenspiels. Ebenso wären alle empirischen Untersuchungen über früher und heute *als geltend anerkannte Spielregeln* im Verhalten der Wissenschaftler zueinander dazuzuzählen, insbesondere die Beantwortung der Frage, welche dieser Regeln bisher zeit- und gesellschaftsinvariant waren und welche nicht (bzw. ob es solche bisher überhaupt gegeben hat). Selbstverständlich gehört zur Wissenschaftswissenschaft auch ein Zweig der Geschichtswissenschaft, nämlich die lange Zeit gegenüber der politischen Geschichte, Wirtschafts- und Kunstgeschichte leider außerordentlich stark vernachlässigte *Wissenschaftsgeschichte*.

Eine weitere Komplikation ergibt sich daraus, daß *alle* wissenschaftswissenschaftlichen Untersuchungen entweder rein *deskriptiver* Natur sein oder in den Versuch *erklärender Hypothesen* einmünden können. Der Wissenschaftswissenschaftler braucht sich nicht damit zu begnügen, Daß-Sätze zu produzieren und zu begründen. Er kann z. B. zu *erklären* versuchen, *wie* eine wissenschaftliche Entdeckung zustande kam; *warum* sich in bestimmten Gesellschaften solche, in anderen andere Forschungsinstitutionen und Formen der Wissensvermittlung herausgebildet haben; *wieso* es in einer Zeitepoche zu wissenschaftlichen Revolutionen kam etc.

Auch bei diesen erklärenden wissenschaftswissenschaftlichen Untersuchungen handelt es sich stets um *empirische* Forschungen, nicht jedoch um wissenschaftstheoretische Spezialuntersuchungen. *Wissenschaftswissenschaft ist kein Bestandteil der Wissenschaftstheorie.* Selbstverständlich aber sind wissenschaftswissenschaftliche Untersuchungen von mehr oder weniger großer wissenschaftstheoretischer *Relevanz*. In dieser Hinsicht verhält es sich nicht anders als mit anderen empirischen Disziplinen. Der Wissenschaftstheoretiker muß sich an dem von den Einzelwissenschaften vorgegebenen Material *orientieren*, wenn er dieses rational zu rekonstruieren unternimmt. Und er sollte daher auch dankbar alle für seine Untersuchungen wichtigen Daten verwenden, die ihm der Fachmann in einem Gebiet der science of science zur Verfügung stellt. Der Wissenschaftstheoretiker wird dadurch ebensowenig Erfahrungswissenschaftler, wie der Wissenschaftswissenschaftler dadurch zum Wissenschaftstheoretiker wird, daß er seine Untersuchungen in ausdrücklicher Befolgung wissenschaftstheoretischer Gesichtspunkte und Probleme vornimmt.

Die *methodische* Trennung zwischen den Disziplinen impliziert natürlich nicht so etwas wie eine Forderung nach *personeller* Trennung. Im Gegenteil, gerade wegen der großen Relevanz beider Gebiete für das jeweils andere sollte es begrüßt werden, wenn ein Wissenschaftstheoretiker wenigstens einige der für seine Analyse wesentlichen wissenschaftswissenschaftlichen Untersuchungen selbst anstellt oder wenn ein Wissenschaftshistoriker seine Forschungen auf von ihm selbst erarbeitete wissenschaftstheoretische Fragestellungen hin ausrichtet. Leider kommt es aus zahlreichen Gründen, wie Zeitmangel, fehlender Qualifikation für eine der beiden Tätigkeiten, Schwierigkeitsgrad, mangelndem Interesse etc. selten zu einer solchen Personalunion.

Auch in sachlicher Hinsicht geht es keineswegs darum, die Trennung zu betonen, sondern eine möglichst gute *wechselseitige Befruchtung und Durchdringung* von Wissenschaftstheorie und Wissenschaftswissenschaft anzustreben. Dasselbe gilt für das Verhältnis von Wissenschaftstheorie und Einzelwissenschaften. Es ist sogar zu hoffen, daß langfristig gesehen, so etwas wie eine *Rückkopplung von Wissenschaftstheorie, Spezialwissenschaft und Wissenschaftswissenschaft* stattfindet: Wissenschaftstheoretische Analysen können zu einem methodisch klareren, begrifflich präziseren und systematischeren Aufbau von Einzelwissenschaften führen, was seinerseits wieder die wissenschaftstheoretische Arbeit der rationalen Rekonstruktion zu verbessern gestattet usw. Ebenso kann die Wissenschaftsgeschichte der Wissenschaftstheorie durch Herausarbeitung bisher vernachlässigter Aspekte der Wissenschaft neue Forschungsimpulse verleihen, wie umgekehrt neue wissenschaftstheoretische Resultate der Wissenschaftsgeschichte interessante Anregungen geben können.

Bestimmte philosophische Positionen können es ihren Anhängern auch gestatten, *nichtempirische Feststellungen über wissenschaftliche Fakten* zu treffen, insbesondere also z.B. nicht auf empirischen Befunden gestützte Voraussagen über die künftige Entwicklung der Wissenschaft zu machen. Je nachdem, wie die philosophische Ausgangsposition genauer zu charakterisieren ist und wie es mit der Frage ihrer Begründung steht, wird man die eine solche Auffassung vertretende Person als Hellseher, als Propheten oder als Wissenschaftsmetaphysiker bezeichnen können; ein Wissenschaftstheoretiker im hier verstandenen Sinn ist er sicherlich nicht[7].

Wissenschaftliche Tätigkeiten und Institutionen kann man schließlich *zum Gegenstand wertender Beurteilungen* machen. Derartige Beurteilungen können sich zum Teil und werden sich meist außer auf Zielvorstellungen, die als wünschbar vorausgesetzt werden, auch auf empirische Untersuchungen stützen. Sie können mehr *‚pragmatischen‘* oder mehr *‚grundsätzlich-weltanschaulichen‘* Charakter haben. Sie reichen von Fragen der Art, ob sich die wissenschaftliche Lehrtätigkeit nicht rationeller und effektiver gestalten ließe als durch Vorlesungen, über die Kritik an traditionellen wissenschaftlichen Institutionen bis zur kulturpessimistischen Infragestellung der Wissenschaft überhaupt. Wertungen können ferner *auf verschiedenen Stufen der Allgemeinheit* vorgenommen werden. Neben generellen Infragestellungen der erwähnten Art können sehr konkrete Werturteile gefällt werden, die auf tatsächliche oder mögliche unerwünschte Konsequenzen bestimmter scharf angebbarer Arten von Handlungen, die mit wissenschaftlichen Tätigkeiten und Lehrtätigkeiten verknüpft sind, hinweisen. Um nur zwei mögliche Beispiele zu nennen: Man könnte zu einer ablehnenden Haltung gegenüber bestimmten Formen des Deutschaufsatzes in unserem Schulbetrieb deshalb gelangen, weil darin eine Gefahr der ‚Erziehung zur geistigen Hochstapelei‘, zum ‚geistreichen Reden über‘ Materien ohne fundierte Sachkenntnis, erblickt wird. Oder man könnte die Frage stellen, ob es zweckmäßig ist, den Unterricht ‚vom Einmaleins bis zum Integral‘ in den Schulen so zu gestalten, daß statt der Vermittlung von Einsichten in mathematische Strukturen ein unverstandenes und blindes Hantieren mit auswendig gelernten Formeln trainiert wird, das nicht nur zum Mythos vom cerebrum mathematicum führt — wonach denen, welche über diese biologische Naturgegebenheit nicht verfügen, das Verständnis dieses Bereiches für ewig verschlossen bleibt —, sondern auch zu einer emotionalen Abneigung gegen alles ‚Formale‘ und ‚Mathematische‘ und damit zu einem

[7] Der Ausdruck „Wissenschaftsmetaphysik“ kann allerdings noch in einem ganz anderen Sinn verstanden werden; vgl. dazu die diesbezüglichen Ausführungen in (VIII).

Desinteresse gegenüber einem an Bedeutung ständig wachsenden Kulturzweig[8].

Schließlich können wertende Stellungnahmen zu allen oder bestimmten wissenschaftlichen Tätigkeiten *Konsequenzen oder ‚konstitutive Bestandteile' von Beurteilungen der Staats- und Gesellschaftssysteme* bilden, in welchen diese bestimmten Formen wissenschaftlicher Aktivitäten vollzogen werden. In diesen Rahmen würden z.B. die Kritiken des Verhaltens von Wissenschaftlern wegen angeblichen, d.h. vermuteten oder ‚empirisch erwiesenen' Mißbrauchs im Dienste ökonomischer und militärischer Mächte gehören. Allgemeiner gesprochen, gehört in diesen Zusammenhang die Diskussion über die Berechtigung moralischer Appelle an die Wissenschaftler, von Forschungen Abstand zu nehmen, deren Ergebnisse zu einer für die Menschheit schädlichen, u.U. katastrophalen Verwertung führen könnten. Zu diesem Beispiel sei eine kurze Anmerkung eingefügt, um zu erläutern, in welchem Sinn eine wissenschaftstheoretische Betrachtung einen positiven Beitrag zu derartigen Diskussionen leisten könnte: Die Entschlüsse von Wissenschaftlern, bestimmte Arten von Untersuchungen durchzuführen oder nicht durchzuführen, können *unter entscheidungstheoretischem Gesichtspunkt* betrachtet werden. Nun handelt es sich hierbei niemals um ‚Entscheidungen unter Sicherheit', meist nicht einmal um ‚Entscheidungen unter Risiko', sondern fast ausschließlich um ‚Entscheidungen unter Unsicherheit'. Dies bedeutet: Die tatsächlichen kausalen Auswirkungen einer wissenschaftlichen Entdeckung können niemals mit Sicherheit, in den meisten Fällen nicht einmal mit gewisser Wahrscheinlichkeit vorausgesagt werden. Vielmehr kommen, wo es sich nicht um ausdrückliche Auftragsforschung handelt, deren Zweck dem Beauftragten bekannt ist, zahllose ‚schädliche' *und* ‚nützliche' Möglichkeiten mit unbekannter Realisierungschance in Frage. Wer daher den Standpunkt der Erfolgsmoral zugrundelegen zu müssen glaubt, also die These verficht, daß der Wissenschaftler *in jedem Fall* für die kausalen Nah- und Fernwirkungen seiner Forschungsresultate verantwortlich zu machen sei, der muß auch bereit sein, die moralische Konsequenz aus dieser *seiner Entscheidung* zu ziehen, die lautet: Die Wissenschaftler sollen sich *aller* potentiell mißbräuchlich verwendbaren wissenschaftlichen Aktivitäten enthalten. Die Befolgung dieses Imperativs hätte ihrerseits zur Folge, daß fast alle Forschungen zum Erliegen kämen, nämlich alle mit Ausnahme der ganz wenigen ‚todsicher ungefährlichen', wie z.B. der *Primzahlforschung*.

[8] Wer nicht wenigstens die ungefähre Anzahl der Klaviersonaten Beethovens oder den Geburtsort Goethes anzugeben vermag, gilt als primitiver Mensch, sich mit mathematischer Unwissenheit zu brüsten, ist dagegen in unserer Kultur gewöhnlich eher von Vorteil als von Nachteil für die eigene Persönlichkeitsbeurteilung seitens anderer. Stolze Äußerungen von der Art: „von Mathematik habe ich nie etwas verstanden und werde ich nie etwas verstehen" vernimmt man keineswegs *nur* von Ärzten und Musikkorrespondenten.

Auseinandersetzungen mit wertenden Stellungnahmen sind heute von großer Aktualität und Wichtigkeit. *Wissenschaftskritik* im Sinn einer Kritik des vorfindbaren Wissenschaftsbetriebes bildet nicht nur die Grundlage der *Wissenschaftspolitik*, sondern wird nach meiner Überzeugung mit Recht als moralische Leistung von den Wissenschaftlern selbst abverlangt. Aber man fordert diese Reflexionen von den Wissenschaftlern nicht *als Wissenschaftlern*, auch nicht als *wissenschaftstheoretisch* über ihre Tätigkeit nachsinnenden Forschern, sondern von ihnen *als Menschen*, die an besonders verantwortlichen Stellen des sozialen Lebens stehen und die mutmaßlichen Folgen ihrer Tätigkeit bedenken sollten.

Ungeachtet ihrer Bedeutung gehören derartige Reflexionen nicht zur Wissenschaftstheorie, obzwar wissenschaftstheoretische Bemühungen zur Klärung beitragen können, so wie ja auch fundierte wissenschaftswissenschaftliche Kenntnisse erforderlich sind, will man verhindern, daß derartige Wertungen auf Sand gebaut sind oder auf mythologischen Vorstellungen von angeblichen ‚geheimen Drahtziehern hinter der wissenschaftlichen Bühne' beruhen. *Wissenschaftskritik ist nur soweit zur Wissenschaftstheorie zu rechnen, als sie zur Tätigkeit der rationalen Rekonstruktion gehört*, wie dies in (III), (1) bis (6) exemplifiziert worden ist, also als Kritik der von Wissenschaftlern benützten *Begriffe* und angenommenen *Theorien*, nicht aber als Kritik von *Handlungsweisen*, denen man das Prädikat „wissenschaftlich" deshalb zuspricht, weil sie von Personen vollzogen werden, die man Wissenschaftler nennt.

Leider besteht heute im deutschen Sprachbereich keine terminologische Einheitlichkeit. Bisweilen werden wissenschafts*wissenschaftliche* Untersuchungen, bisweilen wissenschafts*kritische* Betrachtungen im eben beschriebenen Sinn zur Wissenschaftstheorie gerechnet. Soweit dies geschieht, handelt es sich nicht um ‚andersartige Auffassungen von der Wissenschaftstheorie und ihren Aufgaben', sondern um die Verwendung desselben Wortes für etwas anderes, das mit Wissenschaftstheorie im hier verstandenen Sinn überhaupt keine Berührungspunkte hat oder damit nur sehr indirekt zusammenhängt. Für die hier benützte Wortwahl und gegen diese anderen terminologischen Beschlüsse sprechen vor allem drei Gründe: Erstens die Tatsache, daß der Ausdruck „Wissenschaftstheorie" die natürlichste Bezeichnung für die in (I) geschilderte Ausweitung logischer und metamathematischer Untersuchungen zu metawissenschaftlichen Analysen in einem allgemeinen Sinn ist. Zweitens der Umstand, daß seit Bolzano Ausdrücke wie „Wissenschaftslehre", „Wissenschaftslogik" und „Wissenschaftstheorie" in diesem Sinn verwendet werden; vor fast 40 Jahren hat R. Carnap den Ausdruck „Wissenschaftslogik" in diesem Sinn wieder eingeführt. Drittens schließlich das Faktum, daß diese Disziplin in den letzten Jahrzehnten hauptsächlich im englischen Sprachraum unter der Bezeichnung "metascience of science" weiterentwickelt worden ist und daß „Wissenschaftstheorie“ die deutsche Standardübersetzung für diese englische Bezeichnung darstellt.

Was man alles zum Gegenstand der Wissenschaftstheorie machen kann und welcher Methoden man sich dabei zu bedienen hat, darüber braucht nicht von vornherein Einigkeit zu bestehen. Ich führe hierzu ein Beispiel aus eigener Erfahrung an: Erstmals hat KARL POPPER den *dynamischen* Aspekt, den Gesichtspunkt des Erkenntnis*wachstums*, hervorgekehrt und mit seiner Theorie der Bewährung in Verbindung gebracht. In andersartiger Weise und zum Teil in Polemik gegen POPPER, nämlich unter Zugrundelegung der Alternative „Normale Wissenschaft — Revolutionäre Wissenschaft“, wurde die Wissenschaftsdynamik von THOMAS KUHN historisch-kritisch analysiert. Lange Zeit war ich, so wie vermutlich auch andere Wissenschaftstheoretiker, darüber im Zweifel, ob es überhaupt möglich sei, den dynamischen Aspekt wissenschaftstheoretisch zu untersuchen. Ich vermutete, genauere Untersuchungen würden ergeben, daß die ‚Logik der Forschung‘ durch Psychologie, Soziologie und Geschichte der Forschung abgelöst werden müßten. Den Nachweis dafür erbracht zu haben, daß dem *nicht* so ist, betrachte ich als eine der großen Leistungen des oben zitierten Werkes von J.D. SNEED. Allerdings muß man, um dieses Ergebnis einzusehen, zunächst bereit sein, eine Konsequenz zu ziehen, die genau gegenteilig ist zu derjenigen, die heute viele POPPER und KUHN nahestehende Denker zu ziehen scheinen: daß man nämlich nicht gegenüber CARNAP, HEMPEL und anderen ‚Formalisierern‘ von der Benützung formaler Methoden und formaler Sprachen *abrücken* muß, *sondern daß man umgekehrt von viel stärkeren logischen und modelltheoretischen Hilfsmitteln Gebrauch machen muß, als dies* CARNAP *tat, sofern es einem darum geht, die ‚Dynamik von Theorien‘ wissenschaftstheoretisch zu begreifen.* Ein weiterer bedeutender Nebeneffekt der Sneedschen Untersuchungen liegt in der Entmythologisierung des ‚Holismus‘, der heute seine Wiederauferstehung feiert und in dem verschiedene mehr ‚empiristisch‘ eingestellte Philosophen so etwas wie einen Neo-Obskurantismus vermuten.

Schlagwortartig kann man den holistischen Standpunkt auf drei Hauptthesen zurückführen: (1) Aus wissenschaftlichen Theorien kann man nicht einzelne Teile aussondern und diese *für sich* überprüfen. Vielmehr lassen sich Theorien nur *als ganze* testen und daher auch nur *als ganze* akzeptieren oder verwerfen. (2) So etwas wie ein *experimentum crucis*, welches darin resultieren kann, daß eine Theorie zu verwerfen ist, *gibt es nicht*. (3) Zwischen dem, *was eine Theorie behauptet*, und dem, was *diese Theorie stützende Daten* sind, kann man keine klare Grenze ziehen.

Für SNEED ergibt sich z.B. die Richtigkeit von (1), zumindest für physikalische Theorien, durch Preisgabe einer fast allgemein akzeptierten wissenschaftstheoretischen Annahme, nämlich der Annahme, daß eine Theorie ein System von Sätzen sei. Wenn man seinen Argumenten zustimmt, dann ist der empirische Gehalt einer physikalischen Theorie mittels einer einzigen unzerlegbaren Aussage[9] oder als deren modelltheoretische Entsprechung zu konstruieren. Vgl. dazu sein Werk [Physics] insbesondere Kap. V und Kap. VII; zum Thema „Holismus“ vor allem S. 70 sowie S. 89ff.

Die obige Bemerkung über CARNAP war nicht polemisch gemeint. Selbstverständlich muß jede Präzisierung zunächst mit relativ elementaren Methoden beginnen und kann erst später dazu übergehen, von komplizierteren begrifflichen Apparaturen Gebrauch zu machen. CARNAP war sich dessen stets bewußt. Das zitierte Werk von SNEED liefert ein deutliches Zeugnis dafür, von welchen anspruchsvollen logisch-mathematischen Hilfsmitteln eine künftige Wissenschaftstheorie der Naturwissenschaft wird Gebrauch machen müssen.

Wir werden allerdings später erkennen, daß CARNAPs Beschränkung auf relativ einfache sprachliche und begriffliche Systeme ein entscheidendes Hindernis dafür bildete, die Relevanz seiner Untersuchungen für die logische Grundlegung der Statistik, insbesondere für das sog. *statistische Schließen*, abzuschätzen; denn CARNAPs Systeme sind zu schwach, um darin statistische Hypothesen von üblicher Gestalt zu formulieren. Falls man der in diesem Band gegebenen Deutung des Anwendungsbereiches des Begriffs der personellen Wahrscheinlichkeit sowie der Interpretation des Carnapschen Projektes zustimmt, so ist die Carnapsche Theorie nur soweit für das statistische Schließen von Relevanz, als dieses sich *entscheidungstheoretisch* behandeln läßt. Und dies ist, so scheint es mir im Widerspruch zu einer verbreiteten Auffassung, nur ein kleiner Teil der Anwendungsmöglichkeiten statistischer Methoden, nämlich jener, die ‚für praktische Zwecke‘ benützt werden, nicht dagegen jener, die eine rein theoretische Verwendung haben, wie z.B. in der Quantenphysik.

(V) Wissenschaftstheorie und Erkenntnistheorie. Die Ausführungen zu Beginn sowie gegen Ende von (IV) sollten auf eine mögliche Gefahr hinweisen, der wissenschaftstheoretisches Denken, heute zumindest, stets ausgesetzt ist: auf *die Gefahr des Abgleitens der Wissenschaftstheorie in die Wissenschaftswissenschaft*, der metascience of science in die science of science. Diese Gefahr wird dann aktuell, wenn der kritisch-normative Gesichtspunkt verdrängt wird, so daß am Ende nur mehr die Deskription dessen, ‚was die Wissenschaftler wirklich tun oder getan haben‘, übrig bleibt.

Dazu existiert die *duale Gefahr*. Auf sie hinzuweisen, erscheint mir deshalb als wichtig, weil die in (III) (1) bis (6) gegebenen Hinweise den falschen Eindruck erwecken könnten, als überwiege in wissenschaftstheoretischen Analysen bei weitem der normative Aspekt gegenüber dem rein deskriptiven. Man kann diese Gefahr am besten im Rahmen einer Erörterung des Verhältnisses von Wissenschaftstheorie und Erkenntnistheorie zur Sprache bringen.

---

[9] Genauer müßte es heißen: eine Aussage zusammen mit einer (nicht unbedingt scharf umreißbaren) Klasse von Anwendungsbereichen. Grob gesprochen, besteht eine Theorie nach SNEED in der durch das Prädikat der Aussage beschriebenen mathematischen Struktur plus den Anwendungsbereichen.

Viele Wissenschaftstheoretiker, vor allem solche aus dem empiristischen Lager, werden die Unterscheidung ablehnen und die Auffassung vertreten, daß die seinerzeitige Erkenntnistheorie ganz in die Wissenschaftstheorie aufgegangen sei, oder sie werden höchstens zu dem Zugeständnis bereit sein, daß die allgemeineren und grundlegenderen Probleme als erkenntnistheoretisch auszuzeichnen seien; wobei es natürlich mehr oder weniger der subjektiven Willkür des einzelnen überlassen bleibt, wo er die Grenze zieht.

Es gibt aber noch eine ganz andersartige Auffassung, die ich am Beispiel der theoretischen Philosophie Kants illustrieren will. Kant hat seine Gedanken in zwei verschiedenen Formen entwickelt: erstens in der Gestalt des sog. ‚regressiven' (‚analytischen', ‚aufsteigenden') ‚Argumentes', welches sich vor allem in den Prolegomena findet; und zweitens in der Gestalt des ‚progressiven' (‚synthetischen', ‚absteigenden') ‚Argumentes', welches sich in der Hauptsache in KRV findet. Das erstere Argument erfolgt *unter einer Existenzvoraussetzung*, nämlich daß es eine Naturwissenschaft (nämlich die Newtonsche Mechanik) gibt, und zwar nicht nur gibt im Sinn eines von Fachleuten bestimmter Disziplinen als *gültig Geglaubten* und daher als *gültig Akzeptierten*, sondern im Sinn von etwas *tatsächlich Gültigen*. Unter dieser Existenzannahme wird das Verfahren der Begründung naturwissenschaftlicher Erkenntnisse analysiert.

Die Frage, ob Kant in dem Sinn ein ‚Aristoteliker' war, daß er *an eine Begründung im Sinn eines Gültigkeitsnachweises* glaubte, spielt im gegenwärtigen Zusammenhang überhaupt keine Rolle.

Das ‚progressive Argument' macht diese Existenzvoraussetzung nicht mehr. Darin soll vielmehr — in heutiger Sprechweise — *auch* eine metatheoretische Begründung für diese Existenzannahme geliefert werden.

Dies ist *einer* der Gründe dafür, daß die Prolegomena einfacher zu lesen sind als KRV und von Kant als gemeinverständlicher Kommentar der letzteren aufgefaßt werden konnten.

Alle Untersuchungen, die unter der Existenzannahme laufen, könnte man als wissenschaftstheoretisch im engeren Sinne charakterisieren, diejenigen Untersuchungen hingegen, in welchen die Existenzannahme ihrerseits erst *begründet* werden soll, als erkenntnistheoretisch.

Durch Abstraktion und Radikalisierung könnte man daraus das folgende allgemeine Schema gewinnen: Der Wissenschaftstheoretiker stellt die existierenden Wissenschaften nicht in Frage. Vielmehr versucht er deren Rekonstruktion *unter der Voraussetzung, daß eine rationale Rekonstruktion möglich ist.* Der Erkenntnistheoretiker geht dagegen noch einen Schritt weiter. Die Geltungsfrage wird bezüglich der verschiedenen Arten angeblicher wissenschaftlicher Erkenntnisse gestellt. Dadurch ergibt sich ein möglicher Konflikt mit dem Vorgehen des Wissenschaftstheoretikers:

Erstens betrifft seine Infragestellung *alle* Wissenschaften, dagegen z.B. nicht etwa nur die traditionellen metaphysischen Disziplinen. Zweitens wird die negative Beantwortung der Geltungsfrage (hinsichtlich bestimmter oder aller Einzeldisziplinen) als ernste Möglichkeit ins Auge gefaßt. Ob und inwieweit eine solche Infragestellung möglich oder auch nur sinnvoll ist, wäre ebenfalls bereits eine erkenntnistheoretische Frage. (Es spielt dabei natürlich keine Rolle, ob man hier von *Erkenntnistheorie*, *Erkenntniskritik* oder gar von *Metaphysik der Erkenntnis* spricht.) Daß der Wissenschaftstheoretiker dagegen diese ‚Vorgabe' an den Einzelwissenschaftler macht, *die intuitiven Auffassungen des Wissenschaftlers als im Prinzip richtig anzuerkennen, solange nicht das Gegenteil erwiesen wurde*, ist Ausdruck dessen, daß trotz der später ins Gefecht geworfenen normativen Geschütze *der deskriptive Aspekt überwiegt, da das ‚Faktum der Wissenschaft' den einzig möglichen Ausgangspunkt wissenschaftstheoretischer Analysen bildet.* Eine Frage von der Art, ob es physikalische Wissenschaften überhaupt in dem Sinn ‚gibt', daß diese Disziplinen mit angeblichem Wissenschaftsanspruch nicht nur historisch vorliegen (‚quid facti?'), sondern in ihrer Existenz berechtigt sind (‚quid iuris?'), *ist keine sinnvolle wissenschaftstheoretische Frage mehr.*

Der Unterschied zwischen Wissenschaftstheorie und Erkenntnistheorie sei sowohl an einem speziellen als auch an einem allgemeinen Beispiel illustriert.

Beispiel 1. In Teil II, Abschnitt 8b dieses Bandes werden die phänomenologischen Grundpostulate erwähnt, welche in CARNAPS Grundlegung der personalistischen Wahrscheinlichkeitstheorie eine wichtige Rolle spielen. Nach herkömmlicher philosophischer Sprechweise handelt es sich dabei um sog. *synthetische Propositionen a priori.* Es waren äußerst spezielle, auf das vorliegende Problem: die logische Grundlegung der rationalen Entscheidungstheorie bezogene Probleme, welche CARNAP bewogen, derartige phänomenologische Postulate zu akzeptieren. Alle diese sachspezifischen Untersuchungen CARNAPS sind als *wissenschaftstheoretisch* zu charakterisieren.

Wenn man diese Deutung von CARNAPS Analysen akzeptiert, so muß man zugleich anerkennen, daß sie eine *erkenntnistheoretische* Position voraussetzen, die man etwa mit den Worten charakterisieren könnte: Der Begriff der synthetischen Proposition a priori ist einer präzisen Explikation fähig; und die Extension des so explizierten Explikates „synthetisch a priori" ist nicht leer.

Dies wiederum zeigt, daß die erwähnten wissenschaftstheoretischen Analysen CARNAPS eine erkenntnistheoretische Umorientierung voraussetzten; denn die Gegenüberstellung „logisch determinierbar — synthetisch" (bzw.: „analytisch determiniert – synthetisch") stellte ja lange Zeit hindurch für CARNAP eine *erschöpfende* Klassifikation *aller* sinnvollen Aussagen dar.

Dieses Beispiel dürfte bereits genügen, um deutlich zu machen, daß das, was in (IV) andeutungsweise über die *Rückkoppelung* von Wissenschaftstheorie und Wissenschaftswissenschaft gesagt wurde, mutatis mutandis auch für das Verhältnis von Wissenschaftstheorie und Erkenntnistheorie gilt: Wissenschaftstheoretische Analysen können u. U. die ‚Begründung' einer erkenntnistheoretischen Position voraussetzen; sie können aber auch umgekehrt erkenntnistheoretischen Untersuchungen neue Impulse geben. Die eben erwähnten Analysen CARNAPS kann man unter *beiden* Gesichtspunkten betrachten.

Beispiel 2. Methodischer Ausgangspunkt für die approximative Charakterisierung der Wissenschaftstheorie in (I) war HILBERTS *Metamathematik*. Das Hilbertsche Projekt bildete jedoch nur *eine* der möglichen Reaktionen auf das Auftreten logischer Antinomien. Der bereits durch FREGE begonnene, von RUSSELL-WHITEHEAD typentheoretisch revidierte und heute besonders durch v. QUINE in allerdings entscheidenden Punkten modifizierte *Logizismus*, das *pragmatisch-axiomatische Vorgehen* ZERMELOS und seiner Nachfolger sowie die in wesentlichen Hinsichten von der klassischen Mathematik abweichende Brouwersche *intuitionistische Mathematik* waren Ergebnisse völlig andersartiger und untereinander nur schwer vergleichbarer Stellungnahmen zu den logischen Paradoxien. Dadurch entstanden Forschungstrends, die nach verschiedenen gedanklichen Dimensionen ausstrahlten und die alle unter dem Namen „Mathematische Grundlagenforschung" zusammengefaßt werden.

Der *Wissenschaftstheoretiker* hat alle diese Trends gleich wichtig zu nehmen, sie zu analysieren und in ihren Konsequenzen für die mathematische Erkenntnis zu beurteilen. Der *Erkenntnistheoretiker* kann einen Schritt weiter gehen. Aufgrund seiner Überlegungen kann er z. B. zu dem Ergebnis gelangen, daß dem konstruktivistischen Vorgehen der Vorzug gegenüber den anderen Methoden zu geben sei.

Hier kann es nun zum Konflikt kommen zwischen dem, was vom wissenschaftstheoretischen und was vom erlangten erkenntnistheoretischen Standpunkt aus getan werden sollte: *Berücksichtigung und Beachtung* der nichtkonstruktivistischen oder *Mißachtung* all dieser anderen Versuche. Dieser Konflikt braucht sich nicht zu einem ‚praktischen Konflikt' zu entwickeln, wenn der Konstruktivist nicht intolerant gegenüber anderen Einstellungen wird.

Leider aber ist diese emotionale Auswirkung häufig zu beobachten. Sie ist allerdings psychologisch gut zu verstehen. Die Faszination, die der Konstruktivismus und in seinem Gefolge jede Form der *‚Absolutbegründung' der Wissenschaft* auf junge Geister ausübt, dürfte ihre Wurzel in dem Streben nach einem *absolut sicheren Fundament* oder nach einer *absolut sicheren*, keine bedenklichen gedanklichen Operationen zulassenden *Methode* haben, die den Menschen seine grenzenlose Unwissenheit vergessen machen läßt, im ‚quest for certainty', wie es der amerikanische Philosoph J. DEWEY einmal ausdrückte. Der Glaube daran, eine solche Basis oder eine solche

Methode gefunden zu haben, führt haltungsmäßig meist *zum Dogmatismus und zur Intoleranz* gegenüber andersartigen Denkeinstellungen. Der Wissenschaftstheoretiker sollte sich demgegenüber nach allen um Klarheit bemühten Richtungen hin offenhalten, sie natürlich trotzdem auch einer ‚möglichst rücksichtslosen' Kritik unterziehen.

Wenn es dennoch nur manchmal zu diesem Konflikt zwischen ‚wissenschaftstheoretischer Toleranz und erkenntnistheoretischer Intoleranz' kommt, so dürfte dies wieder seinen Grund darin haben, daß alle bislang von Menschen ersonnenen ‚absoluten' Grundlagen und Methoden im Verlauf der Durchführung des Projektes zu einer Fülle von Schwierigkeiten geführt haben, über die man sich nur kraft eigener Blindheit oder Selbstverblendung hinwegsetzen kann. Auch dafür bildet die Geschichte des mathematischen Konstruktivismus ein gutes Illustrationsbeispiel: Es konnte nicht nur bis heute keine Einigkeit darüber erzielt werden, wie der Begriff „konstruktiv" genau zu explizieren sei. Sondern es ist durch die Untersuchungen eines der führenden Forscher auf dem Gebiet des Konstruktivismus, G. Kreisel, aufgezeigt worden, daß es eine unendliche Hierarchie von zunehmend abstrakteren Konstruktivitätsbegriffen gibt, weshalb man nach seiner Auffassung gar nicht mehr von einem einzigen Hilbert-Programm sprechen kann, sondern *von einer unendlichen Hierarchie von Hilbert-Programmen* reden muß[10]. Wenn angesichts solcher Forschungsresultate dann dennoch eine ganz bestimmte konstruktive Methode als die ‚einzig gültige' ausgezeichnet wird, so muß man eine derartige Auszeichnung — je nachdem, ob man die Sache mehr von der ernsten oder mehr von der humorvollen Seite aus betrachtet — entweder als *Dogmatismus* oder als *subjektives Präferenzspiel* charakterisieren.

Da in Deutschland unter dem wiederauferstandenen ‚Dinglerismus' die Forderung nach Absolutbegründung, also der 'quest for certainty', wieder deutlich zu hören ist, sei nochmals auf die Gefahren dieser Haltung hingewiesen. Dogmatismus, Sektierertum und Intoleranz sind nur die *moralischen* Gefahren einer solchen geistigen Einstellung. Ihnen entspricht *eine theoretische Gefahr für die Wissenschaftstheorie selbst.* Es ist in gewissem Sinn die duale Gefahr zu jener, unter der die ‚Kuhnianer' stehen: Während dort die Wissenschaftstheorie von der science of science aufgesaugt zu werden droht, verwandelt sich bei Indienststellung in das Streben nach absoluter Sicherheit die Wissenschaftstheorie in eine *metascience of science fiction,* in das Postulat von erst zu schaffenden Wissenschaften und Begründungsweisen, ohne Rücksicht darauf, ob diese auch menschenmöglich *oder menschenunmöglich* sind. Diese Gefahr des Abgleitens in die metascience of science fiction muß nicht eine akute werden; aber sie *bedroht* uns immer, sobald wir uns auf die Suche nach einer Absolutbegründung machen.

[10] G. Kreisel, "Five Notes on Transfinite Progressions". Technical Report Nr. 5, Stanford, Calif., 1962.

Kann man für die Forderung nach wissenschaftstheoretischer Toleranz eine allgemeine *Begründung* geben, die mehr enthält als einen Hinweis auf theoretische und praktische Gefahren? Dies hängt davon ab, was man in diesem Kontext als Begründung zu akzeptieren bereit ist. Das relativ Beste, was man hier sagen kann, ist etwas, das viele Philosophen in verschiedensten Wendungen und Zusammenhängen in irgendeiner Form ausgedrückt haben und woran wir in diesem Jahrhundert besonders eindringlich von den Existenzphilosophen wieder erinnert worden sind: Daß es uns Sterblichen nicht ansteht, absolute Sicherheit für was auch immer auf solche Weise in Anspruch zu nehmen, daß damit zugleich ein Nichttolerierenwollen andersartiger Auffassungen und Denkweisen verknüpft wird. Wir können uns höchstens eine Zeitlang *der Illusion* hingeben, daß wir eine ‚absolut sichere' Position erworben hätten.

Die allgemeine Situation, in der wir uns als Wissenschaftler, Philosophen und Wissenschaftstheoretiker befinden, hat Otto Neurath einmal in einem knappen Bild zum Ausdruck gebracht, als er uns mit Seeleuten verglich, „die ihr Schiff auf offener See umbauen müssen, ohne es jemals in einem Dock zerlegen und aus besten Bestandteilen neu errichten zu können."

Was für weitere Gesichtspunkte man auch immer noch ins Treffen führen mag, *die Annahme des ‚Prinzips der wissenschaftstheoretischen Toleranz' ist auf alle Fälle eine praktische Entscheidung*. Daß dies keineswegs darauf hinausläuft, den Max Weberschen Standpunkt kritiklos zu übernehmen, soll in (IX) gezeigt werden.

Hält man sich die geschilderten Gefahren vor Augen, so wird man sagen müssen: Trotz allem, was in (III) über die normativen Aspekte in der Wissenschaftstheorie gesagt worden ist, *überwiegt doch in wissenschaftstheoretischen Analysen bei weitem der deskriptive Gesichtspunkt*. Der Wissenschaftstheoretiker muß sich an den Einzelwissenschaften *als konkret vorliegenden menschlichen Leistungen* orientieren und nicht an etwas, das aufgrund von Apriori-Überlegungen *als gesollte* wissenschaftliche Leistung postuliert wird.

Wissenschaftstheorie und Wissenschaftswissenschaft werden sich meines Erachtens aus einem speziellen Grund in Zukunft sogar noch enger verflechten als bisher: Die Untersuchungen zu verschiedenen Themenkreisen, insbesondere zu den Themenkreisen „Erklärung" und „Bestätigung", haben ergeben, daß die Beschränkung auf logische, semantische und modelltheoretische Begriffe nicht ausreicht, sondern daß *pragmatische Begriffe* mit einzubeziehen sind. Für pragmatische Begriffe aber ist *die Bezugnahme auf menschliche Personen* — wenn auch auf in verschiedenen Hinsichten ‚idealisierte Personen' — wesentlich.

Die Toleranzhaltung schließt nicht aus, daß ein bestimmter wissenschaftlicher Trend nach einer bestimmten Zeit *als überwunden* gilt. Wenn sich eine derartige Auffassung durchsetzt, so wird dies aufgrund von innerwissenschaftlichen Prozessen der Fall sein und nicht aufgrund von erkenntnistheoretischen Postulaten. So halte ich es z.B. durchaus für möglich, daß man einmal in der Zukunft auf die Geschichte der Mengenlehre zurückblicken wird *als auf die Geschichte eines kühnen, am Ende aber doch gescheiterten menschlichen Unternehmens.* Was immer die Gründe für die Annahme dieser möglichen künftigen Auffassung sein mögen — das Faktum, daß mengentheoretische Untersuchungen von Konstruktivisten der Gegenwart verworfen wurden, wird unter diesen Gründen sicherlich *nicht* vorkommen.

Daß ich bei diesem Punkt so lange verweilte, hängt *auch* mit dem Thema (genauer mit dem zweiten Thema) dieses Bandes zusammen. Angenommen, eine Form des Konstruktivismus würde sich in der mathematischen Grundlagenforschung durchsetzen, die eine Gewinnung der wichtigsten Lehrsätze der klassischen Mathematik gestattete. Es wäre dem Naturforscher immerhin zumutbar, nur solche mathematischen Systeme zu benützen, die sich in dieser Weise begründen lassen. *Nicht zumutbar* wäre dagegen die Analogie dazu für den Fall, daß sich die personalistische Deutung der statistischen Wahrscheinlichkeit durchsetzen sollte: Der Individuenbereich des Atomphysikers würde dann nicht mehr aus subatomaren Entitäten bestehen, sondern *aus theoretischen Physikern.*

(VI) Wissenschaftstheorie, ‚philosophische Weltanschauung', Metaphysik und ‚Positivismus'. Der Ausdruck „philosophische Weltanschauung" soll in einem denkbar weiten Sinn verstanden werden. Wir schreiben eine weltanschauliche Komponente nicht nur denjenigen Philosophen zu, die sich auf rational nicht nachprüfbare Glaubenssätze berufen, etwa auf das, ‚was der Vernunft zwar nicht widerspricht, jedoch die Vernunft übersteigt'. Vielmehr gebrauchen wir im Augenblick diesen Ausdruck auch dann, wenn es sich um philosophische Positionen handelt, für die tatsächlich oder wenigstens nach der Überzeugung ihrer Anhänger eine rationale Begründung gegeben werden kann, also um diejenigen Denkrichtungen, die man mit Namen wie „Phänomenologie", „Philosophie der natürlichen Sprache", „Kantianismus", „Logischer Positivismus" belegt.

Die eben beschlossene weite Verwendung dieser Bezeichnung hat keinen anderen Grund als den, die folgende Frage formulieren zu können: *Ist die Wissenschaftstheorie selbst eine philosophische Weltanschauung oder ist sie mit einer bestimmten philosophischen Weltanschauung unlösbar verknüpft*, sei es, daß sie von einer solchen getragen wird oder zu einer solchen hinführt? Die Antwort lautet: Nein; keines von beiden. *Die moderne Wissenschaftstheorie setzt weder ein bestimmtes philosophisches Credo voraus noch führt sie zu einem solchen. Sie ist vielmehr mit jedem derartigen Credo verträglich, vorausgesetzt, man hält sich an die Spielregeln rationalen Diskutierens.*

Dies ausdrücklich zu betonen, dürfte deshalb nicht überflüssig sein, weil vor einiger Zeit im deutschen Sprachbereich der zweite Akt eines Trauerspiels, oder besser gesagt: einer *Trauerkomödie*, begonnen hat. Sein Ablauf ist allerdings eher langweilig zu nennen, weil das Geschehen stets nach demselben monotonen Schema abläuft und nur das zwar auch stets gleiche, aber immerhin lächerliche Ziel für Komik sorgt: der Kampf von Philosophen, die bestimmte Richtungen vertreten, gegen das, was die Wissenschaftstheoretiker tun, weil sie der *Meinung* anhängen, Wissenschaftstheorie sei mit ihrer philosophischen Position unverträglich oder zumindest in irgendeinem nicht näher angebbaren, unheimlichen Sinn ‚gefährlich'.

Vom *zweiten* Akt muß man deshalb sprechen, weil im *ersten* Akt Begleitumstände und Begleitmusik zur Entwicklung der *modernen Logik* zu sehen und zu hören waren. *Zufälligerweise* nämlich befanden sich unter den Begründern der modernen Logik *einige*, die sich selbst als Empiristen oder als Positivisten bezeichneten. Darum meinten viele, zum Kampf gegen dieses positivistische Teufelszeug metaphysisch verpflichtet zu sein. In den letzten paar Jahrzehnten scheint es sich allmählich herumgesprochen zu haben, erstens daß es sich dabei nur um die *Weiterentwicklung* der aristotelischen Logik handelt und zweitens daß diese Disziplin in der Frage der *Weltanschauungsfreiheit* den Vergleich mit keinem noch so wert- und überzeugungsneutralen Produkt menschlicher Geistestätigkeit zu scheuen braucht.

Dagegen scheint es sich noch nicht herumgesprochen zu haben, daß sich die Wissenschaftstheorie *als angewandte Logik* in einer ganz ähnlichen Situation befindet. Würden nicht bestimmte historische und psychologische Faktoren vorliegen, welche die emotionalen Reaktionen verständlich machen, so müßte man es unerklärlich finden, warum die Suche nach Regeln des korrekten Definierens, nach Methoden der Metrisierung, der Streit über die korrekte Methode der Einführung von Dispositionsprädikaten, die Diskussion über ‚das Rätsel der theoretischen Begriffe' und über die Bedeutung des Ramsey-Satzes einer Theorie, die Unterscheidung zwischen verschiedenen Formen deterministischer und indeterministischer Systeme, Untersuchungen über die Rolle der Einfachheit bei der Theorienbildung, über das Verhältnis von wissenschaftlichen Erklärungen und wissenschaftlichen Prognosen, über die Natur der Wahrscheinlichkeit und über die Methoden der Prüfung deterministischer und statistischer Hypothesen, um nur einige wenige Beispiele herauszugreifen — warum das Nachdenken über derartige Dinge die Gemüter so erregen kann, daß eine Disziplin, welche sich mit solchen Fragen systematisch beschäftigt, als eine Spielart ‚positivistischer Philosophie' attackiert und dadurch mit einem Namen belegt wird, der im mitteleuropäischen Raum bei philosophisch Interessierten Abneigung und Widerwillen hervorzurufen geeignet ist.

Einer der Gründe dafür dürfte darin liegen, daß viele der in der modernen Wissenschaftstheorie diskutierten Fragen auch schon früher im Verlauf der abendländischen Philosophie behandelt worden sind, und zwar keineswegs ausschließlich oder auch nur überwiegend unter dem Titel

„Erkenntnistheorie", sondern zu einem nicht geringen Teil im Rahmen der Metaphysik und der Ontologie. Dies gilt bereits für die im Rahmen der Philosophie der Logik und Mathematik sowie der Semantik aufgetretenen Probleme: So sind z.B. einerseits die Positionen moderner Konstruktivisten Ansichten früherer ‚Konzeptualisten' und ‚Nominalisten', andererseits die Auffassungen der Vertreter der klassischen Logik und Mathematik bestimmten Formen des ‚Platonismus' so ähnlich, daß einige bedeutende Logiker der Gegenwart, wie z.B. A. CHURCH, in der modernen logisch-mathematischen Grundlagendiskussion *ein Wiederaufleben des mittelalterlichen Universalienstreites* in modernem Gewand erblicken. Auch das seit der Jahrhundertwende wieder so aktuell gewordene und bis heute keiner ‚Lösung' zugeführte *Antinomienproblem* hat bekanntlich seine Vorgeschichte innerhalb kritischer Auseinandersetzungen mit metaphysischen Vorstellungen. Selbst dem auf ein ganz spezielles Thema bezogenen *Tarskischen Wahrheitsbegriff* liegen historisch Konzeptionen zugrunde, die nicht als erkenntnistheoretisch im engeren Sinn, sondern als metaphysisch zu bezeichnen sind, nämlich die mit der aristotelischen Charakterisierung der Wahrheit einsetzenden Theorien über die ‚Entsprechung' von menschlicher Verstandestätigkeit und ‚bewußtseinsjenseitiger' Wirklichkeit. Aus der Wissenschaftstheorie im weiteren Sinn seien nur zwei Problemgebiete mit eindeutig metaphysischem historischen Hintergrund genannt: In den Kreis der metaphysischen Erörterungen zum ‚Kausalproblem' gehörten die Diskussionen über die *Gültigkeit eines Kausalprinzips*, bei dessen Geltung nur von statistischen Ablauf- und Zustandsgesetzen beherrschte ‚indeterministische Systeme' von der Art, wie sie etwa in der modernen Physik beschrieben werden, nicht einmal ‚theoretisch möglich' sein sollten. Eine Anwendung von bestimmten ‚Kausalvorstellungen' machten auch die verschiedenen Versionen eines *Gottesbeweises* aus der ‚Notwendigkeit einer ersten Ursache'. Wohl noch enger mit metaphysischen Denkweisen sind die meisten der zum Komplex der *Finalität* oder der *Teleologie* gehörenden Fragen verknüpft, wie u.a. die Geschichte des Entelechiebegriffs sowie die Tatsache beweist, daß KANT unter allen Gottesbeweisen den teleologischen Gottesbeweis als denjenigen bezeichnete, der mit Ehrfurcht genannt werden sollte.

Was sich gegenüber solchen früheren Erörterungen *grundsätzlich* geändert hat, ist einmal die Tatsache, daß wissenschaftstheoretische Untersuchungen keine realwissenschaftlichen (erfahrungswissenschaftlichen *oder metaphysischen*) Geltungsprobleme zu lösen versuchen, sondern vorwiegend Sinnfragen behandeln, deren Klärung vorausgesetzt werden muß, um die Geltungsprobleme überhaupt klar *formulieren* zu können; zweitens ist es der damit eng zusammenhängende Umstand, daß im Rahmen der angestrebten *Begriffsexplikationen* mit größter Sorgfalt, um nicht zu sagen: mit größter Pedanterie auf *begriffliche Differenzierungen* geachtet wird, über die hinweggesehen zu haben nun tatsächlich ein genereller Fehler vergangener Philosophien war. Hat man sich aber einmal die Natur wissenschaftstheoretischer Untersuchungen wirklich klargemacht, so wird man um die Feststellung nicht umhin können, daß die oben erwähnte *Unabhängigkeit von jedem philosophischen Credo in dem Sinn besteht, daß weder für die Durchführung konkreter wissenschaftstheoretischer Untersuchungen noch für die Art der Gewinnung ihrer Ergebnisse eine bestimmte philosophische Grundüberzeugung bestimmend ist.*

Allerdings können wissenschaftstheoretische Resultate zur *Erschütterung* liebgewonnener philosophischer Überzeugungen beitragen. Und dies macht es nun wieder verständlich, daß bestimmte Resultate als unangenehm und die zu diesen Resultaten führenden Betrachtungen als ‚philosophiefeindlich', zumindest aber als ‚metaphysikfeindlich', empfunden werden. Ein überzeugter Anhänger des Kausalprinzips wird sich nur schwer zu der Auffassung durchringen können, daß total indeterministische Systeme *logisch möglich* sind und daß auch das Universum ein derartiges System sein *könnte*. Ein Vitalist wird ‚kausalistische' Erklärungen von Selbstregulations- und Reproduktionsvorgängen nur höchst ungern zur Kenntnis nehmen. Derartige Reaktionen sind verständlich. Dies ändert aber nichts daran, daß die hinter ihnen stehenden Überzeugungen nichtsdestoweniger falsch sind.

Ein anderer Grund für die Etikettierung der Wissenschaftstheorie im hier verstandenen Wortsinn als ‚positivistisch' ist, ähnlich wie im Fall der Logik, darin zu erblicken, daß wissenschaftstheoretische Diskussionen zunächst vorwiegend im Kreis von Denkern stattfanden, die sich selbst als logische Empiristen oder als logische Positivisten bezeichneten. Allerdings handelt es sich, zum Unterschied vom Logikfall, hier nicht *nur* um eine zufällige Personalunion. Vor allem die *Untersuchungen über die Struktur der Wissenschaftssprache* wurden häufig mit dem ausdrücklichen Ziel angestellt, ‚*die Metaphysik durch eine logische Analyse der Sprache zu überwinden*' oder ein *Kriterium für empirische Signifikanz* zu formulieren, das es gestatten sollte, ‚die sinnlosen Sätze der Metaphysik' zu eliminieren. Soweit dies geschah und noch geschieht, tut man am besten daran, zwischen zwei Dingen zu unterscheiden: dem eigentlich wissenschaftstheoretischen Teil einerseits und demjenigen Teil derartiger Untersuchungen, der Verteidigungszwecken für oder Angriffszwecken gegen eine philosophische Haltung dient, andererseits. Dies ist stets ohne größere Mühe möglich. Im zweiten Fall ist dabei nicht einmal unbedingt eine Ausschaltung der betreffenden Überlegungen aus dem Bereich der Wissenschaftstheorie erforderlich. Häufig genügt es, eine *Neutralisierung* vorzunehmen. So z.B. können die Versuche zur Formulierung eines Signifikanzkriteriums im Popperschen Sinn *umgedeutet* werden als Bemühungen um die Formulierung eines *Abgrenzungskriteriums* zwischen empirischen und nichtempirischen Realwissenschaften, durch welche die entsprechenden Bemühungen um die Klärung der analytisch-synthetisch-Dichotomie analogisiert werden.

Da das Klischee „Wissenschaftstheorie ist gleich Positivismus" sich in den Gehirnen so hartnäckig festsetzt, seien einige Bemerkungen über den schillernden Begriff des Positivismus eingefügt.

Es gibt mindestens drei verschiedenartige historische Wurzeln für diesen Begriff. Bei den Philosophien dieses Jahrhunderts, welche man mit der Bezeichnung „Positivismus" belegt, handelt es sich um ein Wiederaufleben ähnlicher geistiger Tendenzen, die schon einmal eine Rolle spielten, wobei sich aber verschiedene Arten der Fortsetzung jener ursprünglichen Bemühungen oft in komplizierter Weise miteinander verbinden und überlagern. Im deutschsprachigen Bereich waren die einflußreichsten Philosophen, die sich selbst Positivisten nannten, die nach Schlick als *Immanenzpositivisten* bezeichneten Denker R. AVENARIUS und E. MACH. Danach sollten alle Systeme wissenschaftlicher Aussagen *auf eine möglichst genaue Beschreibung des Gegebenen reduziert werden.* Es handelte sich hier um die Fortsetzung und Radikalisierung sensualistischer Erkenntnistheorien, wobei zugleich der Anspruch erhoben wurde, sich stärker an den modernen Naturwissenschaften zu orientieren als jene älteren sensualistischen Philosophien. In der Forderung der Immanenzpositivisten steckt eigentlich zweierlei: ein ‚Begriffsempirismus', der die ‚Zurückführung' aller sinnvollen Realbegriffe auf Begriffe über das unmittelbar Gegebene verlangt, und ein ‚Aussagenempirismus', der die ‚Reduktion' aller sinnvollen Behauptungen über Reales auf einfache Sätze über Sinnesgegebenheiten fordert. Während beim Immanenzpositivismus der erste Gesichtspunkt ganz im Vordergrund stand, kehrte der *Verifikationspositivismus* den zweiten Aspekt hervor. Was hier vorliegt, ist eine Präzisierung und wohl auch Verschärfung von Ansichten, die in neuerer Zeit vor allem von den englischen Empiristen geäußert worden sind. In diesem Jahrhundert ist die Forderung, nur solche Aussagen als wissenschaftlich zuzulassen, die ‚prinzipiell verifizierbar' sind, in verschiedenen Varianten von B. RUSSELL, vom frühen WITTGENSTEIN und anfänglich von den Mitgliedern des Wiener Kreises vertreten worden. Sie führte zur *Verifikationstheorie der Bedeutung*, wonach die Bedeutung einer empirischen Aussage sogar definitorisch auf die Methode, eine solche Aussage empirisch zu verifizieren, zurückgeführt werden sollte. In CARNAPS erstem großen Werk „Der logische Aufbau der Welt" verschmolzen beide Tendenzen, wobei zugleich etwas ganz Neues hinzukam: eine ausgiebige Benützung der mathematischen Logik, mit deren Hilfe die programmatischen Bekundungen der alten Empiristen und Immanenzpositivisten durch eine detaillierte konstruktive Lösung der Aufgabe des ‚Begriffsempirismus' ersetzt werden sollten: CARNAP erhob in diesem Werk den Anspruch, eine Methode dafür angegeben zu haben, um alle empirischen Realbegriffe auf einen einzigen Grundbegriff (die ‚Ähnlichkeitserinnerung') zurückzuführen. Die immanenzpositivistische Ausgangsbasis beim ‚unmittelbar Gegebenen' (von CARNAP *methodischer Solipsismus* genannt), das logisch-konstruktive Fortschreiten und die Überzeugung, nur das Verifizierbare als empirisch gehaltvoll zulassen zu dürfen, beherrschen dieses Werk[11]. Der von der mathematischen Logik zur Verfügung gestellte Apparat wurde später von CARNAP und anderen dazu benützt, um auch nach Preisgabe des engeren Verifikationspositivismus ein *empiristisches Signifikanzkriterium* zu formulieren, zunächst allein durch Angabe syntaktischer und semantischer Merkmale der für empirische Wissenschaften zulässigen Wissenschaftssprache, später in Ergänzung dazu durch Formulierung eines Signifikanzkriteriums für theoretische Terme, welches die ‚prognostisch verwertbaren' theoretischen Begriffe gegenüber den nicht so verwertbaren ‚metaphysischen' Begriffen auszeichnen sollte.

Während der Immanenzpositivismus in der neuen Gestalt *deutschen Ursprungs* war und der Verifikationspositivismus im alten und neuen *englischen Empirismus* seine Wurzeln hatte, weist ein dritter Trend auf einen großen und einflußreichen *französischen Denker* hin: auf A. COMTE. Nach ihm sollte die *wissenschaftliche* oder *positivistische Philosophie* die religiös-theologischen und metaphysischen Weltdeutungen ersetzen und zum ‚wissenschaftlichen Stadium' des Denkens in der modernen Industriegesellschaft führen. Auf ihn geht vor allem die Forderung zurück, sich bezüglich des *wissenschaftlichen Exaktheitsideals* an der mathematischen Physik zu orientieren.

Kaum eine der hier angedeuteten Auffassungen wird heute noch von den als positivistisch bezeichneten Philosophen vertreten. Der Begriff des Gegebenen ist nach den Kritiken von POPPER und N. GOODMAN von den meisten Empiristen preisgegeben worden. Er findet sich am ehesten noch bei Phänomenologen und Kantianern[12]. Auch vom Verifikationspositivismus ist kaum mehr etwas zu hören, seit POPPER nachdrücklich darauf hinwies, daß mit der Verifizierbarkeitsforderung angesichts der Nichtverifizierbarkeit aller Naturgesetze nicht einmal ein vernünftiges Prüfungsverfahren für Theorien, geschweige denn ein Sinnkriterium formuliert werden könne. Selbst die mit wesentlich verbesserten Methoden und unter starker Heranziehung der mathematischen Logik unternommenen Versuche CARNAPS, eine *empiristische Wissenschaftssprache* zu charakterisieren, blieben so starken Einwendungen ausgesetzt, daß ich geneigt wäre, von einem Scheitern selbst der bescheideneren Versuche zu sprechen, ‚Erfahrungswissenschaft' und

---

[11] Diejenigen Leser, welche etwas Näheres über dieses Werk CARNAPS erfahren möchten, ohne es selbst studieren zu müssen, seien auf meine ausführliche Rezension hingewiesen in: Journ. of Symb. Logic, Bd. 32, 4 (1967), S. 509–514.

[12] Im Kantianismus nur soweit, als am Gegensatz ‚Anschauung – Begriff' festgehalten wird. Denn es dürfte keine Möglichkeit geben, ‚Anschauungen' im kantischen Sinn gegenüber Begriffen anders als durch den Begriff des Gegebenseins abzugrenzen.

‚Metaphysik' scharf gegeneinander abzugrenzen[13]. Ebenso dürften die Auffassungen von der Soziologie als einer ‚sozialen Physik' endgültig der Vergangenheit angehören.

Die Schwierigkeiten, heute zu einem Positivismusbegriff mit auch nur einigermaßen scharfen Konturen zu gelangen, treten deutlich im Werk von H. v. WRIGHT, *Explanation and Understanding*[14], zutage, worin so etwas wie eine Definition von „Positivismus" gegeben wird. Auf S. 6, S. 8ff. et passim versucht der Autor, den Positivismus durch drei Merkmale auszuzeichnen, nämlich erstens den — bereits bei COMTE stark betonten — *methodologischen Monismus* (die Idee der Einheitlichkeit der wissenschaftlichen Methode bei verschiedenen Gegenstandsbereichen), zweitens das *mathematische Vollständigkeitsideal*, aufgrund dessen die mathematische Physik den Standard für wissenschaftliche Exaktheit bildet, und drittens die *Subsumtionstheorie der Erklärung*, wonach wissenschaftliche Erklärung in der Unterordnung von Einzeltatsachen unter hypothetisch angenommene Naturgesetze besteht. Dazu seien einige kritische Bemerkungen gemacht. Ich beginne mit dem letzten Punkt.

Die hier erwähnte Subsumtionstheorie, die erstmals von POPPER genauer skizziert und von HEMPEL (bzw. von HEMPEL und OPPENHEIM) im einzelnen zu explizieren versucht worden ist, stellt zunächst nichts anderes dar als ein mehr oder weniger vage umrissenes wissenschaftstheoretisches *Programm*. Ob und in welcher Form dieses Programm realisierbar ist, kann bei Beginn der Untersuchungen überhaupt nicht gesagt werden. Wie ich in den letzten Abschnitten von Bd. I, Kap. X, zu zeigen versuchte, sind nicht nur alle bisherigen Explikationsversuche dieser intuitiven Idee fehlgeschlagen, sondern sie *mußten fehlschlagen*, weil die Nichtberücksichtigung pragmatischer Umstände einen unbemerkt gebliebenen *Wechsel im Thema* erzwang: das Explikandum war nicht mehr ein Begriff der nomologischen Erklärung, sondern *ein viel allgemeinerer Begründungsbegriff*; Begründungen aber liefern nur Antworten auf epistemische Warum-Fragen, nicht jedoch Antworten auf Erklärung heischende Warum-Fragen[15]. Das dortige Resultat wird noch wesentlich verstärkt werden durch die in Teil IV dieses Bandes angestellten Überlegungen, welche u.a. das Ergebnis liefern werden, daß man

[13] Für die späteren Diskussionen zum Empirismusproblem vgl. Bd. II, *Theorie und Erfahrung*, Kap. III, sowie Kap. V, Abschn. 8—13.

[14] London 1971, im folgenden zitiert als [Understanding].

[15] Falls die drei Merkmale konjunktiv gemeint waren, ist v. WRIGHTs Darstellung daher insofern *inkonsistent*, als er auf S. 181 den ersten Band [*Erklärung und Begründung*] der positivistischen Tradition zurechnet und dabei die eben erwähnte Kritik am ‚Subsumtionsmodell' nicht berücksichtigt. Man kann diese Zuordnung auch nicht nachträglich dadurch retten, daß man die empiristische Signifikanzdiskussion hinzunimmt. Denn an den in der vorletzten Fußnote angegebenen Stellen habe ich, soweit mir bekannt ist, die bisher detaillierteste Kritik am empiristischen Signifikanzbegriff geübt.

im statistischen Fall überhaupt nicht von Erklärungen sprechen sollte[16]. Aber nehmen wir für den Augenblick an, diese Resultate wären *nicht* zustande gekommen, sondern wir wären sowohl im deduktiv-nomologischen Fall als auch im statistischen Fall zu einem adäquaten Erklärungsbegriff gelangt. Sollte man die fraglichen Ausführungen dann *deshalb* als positivistisch bezeichnen? Mit anderen Worten: Soll der ‚positivistische' oder ‚nicht-positivistische' Charakter einer wissenschaftstheoretischen Untersuchung zum Thema „Erklärung" davon abhängen, ob das *Resultat* dieser Untersuchungen in die Feststellung einmündet, die Popper-Hempel-Intuition lasse sich verwirklichen oder nicht? Hier scheint doch eine sehr willkürliche Entscheidung über den Gebrauch von „Positivismus" vorzuliegen[17]. Wesentlich plausibler und sowohl in historischer als auch in systematischer Hinsicht aufschlußreicher als die Einbeziehung des Subsumtionsmodells der Erklärung in den Positivismusbegriff scheint mir die *Parallele* zu sein, die R. Jeffrey in einem interessanten Aufsatz über statistische Erklärungen[18] *zwischen dem Popper-Hempel-approach und der Auffassung von Aristoteles* aufzeigt: In beiden Fällen wird der Begriff des *Wissens, warum* etwas stattfand, zurückgeführt auf ein *Argument* zugunsten des *Wissens, daß* es stattfand. Nach Jeffrey gilt diese ‚argumentative' Deutung der Erklärung im statistischen Fall, wie er zu zeigen versucht, *nur bisweilen.* (Nach meiner Überzeugung, die ich in Teil IV zu begründen versuchen werde, gilt die Interpretation von Erklärungen *als Argumenten* im statistischen Fall *niemals.*)

---

[16] Ich möchte nicht versäumen, bei dieser Gelegenheit darauf hinzuweisen, daß ich im Teil IV in einem wichtigen Punkt den Gedanken, die v. Wright in [Understanding] auf S. 13ff. zum Problem der Anwendung von statistischen Hypothesen für Erklärungszwecke ausführt, sehr nahe komme. v. Wright ist nämlich der einzige mir bekannte Autor, der dasjenige mit in Rechnung zieht, was ich die Leibniz-Bedingung nenne (vgl. dazu die genaueren Ausführungen in Teil IV, 2.d).

[17] Es ist mir allerdings *verständlich*, warum v. Wright diesen Punkt so stark betont. Er selbst unternimmt den Versuch, den Begriff der Erklärung menschlicher Handlungen statt mit Hilfe des Subsumtionsmodells mit Hilfe des Schemas für *praktische Schlüsse* zu explizieren. Das für dieses Gegenmodell benützte Schlußschema wird im zitierten Werk zunächst auf S. 97 approximativ skizziert und dann auf S. 107 in seiner endgültigen Fassung geschildert. v. Wright möchte offenbar nicht Positivist genannt werden. Ich erblicke in diesen seinen Überlegungen eine sehr interessante und neuartige wissenschaftstheoretische Untersuchung zum Thema „Erklärung menschlicher Handlungen". Doch scheint es mir, daß man dabei das Wort „Positivismus" ganz aus dem Spiel lassen sollte. Diese wissenschaftstheoretischen Untersuchungen werden sich *als adäquat oder als inadäquat* erweisen. Das erstere würde ebensowenig eine ‚Niederlage' des Positivismus bedeuten wie das letztere dessen ‚Sieg'.

[18] „Statistical Explanation vs. Statistical Inference", in: *Essays in Honor of C. G.* Hempel, Dordrecht 1969, S. 104—113. Die Gedanken dieses Aufsatzes werden in Teil IV ausführlich zur Sprache kommen.

Was den methodologischen Monismus und das mathematische Vollständigkeitsideal betrifft, so trifft diese Charakterisierung ohne Zweifel auf A. COMTE zu. Auf Denker dieses Jahrhunderts trifft sie nur insoweit zu, als diese von COMTES voreiligen Analogiebetrachtungen zwischen Physik und anderen Bereichen ‚angekränkelt' waren. Allerdings wird man zugeben müssen, daß während der ‚physikalistischen Phase' des Wiener Kreises diese Tendenz tatsächlich vorherrschte. Aber sie beruhte eben auf einem Fehler. Daß sich dennoch auch die heutigen wissenschaftstheoretischen Untersuchungen häufiger an naturwissenschaftlichen Modellbeispielen als an anderen orientieren, dürfte einerseits einen handfesten Grund haben, der in der Sache liegt, andererseits nichts weiter als eine persönliche Zufälligkeit bedeuten. Zum ersten: Diese Modellbeispiele sind viel besser geeignet, *als Objekte* einer metatheoretischen Analyse zu fungieren, weil sie relativ klar sind. Man kann in der Regel viel genauer angeben, was die theoretischen Intuitionen eines Physikers sind, als worin die theoretischen Überzeugungen eines Interpreten von Gedichten bestehen. Metatheoretische Untersuchungen mit klaren Resultaten kann man aber nur dann mit Erfolg anstellen, wenn der Gegenstand dieser Untersuchungen hinreichend klar ist. Zum zweiten: Es ist eine bedauerliche Tatsache, daß die meisten Wissenschaftstheoretiker von der Logik oder von der Naturwissenschaft herkommen. CARNAP z. B. hat diese Tatsache stets bedauert. Sie dürfte ihre psychologische Wurzel nicht in einem ‚methodologischen Desinteresse' der Geisteswissenschaftler haben, sondern eher darin, daß diese sich davor scheuen, ‚formale Methoden' anwenden zu sollen, in deren Umgang sie, zum Unterschied von mathematisch geschulten Denkern, keine Routine haben.

Ganz unabhängig davon ist es nicht überzeugend, daß die ersten beiden Merkmale gerade auf positivistische Denker zutreffen sollten. Vom Ideal mathematischer Perfektion waren gerade *auch Metaphysiker* häufig fasziniert. Man denke bloß an DESCARTES und SPINOZA (wobei es im gegenwärtigen Zusammenhang natürlich keine Rolle spielt, ob SPINOZA *wirklich* von der ‚geometrischen Methode' Gebrauch macht oder ob er mathematische Methoden *nur scheinbar* benützt). Und was den methodologischen Monismus betrifft, so ist dieser sicherlich immer innerhalb eines *monistischen metaphysischen Systems* am ausgeprägtesten, da die Einheit der *Methode* hier eine logische Konsequenz der einheitlichen Struktur der *Sache* ist. So z. B. kommt im Hegelschen System ein methodischer Monismus zur Geltung, in welchem sich lediglich die Tatsache widerspiegelt, daß für Hegel der ganze Weltprozeß nach dem Gesetz der Dialektik abläuft. Man braucht übrigens nur für die Kausalgesetze das dialektische Schema zu substituieren, um in diesem metaphysischen System *einen besonders reinen Fall von ‚Subsumtionsmodell'* zu erhalten, ‚besonders rein' in dem Sinn, daß hier nicht nur das *Erklärungsschema*, sondern sogar das in diesem Schema benützte *‚Gesetz' stets dasselbe* ist.

Diese Andeutungen dürften genügen, um zu zeigen, wie problematisch und anfechtbar selbst der von einem Fachmann im Gebiet der Logik und Wissenschaftstheorie unternommene Versuch ist, zu einer brauchbaren Definition von „Positivismus" zu gelangen. Trotzdem wird dieses Wort häufig gebraucht, nicht nur von Philosophen, die ihr Denken gegen eine positivistische Position abgrenzen möchten, sondern auch von großen Naturforschern, deren Äußerungen über dieses Thema dann einen gewichtigen Einfluß auf den journalistischen Kulturalltag und damit auch auf das Bild, welches sich die Öffentlichkeit vom Positivismus macht, ausüben. So z. B. findet sich im Werk von WERNER HEISENBERG, *Der Teil und das Ganze*[19], ein eigener Abschnitt, der in der Hauptsache dem Positivismus gewidmet ist[20]. Der mit der ‚positivistischen' Fachliteratur ein wenig vertraute Leser wird die dort zu findenden Äußerungen über den Positivismus im höchsten Grade seltsam finden: z.B. die Feststellung über das positivistische Glaubensbekenntnis, wonach man die Tatsachen unbesehen hinzunehmen habe und über theoretische Zusammenhänge nicht nachdenken dürfe; über die positivistische Gleichsetzung von Wahrheit und Vorausberechenbarkeit; darüber, daß es keine unsinnigere Philosophie gibt als die WITTGENSTEINS; über die positivistische Verwerfung aller vorwissenschaftlichen Fragestellungen. Der Laie wird dagegen diese Ausführungen nicht seltsam, sondern anregend finden. Seine Neugierde, über den Positivismus mehr zu erfahren, erwacht und er schlägt im Neuen Brockhaus, da er „Positivismus" noch nicht vorfindet, unter „HEISENBERG" nach[21]. Dort findet er zu seiner Verwunderung im ersten Satz hinter den persönlichen Daten die Feststellung, daß HEISENBERG 1925 sein *positivistisches Prinzip* formuliert hatte, gemäß welchem nur ‚prinzipiell beobachtbare' Größen herangezogen werden dürfen. Aus dieser und den folgenden Darlegungen im Brockhaus kann sich der Laie somit ein gewisses Verständnis dafür erwerben, *daß und in welchem Sinn* HEISENBERG *der Begründer des Positivismus in der modernen Physik ist.* Da er jedoch scharfsinnig genug ist, um zu schließen, daß einer der bedeutendsten Naturforscher der Gegenwart doch wohl nicht gegen seine eigene Grundposition zu Felde ziehen werde, bleibt ihm die genauere Kenntnis jenes *anderen, negativ zu bewertenden* Positivismus verschlossen. Was bleibt, ist vielleicht das Gefühl von einer gefährlichen und unheimlichen Macht.

Gibt es vielleicht für die Tatsache, daß das Wort so häufig gebraucht wird, eine einfache Erklärung, die an der Oberfläche liegt? Möglicherweise handelt es sich um eine Familienähnlichkeit zwischen amerikanischer und kontinentaleuropäischer Philosophie. Zum Unterschied von den Wittgen-

---

[19] München 1969.

[20] a.a.O., Abschn. 17, S. 179ff.

[21] Zur Zeit der Niederschrift dieser Einleitung ging der Neue Brockhaus nur bis „POQ".

steinschen Spielen findet diese Familienähnlichkeit in einer *gemeinsamen Grunddisposition* der Philosophen beider Kontinente — vielleicht dem einzigen *durchgehenden* gemeinsamen Merkmal zwischen amerikanischer und kontinentaleuropäischer Philosophie, zum Unterschied von der britischen Philosophie — ihren Niederschlag darin, daß die Philosophen beider Kontinente Worte, die mit den beiden Silben „ismus" enden, inbrünstig lieben[22].

Doch dürfte die wahre Sachlage ernster und weniger harmlos sein. Was man *zu meinen vorgibt*, wenn man den Positivismus kritisiert, ist eine engstirnige Denkweise, die je nach Fall durch „Beschränkung auf das Gegebene", „Ablehnung allen Theoretisierens", „Gleichsetzung von Wahrheit und Verifizierbarkeit", „Verwerfung aller eigentlich wichtigen philosophischen Fragen" usw. charakterisiert wird. Was man *tatsächlich meint*, ist die Rationalität, die sich um sprachliche und begriffliche Klarheit, um intersubjektive Verständlichkeit, um gewissenhafte Prüfung und um strenge Begründung bemüht. Indem man das erstere dem letzteren unterstellt, glaubt man, unter dem Motto „Überwindung des Positivismus" weiterhin im Trüben fischen zu können. Wird diese Unterstellung als solche durchschaut, so wird die ‚positivistische Wissenschaftstheorie' allerdings zu einer potentiellen Gefahr. Aber nicht zu einer Gefahr für die Wissenschaft, auch nicht für die Metaphysik; sondern *zu einer Gefahr für ‚jene Ruhe, die uns die Natur für nicht durchlittene Gedankenqualen schenkt'* (Solschenizyn).

(VII) Wissenschaftstheorie, Analytische Philosophie und Transzendentalphilosophie. In seiner Rezension von Bd. I dieser Reihe[23] bedauert Kockelmans auf S. 132, 2. Absatz, daß ich nicht klargestellt habe, in welchem Sinn die von mir verteidigten Gedanken auf grundsätzlichen Auffassungen der analytischen Philosophie beruhen und in welchem Sinn sie angenommen werden können, ganz unabhängig davon, welche philosophische Position man einnimmt. Er betont, daß eine 'theory of science' doch vermutlich von allen philosophischen Perspektiven aus gutgeheißen werden kann, weil hier die philosophischen Grundentscheidungen für die eine oder für die andere Richtung noch gar nicht auf dem Spiel stehen.

Als ich diese Zeilen las, wurde mir bewußt, daß ich durch den Zusatz „und analytischen Philosophie" im Obertitel dieser Reihe den Grund für eine Konfusion gelegt hatte. Der Ausdruck „Analytische Philosophie" wird heute im englischen Sprachraum meist als Sammelbezeichnung für den 'linguistic approach' verwendet, innerhalb dessen man wieder den 'ideal linguistic approach' und den 'ordinary language approach' unterscheiden kann. Hinzu kommt, daß sich heute Philosophen, die einer dieser

---

[22] Könnte man sich auch nur *vorstellen*, daß L. Wittgenstein oder J. L. Austin einen Aufsatz mit dem Titel geschrieben hätten: „Über das Verhältnis von und den Unterschied zwischen Pragmatismus und Positivismus"?

[23] In: Philos. of Sci., Bd. 38, Nr. I (1971), S. 126—132.

Richtungen angehören, außer mit metaethischen Fragen in zunehmendem Maße mit dem Problem der Begründung einer normativen Ethik beschäftigen.

Meine Intention war *weder*, mich auf eine dieser Richtungen festzulegen, *noch*, alle diese Tendenzen und Bemühungen in die Darstellung und Kritik mit einzubeziehen. Was ich an früherer Stelle über die Unabhängigkeit der Wissenschaftstheorie von jedem speziellen philosophischen Credo sagte, gilt *auch* für die Variante dessen, was heute 'analytical philosophy' genannt wird. Der Zusatz war von mir nicht als ein *Versprechen* gemeint — ein Versprechen, das ich niemals erfüllen könnte —, sondern als eine *Entschuldigung*. Nämlich als eine Entschuldigung dafür, gelegentlich Diskussionen einzubeziehen, die sich zwar in den gegebenen Rahmen zwanglos einfügen, die jedoch über das hinausführen, was man ‚Wissenschaftstheorie im engeren Sinn' nennen kann. Als Beispiel hierfür erwähnte ich bereits auf S. XXII der Einleitung von Bd. I die Betrachtungen im vierten Kapitel sowie im dritten Abschnitt des achten Kapitels dieses Bandes. Im vierten Kapitel ging es um die Frage, ob der wissenschaftstheoretische Gebrauch von „Erklärung" eine ‚platonistische Ontologie der Tatsachen' impliziere oder ob dieser Gebrauch mit einer streng nominalistischen Konzeption in Einklang gebracht werden kann. Eine ähnliche Frage wurde in Kap. VIII, 3 in bezug auf diejenigen Entitäten aufgeworfen, die wir zu *Zielen* unseres Wollens und zum *Inhalt* unserer Überzeugungen gemacht haben. Gegen die Einbeziehung solcher Erörterungen könnte man an sich den Einwand vorbringen, daß es sich hierbei um die ‚Anwendung der Universaliendiskussion' auf ein spezielles Gebiet handele und daß sich ein an der Philosophie der Wissenschaften Interessierter nicht *auch* für derartige Fragen zu interessieren braucht. Durch die Wahl des Gesamttitels wollte ich einem solchen Einwand zuvorkommen. Ich hoffe, durch diese klärende Bemerkung die aufgetretenen Mißverständnisse beseitigt zu haben.

KOCKELMANS bringt a.a.O. auf S. 131 auch verständliche Bedenken dagegen vor, daß ich in Bd. I, S. XXIII, *metatheoretische Analysen*, wie sie in der Wissenschaftstheorie vorgenommen werden, in unmittelbare Beziehung setzte zu KANTS *Transzendentalphilosophie*. Denn KANT — damit hoffe ich den Tenor der Einwendung von KOCKELMANS adäquat wiederzugeben — bezeichne *nicht alle* metatheoretischen Untersuchungen im heutigen Sinn als transzendental, sondern ausdrücklich nur solche, die sich mit ‚Erkenntnissen a priori' beschäftigen.

Obwohl ich hier nicht Philosophiegeschichte betreiben und daher schon deshalb nicht auf meinem Standpunkt insistieren kann, möchte ich doch ein paar Bemerkungen zu diesem Thema machen, um diese Inbeziehungsetzung zu rechtfertigen. Zunächst muß man in KANTS theoretischer Philosophie zwei verschiedene Hauptbedeutungen von „transzendental" unterscheiden. Die erste betrifft die *Methode* und *Art von Untersuchungen* („transzendentale Methode") — von der man zu Beginn nicht wissen kann, wohin sie einen führen wird —, die zweite dient der Kennzeichnung der am Ende stehenden *Theorie* bzw. *Theorien* („transzendentaler Phänomenalismus", „transzendentaler Idealismus"). Nur um das erste, nicht aber um das zweite geht es hier. Diese beiden Bedeutungen haben höchstens eine formale Gemeinsamkeit (die der Grundsätzlichkeit[24]), jedoch keine inhaltliche. Bei dem ungemein sorglosen und ‚laxen' Sprachgebrauch KANTs[25] sowie der damit verbundenen Gewohnheit, seine Problem*lösungen* schon durch die Art der *Fragestellung* zu antizipieren, verschwimmen allerdings diese beiden Bedeutungen bereits in der Einleitung zur KRV zu einem logisch kaum mehr entwirrbaren Dickicht. Im *konstruktiven* Teil seiner Philosophie[26] versucht KANT unter anderem, *die Natur der mathematischen sowie der naturwissenschaftlichen Erkenntnis sowie deren Begründungsweise zu klären.* (Und zwar erfolgt diese Klärung nicht erst ‚im Lichte seines transzendentalen Idealismus'. Vielmehr verhält es sich so, daß KANT zu seiner Form des ‚Idealismus' erst dadurch gelangt, daß er dem Apriori eine *zusätzliche* Deutung gibt, welche die ‚Kopernikanische Wendung' liefert, von der seine Wissenschaftstheorie nicht tangiert wird[27].)

Wenn KANT in B 25 *transzendentalphilosophische Erkenntnisse* auf synthetisch-apriorische Erkenntnis als deren Gegenstand einschränkt, so gelingt dies wiederum nur auf dem Wege über eine Theorienantizipation, da die untersuchten Wissenschaften *nach seiner theoretischen Überzeugung* (!) entweder *nur* solche Erkenntnisse (Mathematik) oder *zum Teil* solche Erkenntnisse produzieren (Naturwissenschaften). Beschränkt man sich erstens auf den konstruktiven Teil und beachtet man zweitens, daß KANT auch bezüglich der Mathematik mehr an *angewandter* als an reiner Mathematik, d.h. mehr an der Mathematik als Mittel zur Gewinnung einer ‚Wirklichkeitserkenntnis', interessiert war, so könnte man in einer ersten Approximation sagen, daß im Kantischen Sinn solche Untersuchungen *transzendental* zu nennen sind, die auf die Beantwortung der Frage abzielen, worauf sich der Geltungsanspruch synthetisch-apriorischer Aussagen stützt und inwiefern diese Aussagen so etwas wie eine ‚objektive Erfahrungserkenntnis' ermöglichen. Eine Gesamtheit von Aussagen, welche diese Beantwortung liefern, wird ihrerseits *transzendental* genannt.

---

[24] Dies ist vermutlich auch das einzige Merkmal, welches die Kantische Transzendentalphilosophie mit der klassischen Transzendentalphilosophie verbindet. Die letztere beanspruchte ja, so etwas wie ein *allgemeiner Teil des allgemeinen Teiles* der Metaphysik zu sein.

[25] Bereits in B 2 gebraucht KANT den Ausdruck „Erkenntnis a priori". Unter Erkenntnissen versteht er nicht nur wahre Aussagen, um deren Wahrheit wir auch wissen, sondern verwendet im weiteren Verlauf diesen Ausdruck außerdem für die folgenden völlig heterogenen Dinge: Begriffe, Anschauungen, falsche (!) Propositionen. Die Grenze terminologischer Absurdität wird erreicht, wenn er die Sätze der rationalen Metaphysik als synthetische Erkenntnisse a priori bezeichnet, obwohl es sich dabei um nichts weiter handele als um „willkürliche und ungereimte Erdichtungen". Auch der Ausdruck „transzendental" wird übrigens noch mit weiteren Bedeutungen versehen als den oben angegebenen; so z.B. wird in B 352 „transzendentaler Gebrauch" als gleichbedeutend mit „Mißbrauch" verwendet.

[26] „Konstruktiv" ist hier im Gegensatz zu „destruktiv" gemeint. Der *destruktive* Teil der Kantischen Philosophie hat die Vernichtung der rationalen Metaphysik zum Inhalt.

[27] So könnte jemand, ohne in einen Widerspruch zu verfallen, KANTs Wissenschaftstheorie (insbesondere seine Charakterisierung der mathematischen und naturwissenschaftlichen Erkenntnisse und ihrer Begründung) akzeptieren, *ohne* seinen ‚transzendentalen Idealismus' — was immer dies genau heißen mag — zu übernehmen.

Zieht man hiervon wieder die Vorwegnahme von KANTs theoretischen Konstruktionen ab, so kann man sagen, daß im konstruktiven Teil *transzendentalphilosophische Untersuchungen* in erster Linie *metatheoretische Untersuchungen der erfahrungswissenschaftlichen Erkenntnis* sind und daß die *Transzendentalphilosophie* eine *Metatheorie der erfahrungswissenschaftlichen Erkenntnis* liefert[28]. Jedenfalls zielt die Kantische Transzendentalphilosophie *nicht* auf ein *System von Aussagen über Dinge* ab, sondern auf ein *System von Aussagen über Aussagen bestimmter Art*. Aussagen über Aussagen aber nennt man heute *metasprachliche Aussagen*; und soweit mit der Formulierung solcher Aussagen der Anspruch verknüpft wird, eine Theorie zu liefern, nennt man sie *metatheoretische Aussagen*. Ich glaube daher nach wie vor, daß man — natürlich nicht in allen, aber doch in vielen Kantischen Textstellen — „transzendentalphilosophisch" als *gleichbedeutend* mit „metatheoretisch" ansehen kann[29].

Diese paar Andeutungen können natürlich weder den Anspruch erheben, vollständig, noch den, befriedigend zu sein, da noch vieles genauer expliziert und historisch belegt und rekonstruiert werden müßte. Das Thema „Transzendentalphilosophie und Wissenschaftstheorie" könnte den Gegenstand einer umfangreichen Studie bilden. Ich hoffe, wenigstens ein *Verständnis* für meine Gleichsetzung erweckt zu haben. Wenn nicht, so bitte ich den Leser, alles, was ich über KANT sagte, rasch wieder zu vergessen.

(VIII) Wissenschaftliche Voraussetzungslosigkeit. Gewisse philosophische Richtungen bestreiten die angebliche ‚Voraussetzungslosigkeit' der Wissenschaft. Bevor man sich auf eine Diskussion mit dieser Auffassung einläßt, muß zunächst geklärt werden, was hier unter „Voraussetzung" verstanden werden soll. Damit kann nämlich *dreierlei* gemeint sein. Außerdem ist zu differenzieren, je nachdem, ob die Voraussetzungslosigkeit für die *Objekt*ebene (Einzelwissenschaften) oder für die *Meta*ebene (Wissenschaftstheorie) in Frage gestellt werden soll. Die Verfechter der These, daß es keine voraussetzungslose Wissenschaft gebe, meinen vermutlich beides. Daß es keine voraussetzungslose Wissenschaft gibt, ist dann im universellen Sinn zu verstehen: Nicht nur gibt es keine voraussetzungslosen Einzelwissenschaften; es gibt auch keine voraussetzungslosen

[28] Ist die gedankliche Vorwegnahme seiner philosophischen Theorie, nach der synthetisch-apriorische Erkenntnisse beim Aufbau der Erfahrungserkenntnis eine Schlüsselrolle spielen, bei der Problemformulierung auch *logisch* nicht zu rechtfertigen, so ist sie doch *psychologisch* sehr verständlich. KANT glaubte, mit der Entdeckung synthetisch-apriorischer Erkenntnisse und ihrer tragenden Rolle bei allen weiteren Erkenntnissen *eine fundamentale Neuentdeckung* gemacht zu haben, die allen bisherigen Philosophen entgangen war. Dies spiegelt sich auch in der seltsamen Kantischen Fragestellung in den Prolegomena wider: „Wie sind synthetische Sätze a priori möglich?", deshalb seltsam, weil ein solcher Wortgebrauch an einen exklamatorischen Ausdruck der Überraschung erinnert. Vielleicht wollte Kant tatsächlich auf diese Weise sein Überraschungserlebnis bei der Entdeckung dieses Phänomens: der Existenz synthetischer Erkenntnisse a priori, an die Leser weitervermitteln.

[29] Es ist vielleicht nicht überflüssig zu erwähnen, daß die Äußerung KANTs in B 25, die mit den Worten beginnt: „Ich nenne alle Erkenntnis transzendental..." zur *Metametatheorie* gehört, weil er darin die von ihm projektierte Metatheorie *zum Gegenstand* einer allgemeinen Charakterisierung macht.

metatheoretischen Untersuchungen über Einzelwissenschaften. Auch die Wissenschaftstheorie im hier verstandenen Sinn ist danach also nicht voraussetzungslos.

Die erste Bedeutung von „Voraussetzung" beinhaltet etwas Normatives. Legt man sie zugrunde, so ist die Leugnung einer voraussetzungslosen Wissenschaft gleichwertig mit der Behauptung, daß alle Wissenschaften an Wertvoraussetzungen gebunden seien, daß es also keine wertfreie Wissenschaft gebe. Diese Deutung klammern wir vorläufig aus, da das Wertfreiheitsproblem in (IX) eigens behandelt werden soll. Noch immer bleibt der Ausdruck „Voraussetzung" doppeldeutig. Darunter kann etwas *Faktisches* oder etwas *Epistemologisches* verstanden werden. Voraussetzungen in der ersten Bedeutung sind Tatsachen, deren Vorliegen einen Erfolg dessen, was wir die rationale Wahrheitssuche nannten, in Frage stellt. Da es sich dabei um Faktoren handelt, welche die Erkenntnis trüben, also um *Gefahrenquellen* für eine ‚objektive Erkenntnis', ist es wichtig, sich dieser Gefahren bewußt zu werden.

Diese Faktoren können biologischer, psychologischer, historischer und soziologischer Natur sein. Relativistische Erkenntnistheorien haben zu verschiedenen Zeiten mit wechselnder Emphase auf den einen oder anderen dieser Faktoren hingewiesen. Hierher gehört der homo-mensura-Satz des PROTAGORAS, in dem auf die zufällige psychophysische Konstitution des Menschen Bezug genommen wird, ebenso wie der Historismus, wonach sich der Mensch vom ‚historischen Zeitgeist' nie zu befreien vermag; evolutionstheoretische Betrachtungen über die entwicklungsgeschichtliche ‚kontingente' Struktur des menschlichen Gehirnes ebenso wie die Behauptung, daß persönliche Interessen und (oder) Klasseninteressen das menschliche Denken verblenden. Auch die Spekulationen darüber, ob es nicht auf fernen Planeten Sprachen geben könne, die keine Ähnlichkeit mit einer Weltsprache besitzen, wären wegen des engen Zusammenhangs von ‚Denken und Sprechen' hier zu erwähnen.

Soweit hier darauf abgezielt wird, *Resultate wissenschaftlicher Untersuchungen* dafür zu verwenden, auf derartige Gefahren aufmerksam zu machen, ist nicht nur nichts dagegen einzuwenden. Bei der außerordentlichen Begrenztheit unserer Fähigkeiten und bei den zahllosen Denkfehlern, die uns immer wieder unterlaufen, sollten wir Sterblichen es begrüßen, wenn ein möglichst vollständiges Inventarium dieser potentiellen Gefahren zu gewinnen versucht wird, damit uns die Gründe für unsere Beschränktheit und Fehlerhaftigkeit immer deutlicher vor Augen geführt werden. Zu diesen Gefahren gehört u.a. *auch* die Gefahr des Abgleitens der Wissenschaft in Ideologie.

Sofern derartige Betrachtungen aber dazu dienen sollen, *die Möglichkeit rationaler Erkenntnis überhaupt in Frage zu stellen*, so verstricken sich diese Versuche alle in ein unlösbares Dilemma: Entweder sie *weisen* nur auf gewisse dieser ‚erkenntnishemmenden' Faktoren *hin* und *leugnen* ohne Begründung die Möglichkeit wissenschaftlicher Erkenntnis überhaupt. Dann können sie, da sie nur etwas ohne Begründung *behaupten*, nicht beanspruchen, ernst genommen zu werden, mögen sie auch de facto andere kraft Suggestion mit Erfolg überzeugen. Oder sie verbinden ihre Hinweise mit einer *Begründung*. Dann nehmen sie *für ihre Argumentation* eben jene Rationalität und Objektivität in Anspruch, deren generelle Nichtexistenz im Widerspruch dazu in der Conclusio ihres Argumentes ausgesagt wird. Das gilt für die Neomarxisten genauso wie bereits für PROTAGORAS. Dies ist keine neue Einsicht. Schon PLATO hat gewußt, daß man die ‚absolute' Skepsis ebensowenig *begründen* könne wie den ‚absoluten' Relativismus.

Meist jedoch wird, wenn die Frage der Voraussetzungslosigkeit der Wissenschaft aufgeworfen wird, darunter etwas Epistemologisches verstanden: Es sind durch Sätze ausdrückbare *Propositionen* oder *Regeln*, die in allem wissenschaftlichen Räsonieren entweder bewußt und ausdrücklich oder unbewußt und stillschweigend benützt — z.B. als *Prämissen* von Deduktionen benützt — werden, ohne daß diese Voraussetzungen in den betreffenden Wissenschaften selbst zum Gegenstand *kritischer Reflexionen* gemacht werden. Bleiben wir zunächst auf der Objektebene, so wird der Hinweis auf Voraussetzungen *in diesem Sinn* bisweilen sogar als Hauptgrund für die Notwendigkeit wissenschaftstheoretischer Untersuchungen angeführt: Die Wissenschaftstheorie habe die Aufgabe, diese Voraussetzungen aufzudecken und gegebenfalls zu begründen bzw. zu kritisieren.

Was ist zu der These: „Alle Wissenschaften beruhen auf (wissenschaftstheoretisch zu analysierenden) Voraussetzungen" zu sagen? Bevor dazu Stellung genommen wird, muß Klarheit über die möglichen Deutungen bestehen. Entweder es sind damit in dem Sinn *formale* Voraussetzungen gemeint, daß alle Wissenschaften die Regeln korrekten Argumentierens zu befolgen haben. Dann wäre es die Aufgabe der formalen Logik, diese ‚Voraussetzungen' zu klären. Oder es werden darunter *inhaltliche* Voraussetzungen verstanden. Hier muß man abermals differenzieren: Es kann sich dabei um Annahmen handeln, die in *generellen Aussagen* (Allsätzen) ihren sprachlichen Ausdruck finden, oder um solche, die sehr spezieller Natur sind und durch *singuläre Aussagen* wiederzugeben wären. Das erstere wären *synthetische Propositionen a priori*, die entweder in allen oder in einigen empirischen Wissenschaften angeblich oder tatsächlich als gültig vorausgesetzt werden, also Sätze von der Art, wie sie Kant in seiner Metaphysik der Erfahrung als etwas annahm, das den Spielraum des *theoretisch Möglichen* gegenüber dem *logisch Möglichen* wesentlich einengt[30]. Das letztere wären Aussagen über das, was nach Abstreifung aller hypothetischen Annahmen und ‚Vorurteile' übrig bleibt: über das ‚sinnlich Gegebene' oder das ‚Wesensgegebene' (das ‚Residuum der Weltvernichtung' im Husserlschen Sinn).

---

[30] Vgl. dazu W. STEGMÜLLER, „KANTS Metaphysik der Erfahrung"; in: Aufsätze zu KANT und WITTGENSTEIN, Wissenschaftliche Buchgesellschaft 1970, S. 1—61.

Wird unter „Voraussetzungen der Einzelwissenschaften" eines dieser Dinge oder beides verstanden, so lautet die Stellungnahme: Die These ist bestenfalls eine *wissenschaftstheoretische Vermutung*. Sie darf nicht zu Beginn wissenschaftstheoretischer Untersuchungen als gültig vorausgesetzt werden. Ob sie richtig ist oder nicht, kann sich erst *im Verlauf* wissenschaftstheoretischer Untersuchungen zeigen. *Die Wissenschaftstheorie muß in dem Sinn voraussetzungslos sein, daß sie nicht von der Voraussetzung ausgehen darf, alle Einzelwissenschaften beruhten auf speziellen inhaltlichen Voraussetzungen.* Die These könnte natürlich richtig sein. Darüber soll an dieser Stelle nichts ausgesagt werden. Denn in dieser Einleitung geht es nur um die Klärung der Aufgaben der Wissenschaftstheorie, nicht dagegen um die Beantwortung spezieller wissenschaftstheoretischer Fragen. Und eine solche spezielle Frage ist *auch* das Problem, ob die genannte These wahr ist. Alles, was wir sagen können, ist: Der Wissenschaftstheoretiker sollte zu Beginn seiner Untersuchungen die Richtigkeit dieser These nicht voraussetzen.

Die *Forderung nach wissenschaftlicher Voraussetzungslosigkeit* ist natürlich nicht als Appell zu verstehen, die Richtigkeit dieser These zu leugnen. Statt zu fragen, was einzelne (möglicherweise oder sicher) damit gemeint haben, muß man fragen, was mit dieser Forderung *sinnvollerweise gemeint sein könnte*. Die Frage muß in dieser Weise umformuliert werden, weil tatsächlich an *jeder* Stelle eines wissenschaftlichen Kontextes — selbst in einem Forschungsprogramm oder in einer Untersuchung über die Konsequenzen einer irrealen Annahme — irgendetwas ‚als gültig vorausgesetzt' werden muß, und sei es auch nur eine formale Ableitungsregel.

Am besten deutet man die Forderung *als eine moralische Empfehlung*, die sich gleichermaßen an die Adresse des Fachwissenschaftlers wie an die des Wissenschaftstheoretikers wendet: *nämlich bereit zu sein, jede spezielle Annahme der Kritik auszusetzen und sie preiszugeben, wenn sie der Kritik nicht standhält.* Deutet man die Forderung in dieser Weise, dann ist sie nichts anderes als ein Bestandteil der globalen Empfehlung, sich im intersubjektiven Gespräch rational zu verhalten.

Die Voraussetzungslosigkeit im hier verstandenen ‚dispositionellen Sinn' hat nichts zu tun mit einer vollkommen anderen Deutung dieses Begriffs, die immer wieder irrtümlich *mit Voraussetzungslosigkeit im rationalen Wortsinn verwechselt worden ist* und die sich mit der zweiten obigen Bedeutung berührt. Diese andere Interpretation besteht in der an den Philosophen gerichteten Aufforderung, ‚sich von allen gedanklichen Voraussetzungen zu befreien', ‚seine gesamten Vorurteile abzustreifen', um die Phänomene so zu sehen, wie sie an sich und vor jeder bewußt oder unbewußt vollzogenen menschlichen Deutung sind. Ohne mich hier auf eine Kritik des äußerst fragwürdigen Begriffs des ungedeuteten Phänomens einzulassen — dessen Fragwürdigkeit in *allen* Varianten bestehen bleibt, ganz gleichgültig, ob die Phänomene als ‚*sinnliche*' Gegebenheiten oder als ‚*Wesens*phänomene‘ aufgefaßt werden —, glaube ich doch die (natürlich in keinem Sinn beweisbare) Vermutung aussprechen zu können, daß *diese* Form, der Forderung wissenschaftlicher Voraussetzungslosigkeit nachzukommen, auf einer gewaltigen Illusion beruht, die vermutlich auch nur durch eine Form des ‘quest for certainty’ immer neue Nahrung bekommt. Es ist die Illusion, seine Überzeugungen, Vormeinungen, ja schon seine ‚begrifflichen Konzeptualisierungen‘ des Wahrgenommenen durch irgendeinen intellektuellen Hokuspokus ‚abstreifen‘ oder ‚ablegen‘ zu können, so wie man seine Kleider ablegen kann. Diese Illusion ist um so gefährlicher, als sie erstens zu einem elitären Bewußtsein in denjenigen führen kann, die *meinen*, zu den wenigen zu gehören, die dieser Prozedur fähig sind, und zweitens eine sinnlose Vergeudung geistiger Energien hervorzurufen vermag; denn in ihrem Ziel ist sie vollkommen nutzlos, da selbst ein erfolgreicher Vorstoß zu einem ‚harten ungedeuteten Kern‘ für keine Philosophie oder wissenschaftliche Theorie von *irgendeinem* Wert wäre.

Der Forderung nach wissenschaftlicher Voraussetzungslosigkeit im obigen Sinn könnte dreierlei entgegengehalten werden:

(1) *Sie sei überflüssig*: Die letzten Grundlagen der Erkenntnis *brauchten* nicht in Frage gestellt zu werden, da sie gar nicht in Frage gestellt werden *könnten*. Sie trügen die Gewißheit ihrer Richtigkeit in sich selbst. Ohne hier auf das Problem der Evidenz und der Absolutbegründung einzugehen, kann folgendes gesagt werden: Der Verfechter einer solchen metawissenschaftlichen Position muß, wenn er an einem rationalen Gespräch teilnehmen will, bereit sein, diese seine Metathese zur Diskussion zu stellen. Und zwar muß er sowohl bereit sein, den Sinn seiner These zu explizieren, als auch, die Gründe für ihre Richtigkeit anzugeben.

(2) *Sie sei nicht generell erfüllbar*: Es gäbe, zumindest in bestimmten Wissenschaften, Annahmen, die wir nicht in Frage stellen können. Eine bestimmte Variante dieser metawissenschaftlichen Behauptung wird im Rahmen der These von der ‚Unauflösbarkeit des hermeneutischen Zirkels‘ aufgestellt. Hier gilt die Analogie zum ersten Fall: Der Verfechter einer solchen metatheoretischen Behauptung muß bereit sein, seine These der Kritik auszusetzen und zwar wieder sowohl der Sinnkritik („was meint er eigentlich?“) als auch der Geltungskritik („woher weiß er denn das?“). In dem konkreten Beispiel wäre es insbesondere der Hermeneutiker und nicht der ihn provozierende Opponent, der die Explikations- und Beweislast trüge.

(3) *Sie sei aus dem prinzipiellen Grunde nicht erfüllbar, weil wir doch nicht alle unsere Voraussetzungen gleichzeitig in Frage stellen können.* Hier würde es sich um ein logisches Mißverständnis handeln. Wir können zwar nicht alle Annahmen simultan zur Diskussion stellen; aber wir können dies bezüglich *jeder einzelnen* Annahme tun.

Statt einer logischen Analyse sei ein Analogiebild gegeben: Wenn meine Bibliothek weniger Stellplätze enthält als ich Bücher besitze, so kann ich *nicht alle* meine Bücher in der Bibliothek unterbringen. Trotzdem gibt es kein einziges Buch, welches ich besitze, von dem ich nicht mit Recht behaupten darf, ich könne es in meiner Bibliothek unterbringen. *Jedes* einzelne beliebig herausgegriffene Exemplar unter meinen Büchern hat dort Platz.

Um denjenigen Denkern, welche als erste die Forderung der Voraussetzungslosigkeit und der Wertfreiheit der Wissenschaft erhoben, auch in historischer Hinsicht gerecht zu werden, ist es angebracht, an die geschichtliche Situation zu erinnern, in der solche Forderungen erhoben worden sind: Es waren Zeiten der staatlichen und kirchlichen Eingriffe in den Wissenschafts- und Lehrbetrieb. Und es waren unabhängige Geister, die sich mit diesen Forderungen gegen derartige Bevormundungen der Wissenschaft zur Wehr setzten.

(IX) Wertfreiheit, Interessen und Objektivität. Das Wertfreiheitspostulat von Max Weber. Die heutigen Diskussionen über das Thema „Wertfreiheit der Wissenschaft" spielen sich fast immer in Form der Auseinandersetzung mit Max Weber ab, der aufgrund scharfsinniger Analysen zu dem Schluß gelangte, daß praktische Wertungen in einer Wissenschaft nichts zu suchen hätten. Bei Anhängern wie bei Gegnern der Weberschen Auffassung scheint dabei häufig der Gedanke vorzuherrschen, daß man nur den Max Weberschen Standpunkt hinreichend zu klären brauche, um sich dann entweder ebenfalls zu ihm zu bekennen oder ihn zu verwerfen. Falls man sich zu einer andersartigen Auffassung bekennt oder sogar meint, nachweisen zu können, daß die Wertfreiheitsforderung prinzipiell unerfüllbar und daher illusionär sei, so rückt automatisch das Objektivitätsproblem in den Vordergrund; denn die Preisgabe der wertfreien Wissenschaft scheint eine Preisgabe des wissenschaftlichen Objektivitätsanspruchs zu implizieren.

Hier geht es jedoch nicht um ‚Bekenntnisse' und ‚Gegenbekenntnisse', sondern allein um das Problem der Richtigkeit bestimmter Annahmen. Die Diskussionen verlaufen nämlich stets unter der implizit vorausgesetzen Annahme der Gültigkeit bestimmter *theoretischer Oberhypothesen*. Da hier nicht der Raum ist, alle diese Diskussionen zu verfolgen, wollen wir uns auf eine kurze Analyse des Max Weberschen Standpunktes beschränken. Es wird sich dabei vor allem darum handeln, auf hypothetisch angenommenes epistemologisches Hintergrundwissen hinzuweisen. Der *generelle* Hinweis sei allerdings bereits jetzt vorweggenommen, daß nämlich in dem Augenblick, wo es um die *Begründung* dieses tacit knowledge geht, die Beweislast bei den Anhängern des Max Weberschen Standpunktes oder einer ähnlichen Auffassung liegt, nicht jedoch bei den Gegnern. Einige der von Max Weber ausdrücklich behaupteten und als selbstverständlich vorausgesetzten Thesen sind die folgenden[31]:

[31] Alle folgenden Zitate beziehen sich auf das Sammelwerk: Max Weber, *Gesammelte Aufsätze zur Wissenschaftslehre*, 3. Aufl., Tübingen 1968, im folgenden zitiert als [Wissenschaftslehre].

(1) Die beiden Bereiche des Seins und des Sollens sind strikt voneinander getrennt. Dementsprechend gibt es auch keinen Übergang von deskriptiv-kognitiven Feststellungen von Tatsachen und ihren Erklärungen auf der einen Seite und praktischen Wertungen oder normativen Aussagen auf der anderen Seite. Beschreibungen und Wertungen bilden grundverschiedene logische Kategorien von Aussagen (vgl. z.B. [Wissenschaftslehre], S. 61, 90, 223, 225, 501).

(2) Alle (empirischen) Wissenschaften müssen sich darauf beschränken, kognitiv-beschreibende Aussagen aufzustellen und zu begründen. Eine (empirisch-) wissenschaftliche Begründung von Normen ist unmöglich. Wissenschaften können den Menschen lehren, was war und was ist; ebenso: warum es so war und warum es so ist. Dagegen kann keine Wissenschaft den Menschen lehren, was sein soll ([Wissenschaftslehre], S. 151, 176, 490, 501).

(3) Die ‚völlige Geschiedenheit der Wertsphäre von dem Empirischen' (a.a.O. S. 523) gilt insbesondere für das Verhältnis von moralischer Sphäre und Tatsachensphäre. Denn die moralischen Werte bilden ein Teilgebiet der Werte überhaupt, zu denen auch nichtmoralische ‚Kulturwerte' gehören, wie z.B. die ästhetischen Werte.

(4) Wegen (1) existiert keine Möglichkeit, Werturteile aus Tatsachenfeststellungen herzuleiten, und damit wegen (2) keine Möglichkeit, Werturteile aus wissenschaftlichen Aussagen zu deduzieren. Wegen (3) kommt insbesondere so etwas wie die wissenschaftliche Begründung einer Moral nicht in Frage (vgl. z.B. a.a.O. S. 502).

(5) Die wissenschaftliche Unbeweisbarkeit ethischer Gebote ergibt sich auch daraus, daß diese unlöslich an positive Religionen und Weltanschauungen gebunden sind. Weltanschauungen können aber „niemals das Produkt fortschreitenden Erfahrungswissens sein"; wir können „den Sinn des Weltgeschehens nicht aus dem noch so sehr vervollkommneten Ergebnis seiner Durchforschung ablesen" (a.a.O. S. 154).

(6) Wo verschiedene Wertpositionen vorliegen, da handelt es sich nicht nur um Alternativen, sondern um einen tödlichen Kampf, ähnlich dem Kampf zwischen ‚Gott' und ‚Teufel' (vgl. a.a.O. S. 507f.).

(7) Wertkollisionen begleiten das ganze menschliche Leben. Der im Alltag dahinlebende Mensch verschließt davor die Augen. Demjenigen, der die Augen nicht verschließt, wird es dagegen klar, daß das ganze Leben eine Kette von Entscheidungen ist (vgl. a.a.O. S. 507, 508).

(8) Auch die Annahme des Postulats der Wertfreiheit, welchem gemäß praktische Wertungen in wissenschaftlichen Aussagesystemen nicht vorkommen dürfen, ist eine Sache der Entscheidung. Für diese Entscheidung bilden die Feststellungen (1) bis (4) eine rationale Basis.

(9) Die Objektivität wissenschaftlicher Erkenntnis wird nicht dadurch beeinträchtigt, daß bestimmte Werte für die Wissenschaft den Charakter

eines Apriori haben. Unter dem letzteren wird nicht nur die formale Tatsache verstanden, daß jede wissenschaftliche Arbeit sich an die ‚Normen korrekten Denkens' halten muß. Vielmehr setzt erstens jede wissenschaftliche Untersuchung eines Gegenstandes voraus, daß dieser Gegenstand wert ist, gekannt zu werden (a.a.O. S. 599). Zweitens sind die konkreten Zwecke einer wissenschaftlichen Forschung stets vorgegeben; der Wert dieses Zwecks ist wissenschaftlich nicht begründbar (a.a.O. S. 60, 499; für den speziellen Fall der Nationalökonomie vgl. auch S. 159). Jede Wahl eines Untersuchungsgegenstandes und jede Stoffauswahl enthält eine Wertung. Denn „nicht die ‚*sachlichen*' Zusammenhänge der ‚*Dinge*', sondern die *gedanklichen* Zusammenhänge der *Probleme* liegen den Arbeitsgebieten der Wissenschaften zugrunde" (a.a.O. S. 166). Auch die Tatsache, daß die historische Begriffsbildung stets auf einer Wertbeziehung beruht (a.a.O. S. 511), führt zu keiner Beeinträchtigung wissenschaftlicher Wertfreiheit und Objektivität[32].

(10) Selbstverständlich wird die wissenschaftliche Objektivität auch dadurch nicht beeinträchtigt, daß die Wissenschaften vom Menschen Wertungen zum Gegenstand ihrer Untersuchungen machen müssen. Die Aussagen, in denen dies geschieht, sind empirisch-deskriptive Feststellungen, die nach den üblichen empirischen Methoden kontrollierbar sind (vgl. z.B. a.a.O. S. 500, 502).

(11) Trotz des Bestehens einer unüberbrückbaren Kluft zwischen Tatsachenbereich und Wertsphäre, formal gesprochen: zwischen deskriptiven und normativen Aussagen, sind rationale Wertdiskussionen möglich und können, außer für praktische Lebenszwecke, auch für das wissenschaftliche Arbeiten von großer Bedeutung werden. Eine rationale Wertdiskussion ist jedoch auf vier Dinge beschränkt (a.a.O. S. 510ff.), nämlich auf:

(*a*) Die Herausarbeitung der letzten Wertaxiome, von denen die an der Diskussion Beteiligten ausgehen.

(*b*) Die Deduktion der Konsequenzen einer wertenden Stellungnahme, die sich ergeben würden, wenn man diese Wertung „der praktischen Bewertung von faktischen Sachverhalten zugrunde legt".

---

[32] Den Begriff der *Wertbeziehung*, wie übrigens auch eine Reihe anderer Begriffe (so z.B. die Definition von „Kultur"), übernimmt M. Weber aus der Philosophie von H. Rickert. Der Historiker hat es nach Rickert mit Individuen zu tun. Ein Ding, welches unübersehbar viele Bestimmungen besitzt, die wir niemals erschöpfend anzugeben vermöchten, wird erst dadurch zu einem Individuum, daß wir es als einziges und einheitliches auffassen und ihm dadurch eine besondere Bedeutung geben. Die Bedeutung beruht auf seinem Wert. Diese Art von historischer Einzigartigkeit gilt z.B. bereits für den Diamanten Kohinoor im Verhältnis zu einem beliebigen Stück Kohle, das diese Auszeichnung nicht besitzt. Erst recht gilt sie für historische Persönlichkeiten. Dies besagt nach Rickert nicht, daß die Historie wertet. Sie ist *keine wertende*, sondern eine *wertbeziehende Wissenschaft*, die ihre Begriffe durch Beziehung auf Werte formt.

(*c*) Die Untersuchung des Zusammenhanges zwischen den Wertentscheidungen, welche Zweck, Mittel und Nebeneffekte betreffen. (Gemeint ist damit: Die praktische Durchführung einer Wertentscheidung führt zu einer Zwecksetzung. Die Erreichung des Zieles wiederum ist an unvermeidliche Mittel gebunden und hat außerdem bestimmte, nicht direkt gewollte unvermeidliche Nebenerfolge. Dies macht eine Güterabwägung zwischen dem ursprünglich gesetzten Ziel, den zu seiner Erreichung notwendigen Mitteln und den Nebeneffekten erforderlich.)

(*d*) Die im Verlauf der Diskussion zutage tretenden neuen Wertaxiome, die zunächst von den Vertretern eines praktischen Postulates übersehen worden sind und von denen sich zeigen läßt, daß sie mit bestimmten ursprünglich aufgestellten Postulaten „sinnhaft oder praktisch" kollidieren. (Mit „sinnhaft" meint MAX WEBER hier: ohne empirische Betrachtung läßt sich ein Nachweis der Unverträglichkeit der Wertpostulate führen. Unter „praktisch" versteht er: die empirische Untersuchung über die zu wählenden Mittel für die Verwirklichung der durch die Wertentscheidung bestimmten Zwecke oder über die unvermeidlichen Nebenerfolge kann zu dem Resultat führen, daß eine Wertkollision besteht.)

Für die nachfolgenden kritischen Betrachtungen empfiehlt es sich nicht, daß wir uns genau an die soeben gegebene Numerierung halten, die nur der übersichtlicheren Darstellung der Max Weberschen Position dienen sollte. Ferner sei vorausgeschickt, daß sich seit der Niederschrift der Max Weberschen Gedanken drei neue, für diesen Problemkomplex relevante Wissenschaften herausgebildet haben — mögen sie sich auch noch mehr oder weniger im Anfangsstadium ihrer Entwicklung befinden —, nämlich die *Meta-Ethik*, die *deontische Logik* sowie die *rationale Entscheidungstheorie*. Man kann davon ausgehen, daß MAX WEBER diese Entwicklung begrüßt und in den durch diese Disziplinen zur Verfügung gestellten neuen Methoden und Erkenntnissen die Möglichkeit einer Erweiterung der unter (11) beschriebenen rationalen Wertdiskussionen erblickt hätte, ohne daß jedoch dadurch seine grundsätzlichen Thesen tangiert worden wären. So spricht er z.B. selbst bisweilen davon, daß man die für die adäquate Mittelwahl relevanten Umstände sowie die ‚Nebenerfolge' einer Handlung häufig nur *mit gewisser Wahrscheinlichkeit* erschließen könne. Er hätte sicherlich nichts dagegen einzuwenden gehabt, für Situationen dieser Art einen präzisierten Wahrscheinlichkeitsbegriff zugrunde zu legen und den fraglichen Typus von Entscheidungen systematisch zu untersuchen, wie dies in der modernen Entscheidungstheorie unter dem Titel „Entscheidungen unter Risiko" geschieht (vgl. dazu auch die einleitenden Abschnitte von Teil I und Teil II dieses Bandes).

Zweifellos *nicht* vorausgesehen hat MAX WEBER die Möglichkeit, daß derartige neue Disziplinen dazu führen könnten, gewisse seiner Voraussetzungen anzugreifen oder sogar zu widerlegen. Die Kritik könnte sich dabei entweder auf den *begrifflichen* oder auf den *argumentativen* Aspekt oder auf beides beziehen.

Um uns nicht allzu sehr auf Details einzulassen, wurde der Webersche *Begriffs*apparat oben nur vage skizziert. In verschiedenen Kontexten verwendet er verschiedene Begriffe mit voneinander abweichenden Definitionen. So z.B. spricht er gelegentlich von *Wert* (S. 123), von *Wertungen* (S. 157), von *Werturteil* (S. 252), von *Wertinteresse* und *Wertinterpretation* (S. 512). Die meisten der gegebenen Begriffsbestimmungen sind alles eher als klar. Die Definition von „Wert" auf S. 123 z.B. besteht offenbar aus Alternativvorschlägen. Im ersten Vorschlag („das, was fähig ist, Inhalt einer Stellungnahme ... zu werden") ist nicht vom Wert, sondern von dem die Rede, was man das *Objekt der Bewertung* nennen müßte. Der zweite Vorschlag („dessen ‚Geltung' als ‚Wert' ‚für' uns ... ‚von' uns anerkannt ... wird") ist entweder *zirkulär* oder besteht in einer Ersetzung des ursprünglichen einstelligen Prädikates durch den *zweistelligen Relationsausdruck* „x ist Wert für y" usw.

Die *begriffliche* Grundlage Max Webers könnte einer dreifachen kritischen Erörterung unterzogen werden. Die erste Art von Untersuchung wäre *meta-ethischer* Natur. Es könnte sich dabei ergeben, daß die prima facie recht plausible Trennung von deskriptiven und normativen Aussagen auf Schwierigkeiten stößt. Die zweite Art von Analyse hätte *logisch-wissenschaftstheoretischen* Charakter. In einem ersten Schritt wären hier relationale und nichtrelationale Wertprädikate zu unterscheiden. In einem zweiten Schritt wäre zu untersuchen, ob und auf welche Weise diese von M. Weber allein benützten klassifikatorischen Begriffe durch komparative oder sogar quantitative Begriffe ersetzbar wären. Erst durch Verwendung solcher Begriffe sind ja Vergleichsfeststellungen im Sinne eines Mehr oder Weniger möglich (im ästhetischen Bereich z.B. selbst bei Beschränkung auf ein und denselben Künstler; etwa von der Art: „Im Opernschaffen Mozarts ist ‚die Zauberflöte' *als höherwertig einzustufen* denn ‚Bastien und Bastienne'"). Eine dritte Untersuchung hätte zu überprüfen, welche Stellung die sog. *moralischen Werte* innerhalb der Gesamtheit aller Werte einnehmen; denn sie allein sind es ja, die den durch Max Weber so scharf von Tatsachenfeststellungen getrennten Sollensforderungen zugrunde liegen. Auf diesen wichtigen Punkt kommen wir weiter unten nochmals zurück.

Auf alle Fälle zeigt sich, daß bereits der begriffliche Teil des Max Weberschen Denkgebäudes Anlaß zu zahlreichen Fragestellungen gibt, deren Beantwortung nicht a priori vorweggenommen werden kann. Etwas ganz Ähnliches gilt von demjenigen Teil seiner Ausführungen, in welchem er nach heutiger Sprechweise *die metatheoretische These über die Nichtableitbarkeit normativer Aussagen aus deskriptiven Aussagen behauptet*. Was Weber hier kritisiert, ist der sog. *naturalistische Fehlschluß*, wie er seit G.E. Moore genannt wird, obwohl als dessen erster Entdecker gewöhnlich D. Hume angeführt wird. Hans Albert, der eine der Weberschen Auffassung sehr ähnliche Position vertritt, bezieht sich im Rahmen des Dualismus von Sein und Sollen ausdrücklich auf diesen Fehlschluß[33]. Ein impliziter Hinweis auf diesen Fehlschluß findet sich bei MAX WEBER z.B. a.a.O. auf S. 502 unten und auf S. 509. Bei dieser Nichtableitbarkeitsbehauptung handelt es sich zunächst nur um eine nicht begründete, sondern höchstens mehr oder weniger plausible These, die der Kritik ausgesetzt werden kann und sich dabei als möglicherweise falsch erweist. Tatsächlich wurden neuerdings verschiedene Versuche unternommen, ‚ein Sollen aus einem Sein herzuleiten'[34]. Diese Versuche sind, wie zu erwarten, nicht ohne Kritik geblieben. Daß solche Versuche aber überhaupt unternommen werden konnten, zeigt, daß es sich bei der Nichtableitbarkeitsbehauptung höchstens um eine diskutable *metatheoretische Hypothese* handelt, nicht jedoch um eine selbstverständliche Wahrheit. Es soll jetzt, ganz unabhängig von diesen Diskussionen, mit Hilfe eines Beispiels die Webersche These erschüttert werden.

Ein Beispiel von dieser Art findet sich in der in der letzten Fußnote zitierten Arbeit von HOERSTER. Das Beispiel ist absichtlich sehr elementar gehalten, um durchsichtig und leicht verständlich zu sein. Wenn sich Einwendungen gegen einen Standpunkt ergeben, so ist es immer zweckmäßig, diese Einwendungen so einfach wie möglich zu halten. Denn je komplizierter der Gedankengang ist, auf den sich der Einwand stützt, um so größer die Gefahr, daß in der Erwiderung solche Teile des Gedankenganges erneut zur Diskussion gestellt oder abgelehnt werden, die für das eigentliche Argument irrelevant sind.

Aus der deskriptiven Aussage: „München ist die Hauptstadt von Bayern" kann durch logische Abschwächung die Aussage gewonnen werden: „München ist die Hauptstadt von Bayern oder man soll nicht lügen". Bezeichnet man diese letzte Aussage wegen der zweiten Komponente als normativ, so ist bereits gezeigt, daß man normative Aussagen aus deskriptiven ableiten kann. Angenommen jedoch, man charakterisiert die letzte Aussage als deskriptiv, etwa aus der Überlegung heraus, daß jeder Satz, der aus deskriptiven Aussagen durch logische Abschwächung gewonnen werden kann, selbst deskriptiv ist. Dann kann man aus der (kraft eben erfolgter Festsetzung) deskriptiven Aussage: „München ist die Hauptstadt von Frankreich oder man soll nicht lügen" und der weiteren deskriptiven Aussage: „München ist nicht die Hauptstadt von Frankreich" logisch deduzieren: „Man soll nicht lügen". Gleichgültig also, wie wir die Konvention über den Gebrauch von „deskriptiv" und „normativ" treffen, *wir können in jedem Fall eine normative Aussage aus einer Klasse von deskriptiven*

---

[33] H. ALBERT: *Traktat über kritische Vernunft*, Kap. III, insbesondere S. 57.

[34] So z.B. von J.R. SEARLE: in: „How to Derive 'Ought' from 'Is'", Philos. Review, Bd. 73 (1964), S. 43ff. Ein anderer in diese Richtung gehender Versuch stammt von G.I. MAVRODES, "On Deriving the Normative from the Nonnormative", Papers of the Michigan Academy of Science, Arts and Letters, Bd. 53 (1968), S. 353ff. Für eine kritische Diskussion dieser Arbeiten vgl. N. HOERSTER, „Zum Problem der Ableitung eines Sollens aus einem Sein in der analytischen Moralphilosophie", Archiv für Rechts- und Sozialphilosophie, Bd. LV (1969), S. 11ff.

Prämissen herleiten. Aus der Schwierigkeit kommt man nur heraus, wenn man den Dualismus von Sein und Sollen preisgibt, also eine neben der ‚Tatsachensphäre' und ‚Wertsphäre' bestehende ‚gemischte Sphäre' annimmt. Die Einführung eines gemischten deskriptiv-normativen Bereiches würde aber sicherlich der Intention MAX WEBERS widersprechen. Für die Position WEBERS, wie sie insbesondere in den obigen Sätzen (1) bis (4) festgehalten wurde, entsteht somit ein unlösbares Dilemma.

Eine weitere Kritik, die sich ebenfalls auf Formen logischer Deduktion beruft, könnte bei der deontischen Logik ihren Ausgang nehmen. Obwohl zu WEBERS Zeit eine ‚Logik der Sollsätze' noch nicht einmal als Konzept existierte, hätte er vermutlich die auch heute noch oft zu hörende *irrige Auffassung* vertreten, daß es sich dabei doch nur um die Übertragung der Regeln der formalen Logik von deskriptiven auf normative Aussagen handeln könne.

Ich vermute, daß WEBER in der oben als (11) (b) wiedergegebenen Teilauffassung zur rationalen Wertdiskussion unter „Deduktion" *nicht* deontische Folgerungen verstand. Im darauf folgenden Text behauptet er nämlich, daß diese Deduktion an empirische Feststellungen gebunden sei. Für eine rein logische Deduktion aus normativen Aussagen kann jedoch eine solche Gebundenheit nicht bestehen. Vielmehr dürfte er hier, wie aus dem Zusammenhang hervorgeht, daran denken, daß man sich im Rahmen einer derartigen Diskussion einen systematischen Überblick über alle möglichen ‚relevanten Weltumstände' verschaffen und für jede dieser möglichen Situationen die praktischen Konsequenzen der wertenden Stellungnahme vor Augen führen könne.

Sollte Weber jedoch tatsächlich an einigen Stellen unter „Konsequenzen" oder „Folgen" Folgerungen im Sinn der deontischen Logik verstanden haben, so wäre damit bereits die obige Vermutung verifiziert, daß er zwischen den Regeln dieser Logik und denen der formalen Logik keinen Unterschied macht.

Ein wieder recht einfaches Beispiel möge zeigen, daß es nicht ohne weiteres möglich ist, die üblichen Regeln der formalen Logik auf ‚Sollsätze' zu übertragen. Aus dem Satz: „heute schneit es" folgt logisch durch Abschwächung: „heute schneit es oder regnet es". Wenn mein Freund mir dagegen Geld übergibt mit dem Auftrag: „überweise diesen Geldbetrag an meine Mutter!", so bin ich nicht moralisch berechtigt, das Geld für mich zu behalten, indem ich mich darauf berufe, ich hätte aus der Aufforderung meines Freundes durch logische Abschwächung die Aufforderung hergeleitet: „überweise das Geld an meine Mutter oder behalte es für dich!" und hätte die letztere dadurch erfüllt, daß ich das zweite Glied wahr machte.

Einer der problematischsten Punkte ist MAX WEBERS *‚deontischer Unglaube'*, wie man es nennen könnte, d.h. seine Leugnung der Möglichkeit einer rationalen Begründung normativer Aussagen. Seine Position ist diesbezüglich allerdings doppeldeutig. An den meisten Stellen hebt er lediglich die Unmöglichkeit einer Moralbegründung bzw. allgemeiner: einer Begründung von Werturteilen durch *empirische* Methoden hervor. Soweit ist seine Position unanfechtbar, da man *per definitionem* von empirischen Methoden nur dann spricht, wenn durch sie deskriptiv-empirische Aussagen gewonnen werden. Gelegentlich jedoch — so z.B. a.a.O. auf S. 508 — betont er, daß es zur Behebung von Wertkonflikten keinerlei *rationale oder* empirische wissenschaftliche Verfahren gäbe. Auch aus anderen Texten geht eindeutig hervor, daß er eine rationale Begründung ethischer oder sonstiger Normen für unmöglich hält. (Wegen dieser Doppeldeutigkeit ist in Punkt (2) das Wort „empirisch" in beiden Vorkommnissen eingeklammert worden.) Für diese These hätten MAX WEBER und seine Anhänger eine Begründung zu liefern. Wenn sie dagegen als selbstverständlich richtig unterstellt wird, so wird sie zu einem *Dogma.*

Daß die These in dieser Allgemeinheit *nicht richtig sein kann,* wird sich in Teil II dieses Bandes erweisen: Die Grundpostulate der Wahrscheinlichkeitstheorie (sowie, wenn CARNAPs Auffassung stimmt, zusätzliche Postulate) werden in der rationalen Entscheidungstheorie zu *Normen, die sich nach dem Ramsey-de Finetti-Verfahren begründen lassen.*

Daß die These sogar für das Gebiet der Moral falsch sein könnte, zeigen neuere Untersuchungen zur Grundlegung der Ethik: In immer stärkerem Maße treten in der analytischen Ethik der Gegenwart neben die metaethische Betrachtungsweise Begründungsversuche normativer Aussagen in den Vordergrund, wozu insbesondere die Herleitungsversuche komplexerer, Generalisierungen enthaltender Normen aus plausibleren und einfacheren Normen gehören. Sieht man sich bestimmte dieser Versuche an, z.B. die utilitaristische Ethik[35], so zeigt die Gegenüberstellung, in welch starkem Maße MAX WEBER — und wohl auch mehr oder weniger alle seine Anhänger — von einer ganz bestimmten Auffassung der Ethik beherrscht sind. Damit kommen wir auf das oben ausgesparte Problem der Stellung der sog. ‚moralischen Werte' im System der Werte zu sprechen.

Die wichtigsten Punkte in WEBERs Auffassung von der Ethik dürften die folgenden sein: (*A*) Eine ethische Wertlehre ließe sich nur im Rahmen einer allgemeinen Wertlehre entwickeln; denn nur auf diese Weise könnten einerseits der Ort der ethischen Werte bestimmt und könnten andererseits Beurteilungen von Wertkonflikten vorgenommen werden. (*B*) Zwischen verschiedenen ethischen Theorien (oder Typen der Ethik) besteht ein rational nicht zu behebender, unversöhnlicher Gegensatz. (*C*) Irrationale Positionen der verschiedensten Spielarten muß man als mögliche ethische Grundpositionen ebenso ernst nehmen wie solche, die uns als vernünftig erscheinen. (*D*) Zwischen Ethik auf der einen Seite, Religion und Weltanschauung auf der anderen besteht ein enger Zusammenhang. Denn Fragen von der Art: „welchen Sinn hat das Dasein?", „wie soll man auf dieser Welt leben?", oder bei Bestehen eines theistischen Glaubens Fragen

[35] Für die moderne Theorie der utilitaristischen Ethik vgl. z. B. N. HOERSTER: *Utilitaristische Ethik und Verallgemeinerung,* Freiburg/München 1971; zweite erweiterte Fassung: Habilitationsschrift, München 1972.

von der Art: „wie ist das Theodizeenproblem zu lösen?" gehen als Bestandteil in die Ethik ein. (*E*) So wie jede Ethik ‚nach oben hin' zu den allgemeinsten Sinnfragen führt, so reicht sie ‚nach unten hin' in die alltäglichsten Geschehnisse hinein. Die zahllosen Wertkonflikte im Leben eines Menschen haben immer auch eine moralische Seite.

Alle diese Punkte, in denen wir das epistemologische Hintergrundwissen MAX WEBERS zu den Problemen der Ethik bündig zusammenzufassen versuchten, sind anfechtbar. Zunächst eine kurze Bemerkung zu den Punkten (*D*) und (*E*): Man kann demgegenüber die Auffassung zu begründen versuchen, daß WEBER hier die Relevanz des Moralischen nach zwei Seiten hin außerordentlich übertreibt. Erstens ist es nicht richtig, daß eine ethische Theorie die Beantwortung der Frage nach dem ‚Sinn des Daseins' in irgendeiner Form voraussetzt. Um es ganz krass auszudrücken: Jemand kann der Überzeugung sein, moralische Normen ließen sich begründen, und trotzdem in bezug auf die Frage nach dem Sinn des Daseins dieselbe Auffassung vertreten wie S. FREUD, daß nämlich ein Mensch, der nach dem Sinn des Lebens fragt, ein psychisch kranker Mensch sei, der in ärztliche Behandlung gehört. Er *kann* es; er muß es natürlich nicht. Die drastische Gegenüberstellung sollte nur dazu dienen, klarzumachen, daß das Problem der ethischen Normen mit Weltanschauungsfragen überhaupt nichts zu tun zu haben braucht. Dies einzusehen ist ein erster Schritt auf dem Weg zu der Erkenntnis, daß eine ethische Lehre *nicht unbedingt* den Weg über positive Religionen, oder wie MAX WEBER sogar sagt: über „dogmatisch gebundene Sekten" (S. 154) nehmen und daher *nicht unbedingt* eine irrationale Wurzel haben muß. Zweitens ist es irreführend, allen Arten von sog. Wertkonflikten einen moralischen Akzent zu geben. Zahllose Konflikte des Alltags liegen in dem Sinn ‚jenseits von Gut und Böse', daß sie moralische Probleme überhaupt nicht berühren. Die Notwendigkeit, sich zwischen dem Beruf *X* und dem Beruf *Y* entscheiden zu müssen, kann z.B. für einen jungen Menschen zu einem außerordentlichen inneren Konflikt führen. Weder das Ergebnis seiner Entscheidung noch der Weg, auf dem er zu ihr gelangt — ob er z.B. ausführlichen Gebrauch von Ratschlägen macht oder seine Wahl vom Ergebnis eines Münzwurfes abhängig sein läßt —, kann den Anlaß dafür geben, sein Tun als gut oder als schlecht zu beurteilen.

Die — in meinen Augen maßlos übertriebene — Dramatisierung des Wertproblems und seiner Unlösbarkeit hat neben vielem anderen vermutlich auch eine Wurzel in dem, was man den *Max Weberschen Existentialismus* nennen könnte. Wenn man z.B. die Seiten 506 unten ff. der [Wissenschaftslehre] aufmerksam liest, so wird man, sobald man sich einmal von Unterschieden in der Wahl der Worte befreit hat, unschwer erkennen können, daß hier in nuce die Existenzphilosophie von K. JASPERS vorweggenommen ist, allerdings nur als eine wissenschaftlich weder beweisbare noch widerlegbare ‚Denkmöglichkeit'. Wenn MAX WEBER z.B. vom „Angeschmiedetsein an das leblose Gestein des Alltagsdaseins" spricht, so korrespondiert dies dem „bloßen Dasein" bei JASPERS, während mit der „Sphäre , welche, jeder Heiligkeit oder Güte, jeder ethischen oder ästhetischen Gesetzlichkeit, jeder Kulturbedeutsamkeit oder Persönlichkeitsbewertung gleich fremd und feindlich gegenüberstehend, dennoch und eben deshalb ihre eigene, in einem alleräußersten Sinn des Wortes ‚immanente' Dignität in Anspruch nähme" die Dimension der Existenz (bei HEIDEGGER: der eigentlichen Existenz) angesprochen wird. Der entscheidende Punkt ist an dieser Stelle jedoch nicht die mehr oder weniger große innere Verwandtschaft mit späteren philosophischen Denkweisen, sondern die Tatsache, daß mit der Einführung einer solchen Dimension: ‚bloßes Dasein und eigentliche Existenz' die Möglichkeit von ‚unaustragbaren Konflikten' eingeführt wird. Denn es gehört ja gerade zu den auch von MAX WEBER an dieser Stelle in der eben zitierten Äußerung nachdrücklich betonten Erfordernissen der eigentlichen Existenz, mit dem in Konflikt geraten zu *müssen*, was vom moralischen Standpunkt aus gefordert ist.

Die verschiedenen Ausführungen WEBERS zu (*C*) dürften diejenigen Stellen markieren, an denen seine Position am verwundbarsten ist. Nehmen wir an, zu den moralischen Grundprinzipien einer positiven Religion gehöre die Verpflichtung zum Kampf gegen Andersgläubige und das Verbot der Diskussion mit den letzteren. Während die Existenz dieser Weltanschauung dann empirisch nicht zu leugnen ist und es von großer historischer, soziologischer und wirtschaftsgeschichtlicher Bedeutung sein kann, die Wurzeln dieser Weltanschauung einerseits, ihre politischen und gesellschaftlich-ökonomischen Auswirkungen andererseits zu studieren, so braucht man doch nicht dabei stehen zu bleiben, diese Attitüde als ein factum brutum hinzunehmen. Warum soll es nicht möglich sein, gegen diese angebliche Verpflichtung zur Intoleranz mit *rationalen* Argumenten zu Felde zu ziehen? Daß man bei den Anhängern dieser Religion keinen Erfolg erzielen wird, spielt dabei keine Rolle.

Daß MAX WEBER zu dieser Einstellung gelangte, ist allerdings sehr verständlich. Die großartigen Einsichten in religionssoziologische Zusammenhänge hätte er vermutlich nicht gewinnen können, wenn er sich nicht systematisch in moralischer Enthaltsamkeit geübt hätte. Vgl. dazu seine Bemerkung in der Einleitung zu den gesammelten Aufsätzen zur Religionssoziologie: „Daß der Gang von Menschenschicksalen dem, der einen Ausschnitt daraus überblickt, erschütternd an die Brust brandet, ist wahr. Aber er wird gut tun, seine kleinen persönlichen Kommentare für sich zu behalten, wie man es vor dem Anblick des Meeres und des Hochgebirges auch tut — es sei denn, daß er sich zu künstlerischer Formung oder zu prophetischer Forderung berufen und begabt weiß."[36] Vgl. auch seine Äußerung in [Wissenschaftslehre], S. 602: „Ich erbiete mich, an den Werken unserer Historiker den Nachweis zu führen, daß, wo immer der Mann der Wissenschaft mit seinem eigenen Werturteil kommt, das volle Verstehen der Tatsachen *aufhört*."

Damit kommen wir zu den wichtigsten Punkten (*A*) und (*B*). Zu MAX WEBERS epistemologischen Voraussetzungen gehören zwei Dinge: erstens eine Parallelisierung der ‚euklidischen Methode' der Axiomatisie-

---

[36] MAX WEBER: *Gesammelte Aufsätze zur Religionssoziologie*, 4. Aufl. Tübingen 1947, S. 14.

rung für den Bereich des Normativen; zweitens die Auffassung, daß moralische Beurteilungen den Charakter von Werturteilen haben, so daß insbesondere mit Änderungen in der Beurteilung der ‚Wertsphäre' notwendig Änderungen in der Auffassung von dem, was als gesollt erscheint, einhergehen (vgl. dazu u.a. vor allem [Wissenschaftslehre], S. 510, wo die Herausarbeitung der letzten *Wertaxiome* als ein Zweck der Diskussion über praktische Wertungen angesehen wird). Beides ist bestreitbar. Es ist zwar eine weit verbreitete Auffassung, die vermutlich aber doch bloß ein *Vorurteil* darstellt, *daß eine ‚Umwertung aller Werte' zu einer Änderung der Moral führen müsse*. Diese Auffassung ist zwar trivial richtig, wenn man moralische Urteile als *Werturteile* von bestimmter Art interpretiert. Aber es erscheint mir als sehr fraglich, ob diese Auffassung haltbar ist. Es soll die Möglichkeit einer ganz andersartigen ethischen Konzeption angeführt werden, um auf dem Wege des Kontrasts die ‚Standortbedingtheit' von MAX WEBERS Auffassung deutlich zu machen. Zugleich wird dadurch die frühere Behauptung von der ethischen Irrelevanz vieler Wertkonflikte und der Frage ihrer Lösbarkeit oder Unlösbarkeit verständlicher werden. Die Ethik, um die es sich hier handelt, ist die sog. *utilitaristische Ethik*. Da es nach dieser Theorie stets auf die *Folgen* von Handlungen ankommt, beruhen normative moralische Urteile immer auf *nichtmoralischen Werturteilen*[37]. Eine Theorie der nicht-sittlichen Werte kann *Wertlehre* genannt werden. Wie eine solche Wertlehre aussieht und ob sie überhaupt schon verfügbar ist, spielt für die Durchführung des utilitaristischen Programms überhaupt keine Rolle. Nur die Möglichkeit einer solchen Wertlehre wird insofern vorausgesetzt, als *Kriterien* dafür verfügbar sein müssen, was ‚Wert hat'. Auf eine Lösung des Problems, ob es einen oder mehrere ‚oberste Werte' gibt und welche Rangordnung zwischen ihnen besteht, *kann eine solche Ethik zugunsten der betreffenden menschlichen Individuen verzichten*, denen die Entscheidung darüber überlassen bleibt. Worum es der Ethik geht, ist die Herausarbeitung von *Verpflichtungsurteilen*, ihrer Begründung und ihres logischen bzw. deontologischen Zusammenhangs. Wie immer diese Urteile lauten mögen, sie setzen die nichtmoralischen Werturteile als vorgegeben und in diesem Sinn als ‚fundamental' voraus. Erst auf sozusagen tertiärer Stufe treten moralische Werturteile auf, insofern nämlich, als die moralische Beurteilung von Personen davon abhängig gemacht wird, ob und inwieweit sie den Verpflichtungsurteilen nachkommen. Diese Einführung moralischer Werturteile ist theoretisch trivial und praktisch nicht sehr interessant, da die Verpflichtungsurteile das eigentliche Kernstück der Ethik ausmachen. Die Reihenfolge ist also: „das und das ist gut" (nichtmoralisches Werturteil) — „diese Handlung sollte vollzogen werden" (Verpflichtungsurteil) — „dieser Mensch ist gut" (moralisches Werturteil). Angenommen, es gelänge, eine

---

[37] Vgl. für das Folgende auch N. HOERSTER, a.a.O., S. 12ff.

Theorie der Verpflichtungsurteile rational zu begründen. Von einer ‚Herausarbeitung letzter Wertaxiome' wäre hier nicht mehr die Rede; denn eine solche hätte bestenfalls die Wertlehre zu leisten, wobei aber immer die erwähnte Möglichkeit besteht, die Stellungnahme zu den Werten den Einzelpersonen zu überlassen. Daß eine ‚Umwertung aller Werte' keine Änderung der Moral im Gefolge haben muß, bedeutet dann bei Beschränkung von Werten auf das, was die Ethik als gegeben voraussetzt, nichts anderes, als daß Menschen von verschiedensten Einstellungen zum Leben und Weisen des Lebens in bezug auf das sittlich Verpflichtende völlig übereinstimmen können. Sie können dies auch dann, wenn sie zu der Frage nach dem ‚Sinn des Daseins' verschiedene Antworten geben bzw. diese Frage als ‚sinnlos' zurückweisen. Der zurückgezogene Einsiedler kann ‚dieselbe Moral haben' wie der gefeierte Künstler, der politisch desinteressierte Wissenschaftler dieselbe wie der engagierte Vorsitzende einer politischen Partei.

Angenommen, die rationale Begründung einer utilitaristischen Ethik erweise sich als durchführbar. Dann wäre nichts mehr dagegen einzuwenden, deren Ergebnisse auch in einer Wertdiskussion im Max Weberschen Sinn zur Geltung kommen zu lassen. Von fünf zur Diskussion stehenden praktischen Alternativmöglichkeiten könnten sich dann z.B. zwei als etwas erweisen, *das begründbaren Normen widerspricht und deshalb außer Betracht bleiben sollte.* Es muß allerdings beachtet werden, daß ‚Wertkonflikte' im *nichtmoralischen* Sinn auch da bestehen bleiben können und meist auch werden. Insoweit können ethische Überlegungen höchstens von indirekter Relevanz sein, nämlich im Rahmen einer Erörterung der Methoden zur Entscheidung für die eine oder die andere Möglichkeit.

Um einen besonders wichtigen Fall herauszugreifen, nehmen wir etwa an, daß eine Entscheidung darüber gefällt werden solle, ob ein mehr ‚sozialistisches' bzw. ‚zentral geleitetes' Wirtschaftssystem oder ein mehr ‚marktwirtschaftliches' bzw. ‚kapitalistisches' eingeführt oder beibehalten werden soll. Obwohl Untersuchungen über die sicheren oder mutmaßlichen (d.h. nur probabilistisch zu beurteilenden) Konsequenzen dieser beiden Wirtschafts- und Gesellschaftssysteme eine auf begründbaren normativen Aussagen beruhende Auszeichnung des einen Systems gegen das andere ergeben *könnte*, wäre es doch auch denkbar, daß eine moralische Entscheidung *unmöglich* ist. Es würde sich dann um zwei verschiedene mögliche ‚Weisen des Lebens' handeln, für und gegen die sich keine *rationalen* Argumente ins Treffen führen lassen. Der Unterschied zum rein ‚privaten' Fall des Einzelmenschen wäre nur der, daß sich eine ganze Gemeinschaft zu entscheiden hätte, was sie für sich vorziehen wolle. Daher werden doch wieder moralische Überlegungen eine Rolle spielen, wenn es um das Entscheidungs*verfahren* geht. Ist es z.B. moralisch vertretbar, wenn eine Zentrale diese Entscheidung fällt und damit vielleicht der Majorität eine Lebensweise aufzwingt, die diese nicht haben möchte? Oder ist ein ‚demokratischer Mehrheitsbeschluß' oder eine dritte Methode *aus moralischen Gründen* vorzuziehen?

Der Unterschied zwischen der Auffassung M. Webers und der hier angedeuteten Möglichkeit sei an einem *Analogiebild aus der Metamathematik* verdeutlicht. Wie K. GÖDEL bewiesen hat, sind die axiomatisch aufgebauten Systeme der Arithmetik im Fall ihrer Widerspruchsfreiheit in dem Sinn unvollständig, daß darin Sätze vorkommen, die im System nicht beweisbar sind und deren Negationen darin ebenfalls nicht beweisbar sind[38]. Diese metamathematisch nachweisbare Aussage hat die Form eines Wenn-Dann-Satzes: *wenn* das System widerspruchsfrei ist, *dann* gilt die eben geschilderte Behauptung. Angenommen, dieser Erkenntnis werde ein konstruktiver Widerspruchsfreiheitsbeweis von der Art hinzugefügt, wie ihn G. GENTZEN erstmals erbrachte[39]. Dann kann der Wenn-Dann-Satz zu der kategorischen Behauptung über ein vorliegendes Axiomensystem der Arithmetik verschärft werden: „Dieses System ist unvollständig."

Die Analogie zu unserem Fall besteht in folgendem: Nach MAX WEBER kommt man bei sog. rationalen Wertdiskussionen niemals über das Wenn ... dann - - - hinaus, da man Wertaussagen oder, wie ich zu sagen vorziehen würde, normative Feststellungen prinzipiell nicht begründen könne. Läßt sich eine solche Begründung jedoch durchführen, dann kann man hier entweder das Wenn ... dann - - - durch eine kategorische Feststellung ersetzen oder doch zumindest durch eine solche, welche die Zahl der Alternativen, zwischen denen eine Entscheidung stattfinden soll, mehr oder weniger stark verringert.

Ein praktischer Unterschied wird sich natürlich auf alle Fälle ergeben: Während diejenigen Forscher, die sich unter anderem mit dem Theorem von GÖDEL beschäftigen, gewöhnlich auch solche sein werden, die sich für konstruktive Widerspruchsfreiheitsbeweise interessieren, gilt dies im M. Weberschen Beispiel nicht: Forscher, die sich mit wirtschaftspolitischen Problemen beschäftigen, gehören einer ganz anderen Disziplin an, als solche, die sich mit Fragen der Ethik befassen.

Es ließe sich vielleicht einwenden, *daß die These von der Übertragbarkeit wissenschaftlicher Rationalität auf normative Aussagen* höchstens in der Weise zu rechtfertigen sei, daß man sich von vornherein auf einen bestimmten Typus von ethischer Theorie festlegt, wie dies oben andeutungsweise geschah. Doch dies wäre ein grundsätzliches Mißverständnis. An keiner Stelle sollte hier ein Plädoyer für eine bestimmte ethische Theorie vorgetragen werden, auch nicht für eine Variante der utilitaristischen Ethik. Daß zwischen Typen der Ethik ein Konflikt besteht, ist richtig. Die Behauptung, daß dieser Konflikt rational ‚unaustragbar' ist, bildet ebenso wie die Auffassung vom naturalistischen Fehlschluß ein Dogma, *wenn sie an den Anfang gestellt wird.* Außerdem ist es keineswegs von vornherein klar, daß diese Gegensätze wirklich echte Gegensätze sind. MAX WEBER trifft sich zwar

---

[38] Für eine genauere Formulierung vgl. z.B. W. STEGMÜLLER: *Unvollständigkeit und Unentscheidbarkeit*, 2. Aufl. Wien 1970, S. 23.

[39] G. GENTZEN, „Die Widerspruchfreiheit der reinen Zahlentheorie", Math. Annalen, Bd. 112 (1935). Vgl. auch K. SCHÜTTE, *Beweistheorie*, Berlin 1960, Kap. V und Kap. VI.

darin mit vielen Vertretern der ‚Analytischen Philosophie', daß er dem Imperativ folgt: „Auf die Unterschiede kommt es an!" Doch dürfte es gerade auf normativem Gebiet wichtig sein, die Mahnung von LEIBNIZ nicht zu überhören, daß philosophische Gegensätze sich bei genauerer Betrachtung häufig als scheinbar erweisen und daß in der Tiefe Übereinstimmung herrscht.

So könnte z.B. eine genauere normativ-ethische Untersuchung zu dem Ergebnis führen, daß scheinbar so vollkommen verschiedene Dinge wie die ‚Goldene Regel' in der Fassung der Bergpredigt, der kategorische Imperativ KANTs, die Ethik von F. BRENTANO und eine Variante der oben andeutungsweise skizzierten utilitaristischen Ethik ‚auf dasselbe hinauslaufen'. Dieses Ergebnis könnte sich allerdings erst am Ende eines recht mühsamen *rationalen Rekonstruktionsverfahrens* einstellen. Dazu müßten z.B. im Fall der goldenen Regel Umformulierungen vorgenommen werden, um die von Christus offensichtlich nicht intendierten absurden Konsequenzen zu vermeiden, die sich bei *wörtlicher* Interpretation ergeben[40]; im Fall des kategorischen Imperativs würde es sich darum handeln, eine einwandfreie Explikation des Begriffs des ‚Nichtwollenkönnens' und des ‚Widerspruchs im Wollen' zu liefern; im Fall der Ethik BRENTANOs müßte man von dessen Evidenzmetaphysik abstrahieren, und im Fall des Utilitarismus hätte man sich auf eine seiner Formen (z.B. Handlungs- oder Regelutilitarismus) festzulegen und diese genau zu formulieren. Ob wirklich partielle oder sogar vollständige Übereinstimmung besteht oder ob entscheidende Gegensätze bestehen bleiben, könnte erst am Ende, nach Durchführung aller Explikationen, entschieden werden.

Rein logisch gesehen, kann beides passieren: Eine rationale Rekonstruktion kann zu dem Ergebnis führen, daß scheinbar divergierende ethische Theorien in Wahrheit konvergieren. Oder sie kann zu dem Resultat führen, daß keine oder nur eine teilweise Konvergenz besteht, daß sich jedoch unter den miteinander konkurrierenden *eine* rational auszeichnen läßt.

Um jedes Mißverständnis auszuschließen: Es geht mir hier nicht darum, die Möglichkeit wissenschaftlicher Objektivität und Rationalität durch Hineinnehmen von ‚Wertgesichtspunkten' in Frage zu stellen oder auch nur aufzuweichen, sondern genau umgekehrt darum, auf die *Ausweitungsmöglichkeit rationaler Begründungen* vom Deskriptiven auf das Normative, vom ‚Sein' auf das ‚Sollen', hinzuweisen. Es ist natürlich nichts dagegen einzuwenden, wenn ein heutiger Wissenschaftstheoretiker eine dem Max Weberschen Standpunkt ähnliche Auffassung vertritt. Er darf diese seine Auffassung nur nicht an den Anfang stellen. Sie kann bestenfalls *das Ergebnis* eines rationalen Begründungsversuchs sein. Ansonsten müßte er dessen gewärtig sein, sofort mit Fragen von der Art überfallen zu werden: *woher er* denn *wisse*, daß normative Aussagen nicht begründbar seien; *wieso es* für ihn *eine ausgemachte Tatsache sei*, daß angeblich rationale Übergänge von Tatsachenfeststellungen zu Sollenssätzen *allein* durch den ‚naturalistischen Fehlschluß' zustandekommen können; ja *woher* er denn auch

[40] Vgl. dazu HOERSTER, a.a.O., S. 69f.

nur genau *wisse*, daß ‚deskriptive' und ‚normative' Aussagen stets scharf gegeneinander abgrenzbar seien. Werden diese Fragen nicht oder nicht auf dem Wege einer rationalen Begründung, sondern nur durch 'persuasive arguments' beantwortet, so ist die Position der Wertfreiheit ein *Dogmatismus*, der außerdem sowohl gegen die Regeln rationalen Diskutierens als auch gegen die ‚Voraussetzungslosigkeit' im oben festgelegten Wortsinn verstößt. Diesen Dogmatismus könnte man als genauso irrational bezeichnen wie den eines Menschen, der von einem durch ihn nicht begründbaren weltanschaulichen Standpunkt im Rahmen angeblich streng wissenschaftlicher Untersuchungen wertend Stellung nimmt. Falls hingegen versucht wird, die Position zu begründen, so würde ich sie selbstverständlich auch dann als eine rationale Position respektieren, wenn ich die Argumentation zugunsten der Forderung, wissenschaftliche Begründungen auf das Nichtnormative zu beschränken, nicht überzeugend fände. Ich würde allerdings in jedem Fall nachdrücklich darauf hinweisen, *daß die Forderung nach Wertfreiheit, im Widerspruch zur ursprünglichen Versicherung ihres Proponenten, von ihm selbst gar nicht als eine weiter nicht begründbare ‚Wertentscheidung' betrachtet wird*, sondern als eine bündige *Zusammenfassung der Resultate* seiner diesbezüglichen wissenschaftstheoretischen bzw. wissenschaftstheoretischen und meta-ethischen und sonstigen Untersuchungen, also auf jeden Fall als etwas, das nicht am Beginn, sondern am Ende metatheoretischer Bemühungen behauptet werden kann.

Bei genauerer Analyse zeigt sich also, *daß der* Max Webersche *Standpunkt der Wertfreiheit der Wissenschaft eine Fülle von metatheoretischen und metaethischen Behauptungen enthält, die z. T. einer Begründung bedürftig, z. T. höchst anfechtbar sind.* Dagegen sollte sich jeder Forscher die Mahnung Max Webers, Tatsachenbehauptungen und Wertungen nicht in unklarer Weise miteinander zu vermengen und in der Begründung von ersteren keine Begründungen der letzteren zu erblicken, stets sehr zu Herzen nehmen.

Ich hoffe, durch die vorangehenden Bemerkungen nicht den irrigen Eindruck erweckt zu haben, ich wolle mir die Auseinandersetzung mit Max Weber zu leicht machen und andere zu etwas ähnlichem verführen. Nichts liegt mir ferner als dies. An Max Webers Postulat der Wertfreiheit ‚herumzuhacken', ohne rationale Argumente gegen Max Weber vorzubringen, ist heute große Mode. Es ist nicht nur bequem, sondern kann in einer Zeit, da schon die Spatzen die Forderung nach ‚Politisierung' der Hochschule von den Dächern pfeifen, auch auf weite Zustimmung der Öffentlichkeit stoßen, dem Max Weberschen ‚Postulat der Wertfreiheit' der Wissenschaft *das Bekenntnis zu Werten* entgegenzuhalten. Doch hier ging es, um dies nochmals zu betonen, nicht um Bekenntnisse und Gegenbekenntnisse, sondern einzig und allein um die Frage der Richtigkeit und Begründbarkeit metatheoretischer Positionen.

Wird durch die angedeuteten Möglichkeiten die wissenschaftliche Objektivität in keiner Weise beeinträchtigt, sondern höchstens in ihrem Anwendungsbereich erweitert, so bilden auch andere Faktoren nur eine scheinbare Gefahr für wissenschaftliche Objektivität. Darauf hat zum Teil schon MAX WEBER selbst hingewiesen. So z.B. wird durch *‚wertbeziehende' Begriffsbildung*, durch die in jeder *Stoffauswahl* enthaltene *Wertung*, durch die Tatsache, daß die in der Wissenschaft gestellten und behandelten Fragen *von außerwissenschaftlichen Zwecksetzungen* abhängen, weder die intersubjektive Verständlichkeit noch die intersubjektive wissenschaftliche Kontrolle gemindert oder auch nur gefährdet[41]. Bei dem vorletzten Punkt will ich noch kurz verweilen, da heute zu anderen philosophischen Moden auch die hinzutritt, alte Hüte neu aufzupolieren und als eben entdeckte fundamentale Wahrheiten anzupreisen.

Gemeint ist die These von der ‚Interessengebundenheit' aller wissenschaftlichen Tätigkeit. Wer in eine rationale Erörterung dieses Themas überhaupt eintreten will, der muß sich von Anfang an darüber im klaren sein, daß hier zwischen verschiedenen Klassen von Fragen scharf zu differenzieren ist.

Zur einen Klasse gehören die Fragen, ob und in welchem Maße die Erkenntnis*ziele*, d.h. die für wichtig gehaltenen wissenschaftlichen *Problemstellungen*, von Interessen, sei es privaten Interessen einzelner Menschen oder ‚überindividuellen' Interessen sozialer Gruppen und Institutionen, abhängen. In diese Klasse von Fragen kann auch das allgemeinere Problem einbezogen werden, welche privaten Motive einzelne Menschen dazu veranlassen, sich wissenschaftlicher Forschungstätigkeit zu widmen, sowie welche Gründe Staaten und andere politische oder ökonomische Gruppen und Institutionen haben, bestimmte wissenschaftliche Betätigungen zu fördern und andere zu vernachlässigen. Ob es nun hierbei darum geht, einzelne konkrete Zusammenhänge zu entdecken oder statistische Regularitäten aufzuzeigen oder allgemeinen ‚Gesetzmäßigkeiten' auf die Spur zu kommen, der Weg dorthin kann *selbstverständlich nur über empirische Forschungen* führen, mögen diese nun etwa zur empirischen Motivationspsychologie oder zur Wissenssoziologie oder zu weiteren empirischen Disziplinen gehören.

Ebenso handelt es sich um einen theoretisch-empirischen Fragenkomplex, wenn die tatsächlichen oder die mutmaßlichen bzw. die mit gewissen Wahrscheinlichkeiten eintretenden *Konsequenzen* der Beschäftigung mit oder der Förderung von wissenschaftlichen Forschungen untersucht werden.

Wie immer die Forschungsergebnisse zu den einzelnen Fragen lauten mögen, man kann zu ihnen stets auch *wertend Stellung nehmen*. Für die Frage der Begründbarkeit solcher Stellungnahmen gilt das oben Gesagte. Selbst

---

[41] MAX WEBER, [Wissenschaftslehre], S. 599. Vgl. zu diesen Punkten auch E. v. SAVIGNY, „Wissenschaftstheorie", in: Staatslexikon Recht, Wirtschaft, Gesellschaft, 6. Aufl., S. 737ff. insbesondere Abschn. 9 und 10 auf S. 747f.

dann, wenn sich Max Webers Auffassung als irrig erweisen sollte, daß derartige Begründungen unmöglich sind, oder wenn die Untersuchungen der ersten Art Konsequenzen aufzeigen sollten, über deren Schädlichkeit eine communis opinio besteht, müßte diese Wertung von dem objektiven Befund der Forschung scharf geschieden werden: Der Befund wurde ja nicht erzielt, weil diese Wertung bestand — in welchem Falle das Resultat vielmehr *vollkommen entwertet* würde —, *sondern er mußte unabhängig und auf einem Wege, der den Kriterien rationaler Wissenschaft genügte, gewonnen worden sein, um diese Wertung überhaupt zu ermöglichen.*

Nun wird man vielleicht einwenden, bei dem Thema „Erkenntnis und Interesse“ gehe es *weder* um die Entdeckung von privaten und öffentlichen Motiven für die Beschäftigung mit Forschung schlechthin oder mit bestimmter Forschung *noch* um die Untersuchung der realen Konsequenzen faktischer Forschungstätigkeit *noch* um die wertende Stellungnahme, welche diese Konsequenzen in *erwünschte* und in *unerwünschte* unterteilt und dementsprechend praktische Empfehlungen ausspricht, um deren Verwirklichung man sich dann zu bemühen habe. Vielmehr solle gezeigt werden, *daß die Forschungs- und Erkenntnistätigkeit selbst ‚interessengeleitet‘ ist* in dem Sinn, daß z.B. die Form intersubjektiver Übereinstimmung oder selbst nur die Möglichkeit solcher Übereinstimmung im empirischen Bereich oder die Art der akzeptierten Argumentationsweise und der als gültig akzeptierten Einzelschlüsse und -begründungen mit dem Faktum ‚dahinterstehender‘ gemeinsamer Interessen erklärt werden könne.

Sollte dies gemeint sein, so wäre abermals zu differenzieren. Entweder es wird die *hypothetische Vermutung* aufgestellt, daß derartige irrationale Störungen des wissenschaftlichen Denkens — die den daran Beteiligten nicht bewußt sind oder nicht bewußt zu werden brauchen —, sei es unter speziellen Bedingungen (z.B. innerhalb bestimmter Formen staatlicher Ordnung), sei es sogar ganz allgemein häufig vorkommen oder zumindest häufiger, als dies früher angenommen wurde. Dann ist auch diese Hypothese, so wie alle erfahrungswissenschaftlichen Annahmen, einer *strengen empirischen Prüfung* zu unterziehen, sofern die Proponenten dieser Hypothese *daran interessiert sind,* als Wissenschaftler ernstgenommen zu werden und rational zu überzeugen.

Oder aber der Proponent verschärft seine Auffassung dahingehend, daß er ihre *universelle Gültigkeit* (und nicht nur ein häufiges Vorkommen im statistischen Sinn) behauptet, und versucht, seine These *rein philosophisch,* also auf nicht-empirischem Wege, *zu begründen.* Dann kann sich rein logisch nur zweierlei ereignen:

Entweder er nimmt *für seine eigene Begründung* jene Objektivität und Zuverlässigkeit in Anspruch, die er in seiner These allen anderen angeblich wissenschaftlichen Begründungen abspricht. Dann nimmt er für sich selbst die Stellung eines Ausnahmewesens in Anspruch, das sich vom ‚übrigen wissenschaftlichen und philosophischen Pöbel' absondert und das, da sich ja seine Begründung voraussetzungegemäß von *allen* anderen sogenannten wissenschaftlichen Begründungen in seiner Struktur unterscheidet, nicht Zustimmung aus rationaler Überzeugung, sondern nur aus *gläubiger Verehrung* fordert, wie es Verkünder von absoluten Heilswahrheiten seit jeher getan haben.

Oder aber er liefert eine rational sein wollende Begründung für seine These. Dann braucht man sich diese Begründung nicht näher anzusehen; *denn man weiß a priori, daß sie falsch sein muß*, da die als richtig unterstellte These seine eigene Begründung vernichtet. Hier verhält es sich nicht anders wie mit dem Begründungsversuch der universalen Skepsis, deren Vertreter behauptet, zu der *Erkenntnis* gelangt zu sein, daß es überhaupt keine Erkenntnis gäbe, und nun im Widerspruch zu seiner eigenen skeptischen These für die von ihm in Anspruch genommene Erkenntnis eine Begründung zu liefern behauptet, die richtig und damit intersubjektiv gültig sein soll.

Sollte also dieser letzte Fall vorliegen, daß es sich nicht um eine empirisch zu testende Vermutung handelt, so kann und *darf* der Proponent von Wissenschaftlern nicht mehr ernstgenommen werden. Denn im Fall *beider* noch offenstehender möglicher Alternativen hat er das Forum der Wissenschaft *durch ausdrückliche Willensbekundung* verlassen: im einen Fall dadurch, daß er nicht durch Argumente überzeugen will, sondern um *Jünger* für eine *verkündete* Weisheit wirbt; im anderen dadurch, daß er eine *logische Absurdität* zu verkaufen versucht.

Die Sache wird für den Proponenten der These nicht besser, sondern schlimmer, wenn unter den Interessen nicht Interessen im üblichen Sinn, sondern im Sinn einer ,Theorie unbewußter Interessen' verstanden werden. Denn dann müßte allen Betrachtungen noch zusätzlich die genaue *Formulierung und Prüfung* einer solchen Theorie vorgeschaltet werden.

Kann man aber nicht trotzdem an die Interessenabhängigkeit aller Erkenntnis, ihrer angeblichen Objektivität und ihrer Begründungsstandards glauben? Sicherlich ist dies möglich. Man kann dies ebenso tun wie man einen ,absoluten Skeptizismus' vertreten kann, ungeachtet dessen, daß diese Position *als eine gegenüber anderen Menschen vertretene Auffassung* entweder den Charakter eines unbegründeten Dogmatismus oder einer in sich logisch widerspruchsvollen Gesamtheit von Aussagen annehmen muß. Der Skeptiker kann an die Richtigkeit seiner Überzeugung glauben — auch Unbeweisbares kann ja richtig sein — und daraus die praktische Konsequenz ziehen, sich vom Wissenschaftsbetrieb zurückzuziehen. Er kann höchstens noch durch ,persuasive arguments' versuchen, diese Einstellung auch auf andere Leute zu übertragen. Ebenso kann der Vertreter der Interessenabhängigkeit der Wissenschaft versuchen, Anhänger für seinen Glauben zu gewinnen. Wie immer sein Werben um die Gewinnung fremder Seelen für seine Überzeugung aussehen mag: In einer wissenschaftlichen Aktivität kann diese Werbung sicherlich nicht bestehen; sie kann eine wissenschaftliche Beschäftigung nicht einmal als noch so kleinen Bestandteil enthalten. *Denn aus dem Kreis derer, die rationale Wissenschaft betreiben, ist der Betreffende längst ausgetreten.*

Für das Verhältnis von ‚Wissenschaft und Interesse' am aufschlußreichsten ist wohl die ganz natürliche und ungezwungene Äußerung eines Wissenschaftlers, für deren rechtes Verständnis man allerdings z.B. die Bemerkung von J.L. Austin zum Begriff der Wirklichkeit oder etwas Ähnliches gelesen haben sollte: „Ich beschäftige mich mit wissenschaftlichen Problemen, weil ich mich dafür interessiere. Aber selbstverständlich habe ich dabei und verfolge ich damit keine Interessen."

Und wie steht es mit der Frage der Entscheidung? Ist nicht trotz allem, was an Bedenken gegen Max Weber vorgebracht worden ist, die Wahl des Berufs des Wissenschaftlers eine *Entscheidung?* Und ist es nicht die Entscheidung *für einen Wert?* Das erste ist selbstverständlich zu bejahen: *Jede* Berufswahl ist eine Entscheidung. Dem zweiten würde ich nur mit Zögern zustimmen und auch nur dann, wenn in diesem Kontext „für einen Wert" etwa in dem Sinn zu deuten ist: „für etwas, das einem Spaß macht". Ansonsten würde ich aus einer solchen Wendung entweder eine ‚Tendenz zur Selbstbeweihräucherung' heraushören oder einen irrationalen Wunsch von der Art, wie ihn J. Monod nun allerdings dem Menschen überhaupt (und nicht nur den Wissenschaftlern) zuschreibt: „Wir möchten, daß wir notwendig sind, daß unsere Existenz unvermeidbar und seit allen Zeiten beschlossen ist."[42] Auch für die Wissenschaft besteht keine Notwendigkeit. Nicht nur hat sich die Evolution des Menschen ohne ihre Hilfe vollzogen, Menschen lebten viele Jahrhunderttausende ohne eine Spur von Wissenschaft. Und es ist nicht ausgeschlossen, daß die Wissenschaft eines Tages aufhören wird, ohne daß die Menschheit ausstirbt. Zahlreiche Gründe dafür sind denkbar, wie z.B. auch der, daß sie als gefährlich empfunden und verboten wird, oder einfach, daß das Interesse an wissenschaftlichen Problemen aufhört.

Die Entscheidung für den Beruf des Wissenschaftlers ist allerdings in *einer* Hinsicht etwas mehr als irgendeine beliebige Berufswahl. Es ist die *Entscheidung zur Rationalität.* Als Motiv dafür, sich zur Rationalität zu bekennen, könnte jemand die Hoffnung anführen, daß sich eine rationalere Denkweise auch in anderen Lebensbereichen durchsetzen wird. Trotz aller Skepsis hinsichtlich der Erfüllung dieser Hoffnung solle das Bemühen nicht unterbleiben. Denn davon, ob auch in Zukunft irrationale Weltanschauungen und Philosophien den Gang der Geschichte maßgebend beeinflussen, könnte viel abhängen; vielleicht die Existenz der Menschheit.

[42] J. Monod, *Zufall und Notwendigkeit,* (deutsche Übersetzung von: Le hasard et la nécessité), München 1972, S. 58.

2. Wahrscheinlichkeit

Daß ein enger Zusammenhang zwischen *Determinismus* einerseits und zulässigen Interpretationen von „*Wahrscheinlichkeit*“ andererseits besteht, ist von älteren und neueren Autoren mehrfach betont worden. LAPLACE dürfte der erste gewesen sein, der darauf hinwies, daß der Determinismus eine Deutung des Begriffs der Wahrscheinlichkeit erzwinge, die man heute als subjektive Interpretation[43] bezeichnet: Wenn alles, was geschieht, unter ein deterministisches Naturgesetz fällt, so geschieht es mit Notwendigkeit. Die sog. Wahrscheinlichkeit eines Ereignisses könne dann nichts anderes bedeuten als *ein Maß für unsere Unwissenheit* bezüglich der Umstände, die für das fragliche Ereignis relevant sind. Da das Vorderglied dieser Konditionalaussage nach LAPLACE richtig ist, d.h. da für ihn der Determinismus gilt, gelangt er kategorisch zur subjektiven Wahrscheinlichkeitsdeutung als der einzig möglichen. Auch J. ST. MILL, in anderen Fragen LAPLACE kritisch gegenüberstehend, schloß sich in diesem Punkt der Auffassung von LAPLACE an: Würden wir über ein genaues Wissen verfügen, so wüßten wir auch genau, ob ein bestimmtes Ereignis stattfinden wird oder nicht. Von Wahrscheinlichkeit zu reden, hätte keinen Sinn; denn ‚in sich selbst‘ sei jedes Ereignis sicher und nicht wahrscheinlich. Die Wahrscheinlichkeit eines Ereignisses ist der ‚Grad der Erwartung seines Vorkommens auf Grund gegenwärtig verfügbarer Daten‘[44].

Daß auch die umgekehrte Implikation gilt, *daß also der probabilistische Subjektivismus den Determinismus impliziere*, ist in neuerer Zeit von mehreren Autoren, vor allem von K. POPPER betont worden[45]. Diese These, daß die subjektive Interpretation nur im Rahmen einer deterministischen Metaphysik möglich sei, hat heute wieder große Aktualität erhalten. Denn nachdem sich in der wahrscheinlichkeitstheoretischen Grundlagenforschung die Auffassung durchgesetzt hatte, daß der Versuch der älteren Schule des *Objektivismus* (v. MISES, REICHENBACH), den Begriff der statistischen Wahrscheinlichkeit als Grenzwert von relativen Häufigkeiten zu definieren, als fehlgeschlagen gelten müsse[46], trat die subjektive Interpretation der modernen personalistischen Schule in den Vordergrund.

---

[43] Die terminologische Unterscheidung *subjektive Interpretation* und *objektive Interpretation* findet sich erstmals in K. POPPER, *Logik der Forschung*, (4. Aufl. Tübingen 1971), Kap. VIII, Abschn. 48.

[44] Die Auffassung von LAPLACE ist niedergelegt in seinem Werk: *Théorie analytique des probabilités*, Paris 1814. Bezüglich MILL vgl.: *A System of Logic*, London 1843, Buch III, Kap. XVIII, Abschn. 1. Die obige Formulierung ist kein wörtliches Zitat, sondern eine sinngemäße knappe Zusammenfassung seiner Stellungnahme zum Thema „Determinismus und Wahrscheinlichkeit“.

[45] KARL R. POPPER: "The Propensity Interpretation of the Calculus of Probability and the Quantum Theory", in: S. KÖRNER (Hrsg.), *Observation and Interpretation*, London 1957.

[46] Für eine ausführliche Diskussion dieser Variante der sog. Häufigkeitsinterpretation der Wahrscheinlichkeit vgl. Teil III, Abschnitt 1.b dieses Bandes.

Der Begründer dieser Schule, B. DE FINETTI[47], sowie L. J. SAVAGE, der diese Deutung für den Aufbau einer systematischen und einheitlichen Theorie der Statistik verwendete[48], sind der Überzeugung, daß nur ein einziger legitimer Wahrscheinlichkeitsbegriff existiere, der mit subjektiver Ungewissheit (Glaubensgrad, Überzeugungsgrad oder auch: Zweifelsgrad) gleichzusetzen sei. Daß diese Schule weite Anerkennung gefunden hat, ist vor allem auf vier Tatsachen zurückzuführen: Es gelang ihr, den scheinbar vagen Begriff der subjektiven Wahrscheinlichkeit zu präzisieren[49]; ferner lassen sich auf der Grundlage dieser Interpretation die wahrscheinlichkeitstheoretischen Axiome mittels einer minimalen Rationalitätsbedingung, der Bedingung der Kohärenz, begründen[50]; weiter konnte DE FINETTI — und dies ist wohl das Wichtigste an dieser Theorie — durch einen genialen Kunstgriff alle statistischen Begriffe in den personalistischen Rahmen einbauen und schließlich eine die ‚Objektivierung' erzielende Regel für das Lernen aus der Erfahrung formulieren und begründen[51].

Wir wollen für den Augenblick unterstellen, daß die durch die Personalisten bewerkstelligte subjektive Theorie tatsächlich die für die Anwendung adäquate Interpretation der Wahrscheinlichkeit liefert. Dann aber entsteht wegen der obigen These ein *Dilemma*. Es ist in besonders prägnanter Form von R.N. GIERE formuliert worden[52]: Auf der Grundlage der subjektiven Interpretation sind wir nicht mehr imstande, zwischen derjenigen Form von subjektiver Ungewißheit zu unterscheiden, die auf *mangelndes Wissen* oder *mangelnde Information* zurückzuführen ist, und derjenigen Form von Ungewißheit, *die durch kein denkbares Wachstum an Erkenntnis beseitigt werden kann.* Diese beiden Formen der Ungewißheit entsprechen aber genau dem *physikalischen Determinismus* und dem *physikalischen Indeterminismus*. Die Personalisten und allgemeiner: die Baysianer[53] können diese

[47] Die grundlegende Arbeit DE FINETTIs ist der Artikel: «La prévision: ses lois logiques, ses sources subjectives», Ann. Inst. H. POINCARÉ, Bd. 7, (1937), S. 1—68. Eine englische Übersetzung mit Ergänzungen erschien unter dem Titel: "Foresight: Its Logical Laws, its Subjective Sources", in: H.E. KYBURG und H.E. SMOKLER (Hrsg.): *Studies in Subjective Probability*, New York-London-Sydney 1963, S. 93—158.

[48] L. J. SAVAGE, *The Foundations of Statistics*, New York-London 1954.

[49] Die Wahrscheinlichkeit eines Ereignisses E für eine Person X wird definitorisch gleichgesetzt mit dem höchsten Wettquotienten, zu dem X auf E zu wetten bereit ist.

[50] Diese Begründung wird in Teil II, Abschnitt 6, ausführlich geschildert. Die Axiome der Wahrscheinlichkeitstheorie sind gleichwertig mit der Kohärenzbedingung, die, grob gesprochen, besagt, daß kein System von Wetten existiert, bei dem mit Sicherheit ein Gewinn (oder: mit Sicherheit ein Verlust) erzielt wird.

[51] Vgl. dazu Teil III, Abschnitt 11.c, sowie Anhang II des zweiten Teilbandes.

[52] R.N. GIERE, "Objective Single Case Probabilities and the Foundations of Statistics", im folgenden zitiert als [Single Case], in: *Proceedings of the 4th International Congress on Logic, Methodology and Philosophy of Science*, Bukarest 1971.

[53] Der Baysianismus kommt ausdrücklich zur Sprache in Teil III, Abschnitt 6.e.

Unterscheidung nicht machen. Sie seien daher gezwungen, alle Formen von Ungewißheit auf mangelnde Information zurückzuführen, d.h. den Determinismus zu akzeptieren. Tatsächlich würde ja die Zulassung von Ungewißheiten, die nicht auf fehlendes Wissen zurückführbar sind, darauf hinauslaufen, so etwas wie objektiv-physikalische, also nicht-subjektive Wahrscheinlichkeiten zuzulassen. Dies zu tun aber weigern sich die Personalisten.

Das Dilemma, in das wir hier hineingeraten, sollte durch die beiden Sätze ausgedrückt werden, die als Motto dieses Bandes gewählt wurden. *Wenn* die logische Analyse des Wahrscheinlichkeitsbegriffs ergibt, daß die subjektive oder personelle Wahrscheinlichkeit die einzige ‚wahre' Wahrscheinlichkeit ist, und *wenn* die physikalische Forschung zu dem Resultat führt, daß alle oder auch nur einige Grundgesetze der Natur statistische Gesetze sind — also Gesetze, aus denen der Wahrscheinlichkeitsbegriff prinzipiell nicht eliminierbar ist —, dann scheinen wir in einen unlösbaren Konflikt hineinzugeraten. Nur für die klassische, aber nicht für die moderne Physik ist die Statistik das moderne asylum ignorantiae, zu dem wir unsere Zuflucht nehmen, wenn wir entweder nicht intelligent genug sind, die wahren Kausalgesetze zu ermitteln, oder unfähig sind, bekannte Gesetze auf zu komplizierte Phänomene anzuwenden. Nach der Quantenphysik liegt die Wurzel für die Notwendigkeit dafür, zur Statistik zurückzugreifen, *in der Sache und nicht in menschlicher Unvollkommenheit.*

Man könnte die These von Popper *und* Giere *in der Weise bestreiten, daß man eine Umdeutung des Anwendungsbereiches der Physik vornimmt.* Mit dieser Umdeutung ist folgendes gemeint: Der Gegenstandsbereich einer physikalischen Theorie besteht nicht aus anorganischen Gebilden, sondern aus *theoretischen Physikern.* Die Schrödingerschen Wellengleichungen beschreiben 'waves of opinion'; analog beschreibt der Zustandsvektor der Heisenbergschen Matrizenmechanik die Verteilungen subjektiver Wettquotienten von theoretischen Physikern für verschiedene physikalische Annahmen. Es kommt aber noch schlimmer: Wie Carnap durch Anwendung des Popperschen Falsifizierbarkeitskriteriums *als eines Kriteriums für Nichtnormativität* zeigen konnte, ist die personelle Wahrscheinlichkeit ein *normativer* Begriff, der nur für bestimmte ‚idealisierte rationale Subjekte' gilt[54]. Der Zustandsvektor der Heisenbergschen Theorie beschreibt also genauer *Normen, die für rationale Physiker gelten.* Und die Änderungen dieses Vektors im Verlauf der Zeit geben an, *wie sich die rationalen Wettquotienten für theoretische Physiker ändern.*

Was wäre zu einer solchen ‚Lösung' des Konfliktes zwischen personalistischer Wahrscheinlichkeitstheorie und Quantenphysik zu sagen? Sicher wäre eines: Daß nämlich der Gedanke der Objektivität eines naturwissen-

---

[54] Dieser normative Gesichtspunkt wird in Teil I, Abschnitt 4, und in Teil II, Abschnitt 1.b und 1.c ausführlich zur Sprache kommen.

schaftlichen Systems gänzlich preiszugeben wäre. Diese Objektivität sollte unter anderem auch darin bestehen, daß der eine physikalische Theorie betreibende Mensch nicht in den Gegenstandsbereich dieser Theorie einbezogen zu werden braucht, nicht einmal als ein in irgendeiner Weise idealisiertes Subjekt. Nun wird zwar gelegentlich darauf hingewiesen, daß die ‚Subjektivierung' in der modernen Physik ohnehin schon damit begonnen habe, daß man darin nicht vom ‚Beobachter' abstrahieren könne. Doch diese Auffassung beruht teils auf Irrtümern, teils auf einer Fehldeutung der Heisenbergschen Unschärferelation. Eine wirklich radikale ‚Subjektivierung der Physik' würde dagegen unvermeidlich sein, wenn man die beiden Sätze des Mottos als wahr akzeptiert. Das im vorigen Absatz gegebene Bild sollte andeuten, was auf die Physiker zukommen würde, wenn sich die personalistische Auffassung in der Statistik durchsetzen sollte.

Das gegenwärtige Problem liefert eine gute Illustration für das in Abschnitt 1 dieser Einleitung geschilderte Verhältnis von deskriptiver und normativer Betrachtungsweise in der Wissenschaftstheorie. Wir sind hier nämlich an einem Punkt angelangt, wo der Wissenschaftstheoretiker genötigt ist, den *deskriptiven* Gesichtspunkt hervorzukehren. Ein Vergleich mit der Philosophie der Mathematik möge zur Illustration dienen. Angenommen, man könnte durch logische, wissenschafts- und erkenntnistheoretische Analysen zeigen, daß nur der in einem genau explizierten Sinn *konstruktive* Teil der Mathematik verständlich und begründbar sei. Dann wäre es ein zumutbares Ansinnen an den Naturforscher, nur von diesem Teil, also z. B. von der ‚konstruktiven Analysis', Gebrauch zu machen. *Dagegen erscheint die oben angedeutete, sich aus dem Personalismus ergebende Konsequenz als unzumutbar für jeden Physiker.* Es ist schlechthin unzumutbar, *z. B. einem Atomphysiker das Eingeständnis abzuverlangen, daß er nicht über Atome und subatomare Entitäten spreche, sondern über seine eigenen ‚idealisierten' Kollegen*; und dies noch dazu nicht aus Gründen, die auf Schwierigkeiten bei der physikalischen Theorienbildung beruhen, sondern wegen der Tatsache, daß es nicht geglückt sei, in einwandfreier Weise einen objektiven Wahrscheinlichkeitsbegriff einzuführen.

Es muß also ein anderer Weg aus der Sackgasse gesucht werden. Die einzige Möglichkeit, welche sich anzubieten scheint, ist die folgende: *Man muß den wissenschaftstheoretischen Operationalismus fallenlassen, der verlangt, den Wahrscheinlichkeitsbegriff durch Definition auf bereits bekannte Größen* — wie auszählbare relative Häufigkeiten oder erfragbare subjektive Wettquotienten — *zurückzuführen.* Der Begriff der statistischen Wahrscheinlichkeit wird dann zu einer nicht definierbaren *theoretischen Größe.*

Dies soll nicht heißen, daß wir *nur* einen solchen Wahrscheinlichkeitsbegriff zulassen. Bei ‚rationalen Entscheidungen unter Risiko' benötigt man einen subjektiven bzw. personellen Wahrscheinlichkeitsbegriff, da rationale Entscheidungen nur auf Grund *bekannter Wahrscheinlichkeiten* getroffen werden können. Daher wird in den Teilen I und II der Begriff der personellen Wahrscheinlichkeit im Vordergrund stehen. Es soll also versuchsweise ein *probabilistischer Dualismus* vertreten werden. Erst in den Teilen III und IV, wo die statistische Wahrscheinlichkeit den Gegenstand der Untersuchung bildet, wird mit dem Begriff einer *theoretischen Größe* gearbeitet werden[55]. Zu diesem Begriff sollen daher einige prinzipielle Bemerkungen gemacht werden.

3. Theoretische Begriffe als wissenschaftstheoretisches Problem

3.a Die linguistische Theorie Carnaps und ihre Nachteile. CARNAPS Untersuchungen über die Struktur der für den Aufbau empirischer Theorien verwendbaren Wissenschaftssprache sowie sein Versuch, ein scharfes Kriterium für empirische Signifikanz zu formulieren, führten zur Aufstellung der Regeln einer empiristischen Wissenschaftssprache[56]. Unter dieser Sprache wurde eine *vollständig interpretierte* Sprache verstanden. Alle nichtlogischen Begriffe sollten entweder durch Definition oder durch ‚definitionsähnliche Methoden' (durch sog. Reduktionssätze) auf die mit unmittelbarem empirischen Inhalt versehenen Grundbegriffe zurückgeführt werden. Aus einer Reihe von Gründen erwies sich dieses empiristische Programm jedoch als undurchführbar. Neben den empirischen Begriffen wurden daher *theoretische Begriffe* zugelassen, die keiner vollständigen empirischen Deutung fähig sind[57]. So kam es zur Zweistufenkonzeption der Wissenschaftssprache, die in zwei Teilsprachen zerfallen sollte, nämlich in die *Beobachtungssprache*, welche vollständig interpretiert ist und zur Beschreibung der Erfahrungsbasis dient, und in die *theoretische Sprache*, deren Grundbegriffe ungedeutete theoretische Terme bilden. Eine partielle empirische Deutung erhalten die theoretischen Terme durch Zuordnungsregeln Z, welche die Verbindung zwischen den beiden Teilsprachen herstellen und die theoretischen Terme für empirische Erklärungen und Voraussagen verwendbar machen[58].

Eine Reihe von Autoren, vor allem P. FEYERABEND, H. PUTNAM, TH. KUHN und jüngst auch C.G. HEMPEL, haben gegen diese Konstruk-

---

[55] In Teil IV kann allerdings von der Art der Einführung des Begriffs der statistischen Wahrscheinlichkeit weitgehend abstrahiert werden.

[56] Für Details vgl. Bd. II, *Theorie und Erfahrung*, Kap. III, insbesondere Abschnitt 3.

[57] Eine systematische Darstellung der Gründe, welche zu dieser Auffassung führten, findet sich in Bd. II, Kap. IV.

[58] Für eine detaillierte Darstellung der Zweistufenkonzeption vgl. Bd. II, Kap. V, Abschnitt 1—5.

tion Bedenken vorgetragen[59]. Der entscheidende Einwand, der sich *gegen den Begriff der Beobachtungssprache* richtet, ist am bündigsten von HEMPEL formuliert worden: Die Grundprädikate der Beobachtungssprache, die *Beobachtungsprädikate*, müßten so geartet sein, daß ein ‚normaler Beobachter' ohne Zuhilfenahme von Instrumenten in jedem Fall ‚aufgrund von unmittelbarer Beobachtung' entscheiden könnte, ob das Prädikat zutrifft oder nicht. Nun hängt aber die Fähigkeit zu solcher Beobachtung nicht nur von der biologischen und psychologischen Beschaffenheit des Menschen als Glied der Spezies *homo sapiens* ab, sondern ganz wesentlich *vom linguistischen und wissenschaftlichen Training*, dem sich der Beobachter unterzogen hat. Auch die Phänomene, für deren *Erklärung und Voraussage* die Theorie entworfen wurde, sind keine ‚beobachtbaren Phänomene' im engeren Sinn des Wortes, sondern werden mit Hilfe von Ausdrücken beschrieben, für die verlangt werden muß, daß sie in der fraglichen Wissenschaft *einen wohletablierten Gebrauch* haben. In all diesen Fällen, wo es um Beobachtung, Erklärung und Hypothesenprüfung geht, führt die Verwendung von Ausdrücken, die der gewöhnliche Mensch nicht versteht (und die daher sicherlich keine ‚reinen' Beobachtungsterme in irgendeinem vorexplikativen Sinn darstellen), zu keinen Schwierigkeiten, sondern zu intersubjektiver Übereinstimmung zwischen den Forschern auf dem fraglichen Gebiet[60].

Die in dieser Erkenntnis beschlossene Relativierung des Begriffs „Beobachtungsprädikat" *auf eine Person* und *die Änderung der Extension dieses Prädikates je nach dem ‚theoretischen Niveau' dieser Person* scheinen aber die Zweistufenkonzeption der Wissenschaftssprache zu Fall zu bringen. Denn für diese ist es ja ganz wesentlich, daß die Beobachtungssprache eine *invariante* Teilsprache der gesamten Wissenschaftssprache darstellt. Diese Invarianz wird aber nur dadurch erreicht, daß die Grundprädikate dieser Teilsprache durch ausdrückliche Bezugnahme auf einen ‚reinen' Beobachter erklärt sind, dessen unreflektierte Wahrnehmungsfrische noch ‚von keines theoretischen Gedankens Blässe angekränkelt' ist.

---

[59] Vgl. P. FEYERABEND, „Das Problem der Existenz theoretischer Entitäten", in: E. TOPITSCH (Hrsg.), *Probleme der Wissenschaftstheorie*, Wien 1960, im folgenden zitiert als [Theoretische Entitäten]; "Problems of Empiricism", in: R. G. COLODNY (Hrsg.), *Beyond the Edge of Certainty*, Englewood Cliffs, N. J., 1965. H. PUTNAM, "What Theories are not", im folgenden zitiert als [Theories], in: E. NAGEL, P. SUPPES und A. TARSKI, *Logic, Methodology and Philosophy of Science*, Stanford 1962. TH. KUHN, *The Structure of Scientific Revolutions*, Chicago und London 1963. C. G. HEMPEL, "The Meaning of Theoretical Terms. A Critique of the Standard Empiricist Construal", im folgenden zitiert als [Critique], in: *Proceedings of the 4th International Congress on Logic, Methodology and Philosophy of Science*, Bukarest 1971.

[60] TH. KUHN geht insofern noch einen Schritt weiter, als er behauptet, daß sogar *die Weise des Sehens* durch das vom Forscher akzeptierte ‚Paradigma' bestimmt ist: Bei der Betrachtung schwingender Steine *sah* Aristoteles einen gehemmten Fall, während Galilei eine Pendelbewegung *sah*.

Im Kern sind alle diese Kritiken zutreffend. Es ist allerdings darauf zu achten, daß man nicht das Kind mit dem Bad ausschüttet. Das tun diejenigen Autoren, die, wie z. B. FEYERABEND, die Unterscheidung zwischen zwei Teilsprachen schlechthin in Abrede stellen und trotzdem weiterhin von theoretischen Entitäten sprechen. Dann entsteht nämlich sofort ein schwerwiegendes Dilemma: *Man versteht überhaupt nicht mehr, was jene Autoren mit theoretischen Größen meinen.* Denn der Ausdruck „theoretischer Term" ist ja *dadurch definiert*, daß es sich um Elemente des theoretischen Vokabulars V_T handelt. Mit der Preisgabe des letzteren sind Wendungen wie „theoretischer Term", „theoretische Größe" ihres Sinnes entleert worden, zumindest solange, als nicht ein anderes scharfes Kriterium für „theoretisch" angegeben wurde.

Die Kritik muß anderswo einsetzen. Es scheint mir, der Nachteil des Carnapschen Vorgehens besteht darin, daß er an das Problem der theoretischen Begriffe in zu starkem Maße *als Logiker* herangetreten ist. Ich meine damit folgendes: Beim Aufbau einer formalen Sprache muß klar gesagt werden, welche Zeichen *logische Zeichen* und welche *deskriptive Zeichen* sind. An diese Klassifikation der Zeichen schließt CARNAP eine zweite Klassifikation an, welche die deskriptiven Ausdrücke allein betrifft. Dadurch werden die letzteren erschöpfend in die beiden disjunkten Teilklassen der *Beobachtungsterme* und der *theoretischen Terme* unterteilt. Damit aber entstehen die angedeuteten Schwierigkeiten. Diese lassen sich prinzipiell nur so vermeiden, daß man *ein anderes methodisches Vorgehen* wählt: Statt die Dichotomie „theoretisch — nicht-theoretisch" bereits zu einem Bestandteil der *Beschreibung des Sprachaufbaues* zu machen, *sollte man diese Dichotomie erst mittels eines von außen an die Sprache herangetragenen Kriteriums nachträglich einführen.* Damit dürfte klar geworden sein, inwiefern die Carnapsche Realisierung der Zweistufenkonzeption der Wissenschaftssprache als *linguistisch* zu bezeichnen ist, während solche anderen Methoden *nichtlinguistisch* sind, da durch sie erst nach erfolgtem Sprachaufbau sowie nach erfolgter Theorienbildung *im nachhinein* mittels eines eigenen Kriteriums der theoretische Teil vom nichttheoretischen Teil abgegrenzt wird.

3.b Vier andere Möglichkeiten der Definition von „theoretisch". Das Verfahren von J. D. Sneed. Die ersten beiden Methoden, das gesuchte Kriterium zu finden, könnten an die Diskussion über die analytisch-synthetisch-Dichotomie anknüpfen. So hat z.B. H. PUTNAM argumentiert[61], daß für ‚*Gesetzesknotenbegriffe*' (law cluster concepts) — d.h. Begriffe, die in zahlreichen Gesetzen vorkommen, und die man deshalb in einem Bild als Knoten darstellen könne, welche die als Fäden repräsentierten Gesetze miteinander verknüpfen — keine Sätze als analytisch ausgezeichnet werden

---

[61] "The Analytic and the Synthetic", in: H. FEIGL und G. MAXWELL (Hrsg.), *Minnesota Studies in the Philosophy of Science*, Bd. III, Minneapolis 1962.

sollten. Im Verlauf des wissenschaftlichen Fortschrittes könnte es sich nämlich als zweckmäßig erweisen, einen derartigen Satz zugunsten anderer preiszugeben, was aber durch die Auszeichnung als analytisch ausgeschlossen würde; denn diese Auszeichnung beinhaltet eine Immunisierung gegen mögliche Revision. Es läge nun nahe, unter gänzlicher Abstraktion vom Problem der analytisch-synthetisch-Dichotomie alle *Gesetzesknotenbegriffe* wegen ihrer grundlegenden Bedeutung für eine Theorie *als theoretische Begriffe aufzufassen*.

Ein anderer Ausgangspunkt für eine Beantwortung der Frage: „Was heißt ‚theoretisch'?" ließe sich bei den Betrachtungen finden, die R. Brandt und J. Kim im Anschluß an ihre Miniaturtheorie des Glaubens und Begehrens angestellt haben[62]. Diese Theorie enthält eine Reihe von Sätzen, deren jeder für sich genommen zwar preisgegeben werden kann, die aber nicht in ihrer Gesamtheit fallengelassen werden dürfen, sofern man nicht die Bedeutungen der darin vorkommenden Begriffe ändern will. Die Sätze werden daher als quasianalytisch bezeichnet; denn bezüglich dieser Sätze lassen sich Bedeutungskomponente und Tatsachenkomponente nicht streng voneinander trennen. Da sie die Bedeutungen der Schlüsselbegriffe, im konkreten Beispiel der Begriffe *Glauben* und *Begehren*, partiell festlegen, ließen sie sich als *theoretische Sätze* und die in ihnen vorkommenden Schlüsselbegriffe als *theoretische Begriffe* interpretieren.

Während beide Vorschläge vielleicht für gewisse Disziplinen, der zweite z.B. für die Psychologie, zu einer brauchbaren Definition von „theoretisch" führen können, wären sie, als generelle Definitionsvorschläge aufgefaßt, sicherlich inadäquat. So etwa besteht generelle Übereinstimmung darin, daß innerhalb der Newtonschen Mechanik die *Ortsfunktion* und entsprechend ihr erster und zweiter Differentialquotient *empirische* Größen sind, während die Begriffe *Kraft* und *Masse* als *theoretische Begriffe* aufzufassen sind. Die Begriffe des Ortes, der Geschwindigkeit und der Beschleunigung kommen aber in ebenso grundlegenden und vermutlich in ebenso vielen Gesetzen vor wie die Begriffe der Masse und der Kraft. Die eben angedeuteten Methoden würden also hier keine Differenzierung ermöglichen.

Zwei neuere Versuche haben das eine gemeinsam, daß darin pragmatisch vorgegangen wird. Im übrigen sind sie voneinander vollkommen verschieden. Die eine Methode stammt von Hempel. Sie wurde in [Critique] skizziert. Der Begriff des Beobachtungsvokabulars wird darin preisgegeben. An die Stelle der ‚Beobachtungsbegriffe' tritt *relativ auf eine einzuführende Theorie* der historisch-pragmatische Begriff des *bereits vorher verfügbaren Vokabulars* (antecedently available vocabulary). Obwohl ein solches Vokabular in der Regel von dem, was man in einem intuitiven Sinn als be-

[62] Eine Schilderung und Diskussion dieser Theorie findet sich in Bd. I, [Erklärung und Begründung], S. 400ff.

obachtbar bezeichnen kann, recht weit entfernt ist, kann es *als Interpretationsgrundlage* für die fragliche Theorie dienen, da es von kompetenten Fachleuten — d.h. von Forschern, die in dem betreffenden Gebiet über eine entsprechende Ausbildung verfügen — mit einem hohen Grad an Genauigkeit und an intersubjektiver Übereinstimmung verwendet werden kann.

Das andere Verfahren hat J.D. Sneed in dem bereits in Abschnitt 1, (IV), zitierten Werk [Physics] auf S. 33ff. entwickelt. Im Unterschied zu Hempel versucht er gar nicht, die sog. ‚Beobachtungsbasis' durch einen realistischeren und damit adäquateren Begriff zu ersetzen. Vielmehr formuliert er unmittelbar ein Kriterium dafür, daß ein Begriff ein theoretischer Begriff ist. Das epistemologische Problem der Erfahrungsbasis wird dadurch umgangen. Sneed meint, die Herausforderung Putnams in [Theories], auf S. 243 — noch niemand habe sagen können, was denn die sog. ‚theoretischen Terme', die doch ‚von einer wissenschaftlichen Theorie kommen', vor anderen Termen *auszeichne* — durch eine ‚funktionalistische' Charakterisierung beantworten zu können: In einer Theorie vorkommende theoretische Begriffe werden bei der *Anwendung* der Theorie *in anderer Weise benützt* als nicht-theoretische Begriffe. Genauer: Eine Funktion φ wird bezüglich einer bestimmten Anwendung T_A einer Theorie *T-abhängig* genannt gdw für mindestens ein Individuum x des Bereiches dieser Anwendung von T *jede* Beschreibung des Meßverfahrens von $\varphi(x)$ voraussetzt, daß erfolgreiche Anwendungen der Theorie T existieren. Und eine Funktion φ heißt *theoretisch in bezug auf eine Theorie T* gdw φ T-abhängig ist bezüglich *aller* Anwendungen von T. Grob gesprochen sind also theoretische Funktionen solche, deren Berechnung eine anderweitige erfolgreiche Anwendung der Theorie bereits voraussetzt.

Was diese beiden letzten Versuche vom Carnapschen Vorgehen prinzipiell unterscheidet, ist der Umstand, daß diejenigen Ausdrücke, welche als theoretisch auszuzeichnen sind, *nicht bereits beim Aufbau der Sprache angegeben werden können*: Es gibt kein schlechthin theoretisches Vokabular V_T; denn das Prädikat „theoretisch" ist auf eine Theorie zu relativieren. In ein und derselben Wissenschaftssprache L können zwei verschiedene Theorien T_1 und T_2 aufgebaut werden, und ein und derselbe Term τ kann bezüglich T_1 theoretisch sein, bezüglich T_2 hingegen nicht-theoretisch: τ wäre T_1-*theoretisch* zu nennen, hingegen nicht T_2-*theoretisch* (Beispiel: die Funktion *Druck* kann sich als *theoretisch in bezug auf die klassische Partikelmechanik* erweisen, hingegen als *nicht-theoretisch in bezug auf die Thermodynamik*.)

Die durch die Sneedsche Definition von „theoretisch" erzeugte Gefahr eines regressus in infinitum erzwingt, wie bereits an früherer Stelle angedeutet, den Übergang zur Ramsey-Darstellung einer Theorie. Allerdings kann man nicht bei der üblichen Form der Ramsey-Darstellung stehenbleiben. Wie Sneed beweisen konnte, löst zwar die Ramsey-Methode das Problem, wie ‚nur partiell gedeutete

Terme' in einer Theorie Verwendung finden können. Sie löst jedoch nicht das weitere Problem, wie diese Terme *für nicht-triviale Berechnungen*, insbesondere also für Voraussage- und Erklärungszwecke, benützt werden können. Um auch das zweite Problem zu lösen, muß zur *verbesserten Ramsey-Methode* übergegangen werden, die im wesentlichen darin besteht, daß der Theorie statt eines einzigen universellen Individuenbereichs *mehrere, einander teilweise überschneidende Individuenbereiche zugeordnet* werden, die durch den theoretischen Funktionen auferlegte *einschränkende Bedingungen* (constraints) zusammengehalten werden. Illustrationsbeispiel: *Ein* Anwendungsbereich der klassischen Partikelmechanik wäre das Planetensystem, ein *anderer* das System, bestehend aus dem Planeten Jupiter und seinen Monden. Der Planet Jupiter käme in beiden Anwendungen als Individuum vor. Die der Massenfunktion auferlegte Einschränkung bestünde darin, daß dieses Individuum Jupiter in *beiden* Anwendungen dieselbe Masse haben muß.

Obwohl Sneed nach Möglichkeit epistemologische Fragen vermeidet, könnte man doch sagen, daß diese Methode wieder so etwas wie eine *empirische Signifikanz* — zwar nicht *isolierter* Terme, aber doch einer theoretische Terme verwendenden *Theorie* — einzuführen gestattet: Sie liegt in der Verwendbarkeit für nicht-triviale Berechnungen von Werten der theoretischen und nicht-theoretischen Funktionen.

Das Vorgehen von SNEED hat den Vorteil, daß es von jeder zufälligen historischen Relativierung frei ist. ‚Pragmatisch' ist es nur insofern, als es auf vorhandene Expositionen einer Theorie zurückgreift. Im übrigen liefert es für eine gegebene Theorie eine *absolute* Unterscheidung. Mittels dieses Kriteriums z.B. erweisen sich *Kraft* und *Masse* als theoretische Begriffe der klassischen Partikelmechanik, *Ort* und *Geschwindigkeit* hingegen als nicht-theoretisch oder empirisch.

Man beachte, daß nach dem Verfahren von SNEED nicht das Analogon zum früheren Begriff der Beobachtbarkeit, nämlich *empirisch*, definiert wird, sondern *theoretisch*. Die bezüglich einer Theorie *T empirischen Begriffe* sind genau diejenigen außerlogischen Begriffe, *die nicht T-theoretisch sind.*

Dieses Kriterium wird also nicht nur erst *nach erfolgtem Sprachaufbau L*, sondern sogar erst *nach erfolgter Formulierung einer Theorie in L* angewendet. Die Relativierung auf eine Theorie gilt für theoretische *und* für empirische Begriffe, die ja mit den nicht-theoretischen identifiziert werden. Im nachhinein liefert das Sneedsche Kriterium ebenfalls so etwas wie eine Unterteilung der Wissenschaftssprache in zwei Stufen, allerdings wieder nur relativ auf eine bestimmte Theorie: Die Stufenunterscheidung zwischen der empirischen Teilsprache L_E und der theoretischen Teilsprache L_T ändert sich mit der Wahl von T. Auch von den sog. *Korrespondenzregeln* muß man jetzt Abschied nehmen, es sei denn, man versteht darunter jeweils nichts anderes als *die Menge der nicht-analytischen Folgerungen einer Theorie T, die sowohl T-theoretische als auch T-empirische Terme enthalten*[63]. (Die Feststellungen dieses Absatzes ergeben sich aus einem Vergleich mit dem Kon-

---

[63] Damit sind auch die außerordentlichen Schwierigkeiten automatisch beseitigt, zu denen die üblichen Konstruktionen von Zuordnungsregeln führen, Bezüglich dieser Schwierigkeiten vgl. Bd. II, *Theorie und Erfahrung*, Kap. IV. Abschnitt 9, S. 340ff.

zept von CARNAP. Sie finden sich dagegen nicht in der Arbeit von SNEED.)

Der Grund dafür, daß ich mich bei dem Problem der theoretischen Begriffe länger aufgehalten habe, dürfte jetzt klar geworden sein: Einerseits soll in Teil III die statistische Wahrscheinlichkeit als eine *theoretische Größe* aufgefaßt werden. Andererseits gibt es, wie wir eben erkannten, *mindestens fünf verschiedene Möglichkeiten, den Begriff der theoretischen Größe zu definieren.* Es ist notwendig, sich zu einer dieser Deutungen zu bekennen. Von allen geschilderten Versuchen dürfte der von SNEED herrührende der beste und adäquateste sein. Diese Konzeption von „theoretisch" soll daher für die späteren Überlegungen bestimmend sein. Eine explizite Äußerung, die bezüglich der *als theoretische Größe zu deutenden statistischen Wahrscheinlichkeit* eine analoge Auffassung ausdrückt, habe ich bisher nur bei R.N. GIERE in der bereits erwähnten Arbeit [Single Case] gefunden, wo es an einer Stelle heißt: "I will simply state my belief that any scientifically legitimate inference concerning physical probabilities must presuppose the truth of some probability hypothesis."[64]

Die Übernahme dieses Konzeptes wird vielleicht einige Verwunderung hervorrufen. Eine solche Deutung von „theoretisch" scheint die Beschäftigung mit der statistischen Wahrscheinlichkeit, wenn diese eine theoretische Größe sein soll, einer Schwierigkeit auszusetzen, die derjenigen analog ist, welche in der Theorie der Textinterpretation als *hermeneutischer Zirkel* bezeichnet wird. In der Tat dürfte es aber unumgänglich sein, sich diese zusätzliche Bürde aufzulasten. Die wichtigste Konsequenz dieser Deutung wird darin bestehen, daß das sog. background knowledge, welches im statistischen Fall in ausdrücklich oder stillschweigend *akzeptierten statistischen Oberhypothesen* besteht, nicht nur *erwähnt* zu werden braucht, *sondern systematisch in den Kontext der Analyse und Prüfung statistischer Hypothesen einzubeziehen ist.*

4. Induktion

Obwohl ich die im zweiten Teil behandelte Theorie CARNAPS als eine normative Theorie des induktiven Räsonierens bezeichne, wird von Induktion in diesem Band nur sehr wenig die Rede sein. Die Aufgabe dieses Abschnittes besteht vor allem darin, zu erklären, warum dies so ist.

Da eine detaillierte Auseinandersetzung mit den ‚deduktivistischen' und ‚induktivistischen' Richtungen dem Band III vorbehalten ist, muß ich hier auf den Aufsatz [Induktion] verweisen[65], worin ich versuchte, die Darlegung meiner

[64] Es ist mir nicht bekannt, ob GIERE bei der Abfassung der zitierten Arbeit mit den Ideen von SNEED vertraut war.

[65] W. STEGMÜLLER, „Das Problem der Induktion: HUMES Herausforderung und moderne Antworten", im folgenden zitiert als [Induktion], in: H. LENK (Hrsg.), *Neue Aspekte der Wissenschaftstheorie*, Braunschweig 1971, S. 13—74.

Grundposition auf dem Wege über eine kritische Auseinandersetzung mit den Theorien von K. POPPER und R. CARNAP etwas anschaulicher zu gestalten. Darin findet sich auch eine genauere Skizze einer Begründung dafür, warum die zweite Variante von CARNAPs Projekt *entscheidungstheoretisch uminterpretiert* werden muß, eine Uminterpretation, welche für den Aufbau des ganzen zweiten Teiles dieses Bandes verantwortlich ist. Allerdings sollte bei der Lektüre dieser Abhandlung nicht übersehen werden, daß die Kürze der Darstellung gewisse schablonenhafte Vereinfachungen und Übertreibungen erzwang, die durch differenziertere und ausführlichere Analysen zu ersetzen wären.

Eine etwas genauere Schilderung der ‚Theorie Carnap II', wie ich sie nenne, die zugleich als knappe Einführung in den Themenkreis des zweiten Teiles dieses Bandes dienen kann, habe ich gegeben in [CARNAP's Normative Theory][66]. In dieser Abhandlung wird auch noch stärker die Notwendigkeit hervorgekehrt, das Induktionsproblem durch geeignete *Nachfolgerprobleme* zu ersetzen, die an seine Stelle zu treten haben.

Alle neuzeitlichen Beschäftigungen mit dem sog. Induktionsproblem kann man als Reaktionen auf die Humesche Herausforderung betrachten. HUME selbst hatte das Problem in der Weise formuliert, daß er fragte, ob wir den Übergang vom Wissen über dasjenige, was wir beobachtet haben, zu dem *angeblichen* Wissen über das, was wir nicht beobachtet haben, rechtfertigen können[67]. Dies hat zu den herkömmlichen Formulierungen des Problems geführt: Wie können wir unsere Überzeugung rechtfertigen, daß die Zukunft der Vergangenheit gleichen wird?

Um das Problem in möglichster Allgemeinheit formulieren zu können, muß man sich ganz auf die *logische Struktur* konzentrieren. Da es sich um einen *Schluß* oder ein *Argument* handeln soll, ist das Problem als eine Frage nach der logischen Struktur dieses Argumentes zu rekonstruieren. Zur Vereinfachung der Formulierung werde in Analogie zu dem Kantischen Ausdruck „Erweiterungsurteil"[68] das Wort „*Erweiterungsschluß*" eingeführt. Darunter ist ein Schluß zu verstehen, dessen Conclusio dem logischen Gehalt nach stärker ist als die Klasse der Prämissen[69]. Für die allgemeine

---

[66] W. STEGMÜLLER, "CARNAP's Normative Theory of Inductive Probability", in: *Proceedings of the 4th International Congress on Logic, Methodology and Philosophy of Science*, Bukarest 1971.

[67] Vgl. dazu vor allem D. HUME, *A Treatise of Human Nature*, 1. Aufl. der Oxford-Ausgabe 1888, letzter Nachdruck Oxford 1960, Book I, Part III, Sect. VI, S. 91f. und Sect. XII, S. 139f.

[68] „Erweiterndes Urteil" ist für KANT synonym mit „synthetisches Urteil"; vgl. dazu I. KANT, *Prolegomena*, Vorerinnerung, § 2, a.

[69] Wenn die Begriffe der logischen Wahrheit und der logischen Folgerung zur Verfügung stehen, so ist der logische Gehalt einer Aussage A genau dann stärker als der logische Gehalt einer Klasse $\mathfrak{K}$ von Aussagen, wenn die Klasse der logischen Folgerungen von $\mathfrak{K}$ eine *echte* Teilklasse der Klasse der logischen Folgerungen von A ist (d. h. also, wenn jede logische Folgerung von $\mathfrak{K}$ auch eine solche von A ist und wenn es mindestens eine nicht logisch wahre Aussage B gibt, die eine logische Folgerung von A ist, ohne eine logische Folgerung von $\mathfrak{K}$ zu sein).

Variante des Humeschen Problems bedenken wir nun folgendes: Die Prämissen des gesuchten Induktionsschlusses sind Aussagen, von denen wir wissen oder annehmen, daß sie richtig sind (z.B. Berichte über vergangene Beobachtungen). Die Conclusio ist stärker an Gehalt als die Klasse der Prämissen, da sie etwas behauptet, das aus dieser Klasse nicht rein logisch gefolgert werden kann. Sie kann also aus gegebenen Prämissen nur durch einen Erweiterungsschluß gewonnen worden sein. Andererseits soll das zu entdeckende induktive Schlußschema die folgende formale Analogie zu einem Schlußschema der deduktiven Logik besitzen: Falls die Prämissen wahr sind, so muß sich diese Wahrheit auf die Conclusio übertragen. Ein Schluß, welcher diese Bedingung erfüllt, werde *wahrheitskonservierend* genannt.

Die *abstrakte* Form des *Humeschen* Problems der *Induktion* können wir nun bündig folgendermaßen formulieren:

(**AHI**) *Gibt es wahrheitskonservierende Erweiterungsschlüsse?*[70]

Die Antwort auf diese Frage lautet:

(1) *Nein.*

Zwar gibt es Erweiterungsschlüsse: Jeder geeignet gewählte *logische Fehlschluß* ist von dieser Art. Solche Schlüsse aber sind wertlos, weil sie nicht wahrheitskonservierend sind. Der ‚Induktivist' strebt ja offenbar nicht danach, Regeln zu entdecken, bei deren Befolgung man bestimmte Typen von logischen Fehlschlüssen vollzieht.

Der abstrakten Fassung des Hume-Problems in der Gestalt (**AHI**) gebührt aus folgendem einfachen Grund der Vorzug: Die Klasse der ‚Induktionsregeln', d.h. derjenigen Regeln, die zur Rechtfertigung bestimmter Arten von Erweiterungsschlüssen als wahrheitskonservierend herangezogen werden könnten, ist *potentiell unendlich*. Formuliert man das Problem in speziellerer Weise, so schließt man mit der Antwort (1) nur eine Teilklasse dieser unendlichen Gesamtheit aus und setzt sich damit dem Einwand aus, dabei die ‚wahren Induktionsregeln', die angeblich nicht zu dieser Teilklasse gehören, übersehen zu haben.

Hume glaubte auch erkannt zu haben, daß es nicht weiterführe, zur Lösung des Induktionsproblems den Wahrscheinlichkeitsbegriff, *in welcher Interpretation auch immer*, heranzuziehen. Seine diesbezügliche Überlegung kann man sich am einfachsten dadurch verdeutlichen, daß man das Hume-Problem auf Prämissen, die sich auf die Vergangenheit beziehen, und eine Conclusio, die Künftiges zum Inhalt hat, spezialisiert. Die Frage lautet dann:

(2) *Ist es vernünftig, aufgrund gemachter Beobachtungen das Wahrscheinlichere zu erwarten?*

---

[70] Diese Weise, das Hume-Problem zu formulieren, wird nahegelegt durch die verschiedenen Arbeiten von W. Salmon zu diesem Thema; vgl. insbesondere sein Buch: *The Foundations of Scientific Inference*, Pittsburgh 1967, S. 5ff.

Hume antwortet hier mit einer Alternative: *Entweder* unter dem Wahrscheinlicheren versteht man das, was, wie die Erfahrung lehrte, bisher häufiger eingetreten ist. Dann könnte die Frage (2) nur in dem Fall bejaht werden, daß (**AHI**), im Widerspruch zu (1), eine bejahende Antwort erhielte. Denn die Behauptung, daß in der Vergangenheit bestehende relative Häufigkeiten (allgemeiner: vergangene Häufigkeitsverteilungen) auch in Zukunft vorfindbar sein werden, könnten wir nur auf Grund eines wahrheitskonservierenden Erweiterungsschlusses legitimieren. Das Problem, welches eine negative Antwort hat, ist hier nur auf das Verhältnis von in der Vergangenheit beobachteten und in der Zukunft zu beobachtenden relativen Häufigkeiten spezialisiert worden. *Oder* aber wir deuten das Wort „wahrscheinlich" anders. Dann bleibt es unerfindlich, warum dasjenige, was wir das Wahrscheinliche nennen, eintreffen solle. (Es gilt, so können wir hinzufügen, bei einer solchen anderen Deutung ja nicht einmal für die Vergangenheit: daß etwas häufiger eingetreten ist, soll ja jetzt gerade *nicht* heißen, daß das Wahrscheinlichere eingetreten ist.)

In dieser zweiten Alternative findet sich eine gedankliche Lücke, die es ermöglicht, das *praktische Nachfolgerproblem* zum Induktionsproblem, wie ich es nennen werde, einer positiven Lösung zuzuführen.

(1) liefert die korrekte und erschöpfende Beantwortung der Frage (**AHI**). Es ist daher nicht richtig, den Humeschen Standpunkt so darzustellen, daß nach Hume ‚das Induktionsproblem unlösbar sei'. *Vielmehr hat das Induktionsproblem* — wenn man es als abstrakte (oder als irgendeine ‚konkretere') Variante des Hume-Problems formuliert — *eine triviale negative Lösung.*

Die Philosophen, welche sich um irgendeine Lösung des Induktionsproblems bemühten, haben meist an etwas ganz anderes gedacht: erstens an eine positive und nicht an eine negative Antwort; und zweitens an eine Antwort, die keineswegs trivial ist, sondern die das Ergebnis langer und schwieriger denkerischer Bemühungen darstellt. Um meine Position von all diesen Denkweisen schärfer abzugrenzen und gleichzeitig die Verwechslung dieser Position mit der erwähnten Fehldeutung des Humeschen Standpunktes auszuschließen, habe ich in [Carnap's Normative Theory] die knappe Formulierung gewählt:

(3) *Ich glaube nicht an das Problem der Induktion.*

Denn es ist doch nicht sinnvoll, unter „an das Problem der Induktion glauben" den Glauben an die Sinnhaftigkeit einer Frage zu verstehen, auf die nur eine triviale negative Antwort gegeben werden kann. Selbstverständlich ist diese Äußerung (3) nur dann verständlich, wenn sie *als Stellungnahme zum Hume-Problem* gedeutet wird. (Daß sie und warum sie bei anderen Deutungen unsinnig würde, wird sich später zeigen.)

Hume selbst hatte, nachdem er zu dem negativen Resultat gelangt war, daraus eine praktische Konsequenz gezogen, nämlich statt einer wissenschaftstheoretischen eine *psychologische Frage* aufzuwerfen, die man etwa so formulieren kann:

(4) Wie gelangen alle vernünftigen Leute dazu, davon überzeugt zu sein, daß das, was sie erwarten, im Einklang stehen wird mit dem, was sie bereits erfahren haben?

Auf diesen Übergang in der Fragestellung, den Popper mit Recht *eine Flucht in den Irrationalismus* nennt, kommen wir weiter unten nochmals zurück.

Viele Philosophen haben einen — allerdings nur *scheinbar* — anderen Ausweg versucht. Sie ordnen das Thema „Induktion" nicht in den Kontext des *Begründungs- und Rechtfertigungszusammenhanges* ein, sondern in den Kontext der *Genesis einer Theorie* oder des *Entdeckungszusammenhanges*. Die ‚Regeln des induktiven Schließens' sollen danach Regeln sein, deren Befolgung zu Gesetzen oder sogar zu Theorien führt, mit deren Hilfe man die ‚beobachteten Phänomene', auf welche man die Regeln angewendet hat, erklären kann. Hier müßte man zunächst zurückfragen, was dies für Gesetze bzw. für Theorien sein sollen: *nur wahre* oder auch *möglicherweise falsche?* Mit falschen Theorien ist ja bisher vermutlich viel mehr erklärt worden als mit richtigen; und in Zukunft wird sich daran kaum viel ändern. Wenn das erste gemeint sein sollte, dann wären dies doch wieder Regeln, welche die in (1) negierte Leistung vollbringen. Der ‚Entdeckungszusammenhang' wäre nur gewählt worden, um durch eine Hintertür wieder angeblich wahrheitskonservierende Erweiterungsregeln einzuführen. Sollte dagegen das zweite gemeint sein, so stünden wir bezüglich des Rechtfertigungsproblems nach Anwendung dieser Regeln trotzdem wieder am Anfang: Diese Regeln hätten uns zwar vielleicht die Anstrengung ganz oder teilweise genommen, schöpferische Einfälle haben zu müssen. Aber sie würden uns nicht in die Lage versetzen, zwischen richtigen und falschen ‚erklärenden Theorien' zu differenzieren. Damit aber hätten sie, vom Begründungsgesichtspunkt aus beurteilt, nicht die geringste Überlegenheit gegenüber Einfällen, von denen man sagt, sie seien auf eine gänzlich ‚irrationale' Weise zustande gekommen. Es müßte im einen wie im anderen Fall ein Prüfungsverfahren erst gesucht werden. Es könnte sich ja z.B. um Regeln handeln, die ‚in der Regel' zu *falschen* Hypothesen führen. Und was für einen Wert hätte eine derartige Regel? Die sog. Anti-Induktions-Regel von M. Black und W. Salmon ist vermutlich von dieser Art: Nach dieser Regel ist, grob gesprochen, die künftige Realisierung einer Ereignisart umso seltener zu erwarten, je häufiger sie bisher verwirklicht war, und um so häufiger, je seltener sie bisher eintrat[71].

---

[71] Für eine etwas genauere Formulierung vgl. [Induktion], S. 19.

Ein Vergleich mit der Situation in der deduktiven Logik möge das Gesagte verdeutlichen. Angenommen, wir haben es mit einer logischen Theorie zu tun, für welche kein mechanisches Entscheidungsverfahren existiert. Als Beispiel diene die Quantorenlogik. Man kann dann, etwa durch Übergang von einem ‚unnatürlichen' axiomatischen Aufbau zu einer Version des Kalküls des natürlichen Schließens so etwas entwickeln wie *strategische Hilfsregeln*, deren Befolgung zwar nicht stets, aber doch in vielen Fällen das Auffinden von Beweisen erleichtert (und zwar in einem psychologischen Sinn erleichtert: man muß sich nicht mehr so plagen, um den Beweis zu finden). W. v. QUINE hat einige derartige Regeln angegeben[72]. Stellen wir uns nun vor, man könnte auch dafür, um von beobachteten Fakten zu erklärenden Theorien zu gelangen, *strategische Regeln* entwickeln. Dies wären die gesuchten ‚induktiven Entdeckungsregeln'. Zwischen ihnen und den Regeln für deduktive Beweisstrategien bestünde der folgende *grundsätzliche* Unterschied: Nach *jeder* Anwendung einer Regel für deduktive Beweisstrategie kann man sich sofort davon überzeugen, daß ein korrekter logischer Schluß vorliegt, d.h. daß der Schluß in der Anwendung einer gültigen deduktiven Schlußregel erfolgt. Dem könnte man im Fall der Anwendung einer strategischen ‚Induktionsregel' nichts entgegenstellen. Um nämlich die Gültigkeit zu überprüfen, müßte eine Regel von der Art verfügbar sein, wonach in **(AHI)** *vergeblich* gefragt worden ist.

Aus diesem Grund ist die Beantwortung des Problems: „Gibt es induktive Regeln oder ‚induktive Kanons' von der geschilderten strategischen Art oder nicht?" ohne wissenschaftstheoretische Bedeutung. Hier handelt es sich um eine erkenntnispsychologische Frage und *nichts weiter*. Diejenigen Philosophen befinden sich daher im Unrecht, die meinen, nur durch Berufung auf derartige Regeln entgehe man einem wissenschaftlichen Irrationalismus. Ob durch systematische Befolgung strategischer Regeln oder ‚durch die Macht irrationaler Gemütskräfte hervorgerufen' — in *beiden* Fällen kann die Prüfung erst einsetzen, *nachdem* das durch Regelbefolgung Ermittelte oder das ohne Regelbefolgung Ersonnene *als hypothetischer Entwurf vorliegt*.

Wenn hier der Ausdruck „irrational" gebraucht wurde, so ist darunter nichts weiter zu verstehen als: „nicht durch bewußte oder auch unbewußte Befolgung irgendwelcher Regeln hervorgerufen". HUME *mag* darin Recht haben, daß wir im alltäglichen Räsonieren instinktiv vergangene Regelmäßigkeiten ‚in die Zukunft extrapolieren'. Es *mag* auch richtig sein, daß wissenschaftliche Entdeckungen manchmal durch strikte Befolgung bestimmter, ausdrücklich formulierter ‚methodischer Regeln' zustande kommen. Ebenso *mag* es richtig sein, daß alle großartigen naturwissenschaftlichen Theorien der letzten Jahrhunderte *nicht* auf solche Weise zustande gekommen sind, sondern plötzliche Einfälle ihrer Erfinder waren. Vom Standpunkt der Überprüfung macht es keinen Unterschied aus, welche dieser

[72] Vgl. WILLARD VAN ORMAN QUINE, *Grundzüge der Logik*, Frankfurt 1969, insbesondere S. 222–227.

empirisch-psychologischen Hypothesen über die Entstehung von Hypothesen richtig ist.

Die Furcht davor, dem Irrationalismus und damit einer neueren und vielleicht sogar der *schwerwiegendsten Gefahrenquelle für wissenschaftliche Objektivität* ausgeliefert zu sein, wenn man die schöpferischen Denkleistungen von Wissenschaftlern nicht so erklären könne, daß sie ‚durch Befolgung von Regeln zustande gekommen' sind, ist somit die Furcht vor einem nichtexistenten Gespenst. Sie entspringt der *Verwechslung von Genesis und Prüfung*. Auch im deduktiven Fall verhält es sich nicht anders: Ein korrekter Beweis für einen wichtigen Lehrsatz, der einem Mathematiker ohne Befolgung irgendwelcher Regeln einfiel, ist nicht schlechter als einer, der mittels mühsamer Zusammenfügung von Einzelschritten entstand, deren jeder durch die Befolgung ‚strategischer Beweisregeln' zustande kam. Man ‚sieht es dem Beweis nicht an', wie er zustande kam[73]. Ebenso sieht man es dem Gravitationsgesetz von Newton nicht an, ob es ihm wirklich angesichts eines vom Baum fallenden Apfels einfiel, oder ob dieser angebliche plötzliche Einfall nur ein Märchen ist, welches man uns erzählt. Es ist wissenschaftstheoretisch auch ganz irrelevant, ob hier ein Märchen vorliegt oder nicht.

Das Fazit aller dieser Zwischenbetrachtungen ist, daß wir es als zwecklos ansehen müssen, für das Hume-Problem eine positive Lösung zu finden.

Eine Lösung, die nicht mit der Antwort (1) *identisch ist, gibt es nicht.*

Diese Feststellung kann man Poppers *Einsicht* nennen. Denn er war es, der erstmals mit Nachdruck darauf hinwies, daß das Hume-Problem der Induktion keine positive Lösung hat, daß aber diese Einsicht einen keineswegs zwingt, den Weg des Humeschen Irrationalismus zu gehen. Wir müssen uns vielmehr Klarheit darüber verschaffen, was an die Stelle des Hume-Problems zu treten hat.

Im Unterschied zu Popper glaube ich allerdings, daß man an dieser Stelle eine wichtige Differenzierung vornehmen muß. Um deren Notwendigkeit möglichst deutlich vor Augen zu führen, spezialisiere ich das Hume-Problem zum *Problem des Wissens um die Zukunft*. Eine Form dieses Wissens gewinnen wir durch wissenschaftliche Hypothesen, die sich prognostisch verwerten lassen. Wir müssen uns jedoch davor hüten, in den Fehler zu verfallen, das ganze Problem *nur als ein Problem des ‚theoretischen Räsonierens' zu deuten*. Wir Menschen sind keine geflügelten Engelsköpfe ohne Leiber, um ein Bild Schopenhauers zu gebrauchen. Sondern wir sind handelnde Wesen und all unser Handeln ist zukunftsgerichtet. Darum können und müssen wir nicht nur die Frage stellen: „Was können wir wissen?", sondern ebenso die Frage: „Wie sollen wir handeln?".

---

[73] Die Kenntnis der Genesis kann natürlich u.U. für den Studierenden von großem Nutzen sein, wenn er sich selbst ‚im Beweisen einüben' möchte.

Anknüpfend an diese beiden Kantischen Fragen mache ich die analoge Unterscheidung in eine *theoretische Problemfamilie*, die zum Bereich der ‚Theoretischen Vernunft' gehört, und eine *praktische Problemfamilie*, die in das Gebiet der ‚Praktischen Vernunft' hineinfällt. Beide Problemfamilien zusammen sollen die *Nachfolgerprobleme zum Induktionsproblem* genannt werden, weil sie zusammen dasjenige bilden, was als legitime Nachfolge an die Stelle der ‚gegenstandslosen Frage' (**AHI**) zu treten hat. Das Hume-Problem selbst löst sich in der Weise, daß es sich *auflöst*. Aber es löst sich *nicht ohne Ersatz* auf: Andere nun wirklich wichtige und legitime Fragestellungen haben *an seine Stelle* zu treten.

Die beiden Schemata für die theoretischen Nachfolgerprobleme zum Hume-Problem der Induktion lauten:

(**TNI**$_1$) *Wie lautet die Definition des Begriffs der Bestätigung (Stützung, Bewährung) einer Hypothese?*

(**TNI**$_2$) *Wie rechtfertigt man die Adäquatheit dieser Definition?*

In der ersten Frage tritt der neue Ausdruck „Bestätigung" auf, für den zwei Alternativen in Klammern angegeben wurden. Es wird bei diesem Stadium noch *vollkommen offen gelassen*, *welchen Charakter diese Definition hat*, insbesondere auch, ob sie mit Hilfe von Begriffen der deduktiven Logik allein bewerkstelligt werden kann oder nicht. In der zweiten Frage ist von Adäquatheit die Rede. Auch hier bleibt es *zunächst ganz offen*, *wie die Adäquatheitskriterien lauten.*

Wir sprechen von zwei Frage*schemata*, da es keineswegs selbstverständlich ist, daß der Bestätigungsbegriff und die Adäquatheitskriterien stets dieselben sein müssen. Ich bin sogar überzeugt davon, *daß in beiden Hinsichten die Situation bezüglich deterministischer und statistischer Hypothesen vollkommen verschieden ist.*

Daß statt einer Frage *zwei Frageschemata* auftreten, könnte man zunächst vielleicht verwunderlich finden. Dazu ist jedoch zu bedenken, daß auch das Hume-Problem, *falls es eine positive Lösung hätte*, in zwei Fragen aufgesplittert werden müßte, nämlich:

(H_1) *Wie lauten die Regeln des induktiven Schließens* (d. h. diejenigen Regeln, durch deren Anwendung man zu wahrheitskonservierenden Erweiterungsschlüssen gelangt)?

und:

(H_2) *Wie begründet man die Gültigkeit dieser Regeln?*

Die Antwort (1) kann daher als eine simultane Feststellung von folgender Art gelesen werden: „Da es keine Regeln für wahrheitskonservierende Erweiterungsschlüsse gibt — d. h. da die in Frage (H_1) implizit enthaltene Existenzannahme solcher Regeln falsch ist —, kann es a fortiori keinen Gültigkeitsnachweis für solche Regeln geben."

Die zweite Familie von Nachfolgerproblemen zum Induktionsproblem betrifft das zukunftsgerichtete Handeln. Hier geht es darum, *rationales Handeln* von *irrationalem* zu unterscheiden. Von rationalem Handeln kann man nur sprechen, wenn dieses Handeln gewissen *Rationalitätskriterien* oder *Rationalitätsnormen* genügt. Die beiden Schemata für die *praktischen Nachfolgerprobleme zum Humeschen Problem der Induktion* lauten daher:

(**PNI$_1$**) *Welche Normen gelten für rationales Handeln?*

(**PNI$_2$**) *Wie lassen sich diese Normen rechtfertigen?*

Das erste Frageschema könnte man direkt in die übliche entscheidungstheoretische Sprechweise übersetzen, so daß nach den Normen für *rationale Entscheidungen* gefragt würde. Wir werden uns später ausschließlich mit dem wichtigsten Spezialfall: den Entscheidungen unter Risiko, beschäftigen; denn nur in diesem Fall beruhen die Entscheidungen auf *probabilistischen* Überlegungen der Handelnden.

Einige Bemerkungen zu POPPER und CARNAP sollen die Umformulierung des Hume-Problems verdeutlichen. POPPER hat seine Stellungnahme zum Hume-Problem in komprimierter Form in einer Arbeit niedergelegt, die ungefähr gleichzeitig mit meinem Aufsatz [Induktion] erschien[74]. Es würde Oberflächlichkeit erzwingen, hier auf den Inhalt dieses Aufsatzes im Detail einzugehen, da POPPER darin auch seine ganze Theorie skizziert. Ich beschränke mich daher nur auf einige Punkte, die im augenblicklichen Zusammenhang von Wichtigkeit sind.

Was die Stellungnahme zum *Hume-Problem* betrifft, so steht die obige Stellungnahme *in vollkommenem Einklang mit der Auffassung von* POPPER. Wenn ich eben von POPPERS Einsicht sprach, so deshalb, weil ich der Überzeugung bin, daß POPPERS *Logik der Forschung* uns die Augen dafür öffnen sollte, daß es vollkommen zwecklos ist, Energie zur Lösung des Induktionsproblems in einer seiner traditionellen Fassungen zu verschwenden. Ein Unterschied besteht nur in der Art der Formulierung: Während POPPER in [My Solution] auf S. 173 das Problem in einer ‚spezialisierteren' Fassung, nämlich durch Bezugnahme auf *erklärende Theorien*, formuliert, ziehe ich die oben in (**AHI**) gegebene ‚abstrakte' und allgemeinste Fassung vor, da nur auf diese Weise *alle* potentiellen Kandidaten für Rechtfertigungsverfahren wahrheitskonservierender Erweiterungsschlüsse erfaßt werden und durch die Antwort (1) dem ‚traditionellen Induktivisten' *jede* Ausweichmöglichkeit versperrt wird.

In der *Reaktion auf* diese Einsicht ergeben sich Unterschiede, von denen ich drei schlagwortartig anführe:

---

[74] KARL R. POPPER, „Conjectural Knowledge: My Solution of the Problem of Induction", im folgenden zitiert als [My Solution], *Revue Internationale de Philosophie* 1971, S. 167—197.

(I) POPPER war, soweit ich feststellen konnte, immer nur an der *theoretischen Beurteilung* unverifizierbarer Hypothesen interessiert. Daher stellt sich für ihn, in meine Sprechweise übersetzt, auch *nur* das theoretische Nachfolgerproblem zum Hume-Problem.

Eine solche Konzentration des Interesses ist natürlich durchaus legitim. Dagegen zu polemisieren, wäre ebenso unsinnig, wie es z.B. idiotisch wäre, einem Erforscher der Arktis vorzuwerfen, daß er nicht auch die Antarktis untersucht habe. *Von der Sache her* aber ist es ebenso wichtig zu erkennen, *daß es neben den theoretischen Nachfolgerproblemen zum Hume-Problem die oben angeführten praktischen Nachfolgerprobleme gibt.* Es ‚gibt sie' einfach deshalb, weil wir dieser Welt *nicht nur als denkende Wesen* angehören und damit *nicht nur* aus ‚theoretischer Neugierde' entspringende Fragen nach der und Vermutungen über die Zukunft aufstellen. Wir gehören dieser Welt auch als in ihr *handelnde Wesen* an, und dadurch ergeben sich die obigen praktischen Nachfolgerprobleme zum Induktionsproblem. Ihre Behandlung ist Aufgabe der *rationalen Entscheidungstheorie.* Da die Teile I und II dieses Bandes ausschließlich dieser Theorie gewidmet sind, kann man auch sagen, daß der erste Halbband nur den praktischen Nachfolgerproblemen zum Induktionsproblem gewidmet ist. Dies ist der Grund dafür, warum sich die Ausführungen in diesen beiden ersten Teilen mit den Gedanken POPPERS nicht berühren.

Es muß auch, falls man meiner Uminterpretation des Carnapschen Projektes zustimmt, als der tiefere Grund dafür angesehen werden, warum ‚Popperianer' und ‚Carnapianer' in Diskussionen *ständig aneinander vorbeireden* — wenn man von Mißverständnissen und Meinungsverschiedenheiten in technischen Detailfragen absieht, die ja auch sonst in jedem Forschungsbereich zwischen verschiedenen Fachvertretern auftreten. Erzeugt wurde das *tiefer liegende* Mißverständnis dadurch, daß CARNAP seinen Überlegungen den irreführenden Titel „Induktive Logik" gab und daß er zumindest ursprünglich meinte, so etwas wie eine ‚probabilistische Lehre von der theoretischen Hypothesenbeurteilung' (‚Theorie der Bestätigung') zu entwickeln. Später trat der entscheidungstheoretische Gesichtspunkt immer stärker in den Vordergrund. Meine Grundthese lautet nun, daß sich CARNAPS Lehre nicht *auch* entscheidungstheoretisch deuten *läßt,* sondern daß man sie *nur* entscheidungstheoretisch deuten *kann.* Die Gründe dafür habe ich in [Induktion] angeführt. Sie sollen weiter unten etwas systematischer wiederholt und durch meine ausführliche entscheidungstheoretische Rekonstruktion von Carnaps Theorie in Teil II dieses Bandes erhärtet werden.

Akzeptiert man diese Umdeutung, *dann können zwischen den Theorien* POPPERS *und* CARNAPS *im Prinzip überhaupt keine Gegensätze bestehen,* weil diese Theorien völlig heterogene Probleme zu lösen versuchen: POPPERS Theorie gehört zur *Metatheorie der Theorienbildung*, CARNAPS Theorie gehört zur *Metatheorie der Praxis*.

Ein anderer wichtiger Punkt sei schon hier erwähnt: Größer als die Gefahr der Nichtberücksichtigung der ‚praktischen Nachfolgerprobleme' zum Induktionsproblem scheint mir *deren Übertreibung* zu sein. Zu dieser Übertreibung neigen, soweit ich sehen kann, fast alle Anhänger der personalistischen Schule der Wahrscheinlichkeitstheorie sowie viele Entscheidungstheoretiker. In der oben eingeführten Terminologie ausgedrückt: *Es wird dort der Versuch unternommen, die theoretischen Nachfolgerprobleme zum Induktionsproblem ganz in die praktischen Nachfolgerprobleme zum Induktionsproblem einzubeziehen.* Das findet seinen Niederschlag in der Tendenz, *alle* Arten der Beurteilung von Hypothesen *entscheidungstheoretisch* zu behandeln. Unter Verwendung der Kantischen Metapher könnte man sagen: Für die Anhänger dieser *extremen* personalistischen Richtung gilt nicht nur ein ‚Primat der praktischen gegenüber der theoretischen Vernunft', *sondern die ‚theoretische Vernunft' wird von der ‚praktischen Vernunft' geschluckt.*

Diese Gefahr des ausschließlichen ‚Denkens in personellen Wahrscheinlichkeiten' tritt zu der im Abschnitt 2 angeführten und davon ganz unabhängigen Gefahr hinzu. Ihr muß man mit rationalen Argumenten zu begegnen versuchen. Zwischen dem, was ich eben den extremen Personalismus nannte, und den Grundüberzeugungen POPPERS besteht ein *wirklicher* Konflikt. Er hätte zweifellos auch zwischen dieser Richtung und CARNAP bestanden, vorausgesetzt, CARNAP hätte überhaupt der entscheidungstheoretischen Uminterpretation seines Systems zugestimmt. Denn sicherlich wäre es CARNAP ganz fern gestanden, mit der Aufstellung rationaler Entscheidungsregeln den Anspruch zu verbinden, daß diese Regeln die metascience of science aufsaugen. Ein wichtiges Illustrationsbeispiel für eine unzulässige Überschreitung des legitimen Anwendungsbereiches der personalistischen Wahrscheinlichkeitstheorie wird in Teil III, Abschnitt 10 gegeben: Die entscheidungstheoretische Behandlung der Probleme statistischer Schätzungen lehrt nicht, wie theoretische (Punkt- oder Intervall-) Schätzungen als mutmaßlich richtig oder als mutmaßlich falsch zu beurteilen sind, sondern wie man *unter gänzlicher Umgehung dieser Probleme* im praktischen Leben optimale Dispositionen treffen oder optimale Schätz*handlungen* vollziehen kann.

(II) Ich habe oben absichtlich von Problem*familien* gesprochen, welche an die Stelle des traditionellen Induktionsproblems zu treten haben, und zwar bereits in bezug auf die theoretischen Nachfolgerprobleme. POPPER beschränkt sich nämlich nur auf *gewisse* dieser theoretischen Nachfolgerprobleme, grob gesprochen auf jene, welche *deterministische* Theorien betreffen. Diese Beschränkung der Problemstellung beginnt in [My Solution] auf S. 178, wo hervorgehoben wird, daß vom Standpunkt der deduktiven

Logik eine Asymmetrie zwischen empirischer Verifikation und empirischer Falsifikation besteht[75].

Diese Feststellung gilt nämlich *nicht* mehr, wenn man *statistische* Hypothesen betrachtet und versucht, für diese adäquate Begriffe der Bestätigung und der Prüfung einzuführen. Die Unübertragbarkeit der ganz ‚auf deterministische Hypothesen zugeschnittenen' Überlegungen POPPERs auf den statistischen Fall soll im Detail in Abschnitt 1 von Teil III gezeigt werden, dem der etwas provozierende Titel gegeben wurde: „Jenseits von POPPER und CARNAP".

(III) POPPER spricht von seiner *Lösung* des Induktionsproblems. Selbst bei Beschränkung auf deterministische Hypothesen würde ich hier vorsichtiger sein und nur von einem *Lösungsansatz* sprechen. POPPER hat zwar das Hume-Problem gelöst im Sinn von ‚aufgelöst' und auch gezeigt, welche Art von Fragen die Stelle dieses Problems einzunehmen hat. Schließlich hat er eine interessante und fruchtbare metatheoretische Skizze für eine Theorie der Hypothesenbeurteilung geliefert. Aber wir sind, so scheint es mir, noch weit davon entfernt, ein *genaues* Verständnis von solcher Hypothesenbeurteilung erlangt zu haben.

Die hier zutage tretende Meinungsdifferenz gehört in eine ganz neue Dimension, die nur erwähnt sei, da sie an dieser Stelle nicht weiter verfolgt werden kann: Es handelt sich um die Frage, inwieweit wir unsere wissenschaftstheoretischen Vorstellungen präzisieren und formalisieren müssen[76]. Im Gegensatz zu POPPER scheinen mir formale Präzisierungen im Gebiet der Wissenschaftstheorie ebenso unerläßlich zu sein wie in der Logik. Die Erfahrungen, welche man mit den Präzisierungsversuchen des ‚deduktiv-nomologischen' sowie des ‚statistischen' Erklärungsbegriffs gemacht hat, sind in diesem Punkt lehrreich: Wie in den letzten Abschnitten von Bd. I, Kap. X, gezeigt wurde, ist der Begriff der wissenschaftlichen Erklärung, die sich auf deterministische Gesetze allein stützt, *ohne pragmatische Relativierung* nicht zu halten. Und wie in Teil IV dieses Bandes gezeigt werden wird, *löst sich der Begriff der statistischen Erklärung überhaupt auf*, um zwei anderen Begriffen Platz zu machen. Derartige Erkenntnisse kann man *nur* gewinnen, wenn man sich die Mühe nimmt, die intuitiven Vorstellungen, die man von ‚kausalen' und ‚statistischen' Erklärungen hat, so genau wie möglich zu präzisieren.

Den Unterschied in den Grundauffassungen kann man vielleicht auf zwei Punkte reduzieren. Erstens scheint es mir, daß es sich in der Wissenschaftstheorie sehr häufig ebenso verhält wie in mathematischen Disziplinen, z.B. in der Zahlentheorie: *der Teufel steckt im Detail*, aber er wird erst sicht-

---

[75] "... from the point of view of deductive logic there is an asymmetry between verification and falsification by experience."

[76] Vgl. dazu auch [Induktion], S. 30 und S. 31ff.

bar, wenn man sich in einer ‚Mikroanalyse' dem Detail widmet. Zweitens gilt für mich der Ausspruch POPPERS: „Unsere Unwissenheit ist grenzenlos und ernüchternd"[77] nicht nur für die Objektebene der Einzelwissenschaften, sondern *auch für die Metaebene der Wissenschaftstheorie:* Selbst von einem genauen Wissen um die Struktur wissenschaftlicher Theorien und ihrer Prüfung sind wir noch sehr weit entfernt.

In der Arbeit [My Solution] wird noch ein ganz anderer Aspekt des Hume-Problems erörtert, der in meinem Aufsatz [Induktion] überhaupt nicht zur Sprache kam. POPPER nennt es Humes *psychologisches Problem* H_P[78]. Es ist identisch mit der oben formulierten Frage (4). Die Antwort, welche HUME auf diese Frage gegeben hat, ist bekannt: Die Überzeugungen (beliefs) ‚vernünftiger Leute' haben sich durch Gewohnheit ('custom or habit') herausgebildet, womit er meint, daß diese Überzeugungen in der Weise entstanden, daß im Verlauf wiederholter Wahrnehmungen der Assoziationsmechanismus wirksam wurde.

Diese ‚psychologische Miniaturtheorie' HUMES kann man unter zwei Gesichtspunkten kritisch betrachten: erstens bezüglich ihres Inhaltes und zweitens bezüglich ihrer Begründung. Was den *Inhalt* betrifft, so dürfte es am aufschlußreichsten sein, HUMES Ansicht mit der oben geschilderten Auffassung zu vergleichen, die sich durch den Wechsel des Kontextes, nämlich durch den Übergang vom Rechtfertigungs- zum Entdeckungsproblem, ergab. Die psychologischen Assoziationsmechanismen, welche nach HUME die Leistung der Überzeugungsbildung vollbringen, *sind nichts anderes als die unbewußten Gegenstücke zu den* bereits erwähnten *strategischen Regeln, die von ihren Benützern bewußt angewendet werden.* Der unbewußt wirksame Mechanismus soll ja dasselbe leisten wie jene strategischen Regeln: die Erwerbung des Wissens oder einer Überzeugung über das noch nicht Beobachtete auf der Grundlage eines vorliegenden Beobachtungswissens. Nun haben wir uns aber durch den Vergleich mit strategischen Regeln für deduktive Beweise bereits klar gemacht: Zum Unterschied von strategischen Deduktionsregeln, die in jeder konkreten Anwendung *mittels verfügbarer logischer Regeln* kontrolliert werden können, wären derartige Regeln für die Auszeichnung einer gewonnenen Überzeugung als rational ohne jeden Wert, da ihre Kontrolle *nur durch Regeln* für wahrheitskonservierende Erweiterungsschlüsse erfolgen könnte, *die es nicht gibt.* Wenn aber solche *mit Bewußtsein* angewandten Regeln für das angestrebte Ziel: die Auszeichnung bestimmter Überzeugungen *als vernünftig* oder *als rational* ohne Wert sind, dann sind natürlich erst recht alle *ohne Bewußtsein* wirksamen Mechanismen, wie die von HUME angegebenen, für eine derartige Auszeichnung unbrauchbar.

---

[77] K. POPPER, „Die Logik der Sozialwissenschaft", in: *Soziologische Texte*, Bd. 58, herausgegeben von H. MAUS und F. FÜRSTENBERG, Neuwied/Berlin 1969, S. 103.

[78] a.a.O. S. 170.

B. Russell gelangte daher zu der Feststellung, daß Humes Philosophie die Bankrotterklärung "of eighteenth century reasonableness" bilde. Und er meinte, es sei die dringlichste Aufgabe zu untersuchen, ob es eine Antwort auf Humes Problem in einer Philosophie gäbe, die zur Gänze oder doch in der Hauptsache *empirisch* sei. Im verneinenden Fall gäbe es keinen intellektuellen Unterschied zwischen geistiger Gesundheit und Verrücktheit: Die Ansichten von Geisteskranken werden nur deshalb verdammt, weil diese Personen gegenüber solchen, die sich selbst als geistig normal bezeichnen, in der Minderheit sind. Für die Arbeit [My Solution] wählte Popper als Motto einen Ausspruch Russells, worin dieser seine Stellungnahme zu Hume für eine historische Erklärung benützt: "The growth of unreason throughout the nineteenth century and what has passed of the twentieth is a natural sequel to Hume's destruction of empiricism".

Russells Irrtum besteht allerdings darin, zu meinen, daß nur *eine positive Lösung des Induktionsproblems* solche verheerenden Konsequenzen verhindern könne. Obwohl es diese positive Lösung nicht gibt, braucht man die Flinte nicht ins Korn zu werfen. Der rationale Ausweg aus der Humeschen Herausforderung besteht erstens in der *Ersetzung* des Hume-Problems durch das, was eben die Nachfolgerprobleme zum Induktionsproblem genannt wurde, und zweitens in der *Lösung* dieser Nachfolgerprobleme.

Humes Position wird völlig absurd, wenn man sich der obigen zweiten Frage zuwendet (man könnte auch sagen: wenn man von der Objektebene zur Metaebene aufsteigt). Das fehlende Kriterium, mittels dessen sich rationale von irrationalen, vernünftige von unvernünftigen Überzeugungen unterscheiden lassen, macht sich ja *auch bezüglich* Humes *eigener Hypothese* bemerkbar. Hume wäre, ohne inkonsistent zu werden, nicht in der Lage gewesen zu sagen, wodurch sich *seine* psychologische Hypothese darüber, wie die Menschen zu Überzeugungen gelangen, von den Ansichten eines Wahnsinnigen über die Meinungsbildung bei Menschen als die ‚bessere', ‚gesichertere', ‚rationalere' oder ‚begründetere' auszeichnet. Denn kein solches Auszeichnungsverfahren ist verfügbar: Humes Irrationalismus ist ein zweistufiger; *seine eigenen metatheoretischen Überlegungen sind genauso irrational wie die der Menschen, über deren Gedanken er in diesen metatheoretischen Betrachtungen reflektiert.*

An diesem Punkt könnte man die Sache ins Positive wenden: Hume hat natürlich nicht selbst *gemeint*, eine unvernünftige Theorie aufzustellen, sondern eine, *von der er überzeugt war, daß sie richtig ist.* Um aber — wieder unter der Voraussetzung der Konsistenz seines Denkgebäudes — so etwas überhaupt sinnvollerweise annehmen zu können, mußte er, wenn auch nur unbewußt, voraussetzen, daß es möglich sei, unter Benützung empirischer Fakten bestimmte Hypothesen gegenüber anderen als rational auszuzeichnen. In die Sprechweise der ‚Nachfolgerprobleme zum Induktionsproblem' übersetzt, mußte er dreierlei voraussetzen, nämlich: (*a*) daß das eine negative Lösung besitzende Induktionsproblem durch ein anderes Problem ersetzbar ist, ferner (*b*) daß dieses andere Problem eine Lösung besitzt, und schließlich (*c*) daß seine eigene psychologische Theorie mit dieser positiven Lösung im Einklang steht, mit anderen Worten daß diese seine Theorie eine ‚empirisch gut bestätigte‘ Theorie sei, das „gut bestätigt“ im Sinn des in (*b*) enthaltenen Bestätigungsbegriffs verstanden.

In [Induktion] habe ich HUMEs Theorie mit keinem Wort erwähnt, sondern mich allein auf sein *Problem* konzentriert. Dies sowie der Umstand, daß ich auf S. 60—62 einen imaginären Dialog zwischen D. HUME und R. CARNAP zu konstruieren versuchte, hat anscheinend bei einigen Kollegen zu der irrtümlichen Annahme geführt, als bekenne ich mich stillschweigend zur Richtigkeit der Humeschen *Theorie*. Davon kann natürlich überhaupt keine Rede sein. Nicht nur pflichte ich der Ansicht von RUSSELL und POPPER bei, daß HUME sich mit seiner Theorie in einen Irrationalismus geflüchtet habe. Es erscheint mir sogar als zweifelhaft, ob man aus der Gesamtheit der Äußerungen Humes, die seine Antwort auf die psychologische Frage (4) betreffen, eine widerspruchsfreie Satzgesamtheit herauslesen kann.

Ich wende mich jetzt wieder den systematischen Betrachtungen zu. Hat man einmal erkannt, daß das ursprüngliche Induktionsproblem durch theoretische und praktische Nachfolgerprobleme zu ersetzen ist, so besteht die Möglichkeit, den Ausdruck „induktivistisch“ *neu zu definieren*. Eine solche Neudefinition wird dadurch nahegelegt, daß wir zwei von bedeutenden Wissenschaftstheoretikern stammende, miteinander in scheinbarem Konflikt stehende wissenschaftstheoretische Auffassungen zum Thema „Bestätigung“ vorliegen haben, deren eine von ihrem Begründer als *deduktivistisch* charakterisiert wird, während die andere von ihrem Schöpfer als *induktivistisch* bezeichnet wird: die Theorien von K. POPPER und R. CARNAP. Daß es sich hierbei um solche begrifflichen *Neu*bestimmungen handelt, beruht darauf, daß beide Theorien Versuche darstellen, gewisse unter den Nachfolgerproblemen zum Hume-Problem zu lösen.

Die Definition von „deduktivistisch“ ist ziemlich klar. Die Poppersche Theorie ist insofern *deduktivistisch*, als darin versucht wird, alle relevanten Begriffe, wie „Falsifizierbarkeit“, „Falsifikation“, „Bewährung“ u.dgl. sowie das gesuchte rationale Auszeichnungsverfahren von Hypothesen unter alleiniger Benützung von Begriffen der *deduktiven Logik* zu definieren.

Bei Benützung der Wendung „deduktive Logik“ darf man allerdings nicht kleinlich verfahren. Da ich selbst, in diesem Punkt QUINE folgend, nur die Quantorenlogik als Logik im engeren Sinne bezeichnen würde, alle darüberhinausgehenden Verfahren hingegen als *mengentheoretisch*, müßte man im Fall der Verwendung dieser Terminologie sagen: Eine Theorie, welche ein Nachfolgerproblem zum Hume-Problem zu lösen vorgibt, insbesondere also z.B. eine Bestätigungstheorie, ist genau dann deduktivistisch zu nennen, wenn sie außer Hilfsmitteln der deduktiven Logik nur solche der Mengenlehre benützt.

Nicht so eindeutig liegen die Dinge beim Wort „induktivistisch“. Man könnte diesen Begriff *durch Negation* definieren und alle Theorien, die nicht deduktivistisch sind, induktivistisch nennen. Doch dies wäre nicht zweckmäßig. Sowohl die Vertreter der personalistischen Schule der Wahrscheinlichkeitstheorie als auch CARNAP verwenden das Wort *in einem viel spezielleren Sinn*. In beiden Fällen wird unter dem *induktiven* Räsonieren ein *probabili-*

stisches Räsonieren verstanden. Der Schlüsselbegriff ist hierbei ein *Wahrscheinlichkeitsbegriff*, der die Minimalvoraussetzung erfüllen muß, den Kolmogoroff-Axiomen zu genügen[79]. Insbesondere wäre also eine Bestätigungstheorie genau dann induktivistisch zu nennen, wenn sie in diesem technischen Sinn *probabilistisch* ist.[80]

Legt man diese beiden Begriffsbestimmungen zugrunde, *so bildet der Gegensatz deduktivistisch—induktivistisch keine erschöpfende Alternative mehr*. Die in Teil III im Anschluß an Hacking skizzierte *Stützungstheorie statistischer Hypothesen ist weder das eine noch das andere*. Der dort verwendete Schlüsselbegriff ist der Begriff der *Likelihood*. Dies ist einerseits *kein Begriff der deduktiven Logik*. Andererseits ist eine Likelihood, obzwar mit Hilfe des Begriffs der Wahrscheinlichkeit definierbar, *keine Wahrscheinlichkeit*.

Wie ich in Teil II, zu dem der Teil I *in dieser Hinsicht* eine Vorbereitung darstellt, zu zeigen versuchen werde, *stellt die Carnapsche Theorie einen adäquaten Ansatz für die Lösung einer Teilklasse der praktischen Nachfolgerprobleme zum Induktionsproblem dar*, *aber auch nur für diese Probleme*.

Diese These, zumindest die mit dem „aber" beginnende Einschränkung, entspricht zweifellos *nicht* CARNAPS ursprünglichem Selbstverständnis. Als er sich an den Aufbau seiner induktiven Logik machte, war er davon überzeugt, den Grundstein gelegt zu haben für die Lösung dessen, was ich oben als die theoretischen Nachfolgerprobleme zum Induktionsproblem bezeichnete, nämlich den Grundstein für eine *probabilistische Theorie der Hypothesenbestätigung*.

Der *positive* Teil der eben ausgesprochenen These beruht im wesentlichen auf einer einzigen Grundtatsache: *daß Entscheidungen unter Risiko auf induktivem Räsonieren basieren*, wenn man im Einklang mit der obigen Definition unter „induktiv" hier dasselbe versteht wie unter „probabilistisch". Da dieser positive Aspekt in Teil II ausführlich zur Sprache kommt, braucht hier nichts weiter darüber gesagt zu werden.

Dagegen will ich kurz die Gründe dafür anführen, die dagegen sprechen, in CARNAPS Theorie *außerdem* einen Lösungsansatz für theoretische Nachfolgerprobleme zum Induktionsproblem zu erblicken[81]:

---

[79] Diese Axiome werden für die abstrakte Variante der Wahrscheinlichkeitstheorie in Teil 0, Kap. A formuliert. Außerdem aber kommen sie in den Teilen I, II, III jedesmal in speziellen Interpretationen zur Sprache.

[80] Verschiedene mögliche Definitionen für den qualitativen und quantitativen Fall habe ich in [Induktion] auf S. 31—34 diskutiert.

[81] Technische Einzelheiten können hier leider nicht gebracht werden. Sie sind den Ausführungen im Band III vorbehalten. Hinweise dafür finden sich in meinem Aufsatz [Induktion] auf S. 54—62 sowie in den beiden folgenden Arbeiten von W. SALMON: "CARNAP's Inductive Logic", *The Journ. of Philos.*, Bd. 64 (1967), S. 725—739; und: "Partial Entailment as a Basis for Inductive Logic", in: N. RESCHER (Hrsg.), *Essays in Honor of* CARL G. HEMPEL, Dordrecht 1969, S. 47—82.

(**A**) Als Lösung für dieses Problem verstanden, stößt CARNAPS Projekt auf vier grundlegende Schwierigkeiten:

(1) Nach CARNAP hat die induktive Logik einen logischen Begriff zum Gegenstand: den Begriff der *partiellen logischen Folgerung*, der durch Abschwächung des Folgerungsbegriffs der deduktiven Logik gewonnen werden soll. CARNAPS Konstruktion beruht auf folgender Überlegung: Aus einem Satz A folgt logisch ein Satz B gdw der logische Spielraum von A ganz im logischen Spielraum von B eingeschlossen ist. Daher *folgt B partiell aus A* gdw sich die logischen Spielräume von A und B nur teilweise überdecken[82]. Es ist eine unmittelbare Konsequenz dieser Konstruktion, *daß der Gegenbegriff zum Begriff der logischen Folgerung der Begriff der logischen Unverträglichkeit ist;* denn genau in diesem letzten Fall schließen die logischen Spielräume zweier Sätze einander aus.

Diese Konsequenz zeigt, daß CARNAPS Konstruktion auf einer *Fehlintuition* beruhen muß. Denn die logische Unverträglichkeit ist selbst ein spezieller Fall von vollständiger logischer Abhängigkeit und kann sogar definitorisch auf den Begriff der logischen Folgerung zurückgeführt werden. Der Gegenbegriff zum logischen Folgerungsbegriff ist aber der Begriff der *vollständigen logischen Unabhängigkeit.* Für einen solchen Begriff ist in CARNAPS induktiver Logik überhaupt kein Raum. Ich habe diese Tatsache in [Induktion], S. 57, dadurch ausgedrückt, daß ich sagte, CARNAP baue eine *Quasi-Spinozistische Welt auf, in der es nur logische Abhängigkeiten zwischen beliebigen Ereignissen gibt.*

(2) Korrigiert man die Grundlage von CARNAPS Konstruktion in der Weise, daß man den Begriff der partiellen logischen Folgerung genau dann verwendet, wenn *weder* logische Folgerung *noch* vollständige logische Unabhängigkeit vorliegt, so läßt sich, wie Salmon zeigen konnte, beweisen, *daß nur die sog. Wittgenstein-Funktion* (die allen Zustandsbeschreibungen denselben Wert zuordnet), *ein adäquates Explikat für den Begriff der partiellen logischen Folgerung darstellt.* Diese Funktion wird jedoch von CARNAP selbst aus der Klasse der potentiellen Kandidaten für ‚induktive Bestätigungsfunktionen' ausgeschlossen, *weil sie jedes Lernen aus der Erfahrung unmöglich macht.*

CARNAPS System ist daher zwar nicht formal inkonsistent, aber in einem genau angebbaren Sinn *intuitiv inkonsistent: Die Deutung der Grundrelation seiner Theorie als partieller logischer Folgebeziehung ist logisch unvereinbar mit der Forderung des Lernens aus der Erfahrung.*

(3) CARNAPS Verfahren ist, vom intuitiven Standpunkt aus betrachtet, *zirkulär.* Um den Grad der partiellen logischen Folgerung zu bestimmen, der zwischen zwei Sätzen besteht, muß die Größe des Durchschnittes ihrer

---

[82] Vgl. dazu die Abbildung in R. CARNAP, *Induktive Logik und Wahrscheinlichkeit*, Wien, 2. Aufl. 1972, S. 156.

logischen Spielräume bestimmt werden. Diese Durchschnitte werden jedoch bei CARNAP nicht durch *Auszählung* — nämlich durch Auszählung der Anzahl der im Durchschnitt liegenden Zustandsbeschreibungen —, sondern *durch Messung mittels eines Wahrscheinlichkeitsmaßes* bestimmt. Der intuitive Zirkel besteht nun in folgendem: Einerseits soll der Begriff der partiellen logischen Folgerung ein Verständnis dessen liefern, was ‚induktive Wahrscheinlichkeit' heißt. Andererseits wird eben dieser induktive Wahrscheinlichkeitsbegriff benützt, um den Begriff der partiellen logischen Implikation zu bestimmen. *Carnaps Begriff der partiellen logischen Folge ist bereits ‚induktivistisch verfälscht'.*

Um aus dem Zirkel herauszukommen, müßte man sich auf denjenigen Fall beschränken, in welchem nur mehr die *absoluten Durchschnitte* — und nicht die mittels eines Wahrscheinlichkeitsmaßes *gemessenen* Durchschnitte — eine Rolle spielen. Diese Bedingung wird aber wiederum *nur* von der Wittgenstein-Funktion erfüllt, wodurch die in (2) geschilderte intuitive Inkonsistenz abermals entstünde (genauer gesprochen: sie entstünde selbst dann, wenn man den in (1) formulierten Einwand nicht akzeptiert).

(4) CARNAPS Methode scheint außerdem mit der Humeschen Feststellung in Konflikt zu geraten, daß man aus vergangenen Beobachtungen durch rein logische Analyse kein Zukunftswissen gewinnen kann. Die elementaren Aussagen seiner induktiven Logik haben die Gestalt $c(h, e) = r$, was in inhaltlicher Deutung besagt: Der Grad der Bestätigung von h relativ auf das Erfahrungsdatum e ist r. Richtige Aussagen von dieser Gestalt sind in seinem System aus der Definition der c-Funktion logisch folgende Aussagen, also *analytische metatheoretische Aussagen.* In jeder korrekten und prognostisch verwendbaren Anwendung (‚singulärer Voraussageschluß') ist e eine Gesamtheit von Feststellungen *über die Vergangenheit,* h eine Aussage *über die Zukunft.* Nach CARNAP soll die induktive Logik für die Lebensführung (als guide of life) dienen. Wie aber kann eine Aussage *e über die Vergangenheit* zusammen mit einer *analytischen Aussage* eine Information über eine Zukunftsaussage h liefern?

Der imaginäre Dialog zwischen HUME und CARNAP in [Induktion] hatte den Zweck, diese Schwierigkeit möglichst drastisch und anschaulich vor Augen zu führen.

(**B**) CARNAPS Theorie stößt auf drei technische Schwierigkeiten und Lücken:

(1) CARNAP gelangte nicht zur Auszeichnung einer *bestimmten c*-Funktion als der zu wählenden ‚induktiven Methode', sondern nur zur Konstruktion *eines ganzen Kontinuums* solcher Methoden. (Für eine Schilderung der technischen Einzelheiten vgl. Teil II, Abschnitt 13; zu diesem Kontinuum gelangt man auch bei entscheidungstheoretischer Umdeutung des Carnapschen Projektes.) Nun wäre aber das Problem, einen adäquaten

Bestätigungsbegriff zu definieren, erst dann gelöst, *wenn eine ganz bestimmte derartige Methode ausgezeichnet würde.* Ansonsten wird der Frage nach dem Grad der Bestätigung einer Hypothese aufgrund von Erfahrungsdaten ein *subjektives* — und das heißt hier: ein im Prinzip *willkürliches* — *Präferenzspiel vorgeschaltet*, in welchem die mit dem Bestätigungsproblem konfrontierte Person eine beliebige Bestätigungsfunktion aus dem Kontinuum auswählt.

(2) Naturgesetze haben für alle zu Carnaps Kontinuum gehörenden Funktionen relativ auf beliebige endliche Erfahrungen den *induktiven Bestätigungsgrad* 0. Dies entwertet seine Theorie als ein Mittel zur Beurteilung und Auszeichnung naturwissenschaftlicher Theorien aufgrund gemachter Erfahrungen.

(3) In Carnaps System gibt es keine Annahme- und Verwerfungsregeln. Es ist aber nicht erkennbar, wie ohne derartige Regeln ein wissenschaftlicher Umgang mit Hypothesen möglich sein soll: Ein Naturforscher muß ungeachtet der Nichtverifizierbarkeit aller Naturgesetze doch imstande sein zu sagen, welche Gesetze er provisorisch (vorläufig) akzeptieren will, um sie für Erklärungs- und Voraussagezwecke zu benützen.

(**C**) Carnaps Bemerkungen über den logischen Status der Axiome seiner induktiven Logik sind unverständlich[83]. Diese Axiome sollen weder deduktiv noch induktiv zu rechtfertigen sein; sie sollen aber außerdem weder empirische noch apriorische synthetische Prinzipien darstellen. (Aus diesem Grunde habe ich in [Induktion], S. 68, Carnaps Charakterisierung der logischen Natur seiner Axiome mit den Beschreibungen Gottes in der *Negativen Theologie* verglichen.)

(**D**) Carnap hat nicht nur, wie in (**B**) (3) festgestellt, keine Annahme- und Verwerfungsregeln angegeben, er hat solche sogar explizit abgelehnt[84]. Dies bildet eine indirekte Stütze dafür, daß Carnaps Theorie nicht *auch* entscheidungstheoretisch gedeutet werden *kann*, sondern daß sie entscheidungstheoretisch gedeutet werden *muß*. Denn bei Entscheidungen unter Risiko wäre es, wie in den Teilen I und II dieses Bandes klar werden wird, widersinnig, Hypothesen über die Zukunft zu akzeptieren oder zu verwerfen.

(**E**) Eine weitere indirekte Stütze für die Umdeutung kann man darin erblicken, daß sich die Quellen für Carnaps Irrtümer im einzelnen zurückverfolgen lassen (vgl. [Induktion], S. 58f.).

---

[83] Für das Folgende vgl. P.A. Schilpp, *The Philosophy of Rudolf Carnap*, La Salle-London 1963, S. 978ff. Die eben geschilderte Schwierigkeit ist auch bemerkt worden von L. Krauth in seinem Buch: *Die Philosophie Carnaps*, Wien-New York 1970, S. 179.

[84] Am deutlichsten hat sich Carnap diesbezüglich im Schilpp-Band auf S. 972f. geäußert.

Es soll jetzt kurz angedeutet werden, warum die in (**A**) bis (**C**) genannten Schwierigkeiten wegfallen, wenn man CARNAPS Projekt entscheidungstheoretisch interpretiert.

Die Schwierigkeiten (**A**) (1) bis (3) würden allerdings bereits bei der Interpretation von CARNAPS Theorie *als einer Theorie der Bestätigung*, welche das theoretische Nachfolgerproblem zum Induktionsproblem lösen sollte, wegfallen, wenn man den Anspruch preisgibt, daß es sich bei dieser Theorie um eine Theorie der partiellen logischen Folge handelt.

Der Ausdruck „Induktive Logik" ist dann allerdings irreführend. CARNAP hat diese Wendung ja nicht im Sinn von „Logik des induktiven Räsonierens" (also etwa in Analogie zu Wendungen wie „Logik der Erklärung") verstanden, sondern hat diese Bezeichnung gewählt, weil diese Theorie *einen logischen Begriff zum Gegenstand haben sollte*, nämlich den Begriff der partiellen logischen Implikation.

Die Schwierigkeit (**A**) (4) fällt deshalb fort, weil die Aussagen von CARNAPS Theorie keine theoretischen Behauptungen mehr darstellen, mit denen der Anspruch verknüpft ist, ein Wissen über Künftiges zu liefern, sondern zu *Normen* werden, gegen die ein rational Handelnder nicht verstoßen sollte (‚*negative* Normativitätswälle'). Auch die Schwierigkeit (**C**) wird dadurch behoben. Der Eindruck eines Widerspruches in CARNAPS Charakterisierung seiner Axiome entsteht nur dann, wenn man von der falschen *logischen Oberhypothese* ausgeht, es handle sich dabei um *deskriptiv-theoretische* Aussagen. Nun aber verwandeln sich diese Axiome aus theoretischen Aussagen in *normative Rationalitätskriterien.* Die Behebung der Schwierigkeit (**B**) (1) ist völlig analog zur Beseitigung der Schwierigkeit (**A**) (4): CARNAPS Theorie beansprucht in entscheidungstheoretischer Umdeutung nicht mehr, den Bestätigungsgrad von Hypothesen zu ermitteln — in welchem Fall man *eine ganz bestimmte* Bestätigungsfunktion ausgezeichnet haben müßte —, sondern *Normen* anzugeben, *an die sich ein rational Handelnder bei seinen subjektiv-probabilistischen Überlegungen zu halten hat.* Diese Normen schränken den Freiheitsspielraum seiner Entscheidungen ein, *aber sie beseitigen ihn nicht.* Die Festlegung auf eine einzige Bestätigungsfunktion würde demgegenüber die durchaus *unerwünschte* Konsequenz haben, *die Menschen in ‚induktive Automaten' zu verwandeln*, die in jeder Situation ihre probabilistischen Lagebeurteilungen im Einklang mit der ‚einzig wahren *c*-Funktion' vorzunehmen hätten. Die Schwierigkeit (**B**) (2) ist dem Carnapschen Ansatz als solchem nicht inhärent. Wie HINTIKKA zeigen konnte[85], läßt sich das Carnapsche Kontinuum in ein zweidimensionales Kontinuum ausweiten, worin *c*-Funktionen vorkommen, die positive Bestätigungsgrade für Naturgesetze relativ zu endlichen Erfahrungsdaten liefern. Vom ent-

[85] Vgl. vor allem JAAKKO HINTIKKA, "A Two-dimensional Continuum of Inductive Methods", in: J. HINTIKKA und P. SUPPES, *Aspects of Inductive Logic*, Amsterdam 1966, S. 113—132.

scheidungstheoretischen Standpunkt aber ist die sog. Nullbestätigung von Naturgesetzen gar kein unplausibles Resultat: die Unsicherheit in praktischen Entscheidungssituationen betrifft immer *künftige Einzelereignisse*, von denen wir einmal wissen werden, ob sie eingetreten sind oder nicht. Da wir hingegen für keine Gesetzeshypothese jemals den Wahrheitswert werden feststellen können, käme das ‚Wetten auf Naturgesetze' einem ‚Wetten gegen einen allwissenden Geist' gleich; und eine solche Wette wäre nur solange rational, als man dabei kein Risiko eingeht, d. h. nur bei einem Wettquotienten 0. Daß schließlich (**B**) (3) bei entscheidungstheoretischer Umdeutung keine Schwierigkeit darstellt, ist bereits unter (**D**) erwähnt worden.

Die Bemerkungen des letzten Absatzes sollen und können nicht mehr bilden als vorläufige Andeutungen. Auf ‚höherer Ebene' werden diese Punkte nochmals in Teil II, Abschnitt 17 zur Sprache kommen, nachdem das Carnapsche System in der modelltheoretisch präzisierten Spätfassung als bekannt vorausgesetzt werden darf.

Die obige Gegenüberstellung zwischen theoretischen und praktischen Nachfolgerproblemen zum Induktionsproblem war ebenso wie in [Induktion] allerdings aus zwei Gründen *zu schematisch*. Erstens nämlich können die subjektiv-probabilistischen Überlegungen, auf denen die Entscheidungen in Risikosituationen beruhen, ‚für sich' betrachtet werden, sozusagen als ‚theoretische Vorgeschichte' einer praktischen Aktivität. Zweitens aber, und dies ist der weitaus wichtigere Punkt, sind in der Regel Überlegungen, welche die Lösung theoretischer Nachfolgerprobleme zum Induktionsproblem betreffen, *von Relevanz für* die subjektiv-probabilistischen Erwägungen bei Entscheidungen unter Risiko. Solche Erwägungen werden niemals auf der ‚absoluten Nullpunktbasis' errichtet, sondern auf der Basis eines *Hintergrundwissens*, in welchem sich gut bestätigte und akzeptierte Hypothesen angesammelt haben. Hier muß man sich nur vor einer Verwechslung hüten: *Die Tatsache, daß solches background knowledge den theoretischen Rahmen für subjektiv-probabilistische Überlegungen absteckt, impliziert natürlich nicht, daß es selbst auf dem Wege über probabilistische Beurteilungen zustande kam!*

Ich hoffe, durch diese paar Andeutungen sowie durch die späteren genaueren Ausführungen etwas dazu beizutragen, daß die Philosophie aus dem Teufelskreis des ‚Nachdenkens über die Induktion' herauskommt. Denn die Probleme, die hier auftraten und für deren Lösung soviel unsägliche Mühe und Energie aufgewendet wurden, sind durch etwas entstanden, was Bischof George Berkeley mit seinem unübertrefflichen, wenn auch für einen ganz anderen Zweck erdachten Aphorismus trifft: "That we have first raised a dust, and then complain, we cannot see."[86]

[86] George Berkeley, *The Principles of Human Knowledge*, 1710, Nachdruck London 1949, S. 6.

5. Überblick über den Inhalt des ersten Halbbandes

Teil 0 enthält eine in sich selbständige Einführung in die moderne Wahrscheinlichkeitstheorie und Statistik. Dabei wird der *logische Gesichtspunkt* in den Vordergrund gerückt. Die Darstellung ist in dem Sinne *abstrakt*, als von den möglichen Interpretationen des Wahrscheinlichkeitsbegriffs, die in den späteren Teilen zur Sprache kommen, abgesehen wird. Nur im Rahmen des intuitiven Zuganges werden diese Interpretationen zur Erleichterung des Verständnisses erwähnt. Im übrigen wird der Wahrscheinlichkeitsbegriff allein durch die Forderung festgelegt, daß die *Kolmogoroff-Axiome* — benannt nach dem russischen Mathematiker, der diese Axiome erstmals präzise formulierte — von ihm gelten sollen. Es wird in diesem Teil 0 also nur der sog. *Wahrscheinlichkeitskalkül* behandelt.

In **Kapitel A** werden diese Axiome formuliert. Dabei wird die modernere und elegantere Methode des Explizitprädikates gewählt, nach der die Axiomatisierung einer Theorie in der Einführung eines mengentheoretischen Prädikates besteht. In unserem Fall handelt es sich um die explizite Definition des Begriffs des *Wahrscheinlichkeitsraumes*. Zwei Arten von Wahrscheinlichkeitsräumen werden unterschieden: *endlich additive* und *σ-additive*. In den vorangehenden Abschnitten werden die dafür benötigten logischen und metatheoretischen Begriffe definiert sowie die den beiden Arten von Wahrscheinlichkeitsräumen entsprechenden zwei Arten von Ereigniskörpern definitorisch eingeführt. Ebenso werden zwei weitere Grundbegriffe definiert: der Begriff der *bedingten Wahrscheinlichkeit* sowie der Begriff der *stochastischen Unabhängigkeit*. An wichtigen Theoremen wird das allgemeine Multiplikationsprinzip sowie die Regel von Bayes-Laplace bewiesen.

Eine Kenntnis des Inhaltes dieses grundlegenden Teiles ist für das Verständnis der späteren Teile zwar nicht unbedingt erforderlich, aber wünschenswert.

In **Kapitel B** werden *die wichtigsten Begriffe der Statistik* eingeführt, und zwar mit Beschränkung auf den diskreten Fall, der sich ohne die Hilfsmittel der höheren Mathematik behandeln läßt. Besondere Sorgfalt wird hier darauf gelegt, ein klares Verständnis der drei wichtigen Begriffe der *Zufallsfunktionen* (häufig auch stochastische Variable genannt), der *Wahrscheinlichkeitsverteilungen* und der *kumulativen Verteilungen* zu vermitteln. Am Beispiel einiger häufig benützter diskreter Verteilungen, darunter vor allem der Binomialverteilung oder der Bernoulli-Verteilung, erhalten diese abstrakten Begriffe konkrete Veranschaulichungen.

Ebenso wird hier eine weitere wichtige Klasse statistischer Begriffe eingeführt: der Begriff *Erwartungswert* sowie die verschiedenen Begriffe von *Momenten*. Das Kapitel schließt mit einem Beweis des *Theorems von Tschebyscheff* und des daraus herleitbaren *schwachen Gesetzes der großen Zahlen*, das mit dem *Gesetz der großen Zahlen* verglichen wird.

In **Kapitel C** wird das, was im vorangehenden Kapitel für den diskreten Fall skizziert wurde, auf den kontinuierlichen Fall ausgedehnt. Zwecks leichterer Verständlichkeit wurden in einem einleitenden Abschnitt die dabei benötigten *wichtigsten Begriffe der Analysis* (allerdings unter Beschränkung auf den einstelligen Fall) definiert. An die Stelle der Wahrscheinlichkeitsverteilungen des diskreten Falles treten jetzt *Wahrscheinlichkeitsdichten*, die keiner unmittelbar probabilistischen Deutung fähig sind. Im übrigen läßt sich der Begriffsapparat des diskreten Falles übernehmen, natürlich mit den durch die Benützung der Kontinuumsmathematik erzwungenen Modifikationen. Unter den Anwendungsfällen des Begriffs der Verteilung wird vor allem die *Normalverteilung* oder *Gauß-Verteilung* genauer behandelt, da diese Verteilung von fundamentaler Bedeutung für die gesamte Statistik ist. Besonders eindrucksvoll illustriert der *Zentrale Grenzwertsatz* die Wichtigkeit dieser Verteilung.

Das **Kapitel D** enthält eine knappe *Einführung in die Maß- und Integrationstheorie*. Dieses Kapitel dient einem doppelten Zweck: Erstens soll es dem Leser den Einstieg in dieses schwierige mathematische Gebiet erleichtern. Zweitens soll es dazu beitragen, eine Verständnislücke zu schließen, die erfahrungsgemäß entsteht, wenn die Wahrscheinlichkeitstheorie anhand eines Statistiklehrbuches studiert wird: Der Leser versteht zunächst nicht, ‚wozu man die Maßtheorie überhaupt braucht', da doch anscheinend alles mit den Mitteln der herkömmlichen Mathematik, insbesondere mit den Mitteln der Standardanalysis, bewältigt werden kann.

In den ersten drei Abschnitten dieses Kapitels wird von den wahrscheinlichkeitstheoretischen Anwendungen weitgehend abstrahiert. Es kommt hier vor allem darauf an, ein Verständnis für die folgenden sechs Begriffe zu vermitteln: den abstrakten Begriff des *Maßes*, den Begriff der *Borel-Menge* und des *Lebesgueschen Maßes*, den Begriff der *meßbaren Funktion*, des *Bildmaßes* sowie den allgemeinen *Integralbegriff*. Der Begriff *das Integral von*, symbolisch $\int$, wird als dreistellige Funktion gedeutet, deren drei Argumentbe. reiche bestehen aus: Maßen, meßbaren Mengen und meßbaren Funktionen-

Der letzte Abschnitt enthält die wahrscheinlichkeitstheoretischen Spezialisierungen dieses Begriffsapparates. Zum Unterschied von den vorangehenden Kapiteln mußte hier in Bezug auf die angeführten Theoreme (z.B. den Satz von Radon-Nykodym und den Satz von Fubini) auf Beweise verzichtet werden. An allen Stellen dieses Teiles 0 jedoch, an denen die Beweise nur skizziert werden konnten oder aus Raumgründen gänzlich unterlassen bleiben mußten, finden sich hinreichende Angaben aus der modernen Literatur, die der Leser heranziehen kann, um die hier fehlenden beweistechnischen Details nachzutragen.

Teil 1 enthält *eine systematische Darstellung der Entscheidungslogik*. Dieser Teil dient noch einem weiteren Zweck: Dadurch, daß er dem Carnap-Teil vorangestellt wird, liefert er eine Vorbereitung für die dann zwanglose *entscheidungstheoretische Uminterpretation* des Carnapschen Projektes einer induktiven Logik.

In den einleitenden Abschnitten wird zunächst der Begriffsapparat bereitgestellt, auf den die Entscheidungstheorie stets zurückgreift: die *Konsequenzenmatrix*, deren Elemente (die möglichen *Resultate*) festliegen, sobald die *möglichen Umstände* und die *möglichen Handlungen* bekannt sind; ferner die *Nützlichkeitsmatrix*, die sich aus der Konsequenzenmatrix gewinnen läßt, sobald die für alle möglichen Resultate erklärte *subjektive Nutzenfunktion* bekannt ist; und schließlich die handlungsunabhängige oder handlungsabhängige *Wahrscheinlichkeitsmatrix*, die mit der subjektiven Wahrscheinlichkeitsbeurteilung der Umstände bzw. der möglichen Resultate gegeben ist. Bereits auf der Grundlage dieses elementaren Begriffsgerüstes läßt sich *die rationale Entscheidungsregel von Bayes* formulieren.

Es wird scharf unterschieden zwischen *deskriptiver* und *normativer Entscheidungstheorie*. Der ersteren geht es um hypothetische Entwürfe von Regelmäßigkeiten tatsächlichen menschlichen Handelns. Der letzteren geht es darum, *Regeln für rationale Entscheidungen* aufzustellen. Die Entscheidungslogik beschäftigt sich nur mit diesem *normativen* Aspekt. Zwecks klarerer terminologischer Grenzziehung wird der Wahrscheinlichkeitsbegriff der deskriptiven Entscheidungstheorie als *subjektive Wahrscheinlichkeit*, der Wahrscheinlichkeitsbegriff der normativen Entscheidungstheorie als *personelle Wahrscheinlichkeit* bezeichnet. Die Gültigkeit der Kolmogoroff-Axiome für den Begriff der personellen Wahrscheinlichkeit bildet keine Selbstverständlichkeit, sondern bedarf der Rechtfertigung. In Abschnitt 4 wird das Rechtfertigungsverfahren für einen Spezialfall des allgemeinen Additionstheorems geschildert. Das detaillierte Rechtfertigungsverfahren wird auf den Carnap-Teil verschoben, da erst dort der formale Begriffsapparat für die Präzisierung der dabei benützten einschlägigen Begriffe zur Verfügung gestellt wird.

Im Rahmen der intuitiven Vorbetrachtungen werden einige Ergebnisse geschildert, die schon Ramsey gewonnen hatte und die dann später unabhängig durch v. Neumann-Morgenstern wiederentdeckt worden sind. Zunächst wird gezeigt, wie unter der Voraussetzung der sog. Handlungsindifferenz — d.h. der Gleichwertigkeit von Handlungen gemäß der Regel von Bayes — die Wahrscheinlichkeitsmatrix aus der gegebenen Nützlichkeitsmatrix und umgekehrt die Nützlichkeitsmatrix aus der gegebenen Wahrscheinlichkeitsmatrix abgeleitet werden kann. Es wird dann gezeigt, wie man sich von der gewöhnlich nicht gegebenen Voraussetzung der Handlungsindifferenz durch den Kunstgriff befreien kann, *ein geeignetes Glücksspiel als Handlung zu wählen* und dadurch die Indifferenzsituation künstlich zu erzeugen.

Die *einheitliche Theorie von* JEFFREY wird in Abschnitt 7 dieses Teiles geschildert. Zum Unterschied des Vorgehens von JEFFREY selbst wird diese Theorie streng systematisch dargestellt, in der Annahme, daß dadurch deren logische Struktur deutlicher zutage tritt. Auf Illustrationsbeispiele wurde verzichtet, da der Leser solche in großer Fülle im Werk von JEFFREY findet.

In den üblichen Darstellungen der Entscheidungstheorie wird ebenso wie in den ersten sechs Abschnitten von Teil 1 mit *drei Arten von Entitäten* gearbeitet: Weltumständen, Handlungen und Konsequenzen. Die Theorie von JEFFREY ist demgegenüber insofern *einheitlich*, als diese Entitäten auf einen einzigen Typus reduziert werden, nämlich auf *Propositionen*.

Die logische Basis der Theorie bildet der *normative Entscheidungskalkül*, welcher aus dem durch ein Nutzenpostulat erweiterten Wahrscheinlichkeitskalkül besteht. Hinzu treten zwei Axiome, durch welche die *Präferenzordnung* zwischen Propositionen als einfache Ordnung charakterisiert wird.

Die Weiterführung der Theorie beruht auf vier Voraussetzungen, welche *die vier Fundamentalbedingungen* genannt werden. Eine *Wahrscheinlichkeitsfunktion* p erfüllt zusammen mit einer *Nutzenfunktion* nu die *rationale Präferenzbedingung* bezüglich einer Präferenzordnung, wenn erstens die Nutzenfunktion nu in einem genau präzisierten Sinn mit der vorgegebenen Präferenzordnung im Einklang steht und zweitens die beiden Funktionen p und nu zusammen die Axiome des normativen Entscheidungskalküls erfüllen. Von den Propositionen wird verlangt, daß sie einen Mengenkörper bilden. Die *Körperbedingung* besteht in der Forderung, daß der Definitionsbereich von p mit diesem Körper und der Definitionsbereich von nu mit derjenigen Menge identisch ist, die aus diesem Körper durch Wegnahme der unmöglichen Propositionen entsteht. Eine Proposition heißt *gut*, wenn sie in der Präferenzordnung an höherer Stelle steht als die Tautologie t, *neutral*, wenn sie mit der Tautologie gleichwertig ist, und *schlecht*, wenn sie niedriger eingestuft ist als die Tautologie. Die *Gütebedingung* verlangt, daß es mindestens eine gute Proposition G gibt, deren Negation schlecht ist. Für eine bestimmte ausgezeichnete Proposition G wird der Nutzwert $nu(G)$ gleich 1 gesetzt, während der Nutzwert der Tautologie mit 0 angesetzt wird. Zwei Propositionen, welche in der Präferenzordnung ‚dieselbe Stelle einnehmen', heißen gleichrangig. Eine sehr wichtige vierte Bedingung ist die *Zerlegbarkeitsbedingung*, die für jede nichtneutrale Proposition X gilt, deren Negation ebenfalls nichtneutral ist. Es wird darin verlangt, daß es zwei miteinander logisch unverträgliche gleichrangige Propositionen — die sog. *Zerlegungsglieder von* X — gibt, deren Negationen ebenfalls gleichrangig sind, so daß die Adjunktion dieser Propositionen logisch äquivalent ist mit X. Für diese scheinbar recht künstliche Bedingung läßt sich eine intuitiv befriedigende Veranschaulichung geben. Diese Bedingung ist nämlich für ein Subjekt stets erfüllt, wenn dieses der Überzeugung ist, Vorrichtungen mit gleichwahrscheinlichen und gleichrangigen Ausgängen zu kennen.

Es läßt sich beweisen, daß die beiden Zerlegungsglieder einer Proposition denselben Nutzwert, jedoch die halbe Wahrscheinlichkeit dieser Proposition besitzen. Außerdem läßt sich das Zerlegungsverfahren beliebig oft iterieren.

Aufgrund dieser Bestimmungen gelangt man zu Resultaten, wonach in gewissen Fällen die *Wahrscheinlichkeiten*, in anderen Fällen die *Wahrscheinlichkeitsverhältnisse* zweier Propositionen durch die Präferenzordnung festgelegt sind. Diese Zwischenresultate sind von Wichtigkeit für die Beantwortung der Frage der Metrisierung. Genauer geht es um das folgende Problem: Wenn eine qualitative Präferenzordnung gegeben ist, inwieweit sind dann zwei Funktionen p und nu bestimmt, welche bezüglich dieser Ordnung die rationale Präferenzbedingung erfüllen? Das sog. *Eindeutigkeitsproblem* ist gelöst, wenn angegeben werden kann, bis auf welche Transformationen die beiden Funktionen eindeutig bestimmt sind. Damit ist auch der Skalentyp angegeben. Die Lösung haben für den vorliegenden Fall unabhängig voneinander Kurt Gödel und Ethan Bolker entdeckt. Die resultierende Skala ist nicht vom üblichen Typ. Der ausführliche Beweis des Eindeutigkeitstheorems wird in 7.e geliefert. Zur Erleichterung des Verständnisses dieses etwas schwierigen Beweises wurde die Argumentation in übersichtlichere gedankliche Schritte zerlegt.

Der effektiven Auffindung zweier Funktionen, welche bezüglich einer vorgegebenen Präferenzrelation die rationale Präferenzbedingung erfüllen, ist der letzte Unterabschnitt 7.g gewidmet. Das Problem wird als das *Metrisierungsproblem* bezeichnet. Leider muß bei seiner Lösung eine unschöne Komplikation in Kauf genommen werden: Bolker und Jeffrey, auf welche dieser Lösungsansatz zurückgeht, haben anscheinend übersehen, daß man *bei diesem Verfahren* eine zusätzliche Konvergenzbedingung fordern muß, um zwei voneinander unabhängige Grenzoperationen nacheinander ausführen zu können. Auch für diesen Beweis wird wesentlich von der beliebigen Iterierbarkeit des Zerlegungsverfahrens für Propositionen Gebrauch gemacht.

Teil 2 enthält eine Rekonstruktion von Carnaps induktiver Logik in der von mir vorgeschlagenen entscheidungstheoretischen Uminterpretation. Sie beruht ausschließlich auf der bislang nur zum Teil veröffentlichten Spätfassung des Carnapschen Werkes. Das wesentlich Neue ist darin das *modelltheoretische Verfahren*, welches an die Stelle des früheren linguistischen Vorgehens tritt: Statt auf formale Objektsprachen bezieht sich Carnap darin auf *rein begriffliche Systeme*, bestehend aus Individuen, Attributen und Modellen.

Der Ausdruck „Rekonstruktion“ soll nicht mißverstanden werden. Er schließt diesmal nicht den Gedanken an eine formale Präzisierung ein. So etwas zu versuchen, wäre angesichts des Präzisionsgrades des Carnapschen Werkes Vermessenheit. Gemeint ist vielmehr die *entscheidungstheoretische Re-Interpretation* der Carnapschen Theorie. Sie findet ihren Niederschlag hauptsächlich in der andersartigen Anordnung der Materie sowie in Akzentuierungen. Im übrigen werden keine inhaltlichen Eingriffe in CARNAPS Gedankengebäude gemacht. Wer daher glaubt, trotz meiner im vorigen Abschnitt sowie in [Induktion] ausgedrückten Bedenken den Gedanken einer *Induktiven Logik* oder einer *Probabilistischen Theorie der Bestätigung von Hypothesen* weiterverfolgen zu sollen, kann sich an dieser Darstellung orientieren. Die unter diesem Aspekt weiterführende neuere Literatur ist allerdings nur in der Bibliographie angeführt und findet im Text keine Berücksichtigung.

In *einer* wichtigen technischen Hinsicht weicht die Darstellung allerdings von der Carnapschen ab. Diese Abweichung verfolgt den Zweck, die Darstellung lesbarer und damit einem größeren Kreis von Interessenten zugänglich zu machen. Es handelt sich kurz um folgendes: In der zweiten Hälfte seines *Basic-System* benützt CARNAP hauptsächlich nicht Funktionen, die Propositionen als Argumente haben, sondern *numerische* Funktionen und dementsprechend eine Reihe von Abkürzungen für numerische Begriffe. Die Darstellung wird dadurch zwar vereinfacht, jedoch wie mir scheint, nur in einem objektiven Sinn[87], nicht jedoch in einem psychologischen Sinn. Diese späteren Teile der Carnapschen Theorie kann man nur lesen, wenn man vorher die ‚numerische Stenographie' CARNAPS auswendig gelernt hat. Diese zusätzliche Mühe wollte ich dem Leser ersparen.

Den Ausgangspunkt der Überlegungen bildet wieder derselbe *entscheidungstheoretische Rahmen*, der bereits in Teil I benützt worden ist. Der Grundbegriff, von dem CARNAP hier ausgeht und den er später in einer wichtigen Hinsicht modifiziert, ist der Begriff der *Glaubens-* oder *Credence-Funktion Cr*, die dazu dient, den Grad anzugeben, mit dem eine rationale Person zu einer bestimmten Zeit an eine Proposition glaubt. Eine solche Funktion muß als vorliegend angenommen werden, wenn die Person *Entscheidungen unter Risiko* zu treffen hat. Denn dann sind ihr nur die *subjektiven Wahrscheinlichkeiten* des Eintreffens bestimmter Umstände bzw. bestimmter Folgen ihres Handelns gegeben.

Es geht darum, gewisse *Normen zu begründen*, die jede rationale Person in ihren Überlegungen bei Entscheidungen unter Risiko befolgen muß. Zu den grundsätzlichsten Normen gehören die *Axiome der Wahrscheinlichkeitstheorie* — allerdings zunächst ohne das Prinzip der σ-Additivität. Die Rechtfertigung erfolgt ebenso wie in der personalistischen Wahrscheinlichkeitstheorie durch *Zurückführung auf die Forderung der Kohärenz*. Dies bedeutet: Die personelle Wahrscheinlichkeit wird als *Wettquotient* interpre-

[87] Gemeint ist: Die Formeln und damit auch die Lehrsätze werden kürzer, da sie weniger Symbole enthalten.

tiert. Eine Glaubensfunktion wird inkohärent genannt, wenn es ein System von Wetten gibt, so daß die mittels dieser Glaubensfunktion errechneten Wettquotienten *mit Notwendigkeit zu einem Verlust führen*, gleichgültig, was sich ereignen wird. Es ist offenbar unvernünftig, solche Wettsysteme zu akzeptieren. Dann aber, so läßt sich beweisen, *müssen die Axiome der Wahrscheinlichkeitstheorie gelten*. Wird es, in Verschärfung dieses Gedankens, auch als unvernünftig angesehen, Systeme von Wetten abzuschließen, bei denen Gewinn unmöglich, Verlust jedoch möglich ist, so läßt sich zusätzlich das sog. *Regularitätsaxiom* begründen.

An diesem Punkt beginnt *eine sehr grundlegende Meinungsdifferenz zwischen* CARNAP *und den personalistischen Wahrscheinlichkeitstheoretikern*, die übrigens zeigt, daß nicht die ‚Popperianer' — mit deren Auffassungen diese Theorie nach dem früher Gesagten überhaupt keine Berührungspunkte hat —, sondern die ‚Personalisten' die eigentlichen wissenschaftstheoretischen Gegner CARNAPs sind: Während sich die personalistischen Wahrscheinlichkeitstheoretiker mit diesen Minimalforderungen an Rationalität begnügen, lassen sich nach CARNAP *zwingende Gründe* dafür anführen, daß man nach *weiteren Rationalitätskriterien* suchen muß. Es gibt nämlich zahllose Glaubensfunktionen, die zu gänzlich unvernünftigen Entscheidungen führen würden, obwohl sie allen wahrscheinlichkeitstheoretischen Axiomen sowie dem Regularitätsaxiom genügen.

Damit die Suche nach weiteren Rationalitätskriterien auch erfolgreich wird, muß man von der Analyse der auf einen festen Zeitpunkt bezogenen manifesten Glaubensfunktion einer rationalen Person übergehen zu einer tieferliegenden Struktur: der Funktion Cred (für *Credibility* = Glaubhaftigkeit), welche eine nichtmanifeste *permanente Disposition* dieser Person beschreibt. Dieser Übergang läßt sich durch ein moralphilosophisches Analogon verdeutlichen: Um die Moralität zweier Personen zu beurteilen, genügt es nicht, ihr tatsächliches Verhalten zu betrachten. Man kann es ja z.B. nicht einer Person als Verdienst anrechnen, niemals in so schwierige Konfliktsituationen geraten zu sein wie eine andere und sich deshalb ‚besser' verhalten zu haben. Man muß, wenn man nicht zu oberflächlichen moralischen Werturteilen gelangen will, die ‚moralischen Charaktere' oder die Moralität der Personen beurteilen.

Mit der Rationalität verhält es sich analog wie mit der Moralität: Nicht die faktischen Überzeugungen, die durch die Funktion *Cr* widergespiegelt werden, sind ausschlaggebend, sondern die Disposition, bei solchen und solchen *möglichen* Gelegenheiten Überzeugungen zu bilden, also die Funktion *Cred.* Würde es CARNAP um die deskriptive Entscheidungstheorie gehen, so würde es beim heutigen Wissensstand kaum möglich sein, über diese dispositionelle Struktur viel auszusagen, das zugleich richtig und wichtig ist. Doch da es CARNAP nur darum geht, *zusätzliche Rationalitäts-*

kriterien zu gewinnen, ist es zulässig, von idealisierenden Annahmen über die rationale Person und ihre Funktion *Cred* auszugehen.

An dieser Stelle hat CARNAP einen genialen Einfall: Er ersetzt die bislang statische durch eine *dynamische Betrachtungsweise*, wobei er die erforderlichen Idealisierungen in der Weise durchsichtiger zu machen versucht, daß er die Person durch einen Computer ersetzt. Der Computer hat eine diskrete Folge von Glaubensfunktionen; er besitzt ein perfektes Gedächtnis und speichert alle Erfahrungen; der Übergang von einer Glaubensfunktion Cr_i zu der im nächsten Zeitpunkt geltenden Glaubensfunktion Cr_{i+1} hängt in einem präzisierbaren Sinn nur von den zwischenzeitlich gemachten Erfahrungen ab. Es läßt sich zeigen, daß man für jede Proposition E und für jede natürliche Zahl i den Wert von $Cr_i(E)$ berechnen kann, wenn die *bedingte ‚Ausgangsglaubensfunktion'* bekannt ist, die daher mit der Funktion *Cred* identifiziert werden darf.

Der Übergang von diesen entscheidungstheoretischen Betrachtungen zur abstrakten Wahrscheinlichkeitstheorie bzw. besser: *zur abstrakten Form der normativen Theorie des induktiven Räsonierens* entsteht dadurch, daß die Funktion *Cred* durch die zweistellige Funktion C für bedingte Wahrscheinlichkeit ersetzt wird. Diese Funktion wird als Mengenfunktion aufgefaßt und trotzdem so interpretiert, daß „$C(H,E)$" gelesen werden kann als: „der Grad, in dem eine rationale Person an H bei gegebenem Datum E glaubt".

CARNAP hat diese doppelte Deutung durch einen höchst interessanten technischen Kunstgriff ermöglicht: Er wählt als Ausgangspunkt *Modelle* (also etwas, das bei linguistischem Vorgehen Interpretationen von Sprachen liefern würde), repräsentiert diese Modelle durch numerische Modellfunktionen *und wählt diese Funktionen als Punkte des Möglichkeitsraumes*. Dadurch wird nicht nur der Ausdrucksreichtum seiner Systeme beträchtlich erweitert. *Es wird durch dieses Vorgehen außerdem in zwangloser Weise die Tarski-Semantik mit der modernen Maßtheorie verknüpft*, und der technische Apparat der letzteren kann voll ausgewertet werden[88].

Die mittels der Funktion *Cred* gerechtfertigten weiteren Axiome zerfallen in vier große Klassen: in *Symmetrie-Axiome*, welche die gleiche Behandlung isomorpher Propositionen verlangen; in *Invarianzaxiome*, wonach der Wert von $C(H,E)$ unabhängig sein muß von Existenz, Anzahl

---

[88] Bei den früheren Darstellungen bestand stets die Schwierigkeit, daß in einer ‚logischen' Theorie der Wahrscheinlichkeit *Sätze* die Argumente des Wahrscheinlichkeitsmaßes bilden sollten, während die Theorie von KOLMOGOROFF *Mengen* als Argumente wählte. Auf diese Schwierigkeit hat schon POPPER in seiner *Logik der Forschung* hingewiesen. Für die modelltheoretische Variante von CARNAPs System besteht diese Schwierigkeit nicht mehr, weil CARNAP als Argumente *Propositionen* wählt und diese Propositionen bei dem eben angedeuteten Konstruktionsverfahren *selbst Mengen sind.*

und Beschaffenheit der in E und H nicht erwähnten Objekte und Attribute; das *Prinzip der Relevanz*, welches als Explikat für den Begriff des vernünftigen Lernens aus der Erfahrung gedacht ist; und zwei *Limes-Axiome.*

Die Aufgliederung der Axiome in Teilklassen hat den praktischen Vorteil, daß die Gründe, welche für oder gegen die Aufnahme weiterer Axiome sprechen, unabhängig voneinander diskutiert werden können.

In einer wichtigen Hinsicht enthält CARNAPS neues System eine *Liberalisierung* seiner früheren Ansichten: Es wird *kein Axiom* aufgenommen, *welches die Beschränkung der C-Funktionen auf das sog. λ-Kontinuum erzwingt.* Die λ-Familie ist nur mehr *eine* mögliche Klasse zulässiger C-Funktionen.

Motiviert wurde diese Liberalisierung hauptsächlich durch CARNAPS *Studium von Attributräumen.* Mit Hilfe von topologischen und maßtheoretischen Mitteln versucht er hier, zu vernünftigen Metrisierungen von Attributweiten sowie von Attributabständen zu gelangen.

Interessant ist vor allem ein neuer philosophischer Aspekt: Apriori-Zusammenhänge werden nicht mehr wie früher nur durch *Analytizitätspostulate* ausgedrückt, sondern durch bestimmte Arten von synthetischen Propositionen a priori, die CARNAP *phänomenologische Grundpostulate* nennt. Sogar *metrische* Postulate von dieser Art werden ins Auge gefaßt. Von weiterer philosophischer Relevanz ist sein Versuch, das sog. Goodman-Paradoxon zu überwinden. Zu diesem Zweck führt er Kriterien für den Unterschied zwischen *Identifizierungen* und *Beschreibungen* von Gegenständen ein, wobei der Unterschied zwischen *absoluten* und *relativen Koordinaten* eine wesentliche Rolle spielt.

In einer ausführlichen Diskussion wird das Carnapsche System abschließend von verschiedenen wissenschaftstheoretischen Gesichtspunkten aus beurteilt. Bezüglich des Themas „Induktion" ergibt sich ein nicht uninteressantes Nebenresultat: *Wenn* man zu dem Ergebnis gelangen sollte, daß die theoretischen Nachfolgerprobleme nicht mittels probabilistischer Bestätigungsbegriffe zu lösen sind und *wenn* man außerdem beschließt, den Ausdruck „induktives Räsonieren" für *probabilistisches* Räsonieren zu reservieren, so sind es überhaupt nicht die *theoretischen* Nachfolgerprobleme zum Induktionsproblem, sondern dessen *praktische Nachfolgerprobleme*, die das ‚rationale Kernstück' des traditionellen Induktionsproblems ausmachen.

Teil 0

Das ABC der modernen Wahrscheinlichkeitstheorie und Statistik

A. Grundbegriffe

1. Präliminarien

1.a Intuitiver Zugang zum Wahrscheinlichkeitsbegriff. Ziel dieses einleitenden Teiles ist es, die wichtigsten Grundbegriffe der *mathematischen Theorie der Wahrscheinlichkeit*, auch *Wahrscheinlichkeitskalkül* oder *Wahrscheinlichkeitsrechnung* genannt, einzuführen. Diese Theorie ist in dem folgenden Sinn eine *abstrakte* Theorie: Der Begriff der Wahrscheinlichkeit wird als *undefinierter Grundbegriff* eingeführt und nur *axiomatisch* charakterisiert. Dies bedeutet: Die möglichen Deutungen von „Wahrscheinlichkeit" werden nur einer formalen Einschränkung unterworfen, und zwar durch die Forderung, daß bestimmte Axiome von diesem Begriff gelten sollen. Diese Axiome werden nach dem russischen Wahrscheinlichkeitstheoretiker A.N. Kolmogoroff, der diese Axiome erstmals präzise formulierte, auch die *Kolmogoroff-Axiome* genannt. Den Wahrscheinlichkeitsbegriff, der allein durch diese Axiome festgelegt ist, nennen wir den *formalen* oder *mathematischen Wahrscheinlichkeitsbegriff*.

Die logische Natur dieses Begriffs läßt sich am ehesten durch eine Analogie zu Begriffen anderer axiomatisch aufgebauter mathematischer Theorien verdeutlichen, z.B. der Euklidischen Geometrie. Wenn im axiomatischen Aufbau dieser Geometrie, z.B. in der Fassung von D. Hilbert, Grundbegriffe wie „Punkt", „Gerade", „liegt zwischen" usw. vorkommen, so ist hier vollkommen davon zu abstrahieren, daß wir mit diesen Ausdrücken bestimmte, mehr oder weniger deutliche anschauliche Vorstellungen verbinden. Vielmehr werden diese geometrischen Begriffe allein durch die Forderung charakterisiert, daß die aufgestellten Axiome von ihnen gelten sollen. M. Schlick hat dies — allerdings ziemlich irreführend — in der Weise ausgedrückt, daß er sagte: die geometrischen Grundbegriffe werden durch die Axiome *implizit definiert*. Dieser Wandel im Begriff der Axiomatisierung gegenüber der aristotelischen Vorstellung kann nicht stark genug unterstrichen werden: Für Aristoteles stellen Axiome evidente Einsichten dar, die wegen ihrer Evidenz unbezweifelbare Wahrheiten über gewisse in der Anschauung gegebene Grundbegriffe ausdrücken. Die aus den Axiomen korrekt gefolgerten Lehrsätze sind daher ebensolche unanfechtbare Wahrheiten. Nach Hilbert stellen die Axiome eines mathematischen Axiomensystems überhaupt keine Behauptungen dar, weder evidente noch empirisch-hypothetische; denn sie sprechen über keine bestimmten, *anderweitig vorgegebenen* Dinge. Die Wahrheit der Axiome kann hier nicht nur nicht behauptet, sondern die Frage nach ihrer Wahrheit kann nicht einmal sinnvoll gestellt werden. Damit, daß der Wahrheitsanspruch für die Axiome hinfällig wird, kann auch für die aus den Axiomen logisch gefolgerten Lehrsätze kein derartiger Anspruch erhoben werden. Die Lehrsätze stellen keine kategorischen Behauptungen mehr dar, wie in der älteren Axiomatik. Alles, was an Aussagegehalt in ihnen steckt, ist in der logischen Implikation enthalten, die von den Axiomen zu den Lehrsätzen führt. Es sei etwa AS ein derartiges System von Axiomen, L ein aus AS deduzierbarer ‚Lehrsatz'. Wir haben dieses letzte Wort unter Anführungszeichen gesetzt, weil L überhaupt kein Satz ist. Einen Satz stellt vielmehr erst die folgende Konditionalaussage dar, die sich umgangssprachlich etwa so formulieren läßt: „Wenn ein System von Dingen das Axiomensystem AS erfüllt, dann erfüllt es auch L". Dies ist nun tatsächlich eine evidente, nämlich *logisch wahre* Behauptung, vorausgesetzt, daß die Ableitung von L aus AS logisch korrekt war. Ob und wie man Systeme von Dingen finden kann, die AS erfüllen, wird im Rahmen der rein mathematischen Theorie nicht untersucht.

Auf eine häufig nicht genügend beachtete Konsequenz der Hilbertschen Axiomatik sei ausdrücklich hingewiesen. Man kann zwar unter Bezugnahme auf eine bestimmte Axiomatisierung von *den* Grundbegriffen und von *den* Axiomen sprechen, darf aber nicht mehr voraussetzen, daß ein System von Aussagen, oder genauer: von Aussageformen, *nur auf eine Art* axiomatisierbar ist, und daß die Grundbegriffe *nur auf eine Art* wählbar sind. Es kann zahllose äquivalente Axiomatisierungen einer Theorie geben, die *verschiedene* Grundbegriffe und *verschiedene* Axiome verwenden. Die Axiomatisierungen sind in dem Sinn äquivalent, daß die Klasse der Lehrsätze identisch ist. Welche Axiomatisierung bevorzugt wird, hängt von einer Reihe von pragmatischen Umständen ab, wie z.B. von Gesichtspunkten der Einfachheit, der Übersichtlichkeit, der Denkökonomie, der möglichst leichten und vielseitigen Anwendbarkeit; häufig ist auch der Gesichtspunkt der Plausibilität und der der Reduktion auf möglichst wenige Grundbegriffe und (oder) auf möglichst wenige Axiome bestimmend. Soweit man sich von der vorletzten Forderung leiten läßt, hat man allerdings bereits eine bestimmte Interpretation im Auge. Für die zuletzt genannte Forderung sind ebenfalls außermathematische Motive, insbesondere logisch-erkenntnistheoretische Überlegungen, maßgebend.

Mit der axiomatischen Wahrscheinlichkeitstheorie verhält es sich analog wie mit der Geometrie. Die Situation ist hier insofern einfacher als bei der Euklidischen Geometrie, als im letzteren Fall *mehrere* undefinierte Grundbegriffe benötigt werden — in der Hilbertschen Axiomatik sind dies genau sechs —, während die Wahrscheinlichkeitstheorie als *einzigen* ‚implizit definierten' Begriff den der Wahrscheinlichkeit bzw. des Wahrscheinlichkeitsmaßes enthält. Auch sind die Axiome der Zahl nach viel geringer, so daß sich ihr Inhalt umgangssprachlich in einer einzigen Aussage zusammenfassen läßt, deren Sinn später sehr genau expliziert werden soll: „*Unter Wahrscheinlichkeit ist ein normiertes, additives (σ-additives) Maß zu verstehen*".

Darin kommt die Tatsache zur Geltung, daß der mathematische Wahrscheinlichkeitsbegriff nur durch ein Minimum an strukturellen Merkmalen festgelegt ist.

Der oben für den allgemeinen Fall geschilderte konditionale Zusammenhang zwischen Axiomensystemen und Lehrsätzen gilt natürlich auch für diesen speziellen Fall. Schlagwortartig könnte man dies so ausdrücken: Die Wahrscheinlichkeitsrechnung lehrt, *wie aus gegebenen Wahrscheinlichkeiten weitere Wahrscheinlichkeiten gewonnen werden können.* Sie sagt dagegen nichts genaues darüber aus, was unter „Wahrscheinlichkeit" zu verstehen sei; vielmehr gibt sie nur eine notwendige Bedingung für die korrekte Interpretation dieses Ausdruckes an: *Nur* etwas, das die in den Kolmogoroff-Axiomen festgehaltenen strukturellen Merkmale erfüllt, darf Wahrscheinlichkeit genannt werden. Da der Wahrscheinlichkeitsbegriff im axiomatischen Wahrscheinlichkeitskalkül nicht weiter als durch diese formalen Merkmale charakterisiert wird, kann dieser Kalkül auch die folgenden vier Fragen, die vor allem den Wissenschaftstheoretiker interessieren, nicht beantworten, ja zur Beantwortung nicht einmal einen Beitrag leisten, nämlich: (1) welche ‚vollständige' Interpretation des Wahrscheinlichkeitskalküls ist als *inhaltlich adäquat* anzusehen? (2) Wie *gelangt man* (sei es im Alltag, sei es in den empirischen Einzelwissenschaften) *zu* Wahrscheinlichkeitsaussagen? (3) Wie *überprüft* man Wahrscheinlichkeitsbehauptungen? (4) Wie lauten die *Regeln für die korrekte Anwendung* des Wahrscheinlichkeitsbegriffs, z.B. in probabilistischen Voraussagen der Meteorologie (der Medizin, der Konjukturtheorie) oder in probabilistischen Erklärungen, etwa in quantenphysikalischen Erklärungen?

Wenn die Frage (1) durch den Kalkül zwar nicht beantwortet wird, so war ihre — zumindest intuitive und vorexplikative — Beantwortung doch *bestimmend für die Wahl gerade dieser Axiome.* Auch diesmal dürfte die Parallele zur Geometrie den Sachverhalt verdeutlichen helfen: Es ist zwar richtig, daß in die Hilbertsche Axiomatisierung der Geometrie keine räumlich-anschaulichen Vorstellungen Eingang finden (und daß daher auch solche Wesen in diesem Axiomensystem logische Ableitungen vornehmen könnten, die kein räumliches Anschauungsvermögen besitzen). Doch bildet diese Axiomatisierung, historisch gesehen, nur das Schlußstück einer außerordentlich langen geschichtlichen Entwicklung, in welcher es stets um *inhaltliches* geometrisches Wissen ging: Aus den isolierten Einzelerkenntnissen der Landvermessungskunde entwickelten sich allmählich geometrische Teiltheorien, die schließlich von Euklid in einer genialen Zusammenschau systematisch kodifiziert wurden. Erst nachdem dies geschehen war, konnte die *Umdeutung* dieser Axiomatik in der Hilbertschen Weise erfolgen.

Obwohl die Gründe dafür hier nicht zur Diskussion stehen, seien einige angeführt. Sie entsprangen wohl alle mehr oder weniger dem Wunsch, die Mathematik von Fragestellungen zu befreien, welche vom Mathematiker als störend und lästig empfunden wurden und werden, insbesondere dem Bestreben, von der reinen Mathematik die Anwendungsprobleme abzuschütteln, die beim Übergang von der reinen zur physikalischen Geometrie auftreten; teilweise auch dem Unwillen, sich auf erkenntnistheoretische Diskussionen einlassen zu sollen, innerhalb welcher die Wahl von Axiomen gerechtfertigt werden muß; ferner der starken Neigung, zu verhindern, daß alltägliche Ausdrücke wie „Punkt", „Gerade" und die diesen Ausdrücken korrespondierenden alltäglichen Anschauungen mit all ihren Vagheiten und Verschwommenheiten Eingang in das mathematische Denken finden; schließlich die Tendenz, unbequemen Fragen ausweichen zu dürfen, etwa Fragen von der Art, ob es sich bei den geometrischen Begriffen nicht etwa um gedankliche Fiktionen handle, bei denen das Maß zulässiger Idealisierungen überschritten sei u.dgl.

Nicht zu leugnen ist jedenfalls, daß der Weg zum Verständnis über die Intuition, d.h. *über die zunächst intendierte Interpretation*, führt.

Auch diesmal liegen die Dinge in der Wahrscheinlichkeitstheorie ähnlich. Doch stehen wir hier vor einer ungleich schwierigeren Situation, ja eigentlich vor einem Dilemma: Es gibt verschiedene *miteinander konkurrierende* Interpretationen. Darunter ist nicht etwa bloß die schlichte Tatsache zu verstehen, daß der Wahrscheinlichkeitskalkül verschiedener Deutungen fähig ist. In dieser Hinsicht verhält es sich analog wie in der Geometrie. (So kann man z.B. bereits verschiedene ‚abnorme' mathematische Modelle der Euklidischen Geometrie angeben, z.B. die Deutung als geeignet gewähltes ‚Kugelgebüsch'. In der Anwendung kann man einerseits den menschlichen Anschauungsraum, andererseits den physikalischen Raum getrennt voneinander untersuchen und bezüglich der metrischen Strukturen dieser beiden Räume zu verschiedenen Ergebnissen gelangen.) Die Schwierigkeit entsteht vielmehr erst dadurch, daß diese Deutungen gewöhnlich mit einem *Ausschließlichkeitsanspruch* auftreten, so daß man geradezu geneigt ist, von verschiedenen *probabilistischen Weltanschauungen* zu reden.

Für den *Frequentisten* (Häufigkeitstheoretiker) bildet es eine Selbstverständlichkeit, daß wir unter Wahrscheinlichkeiten relative Häufigkeiten auf lange Sicht zu verstehen haben. Er stützt sich dabei u. a. auf die Tatsache, daß wir statistische Aussagen als Hypothesen über sogenannte Zufallsexperimente betrachten, die wie durch Häufigkeitsauszählungen überprüfen.

So z.B. wird die Hypothese, daß die Wahrscheinlichkeit, mit *diesem* Würfel eine 6 zu werfen, 1/6 beträgt, durch sehr oftmalige Wiederholung des Experimentes *Werfen dieses Würfels* plus Feststellung der relativen Anzahl der Sechserwürfe in der erzeugten Folge von Wurfresultaten getestet.

Für den *Subjektivisten* ist es ebenso selbstverständlich, daß eine Wahrscheinlichkeit den Grad oder die Stärke unserer Überzeugung relativ auf verfügbare Informationen ausdrückt. Er stützt sich dabei auf die alltägliche Verwendung des Wahrscheinlichkeitsbegriffs, in der Wahrscheinlichkeiten von Einzelereignissen relativ auf verfügbare Kenntnisse beurteilt werden.

So etwa sprechen wir von der Wahrscheinlichkeit eines morgigen Regens aufgrund des verfügbaren meteorologischen Wissens.

Bei beiden Deutungen treten Schwierigkeiten auf, wenn auch an vollkommen verschiedenen Stellen. Für den Frequentisten besteht die Schwierigkeit darin, *den Zusammenhang zwischen der von ihm konzipierten ‚objektiven' Wahrscheinlichkeit und den beobachtbaren relativen Häufigkeiten genau zu explizieren* — eine Explikation, die bis heute nicht in völlig befriedigender Weise geglückt ist. Für den Subjektivisten besteht die Aufgabe darin, ein Verfahren dafür anzugeben, *den prima facie recht verschwommenen Begriff des Überzeugungsgrades zu metrisieren.*

Neben diesen beiden monistischen Auffassungen der Wahrscheinlichkeit treffen wir auch auf die *dualistische Theorie*, die z.B. von CARNAP vertreten wird. Danach müssen wir zwei Arten von Wahrscheinlichkeiten unterscheiden: auf der einen Seite die *subjektive* oder besser: *personelle Wahrscheinlichkeit*, von CARNAP auch *induktive Wahrscheinlichkeit* genannt[1]; auf der anderen Seite die *objektive* oder *statistische Wahrscheinlichkeit.* Diese dualistische Auffassung werden auch wir zugrundezulegen versuchen. Dies hat einerseits den Vorteil, daß wir im Rahmen dieser einleitenden Betrachtungen nicht genötigt sind, uns von vornherein auf eine der beiden probabilistischen Weltanschauungen festzulegen. Andererseits hat diese Einstellung den Nachteil, daß die inhaltlichen Plausibilitätsbetrachtungen, welche zu den Grundaxiomen der Wahrscheinlichkeitstheorie führen, auf doppelter Ebene angestellt werden müssen. Da diese Axiome sehr schwach sind, wird dies jedoch keine wesentlichen Komplikationen nach sich ziehen.

Zu unserer dualistischen Ausgangsbasis ist zweierlei zu bemerken: Erstens dürfen wir in dieser Einleitung höchstens voraussetzen, daß es sich dabei um ein *Programm* handelt, dessen Realisierbarkeit wir hier noch nicht als selbstverständlich annehmen dürfen. Zweitens geht es uns im Augenblick nur um einen intuitiven Zugang, der *ein vorläufiges Verständnis* von „Wahrscheinlichkeit" ermöglichen soll, nicht hingegen um eine präzise und systematisch durchgeführte Interpretation des Wahrscheinlichkeitskalküls. In den ersten drei Teilen des Buches werden wir auf die Frage der Realisierbarkeit dieses Programms sowie auf das Problem der korrekten Interpretationen im Detail zurückkommen. Vorwegnehmend sei dazu nur folgendes gesagt: Das personalistische Programm läßt sich verwirklichen.

[1] Der Grund für die verschiedenen Bezeichnungen ist der folgende: Das Prädikat „subjektiv" soll dazu dienen, darauf aufmerksam zu machen, daß Wahrscheinlichkeit als Überzeugungsgrad gedeutet wird. Da die Richtung, welche diesen Begriff in den Vordergrund rückt, jedoch keine empirisch-psychologischen Hypothesen aufstellt, sondern, wie CARNAP gezeigt hat, ihrer Natur nach eine *normative* Theorie darstellt, wurde der Ausdruck „personelle Wahrscheinlichkeit" für diese normative Deutung vorgeschlagen. Die induktive Wahrscheinlichkeit im Sinn CARNAPs unterscheidet sich von der personellen dadurch, daß für sie weitere, in der Gestalt von Axiomen festgehaltene Normen gelten sollen.

(Die mit der Metrisierung zusammenhängenden Fragen werden in I erörtert; die strenge Begründung der wahrscheinlichkeitstheoretischen Axiome auf personalistischer Basis wird im Rahmen der Diskussion der Theorie Carnap II geliefert.) Der Begriff der personellen Wahrscheinlichkeit ist der grundlegende Begriff der *rationalen* oder *normativen Entscheidungstheorie*, welche in I behandelt werden soll. Was die objektivistische Auffassung betrifft, so läßt sich mit Sicherheit nur eine negative Behauptung aufstellen: Die Ansicht der früheren Häufigkeitstheoretiker, den Begriff der statistischen Wahrscheinlichkeit durch eine exakte Definition auf den Begriff der relativen Häufigkeit zurückführen zu können (indem man ihn als Grenzwert der relativen Häufigkeit in einer unendlichen Bezugsfolge auffaßt), ist unhaltbar. (Die Begründung dafür wird in III, 1 gegeben.) Wir müssen uns daher damit bescheiden, bloß eine Konditionalbehauptung aufzustellen: Falls es überhaupt möglich ist, einen vom personellen Wahrscheinlichkeitsbegriff unabhängigen Begriff der statistischen Wahrscheinlichkeit einzuführen, so kann unter dieser statistischen Wahrscheinlichkeit nur *eine undefinierbare theoretische Disposition* physikalischer Systeme verstanden werden. Diese Deutung werden wir uns versuchsweise in III zu eigen machen. Nach dieser Auffassung besteht nur mehr ein sehr indirekter und nicht mehr durch eine Definition ausdrückbarer Zusammenhang zwischen statistischer Wahrscheinlichkeit und relativer Häufigkeit auf lange Sicht. Da aber immerhin noch ein solcher Zusammenhang besteht, werden wir auch die *theoretische* Interpretation der statistischen Wahrscheinlichkeit als eine Variante der Häufigkeitsdeutung bezeichnen. Obwohl wir uns bezüglich der genauen Charakterisierung der statistischen Wahrscheinlichkeit vorläufig nicht festlegen wollen — und dies wegen der Kompliziertheit der Materie in diesem einleitenden Kapitel gar nicht könnten —, wird der Gedanke einer ‚relativen Häufigkeit auf lange Sicht' genügen, um auch vom objektivistischen Standpunkt aus die Grundaxiome plausibel zu machen. Sollte dagegen unser dualistisches Projekt scheitern und nur die personelle Wahrscheinlichkeit als ‚die einzige wahre Wahrscheinlichkeit' übrigbleiben, so würden damit auch die inhaltlichen Plausibilitätsbetrachtungen zugunsten der Axiome entsprechend vereinfacht werden. (Und die in II gegebene Rechtfertigung wäre die einzige, welche zu einer inhaltlich adäquaten Interpretation führt.)

1. b Mengen und elementare Mengenalgebra. Jene Entitäten, denen man Wahrscheinlichkeiten zuordnet, werden Ereignisse genannt. Diese Ereignisse werden ihrerseits im Rahmen der mathematischen Theorie als Mengen bestimmter Art konstruiert.

Wie diese Konstruktion mit den intendierten Interpretationen in Einklang zu bringen ist, soll an späterer Stelle gezeigt werden. Für die Häufigkeitsdeutung wird sich dies in relativ zwangloser Weise bewerkstelligen lassen. Für die subjektivistische Interpretation liegt es dagegen nicht auf der Hand, wie diese Konstruktion durchführbar ist; denn der Gegenstandsbereich scheint ja bei dieser Interpretation aus *Sätzen* oder aus *Propositionen* zu bestehen. Hier müssen wir den Leser auf Teil II vertrösten; denn eine sowohl präzise als auch inhaltlich befriedigende Deutung von Propositionen als Mengen dürfte erstmals CARNAP geglückt sein.

Mengen sind abstrakte Zusammenfassungen von Objekten, die als die *Elemente* der Menge bezeichnet werden. Enthält die Menge eine endliche und leicht überschaubare Anzahl von Objekten, so kann die Menge dadurch charakterisiert werden, daß man ihre Elemente in einer Liste einzeln anführt. In der Mathematik ist es üblich, solche endliche Mengen in der Weise zu bezeichnen, daß man die Namen ihrer Elemente, durch Kommas getrennt, innerhalb zweier geschlungener Klammern anführt. Die Menge, welche die drei Elemente a, b und c enthält, wäre also nach dieser Konvention durch die symbolische Abkürzung „$\{a,b,c\}$" wiederzugeben. Das Symbol „$\in$" für die Elementschaftsrelation dient dazu, in knapper Form über die Zugehörigkeit eines Objektes zu einer Menge zu sprechen. Ist A eine Menge, x ein Objekt, so ist die Formel „$x \in A$" eine symbolische Abkürzung für die elementare Aussage „das Objekt x ist Element der Menge A". Bei endlichen Mengen mit genau angegebenen Elementen kann sowohl dieses Elementschaftssymbol als auch das aus den geschlungenen Klammern bestehende Mengensymbol aus einem elementaren Kontext eliminiert werden. Der Grund dafür liegt darin, daß die Behauptung der Zugehörigkeit eines Objektes zu einer solchen Menge logisch äquivalent ist mit der Behauptung, dieses Objekt sei mit einem der Elemente dieser Menge identisch. Da eine Behauptung von der eben erwähnten Gestalt aber nichts anderes darstellt als eine Adjunktion von Identitätsbehauptungen, können wir sagen, daß das Elementschafts- und das Mengensymbol durch geeigneten Gebrauch der beiden Symbole „$=$" sowie „$\vee$" überflüssig gemacht werden können. So ist z.B. für unsere Beispielsmenge mit den drei Elementen a, b und c die Aussage „$x \in \{a,b,c\}$" logisch äquivalent mit der Aussage „$x=a \vee x=b \vee x=c$". Als Grenzfall lassen wir auch *Einermengen* zu, die nur ein einziges Element enthalten. Die Menge, welche nur das Element b enthält, wird mit „$\{b\}$" bezeichnet.

Bezüglich der Klammersymbolik ist zu beachten, daß es auf die Reihenfolge der Elemente *nicht* ankommt. Unsere Beispielsmenge mit drei Elementen kann somit bei beliebiger Vertauschung der Elementbezeichnungen, also auf sechs verschiedene Weisen, beschrieben werden, z.B. durch „$\{b,c,a\}$", „$\{c,a,b\}$" usw. Daß dies zulässig ist, kann man sofort einsehen: Bei der oben geschilderten Übersetzung der Elementschaftsbehauptung in eine Adjunktion entstehen wegen der Kommutativität der Adjunktion in der Tat logische äquivalente Aussagen.

Die Mengenbildung ist nicht nur dann zulässig, wenn uns die Zusammenfassung von Objekten zu einer abstrakten Einheit als natürlich erscheint. Auch die Menge {Schwefelsäure, Napoleon, 2}, welche die drei innerhalb des Klammerausdruckes namentlich angeführten Objekte als Elemente enthält, ist eine durchaus zulässige Menge. In den meisten Fällen werden wir es allerdings mit Mengen zu tun haben, deren Elemente *ein gemeinsames Merkmal* besitzen. Dieser Fall ist deshalb wichtig, weil er es uns gestattet, Mengen zu benennen, deren Elemente wir nicht einzeln anführen wollen oder können. So wäre es z.B. außerordentlich mühsam, die Menge der Einwohner Münchens nach der im vorigen Absatz geschilderten Methode zu beschreiben. Faktisch unmöglich wäre es, die Menge der Fixsterne durch Aufzählung anzugeben. Und logisch unmöglich wäre es, die Menge der geraden Zahlen auf diese Weise zu charakterisieren; denn diese Menge enthält unendlich viele Elemente.

Wie kann man sich in solchen Fällen behelfen? Die eben gegebenen umgangssprachlichen Wendungen liefern bereits eine implizite Beantwortung dieser Frage: Wir benützen ein *definierendes Prädikat* „F", welches genau auf die Elemente der Menge zutrifft; mit Hilfe dieses Prädikates bilden wir die Aussageform „Fx" und identifizieren unsere Menge mit der Menge derjenigen Dinge, welche diese Aussageform erfüllen. Als symbolische Abkürzung dafür, also für die Wendung „die Menge aller Objekte x, so daß x ein F ist", wählen wir die folgende:

(1) $\{x|Fx\}$[2].

Wir nennen (1) den der Aussageform „Fx" entsprechenden *Abstraktionsterm*. „Fx" heiße die *definierende Aussageform* der Menge, die dieser Abstraktionsterm bezeichnet.

Zusätzlich zur Bindung von Variablen durch All- und Existenzquantoren haben wir damit eine dritte Form der Variablenbindung eingeführt: *die Bindung durch die Mengenoperation*. Analog wie in den ersten beiden Fällen die in einer Aussageform vorkommende Variable auf einen Quantor rückbezogen bleibt, ist sie hier auf den Mengenoperator „$\{x|\ldots\}$" („die Menge aller x, so daß ...") rückbezogen.

Unvorsichtiger Gebrauch der Mengenoperation hat bekanntlich zu Widersprüchen geführt, den sog. Antinomien der Mengenlehre. Diese Widerspruchsgefahr besteht für uns nicht, da wir den Gebrauch auf ‚harmlose' und nicht antinomiengefährdete Anwendungen beschränken werden. Unsere Überlegungen werden daher ganz im Rahmen der sog. naiven Mengenlehre verbleiben.

Die Mengenoperation kann iteriert werden, d.h. man kann nicht nur Mengen vorgegebener Objekte bilden (sog. *Mengen erster Stufe*), sondern auch Mengen von Mengen solcher Objekte *(Mengen zweiter Stufe)*, ferner sogar Mengen von Mengen von Mengen von Objekten *(Mengen dritter*

[2] Stattdessen findet man auch häufig die damit gleichwertige Symbolisierung „$\hat{x}Fx$", die erstmals von B. Russell und A.N. Whitehead in den Principia Mathematica benützt worden ist.

Stufe) usw. Für uns wird höchstens eine dreifache Iteration in Frage kommen. Es empfiehlt sich, zwecks einfacherer Sprechweise gesonderte Namen einzuführen. Mengen erster Stufe nennen wir einfach *Mengen*; Mengen zweiter Stufe sollen *Klassen* heißen; und Mengen dritter Stufe bezeichnen wir als *Familien*. Statt von Mengen von Mengen sprechen wir also von Klassen von Mengen; und statt von Mengen von Mengen von Mengen sprechen wir von Familien von Klassen von Mengen. Diese Terminologie läßt sich allerdings nicht konsequent durchhalten, da wir prinzipiell auch *gemischte* Mengenbildungen zulassen wollen. Wenn z.B. unsere Objekte die natürlichen Zahlen von 1 bis 9 sind, so können wir — nach dem oben geschilderten ersten Verfahren, d.h. nach der Methode der Aufzählung — die folgende endliche Menge bilden: $\{2,6,\{3,8\},\{\{1,9\},\{2,7,8\}\}\}$. Diese Menge enthält vier Elemente; das dritte unter den angeführten Elementen ist die Menge $\{3,8\}$ mit den Elementen 3 und 8; und das vierte angeführte Element ist eine Klasse, bestehend aus zwei Mengen, deren erste die Zahlen 1 und 9 und deren zweite die Zahlen 2, 7 und 8 enthält. In solchen Fällen sollen wahlweise die Ausdrücke „Menge" und „Klasse" zulässig sein. Allgemein werden wir, sofern keine Hierarchien von der oben geschilderten Art zur Diskussion stehen, die Ausdrücke „Menge" und „Klasse" als gleichbedeutend verwenden.

Die in (1) eingeführte Symbolik gestattet es, die Operationen mit Mengen auf die logischen Operationen zurückzuführen, und damit auch die für Mengenoperationen geltenden Regeln auf die entsprechenden Regeln für logische Zeichen zu gründen. Wenn α eine Abkürzung für die Menge $\{x|Fx\}$ darstellt, so ist die *Komplementärmenge* $\bar{\alpha}$ die Menge $\{x|\neg Fx\}$ (d.h. die Menge der Objekte, die nicht die Eigenschaft F haben). Wenn $\alpha = \{x|Fx\}$ und $\beta = \{x|Gx\}$, so ist der *Durchschnitt* $\alpha \cap \beta$ die Menge $\{x|Fx \wedge Gx\}$ und die *Vereinigung* $\alpha \cup \beta$ die Menge $\{x|Fx \vee Gx\}$. Die Operationen der Bildung des Komplementes, des Durchschnitts und der Vereinigung sind damit zurückgeführt auf die logischen Operationen der Bildung der Negation, der Konjunktion und der Adjunktion. Daraus folgt unmittelbar die Gültigkeit der *elementaren Regeln der Mengenoperation*. Insbesondere erhalten wir, wenn $\gamma = \{x|Hx\}$ eine dritte Menge darstellt, die folgenden Beziehungen:

(2) Für beliebige Mengen α, β und γ gilt:

(*a*) $\alpha \cap \alpha = \alpha$.

(*b*) $\alpha \cup \alpha = \alpha$.

(*c*) $\alpha = \bar{\bar{\alpha}}$.

(*d*) $\alpha \cap \beta = \beta \cap a$.

(*e*) $\alpha \cup \beta = \beta \cup \alpha$.

(*f*) $\alpha \cup (\beta \cup \gamma) = (\alpha \cup \beta) \cup \gamma$.

(*g*) $\alpha \cap (\beta \cap \gamma) = (\alpha \cap \beta) \cap \gamma$.

(*h*) $\alpha \cap \beta = \overline{(\bar{\alpha} \cup \bar{\beta})}$.

(*i*) $\alpha \cup \beta = \overline{(\bar{\alpha} \cap \bar{\beta})}$.

(*j*) $\alpha \cap (\beta \cup \gamma) = (\alpha \cap \beta) \cup (\alpha \cap \gamma)$.

(*k*) $\alpha \cup (\beta \cap \gamma) = (\alpha \cup \beta) \cap (\alpha \cup \gamma)$.

Der horizontale Strich über einem Mengensymbol deutet dabei stets die Komplementbildung an. Die 11 angeführten Gleichungen sind mittels der gleichbezeichneten logischen Äquivalenzen von Bd. I, S. 43, Formel (I)(a) bis (k) beweisbar. Der Leser führe die einfachen Beweise zur Übung durch! Ein Beispiel diene der Erläuterung: Die Gleichung (*j*) stützt sich auf das distributive Gesetz, wonach die Aussageform $Fx \wedge (Gx \vee Hx)$ L-äquivalent ist mit der Aussageform $(Fx \wedge Gx) \vee (Fx \wedge Hx)$. Um zur *Gleichung* (*j*) zu gelangen, müssen wir dabei hier wie in allen übrigen Fällen noch von dem folgenden *Identitätskriterium* für Mengen Gebrauch machen: Zwei Mengen $\delta_1 = \{x \mid F_1 x\}$ und $\delta_2 = \{x \mid F_2 x\}$, zwischen deren definierenden Aussageformen $F_1 x$ und $F_2 x$ eine logische Äquivalenz besteht, sind als miteinander identisch zu betrachten.

Zwei spezielle Mengen sind die Allmenge V, zu deren Elementen sämtliche Objekte des Bereiches gehören, sowie die leere Menge $\emptyset$, die kein einziges Objekt als Element enthält. Da jedes Ding mit sich identisch ist, kein Ding hingegen mit sich selbst nicht identisch ist, lassen sich diese beiden Mengen durch die definierenden Aussageformen $x = x$ sowie $x \neq x$ eindeutig auszeichnen:

(3) (*a*) $\mathsf{V} =_{\mathrm{Df}} \{x \mid x = x\}$.

(*b*) $\emptyset =_{\mathrm{Df}} \{x \mid x \neq x\}$.

Man erkennt sofort, daß diese beiden Mengen für eine beliebige weitere Menge α den folgenden Gesetzen genügen:

(4) (*a*) $\alpha \cap \bar{\alpha} = \emptyset$.

(*b*) $\alpha \cap \emptyset = \emptyset$.

(*c*) $\alpha \cup \bar{\alpha} = \mathsf{V}$.

(*d*) $\alpha \cup \mathsf{V} = \mathsf{V}$.

Häufig benützt werden noch die beiden *Verschmelzungsgesetze*, die sich mittels der bereits angeführten Sätze leicht beweisen lassen:

(5) (*a*) $(\alpha \cap \beta) \cup \alpha = \alpha$.

(*b*) $(\alpha \cup \beta) \cap \alpha = \alpha$.

Die Gesetze (2)(*a*) und (*b*), zusammen mit (2)(*d*) – (*g*) und den Verschmelzungsgesetzen (5)(*a*) und (*b*) besagen, daß die Mengen in bezug auf die beiden Operationen $\cap$ und $\cup$ einen *Verband* bilden. Nimmt man die beiden Gesetze (2)(*j*) und (*k*) hinzu, so gewinnt man die weitergehende Feststellung, daß die Mengen bezüglich dieser beiden Operationen sogar einen *distributiven Verband* darstellen. Fügt man schließlich zu diesen zehn Aussagen noch die vier in (4)(*a*) bis (*d*) ausgedrückten Gesetze hinzu, so ergibt sich, daß die Mengen in bezug auf die drei Operationen der Durchschnitts-, Vereinigungs- und Komplementbildung einen sog. komplementären distributiven Verband bilden, auch *Boolescher Verband* oder *Boolesche Algebra* genannt.

Viele weitere Aussagen logischer Äquivalenzen lassen sich sinngemäß auf Mengen übertragen. Wir erwähnen nur noch die beiden Analoga zu den Regeln von DE MORGAN (vgl. Bd. I, S. 44). Danach gelten die beiden Identitäten: $\overline{\alpha \cup \beta} = \bar{\alpha} \cap \bar{\beta}$ sowie $\overline{\alpha \cap \beta} = \bar{\alpha} \cup \bar{\beta}$.

Gelegentlich werden wir auch die mengentheoretische Differenz verwenden, welche auf die bisherigen Begriffe zurückführbar ist: $\alpha - \beta$ soll eine Abkürzung sein für $\alpha \cap \bar{\beta}$. Diese Differenz soll also die Menge derjenigen Objekte bezeichnen, die in α, jedoch nicht in β liegen.

Die Relation des Mengeneinschlusses $\subseteqq$ kann definitorisch auf den Mengendurchschnitt zurückgeführt werden, nämlich mittels der folgenden Bestimmung:

(6) $\alpha \subseteqq \beta =_{\mathrm{Df}} \alpha = \alpha \cap \beta$.

Denn dann und nur dann, wenn jedes Element von α auch ein Element von β ist, muß α identisch sein mit dem Durchschnitt $\alpha \cap \beta$. Eine Alternativdefinition würde lauten:

(7) $\alpha \subseteqq \beta =_{\mathrm{Df}} \bigwedge x (x \in \alpha \rightarrow x \in \beta)$.

Die Äquivalenz dieser beiden Definitionen (6) und (7) zeigt man am besten mit Hilfe eines Verfahrens, welches sich auch für andere Argumentationszwecke als sehr nützlich erweist. Dieses besteht in der Anwendung der folgenden *Abstraktionsregel*:

(8) $y \in \{x \mid Fx\} \leftrightarrow Fy$.

Diese Regel drückt nichts weiter aus als die triviale Tatsache, daß ein Objekt genau dann ein Element der mittels einer Aussageform „Fx" definierten Menge ist, wenn dieses Objekt die Aussageform erfüllt (z.B. ist a genau dann ein Element der Menge aller Pianisten, wenn gilt: a ist ein Pianist). Der Name für diese Regel rührt daher, daß sie es gestattet, einen Abstraktionsterm zu *eliminieren* (bei Übergang von der linken zur rechten Seite in (8)) oder *einzuführen* (bei Übergang von der rechten auf die linke Seite in (8)).

Man erkennt jetzt leicht, daß die Gleichwertigkeit der beiden Definitionen (6) und (7) zurückführbar ist auf die logische Äquivalenz der Aussageformen „$Fx \rightarrow Hx$" und „$Fx \leftrightarrow (Fx \wedge Hx)$": man nehme nämlich einfach an, daß „Fx" die definierende Aussageform der Menge α ist und „Hx" die definierende Aussageform von β.

Einige häufig benützte Theoreme über die Einschlußrelation sind die folgenden, wobei α, β und γ stets beliebige Mengen sind.

(9) (*a*) $\alpha \subseteq \alpha$ (Reflexivität).

(*b*) $\alpha \subseteq \beta \wedge \beta \subseteq \gamma \rightarrow \alpha \subseteq \gamma$ (Transitivität).

(*c*) $\emptyset \subseteq \alpha$ (die leere Menge ist Teilmenge jeder Menge).

(*d*) $\alpha \subseteq V$ (jede Menge ist Teilmenge der Allmenge).

(*e*) $\alpha \cap \beta \subseteq \alpha$ (der Durchschnitt einer Menge mit einer beliebigen Menge ist Teilmenge der ersten Menge).

Vereinigungs- und Durchschnittsbildung können auf Klassen beliebig vieler Mengen erweitert werden. Die Mengen werden dabei durch untere Indizes numeriert. Diese Indizes bilden ihrerseits eine Zahlmenge J, genannt *Indexmenge*. Ist die Indexmenge abzählbar (d.h. endlich oder abzählbar unendlich), so werde der laufende Index durch den kleinen lateinischen Buchstaben „i" bezeichnet. Die Klasse der Mengen α_i mit $i \in J$ wird dann abkürzend mit $\{\alpha_i\}_{i \in J}$ bezeichnet. Ist die Indexmenge nach herkömmlicher mathematischer Sprechweise überabzählbar, so werde der Laufindex durch den kleinen griechischen Buchstaben „ξ" wiedergegeben. $\{\alpha_\xi\}_{\xi \in J}$ wäre also eine Klasse von überabzählbar vielen Mengen. Wenn die Mächtigkeit der Indexmenge offen bleiben soll, verwenden wir als Laufindex gewöhnlich den Buchstaben „k" oder „ν". Vor einer Verwechslung des jetzigen Gebrauchs der geschlungenen Klammer mit dem Fall, wo diese dazu benützt wird, um die Einerklasse zu bezeichnen, werde ausdrücklich gewarnt. Für unser neues Symbol gilt die folgende definitorische Bestimmung:

(10) $\{\alpha_k\}_{k \in J} =_{\mathrm{Df}} \{\beta \mid \bigvee k (k \in J \wedge \beta = \alpha_k)\}$

(d.h. der links stehende Ausdruck bezeichnet die Klasse all derjenigen Mengen β, so daß β für einen geeigneten Index k mit α_k identisch ist).

Es sei nun K eine derartige Klasse von Mengen: $K = \{\alpha_k\}_{k \in J}$. Der Durchschnitt $\bigcap K$ und die Vereinigung $\bigcup K$ sind dann durch die folgenden Bestimmungen festgelegt:

(11) $\bigcap K =_{\mathrm{Df}} \{x \mid \bigwedge \beta (\beta \in K \rightarrow x \in \beta)\}$

(d.h. $\bigcap K$ ist die Menge aller Objekte, die Elemente sämtlicher Mengen von K sind).

(12) $\bigcup K =_{\mathrm{Df}} \{x \mid \bigvee \beta (\beta \in K \wedge x \in \beta)\}$

(d.h. $\bigcup K$ ist die Menge aller Objekte, die in mindestens einer Menge von K enthalten sind).

Folgendes ist hierbei zu beachten: Wenn K eine *Klasse*, also eine Menge zweiter Stufe ist, so sind sowohl $\bigcap K$ als auch $\bigcup K$ *Mengen* von Objekten, also Mengen erster Stufe. Die Durchschnitts- und Vereinigungsoperationen drücken also in diesem Fall die Stufe um 1 herab. Wir haben dies in der Definition dadurch veranschaulicht, daß wir als Variable für Objekte den

Buchstaben „x“, als Variable für Mengen den Buchstaben „β“ und zur Bezeichnung von Klassen den großen lateinischen Buchstaben „K“ benützten.

1. c Punktfunktionen und Mengenfunktionen. Für die Paarmenge $\{a,b\}$, welche die beiden Elemente a und b enthält, gilt: $\{a,b\}=\{b,a\}$; denn für die Mengenbildung ist es unwesentlich, in welcher Reihenfolge die Elemente angeführt werden. Für das *geordnete Paar* $\langle a,b\rangle$ ist demgegenüber *auch die Reihenfolge* wesentlich; d.h. wenn $a\neq b$, so ist auch $\langle a,b\rangle \neq\langle b,a\rangle$. Zum Unterschied vom Fall der Paarmenge, deren *Elemente* a und b sind, sprechen wir diesmal von den beiden *Gliedern* a und b des geordneten Paares $\langle a,b\rangle$; und zwar nennen wir a das Erstglied, b das Zweitglied dieses Paares.

Es ist nicht notwendig, den Begriff des geordneten Paares als neuen Grundbegriff einzuführen. Obwohl von der Paarmenge verschieden, kann man doch den Begriff des geordneten Paares rein mengentheoretisch definieren, z.B. durch:

$$\langle a,b\rangle =_{\mathrm{Df}} \{\{a\},\{a,b\}\}$$

Danach ist also ein geordnetes Paar definiert als eine Paar*klasse*, welche als Elemente eine Einermenge und eine Paarmenge enthält. Der Nachweis dafür, daß diese Definition adäquat ist, findet sich in den meisten modernen Werken über Mengenlehre. (Für einen besonders knappen Beweis vgl. K. SCHÜTTE, [Mengenlehre], S. 35f.).

Zweistellige Relationen können als Mengen geordneter Paare aufgefaßt werden. Wenn wir die Klasse dieser Relationen mit *Rel* bezeichnen, so läßt sich dieser Begriff also wie folgt definieren:

(13) $Rel =_{\mathrm{Df}} \{r \mid \bigvee x \bigvee y (r=\langle x,y\rangle)\}$.

Würden wir „*Rel*“ statt als Klassennamen als Prädikat und daher „$Rel(x)$“ als Aussageform auffassen, so könnten wir wegen der Abstraktionsregel (8) den Begriff der Relation auch in folgender Weise einführen:

(14) $Rel(r) \leftrightarrow \bigvee x \bigvee y (r=\langle x,y\rangle)$.

In diesem Fall wäre die Klasse der Relationen dann allerdings nicht durch *Rel*, sondern durch $\{r \mid Rel(r)\}$ zu bezeichnen. Wir werden im folgenden neue Klassenbegriffe häufig nach dem durch (14) illustrierten Verfahren einführen.

Wir haben die Relationen extensional charakterisiert. Unsere Definition läuft, inhaltlich betrachtet, darauf hinaus, daß wir eine Relation als *Cartesisches Produkt* oder als *Kreuzprodukt* zweier Mengen auffassen. Der Begriff des Cartesischen Produktes $\alpha\times\beta$ zweier Mengen α und β läßt sich unabhängig wie folgt definieren:

(15) $\alpha\times\beta =_{\mathrm{Df}} \{z \mid \bigvee x \bigvee y (z=\langle x,y\rangle \wedge x\in\alpha \wedge y\in\beta)\}$.

Das Cartesische Produkt enthält also alle geordneten Paare, deren Erstglieder Elemente der ersten Menge sind und deren Zweitglieder Elemente der zweiten Menge bilden. (Dieser Begriff läßt sich auf eine beliebige Anzahl von Mengen erweitern.)

Ein weiterer wichtiger Begriff ist der der *Rechtseindeutigkeit*, den wir folgendermaßen einführen:

(16) $Un(s) \leftrightarrow \bigwedge x \bigwedge y \bigwedge z((\langle x,y\rangle \in s \wedge \langle x,z\rangle \in s) \rightarrow y = z)$.

Falls s eine Relation ist, besagt die Aussage $Un(s)$ also, daß zwei zu s gehörende geordnete Paare mit identischem Erstglied auch dasselbe Zweitglied besitzen. Die Bedeutung dieses Begriffs liegt darin, daß Relationen, welche das Merkmal (16) besitzen, *Abbildungen* oder *Funktionen* darstellen; denn es wird dadurch einem Erstglied jeweils genau ein Zweitglied als Funktionswert zugeordnet. (Wir haben die Symbolik so gewählt, daß ein linkes Glied ein Argument und ein rechtes Glied ein Wert der Funktion ist. Manche Logiker vertauschen die Rollen dieser beiden Glieder.) Mit dem Prädikat „*Fkt*" für „Funktion" erhalten wir somit die Definition:

(17) $Fkt(f) \leftrightarrow Rel(f) \wedge Un(f)$.

Vorbereich $D_I(s)$ und *Nachbereich* (*Cobereich*) $D_{II}(s)$ von s sind die folgenden Mengen:

(18) $D_I(s) =_{\mathrm{Df}} \{x \mid \bigvee y(\langle x,y\rangle \in s)\}$.

(19) $D_{II}(s) =_{\mathrm{Df}} \{y \mid \bigvee x(\langle x,y\rangle \in s)\}$.

Wenn f eine Funktion ist, so nennt man $D_I(f)$ auch den *Definitionsbereich* oder *Argumentbereich* (bisweilen den Urbildbereich) und $D_{II}(f)$ den *Bildbereich* (oder kurz: das *Bild*) von f[3]. Die Elemente dieser beiden Bereiche werden *Argumente* und *Bildelemente* genannt. Ist eine Funktion f mit $D_I(f) = \alpha$ gegeben, so sagt man auch, f sei *als Funktion auf* α definiert.

Häufig wird auch die zu einer Menge a konverse Menge (kurz: die *Konverse*) $\breve{a}$ benötigt, die aufgrund ihrer Definition stets eine Relation ist, nämlich:

(20) $\breve{a} =_{\mathrm{Df}} \{z \mid \bigvee x \bigvee y(\langle x,y\rangle \in a \wedge z = \langle y,x\rangle)\}$.

Mittels dieses Begriffs lassen sich die *injektiven* Abbildungen (auch eineindeutige oder umkehrbar eindeutige Funktionen genannt) definieren. Eine Funktion ist genau dann injektiv, wenn auch ihre Konverse rechtseindeutig ist:

(21) $Inj(f) \leftrightarrow Fkt(f) \wedge Un(\breve{f})$.

[3] Die Wendung „das Bild" kann allerdings doppeldeutig sein, da häufig der Wert der Funktion für ein bestimmtes Argument das Bild der Funktion für dieses Argument genannt wird. Wir vermeiden diese Doppeldeutigkeit durch die im nächsten Satz ausgesprochene Konvention, wonach in einem solchen Fall von Bild*elementen* gesprochen werden soll.

Wenn f eine Funktion ist, α eine Menge mit $D_I(f) = \alpha$ und β eine Menge mit $D_{II}(f) \subseteqq \beta$ darstellt (so daß α mit dem Argumentbereich identisch ist und β den Bildbereich einschließt), so sagt man auch, daß f eine Abbildung von α *in* β darstelle und kürzt dies ab durch:

(22) $f\colon \alpha \mapsto \beta$

(Dies ist also einfach eine Abkürzung für die Aussage:

$Fkt(f) \wedge D_I(f) = \alpha \wedge D_{II}(f) \subseteqq \beta$.)

Wenn f eine Abbildung von α in β ist mit $\beta = D_{II}(f)$ (so daß also *jedes* Element von β Bildelement bezüglich f ist), so nennt man f auch eine *surjektive* Abbildung (oder: *Surjektion*) oder Abbildung von α *auf* β. Ist die Abbildung überdies injektiv, so spricht man von einer *bijektiven Funktion* (*Bijektion*). (Man beachte, daß diese beiden letzten Begriffe erst dann einen Sinn ergeben, wenn unabhängig von der Definition der Funktion zwei Mengen vorgegeben sind, welche die Bedingung (22) erfüllen, d.h. also zwei Mengen, deren erste mit dem Argumentbereich identisch ist und deren zweite das Bild der Funktion einschließt. Man müßte also eigentlich genauer stets von einer α-β-Surjektion bzw. von einer α-β-Bijektion sprechen.)

Das f-Urbild der Elemente von β wird mit $f^{-1}(\beta)$ bezeichnet. Dies ist also die folgende Menge: $\{x \mid \bigvee y(y \in \beta \wedge f(x) = y)\}$.

Funktionen, deren Argumentbereich mit der Menge der natürlichen Zahlen $\mathbb{N}$ identisch ist, heißen auch *unendliche Folgen* oder kurz: *Folgen*. Es ist üblich, die Argumente als untere Indizes an die Werte anzufügen, also eine Folge so zu symbolisieren: $x_1, x_2, \ldots, x_k, \ldots$. Die einzelnen Werte x_i heißen *Glieder* der Folge. (Daß wir eine Folge als Funktion f mit $D_I(f) = \mathbb{N}$ auffassen dürfen, beruht auf dem Umstand, daß jeder als Index gewählten natürlichen Zahl *genau ein* Glied der Folge entspricht.) Wir werden Folgen durch die Abkürzung $(x_i)_{i \in \mathbb{N}}$ wiedergeben. Besteht der Argumentbereich einer Funktion für eine feste natürliche Zahl n aus allen natürlichen Zahlen $\leqq n$, so spricht man von einer *endlichen Folge* von n Gliedern. Endliche Folgen von n Gliedern kann man auch mit *geordneten n-Tupeln* identifizieren. (Den Begriff des geordneten n-Tupels $\langle x_1, \ldots, x_n \rangle$ könnte man auch direkt auf den des geordneten Paares zurückführen, indem man, mit dem letzteren beginnend, die Bestimmung hinzufügt, daß $\langle x_1, \ldots, x_n \rangle$ mit $n > 2$ eine Abkürzung bilden solle für $\langle\langle x_1, \ldots, x_{n-1} \rangle, x_n \rangle$. Damit hätten wir den Begriff des geordneten n-Tupels durch eine rekursive Definition eingeführt.)

Wir werden an einer Stelle auch das *unendliche Cartesische Produkt* einer Folge α_i von Mengen benötigen. Darunter verstehen wir die Klasse aller Folgen $(x_i)_{i \in \mathbb{N}}$ mit $x_i \in \alpha_i$. Wir bezeichnen dieses Produkt mit $\prod_{i=1}^{\infty} \alpha_i$.

Die Elemente dieses Produktes sind also genau diejenigen Folgen, so daß für jedes $i = 1, 2, \ldots$ das i-te Glied x_i nur der einen Einschränkung unterworfen ist, Element der i-ten Menge α_i zu sein.

Für die spätere Anwendung wird sich die Unterscheidung der Funktionen in zwei Typen als wichtig erweisen, nämlich in sog. Punktfunktionen und in Mengenfunktionen. Beginnen wir zunächst mit den letzteren! Gegeben sei ein Bereich Ω von Objekten sowie eine Funktion F, deren Argumente nicht Elemente von Ω, sondern *Teilmengen von* Ω sind; d.h. $D_I(F)$ soll eine Klasse von Mengen von Objekten aus Ω sein. Eine derartige Funktion wird eine *Mengenfunktion* genannt. Ein interessanter Grenzfall ist der, bei dem *alle* Teilmengen von Ω mögliche Argumente von F sind. Die Klasse aller dieser Teilmengen heißt die *Potenzklasse* $Pot(\Omega)$ von Ω. Sie ist definiert durch:

(23) $Pot(\Omega) =_{\text{Df}} \{\alpha \mid \alpha \subseteqq \Omega\}$.

Der eben erwähnte Grenzfall ist dadurch gekennzeichnet, daß $D_I(F) = Pot(\Omega)$.

Die Bedeutung des Begriffs der Mengenfunktion für die Wahrscheinlichkeitstheorie ist die folgende: Der Grundbereich Ω besteht hier aus endlich oder unendlich vielen Objekten, den sog. möglichen Resultaten. Ω ist der Raum der möglichen Resultate. Die Ereignisse, welche den Gegenstand der Wahrscheinlichkeitsbeurteilung bilden, werden als Teilmengen von Ω konstruiert. (Warum diese Konstruktion zu wählen ist, wird später einsichtig werden; jetzt nehmen wir dies einfach als Faktum hin.) Die Wahrscheinlichkeiten für das Eintreten von Ereignissen sind durch eine Funktion beschreibbar, welche jedem möglichen Ereignis die Wahrscheinlichkeit seines Eintretens als numerischen Wert zuordnet. Eine solche Funktion nennt man ein *Wahrscheinlichkeitsmaß*. Wegen der Identifizierung von Ereignissen mit Mengen ist man gezwungen, Wahrscheinlichkeitsmaße als Mengenfunktionen einzuführen. Im sog. diskreten Fall — d.h. in dem Fall, wo Ω höchstens abzählbar unendlich viele Elemente enthält — wird als Definitionsbereich eines Wahrscheinlichkeitsmaßes in der Regel die ganze Potenzmenge von Ω gewählt. Dadurch ist die Gewähr dafür geschaffen, daß jedes logisch denkbare Ereignis einen Wahrscheinlichkeitswert zugeteilt erhält. (Im nichtabzählbaren Fall ist diese Wahl leider nicht möglich, was einen der Gründe für die maßtheoretischen Komplikationen der modernen Wahrscheinlichkeitslehre darstellt.)

Eine Funktion f, für die $D_I(f)$ entweder mit Ω identisch oder eine Teilmenge von Ω ist, deren Argumente also Elemente von Ω darstellen, wird demgegenüber eine *Punktfunktion* (auf Ω bzw. der entsprechenden Teilmenge von Ω) genannt. Die Objekte des Grundbereiches sind hierbei die ‚Punkte'. Fast alle Funktionen, mit denen der Nichtmathematiker konfrontiert wird, sind Punktfunktionen. Dazu gehören insbesondere alle numerischen Funktionen natürlicher, rationaler und reeller Zahlen. (Als Grundbereich ist hier ein Bereich von Zahlen zu wählen. Die fraglichen Funktionen, wie z.B. Addition, Multiplikation, Exponentialfunktion usw. ordnen Zahlen, und nicht etwa *Mengen von* Zahlen, Funktionswerte zu.) Die wichtigsten Punktfunktionen der Wahrscheinlichkeitstheorie sind diejenigen Funktionen, welche wir *Zufallsfunktionen* nennen werden. Sie haben Elemente von Ω als Argumente und Zahlen als Werte. Ihre Aufgabe besteht, grob gesprochen, darin, Wahrscheinlichkeitsaussagen in dem Sinn ‚in die Zahlensprechweise zu übersetzen', daß die Entitäten, denen man Wahrscheinlichkeiten zuordnet, nicht mehr Ereignisse, sondern *Zahlenmengen* sind. Aus rechnerischen Gründen ist es nämlich vorteilhaft, daß man es auch in der Wahrscheinlichkeitsrechnung nur mit Zahlen als Objekten zu tun hat.

Den Begriff des Funktionswertes haben wir nicht scharf definiert. Um eine allzu starke Abschweifung in die Mengenlehre zu vermeiden, begnügen wir uns mit einer inhaltlichen Erläuterung: Wenn f eine Funktion ist und x ein Element des Definitionsbereiches von f, also $x \in D_I(f)$, so verstehen wir unter dem *Funktionswert* $f(x)$ (d.h. genauer: unter dem Wert, den die Funktion f für das Argument x annimmt) das nach Definition eindeutig bestimmte Objekt $y \in D_{II}(f)$, so daß gilt: $\langle x,y \rangle \in f$.

Erläuterung: Da eine Funktion, wie jede Relation, eine Menge geordneter Paare darstellt und überdies rechtseindeutig ist, erhält man für jedes dieser geordneten Paare, welches Element der Funktion ist, zum Erstglied *genau ein* Zweitglied. Das Erstglied ist ein Argument, das Zweitglied der Wert der Funktion für dieses Argument. *Der Leser verwechsle nicht die Bedeutung der Symbole „f" und „$f(x)$"*. Wenn a ein bestimmtes Objekt aus dem Argumentbereich, d.h. ein bestimmtes Argument ist, so ist $f(a)$ ebenfalls ein ganz bestimmtes Objekt aus dem Bildbereich. Wenn „x" eine Variable symbolisiert, die über den ganzen Argumentbereich läuft, so symbolisiert „$f(x)$" ebenfalls eine Variable, die über den ganzen Bildbereich läuft. Man kann dies dadurch ausdrücken, daß man sagt, „$f(x)$" bezeichne den variablen Wert der fraglichen Funktion. Das Symbol „f" steht dagegen nicht für eine Variable, sondern bildet eine Konstante: Es bezeichnet ja eine ganz bestimmte Funktion, nämlich eine ganz bestimmte Abbildung des Argumentbereiches auf den Bildbereich.

1.d Einige Grundbegriffe der Kombinatorik. In der Wahrscheinlichkeitstheorie steht man häufig vor der Aufgabe, die Anzahl der Elemente einer solchen Menge zu bestimmen, welche dadurch hervorgegangen ist, daß man die Elemente vorgegebener Grundmengen in bestimmter Weise miteinander *kombiniert* oder vertauscht, d.h. *permutiert*. Dabei wird stets vorausgesetzt, daß man die Anzahl der Elemente jeder einzelnen Grundmenge, also die *Elementzahlen*, kennt. Es ist zweckmäßig, für solche Fälle Formeln bereit zu haben, welche eine rasche Berechnung ermöglichen.

Das einfachste Problem ist folgendes: Es seien endlich viele, und zwar k Mengen in einer bestimmten Numerierung gegeben. (Genauer gesprochen betrachten wir also eine bestimmte Folge von k Mengen.) Die Elementzahlen seien bekannt, nämlich n_1 für die erste Menge, n_2 für die zweite, ..., allgemein n_i für die i-te Menge. Wieviele Folgen von Objekten gibt es, wenn gefordert wird, daß für $i = 1$ bis k das i-te Objekt aus der i-ten Menge stammen muß? Die folgende Aussage liefert die Antwort:

(24) Wenn eine Folge von k Mengen gegeben ist, wobei die erste n_1 Elemente, die zweite n_2 Elemente, ..., die k-te n_k Elemente enthält, so gibt es $n_1 \times n_2 \times \ldots \times n_k$ Möglichkeiten, genau ein Element aus der ersten Menge, sodann ein Element aus der zweiten Menge, ..., und schließlich genau ein Element aus der k-ten Menge zu wählen.

Jede der Möglichkeiten, von denen hier die Rede ist, wird durch eine Folge von Objekten dargestellt, so daß das jeweils i-te Glied aus der i-ten Menge stammt. Die angegebene Zahl ergibt sich daraus, daß erstens für jede der k Mengen die Elemente aus den einzelnen Mengen *unabhängig voneinander* gewählt werden können und daß zweitens für die i-te Menge (von $i = 1$ bis k) genau n_i Wahlmöglichkeiten bestehen.

Beispiel. 5 Kaninchenzüchtervereine beschließen, für die Vertretung gemeinsamer Interessen einen Ausschuß zu bilden, in den aber von jedem Verein nur genau ein Mitglied gewählt werden kann. Der erste Verein habe 19 Mitglieder, der zweite habe 25, der dritte 16, der vierte 30 und der fünfte 12. Wieviele verschiedene Möglichkeiten gibt es, diesen Ausschuß zu bilden? Die Antwort lautet: Es gibt $19 \cdot 25 \cdot 16 \cdot 30 \cdot 12 = 2736000$ verschiedene mögliche Ausschüsse.

Gegeben sei nun eine Menge α von n Elementen: $\alpha = \{a_1, \ldots, a_n\}$. Wieviele verschiedene geordnete n-Tupel $\langle a_{i_1}, \ldots, a_{i_n} \rangle$ kann man aus diesen Elementen bilden; einfacher gesprochen: Wieviele Möglichkeiten gibt es, diese n Elemente in einer bestimmten Reihenfolge anzuordnen, so daß jedes Element an einer, aber auch nur an einer Stelle der Folge als Glied vorkommt? Das erste Glied der Folge kann man auf n verschiedene Weisen wählen; für das zweite Glied stehen dann noch $n - 1$ Wahlmöglichkeiten offen, für das dritte $n - 2$ Wahlmöglichkeiten, ..., und schließlich für das n-te $n - (n - 1) = 1$ Wahlmöglichkeiten. Wir erhalten also die gesuchte Anzahl in der Weise, daß wir alle natürlichen Zahlen von 1 bis n miteinander multiplizieren. Diese Zahl wird durch $n!$ (sprich: n Fakultät) abgekürzt. Die genaue rekursive Definition lautet (wobei aus Zweckmäßigkeitsgründen mit 0 statt mit 1 begonnen wird):

$$0! =_{\mathrm{Df}} 1.$$

$$n! =_{\mathrm{Df}} (n-1)! \cdot n.$$

Ein bestimmtes n-Tupel, welches man aus der Menge mit n Elementen bilden kann, wird eine *Permutation* dieser n Elemente genannt. Das Ergebnis der Überlegung läßt sich daher festhalten in der Aussage:

(25) Es gibt $n!$ $(= 1 \cdot 2 \cdot \cdots \cdot (n-1) \cdot n)$ Permutationen von n Objekten.

Beispiel. Wieviele mögliche Tischordnungen gibt es für eine Familie, die aus zwei Eltern und sechs Kindern, also aus acht Personen besteht? Es gibt $8! = 40320$ mögliche Sitzordnungen.

Jetzt verallgemeinern wir die vorige Fragestellung. Es sollen nicht mehr *alle* n Elemente zu Folgen geordnet werden. Vielmehr greifen wir eine beliebige Zahl $r \leqq n$ heraus und fragen: Wieviele geordnete r-Tupel $\langle a_{i_1}, \ldots, a_{i_r} \rangle$ kann man aus der Menge $\{a_1, \ldots, a_n\}$ bilden? Ein bestimmtes derartiges r-Tupel wird *Variation von n Elementen zur r-ten Klasse* genannt und ihre Gesamtzahl wird mit $V(n,r)$ bezeichnet. (Die beiden Argumentstellen sind offenbar erforderlich, da der Wert sowohl von der Anzahl n der Elemente der Ausgangsmenge abhängt als auch von der gewählten Zahl r.) Unser Problem ist also äquivalent mit der Frage, wieviele Variationen von n Elementen zur r-ten Klasse es gibt. Zur Beantwortung dieser Frage gehen wir methodisch genauso vor wie im vorigen Fall: Das erste Glied können wir auf n verschiedene Weisen wählen, sodann das zweite Glied auf $n-1$ verschiedene Weisen usw. Zum Unterschied vom Permutationsfall müssen wir aber diesmal nach dem r-ten Schritt aufhören. Da für das r-te Glied noch genau $n-(r-1) = (n-r)+1$ Möglichkeiten offenstehen, lautet die Antwort:

(26) Die Anzahl der Variationen von n Elementen zur r-ten Klasse beträgt $V(n,r) = n(n-1)(n-2) \cdot \cdots \cdot (n-r+1)$. (Wir könnten diese Aussage auch unter Verwendung des Begriffs der Permutation formulieren. Sie würde dann besagen, daß die obige Zahl *die Anzahl der Permutationen von r verschiedenen Elementen* angibt, *die man aus einer Menge von n Elementen auswählen kann.*)

Unter Benützung der Fakultätenschreibweise könnten wir dieses Resultat auch so formulieren:

$$V(n,r) = \frac{n!}{(n-r)!}\,.$$

Beispiel. Sieben Personen betreten gleichzeitig ein Wahllokal, in welchem es nur drei Wahlkabinen gibt. Wieviele Möglichkeiten bestehen, diese sieben Personen auf die drei Kabinen zu verteilen? Um die Aufgabenstellung eindeutig zu machen, muß noch hinzugefügt werden, daß zwei *verschiedene* Verteilungen derselben drei Personen auf die drei Kabinen als *verschiedene* Möglichkeiten gezählt werden sollen. Die gesuchte Zahl ist: $7 \cdot 6 \cdot 5 \cdot 4 = 840$.

Bei der letzten Frage ging es um die Anzahl r-gliedriger Folgen (geordneter r-Tupel), die man aus n Elementen bilden kann. Jetzt wandeln wir diese Problemstellung in der folgenden Weise ab: Wir fragen nicht mehr nach der Anzahl der r-gliedrigen Folgen, sondern nach der Anzahl der genau r Elemente enthaltenden *Teilmengen*, die man aus der Grundmenge von n Elementen bilden kann. Dabei können wir an das eben erhaltene Resultat anknüpfen. Darin haben wir nämlich zwei verschiedene Anordnungen von r Elementen als verschieden betrachtet, da es ja eben um die

Bildung *geordneter* r-Tupel ging. Wenn wir uns dagegen auf Teilmengen von r Elementen konzentrieren, so haben wir verschiedene Anordnungen vorgegebener Elemente zu vernachlässigen, da es bei der Bildung von Mengen mit r Elementen auf deren Reihenfolge nicht ankommt. Nach (25) gibt es $r!$ Permutationen von r Elementen. Die Gesamtheit der in (26) angegebenen Variationen von n Elementen zur r-ten Klasse $V(n,r)$ enthält, da jeweils die Reihenfolge von r Elementen berücksichtigt wird, jede der Teilmengen $r!$-mal. Man muß also die in (26) angegebene Zahl durch $r!$ dividieren, um die gesuchte Anzahl von Teilmengen zu erhalten. Eine Menge von r Elementen, die man aus einer Menge von n Elementen ohne Berücksichtigung ihrer Reihenfolge auswählen kann, wird eine *Kombination von n Elementen zur r-ten Klasse* genannt. Die Anzahl dieser Kombinationen wird auch mit $C(n,r)$ bezeichnet und die gewonnene Zahl durch $\binom{n}{r}$ (sprich: „n über r") abgekürzt. Wir erhalten somit:

(27) Es seien n und $k \leqq n$ vorgegeben. Eine Menge mit n Elementen enthält genau

$$C(n,k) = \binom{n}{k} = \frac{n!}{k!(n-k)!}$$

Teilmengen von k Elementen. (Wahlweise könnte man stattdessen sagen, daß $\binom{n}{k}$ die Anzahl der Möglichkeiten angibt, eine Menge von n Elementen in ein geordnetes Paar von Teilmengen unterzuteilen, dessen erstes Glied k und dessen zweites Glied $n-k$ Elemente hat.)

Wir knüpfen an das vorige Beispiel an, wandeln dieses jedoch dahingehend ab, daß wir zwischen zwei verschiedenen Verteilungen von drei bestimmten Personen auf die drei verfügbaren Kabinen *nicht* unterscheiden. Bei dieser Modifikation der Aufgabenstellung gibt es $840/6 = 140$ verschiedene Möglichkeiten, die sieben Personen auf die drei Kabinen zu verteilen; denn $3! = 1 \cdot 2 \cdot 3 = 6$.

Wenn man in $\binom{n}{k}$ Zähler und Nenner durch $(n-k)!$ teilt, so erhält man die Gleichung:

$$\binom{n}{k} = \frac{n \cdot (n-1) \cdot \cdots \cdot (n-k+1)}{k!}.$$

Daraus geht hervor, daß $\binom{n}{k}$ nicht nur, wie bei unserer Annahme, für $k \leqq n$, sondern auch für $k > n$ definiert ist und in diesem Fall stets den Wert 0 liefert. (Denn dann muß genau ein Zahlwert im Zähler, spätestens der letzte, gleich 0 sein, während alle übrigen im Zähler und im Nenner vorkommenden Zahlen von 0 verschieden sind.) Dagegen soll der Ausdruck $\binom{n}{k}$ nur für nichtnegative ganze Zahlen erklärt sein. (Wir verzichten also auf die in der Mathematik übliche Erweiterung dieses Begriffs auf beliebige reelle Zahlen.)

Die Bedeutung des Symbols $\binom{n}{k}$ sowie des Resultates (27) soll an einer einfachen algebraischen Aufgabe illustriert werden. Wir erinnern zunächst daran, daß eine Summe von $n+1$ Zahlen $c_0+c_1+\cdots+c_n$ durch $\sum_{i=0}^{n} c_i$ abgekürzt wird.

Es sei x eine beliebige reelle Zahl. Der Ausdruck $(1+x)$ soll n-mal mit sich selbst multipliziert werden, d.h. man soll $(1+x)^n$ bilden. Bei der Ausmultiplikation ergeben sich Glieder x^k mit $k=0,\ldots,n$, die verschiedene Koeffizienten haben, je nachdem, wie oft das betreffende Glied x^k vorkommt. Unsere Aufgabe besteht darin, für $(1+x)^n$ eine Summenformel zu finden, die in bündiger Form die Koeffizienten für jedes x^k festlegt. Diese Aufgabe ist auf ein Problem von der Art reduzierbar, welches in (27) beantwortet worden ist. Greifen wir nämlich für ein beliebiges $k \leqq n$ das Glied x^k heraus. Dieses Glied ist in der Weise zustande gekommen, daß wir k Faktoren x und $n-k$ Faktoren 1 miteinander multipliziert haben. Der Koeffizient dieses Gliedes ist also gleich der Anzahl der verschiedenen Möglichkeiten, aus n Faktoren $(1+x)$ k Faktoren x und $n-k$ Faktoren 1 auszuwählen. Die Aufgabe ist bereits durch das vor dem „und" Stehende festgelegt. (Denn wenn genau k Faktoren x gewählt wurden, so *müssen* die übrigen $n-k$ Faktoren 1 sein.) Da es ferner auf die Reihenfolge der x nicht ankommt, muß der Koeffizient von x^k gleich der Anzahl der Möglichkeiten sein, aus einer Menge von n Elementen k Elemente auszuwählen. Nach (27) ist diese Anzahl jedoch gleich $\binom{n}{k}$. Wenn wir bedenken, daß nach Definition gilt: $\binom{n}{0}=1$, so lautet die gesuchte Summenformel:

$$(28)\quad (1+x)^n = \sum_{k=0}^{n} \binom{n}{k}\, x^k.$$

Da es sich hierbei um einen Spezialfall des Binomialtheorems handelt, werden die Größen $\binom{n}{k}$ auch als *Binomialkoeffizienten* bezeichnet. Für viele Rechnungen ist es von Vorteil, an den Binomialkoeffizienten gewisse einfache Umformungen vorzunehmen. Wir erwähnen deren zwei. Die erste ist in (29) enthalten, die zweite in (30).

$$(29)\quad \binom{n}{r} = \binom{n}{n-r} \text{ für } r=0 \text{ oder } 1 \text{ oder } \ldots \text{ oder } n.$$

Man erhält diese Formel durch die Gleichungskette:

$$\binom{n}{r} = \frac{n!}{r!(n-r)!} = \frac{n!}{(n-r)!r!} = \binom{n}{n-r},$$

wobei die erste und die letzte Gleichung sich aus der Definition ergeben während die mittlere durch Vertauschung der Faktoren im Nenner entsteht.

(30) $\binom{n}{r} = \binom{n-1}{r} + \binom{n-1}{r-1}$ für $r = 1$ oder 2 oder ... oder n—1.

Für den Beweis greifen wir auf (28) zurück. Den Ausdruck $(1+x)^n$ können wir mittels Zerlegung in zwei Faktoren durch $(1+x)(1+x)^{n-1}$ darstellen. Wenn wir nach den beiden Gliedern des ersten Faktors ausmultiplizieren, so erhalten wir:

$$(1+x)^n = (1+x)^{n-1} + x \cdot (1+x)^{n-1}$$

Unser weiteres Vorgehen besteht darin, die Koeffizienten von x^r auf der linken und auf der rechten Seite gleichzusetzen. Der linke Koeffizient ist nach (dem Beweis von) (28) gleich $\binom{n}{r}$. Auf der rechten Seite erhalten wir den Koeffizienten dadurch, daß wir die *Summe* der Koeffizienten von x^r in $(1+x)^{n-1}$ und in $x \cdot (1+x)^{n-1}$ bilden. Für den ersten dieser beiden Ausdrücke ist dieser Koeffizient nach (28) gleich $\binom{n-1}{r}$. Der Koeffizient von x^r in $x \cdot (1+x)^{n-1}$ ist andererseits (nach Division durch x) gleich dem Koeffizienten von x^{r-1} in $(1+x)^{n-1}$, also wieder nach (28) gleich $\binom{n-1}{r-1}$. Indem wir den ersten gewonnenen Wert der Summe der beiden zuletzt gewonnenen Werte gleichsetzen, erhalten wir genau die Formel (30).

Wir weisen noch auf eine mengentheoretische Verwertung von Formel (28) hin. Wenn wir $x = 1$ setzen, so erhalten wir: $2^n = (1+1)^n = \sum_{i=0}^{n} \binom{n}{i}$. Was bedeutet der rechte Summenausdruck, wenn wir eine Menge von n Elementen als vorgegeben betrachten? Nun: $\binom{n}{0}$ ist die Anzahl der Teilmengen dieser Menge mit 0 Elementen (nämlich 1; denn die einzige Teilmenge von dieser Art ist die leere Menge); $\binom{n}{1}$ ist die Anzahl der Teilmengen mit einem Element, .., $\binom{n}{i}$ die Anzahl der Teilmengen von i Elementen, ..., $\binom{n}{n}$ die Anzahl der Teilmengen mit n Elementen (nämlich wieder 1; denn die einzige Teilmenge dieser Art ist die Menge selbst). Unsere Formel kann daher so interpretiert werden, daß sie besagt: Eine Menge von n Elementen hat genau 2^n Teilmengen; oder anders ausgedrückt:

(31) Die Potenzklasse einer Menge von n Elementen (d.h. die Klasse aller Teilmengen dieser Menge) besitzt 2^n Elemente.

Die Übertragung dieser Feststellung über die Anzahl der Teilmengen auf den Unendlichkeitsfall war für G. Cantor ein entscheidender Schritt in der mengentheoretischen Konstruktion von Hierarchien von Unendlichkeiten. Da nämlich auch eine unendliche Menge mit $\varkappa$ Elementen eine Potenzklasse mit $2^\varkappa$ Elementen besitzt und nach dem Cantorschen Theorem diese Potenzklasse nicht auf die ursprüngliche Menge bijektiv abgebildet werden kann, erzeugt man durch den Übergang gegebener Mengen zu ihren Potenzklassen Mengen von immer größeren Mächtigkeiten.

2. Der Begriff des Wahrscheinlichkeitsraumes. Grundaxiome und elementare Theoreme der abstrakten Wahrscheinlichkeitstheorie

2.a Vorbemerkungen. Da die verschiedenen Bedeutungen des Wortes „wahrscheinlich" bzw. „Grad der Wahrscheinlichkeit" einen häufigen Anlaß für Mißverständnisse und begriffliche Konfusionen bildeten und noch immer bilden, sollen diese Bedeutungen, bevor wir uns der Beschreibung des mathematischen Modells zuwenden, nochmals kurz zur Sprache kommen.

In der *mathematischen Wahrscheinlichkeitstheorie* geht es darum, eine allgemeine und abstrakte Theorie aufzubauen, welche das Handwerkszeug zur Verfügung stellt, um alle Arten von Wahrscheinlichkeitsproblemen, die in irgendeinem Bereich auftreten können, rechnerisch zugänglich zu machen. Der Wahrscheinlichkeitsbegriff selbst wird dabei nur durch einige wenige Axiome charakterisiert; er ist, wie HILBERT sagen würde, durch diese Axiome bloß *implizit definiert*. Die weitergehenden Deutungen, wie sie z.B. die Personalisten, die Objektivisten oder CARNAP vornehmen, kommen hier überhaupt noch nicht zur Geltung. *Daher kann der Streit zwischen den verschiedenen Schulen in der Begründung der Wahrscheinlichkeitstheorie auf die mathematische Theorie gar nicht übergreifen*, denn diese Theorie ist mit *jeder* speziellen Auffassung über Wahrscheinlichkeit verträglich (soweit diese Auffassung überhaupt konsistent durchführbar ist). Anders ausgedrückt: Die mathematische Wahrscheinlichkeitstheorie begnügt sich damit, einen reinen Kalkül aufzubauen, weshalb man diesen Teil der Wahrscheinlichkeitstheorie auch häufig *Wahrscheinlichkeitskalkül* nennt, welcher den Wahrscheinlichkeitsbegriff als undefinierten Grundbegriff enthält. Der Schulenstreit tritt erst auf, wenn man *die Frage nach der für gewisse Anwendungen adäquaten Deutung* aufwirft, technisch gesprochen: *wenn man den Wahrscheinlichkeitskalkül durch semantische Interpretationsregeln verschärft.*

Ein Vergleich mit der Situation in der Geometrie möge den Sachverhalt verdeutlichen. Zwei Mathematiker A und B können beide mit dem Aufbau einer nichteuklidischen Geometrie beschäftigt sein, obwohl einerseits A der Überzeugung ist, daß der ‚reale' physikalische Raum in adäquater Weise allein mit den Hilfsmitteln der *euklidischen* Geometrie beschrieben werden kann, andererseits B die Auffassung vertritt, auch der physikalische Raum müsse als ein bestimmter *nichteuklidischer* Raum gedeutet werden. Dieser Meinungsgegensatz tritt in ihrer mathematischen Arbeit nicht störend in Erscheinung, weil sie *als Mathematiker* vom Anwendungsproblem vollkommen abstrahieren und ihre nichteuklidische Geometrie als bloßen Kalkül auffassen. Die geometrischen Grundbegriffe sind für sie nur so weit festgelegt, als diese Begriffe die aufgestellten Axiome erfüllen müssen. In diesem geometrischen Kalkül geht es allein darum, *Lehrsätze* aus den Axiomen *abzuleiten*, nicht jedoch darum, Hypothesen über die geometrische Struktur realer Räume, wie z.B. des physikalischen Raumes oder des menschlichen Wahrnehmungsraumes, aufzustellen und zu überprüfen.

Dieser Hinweis auf die Geometrie führt uns allerdings wieder zu der Frage, wie der Streit zwischen den Schulen der Personalisten und der Objektivisten in der Wahrscheinlichkeitstheorie eigentlich zu verstehen sei. Ein Kalkül kann ja auf verschiedenste Weise interpretiert werden und man ist daher berechtigt, für verschiedenartige Anwendungen auf verschiedene Deutungen zurückzugreifen. Die personalistische Deutung versucht, den Wahrscheinlichkeitsbegriff als einen präzisierten Begriff des *Überzeugungsgrades* einzuführen, die objektivistische Auffassung geht dahin, den Wahrscheinlichkeitsbegriff im Sinne der *statistischen Wahrscheinlichkeit* zu deuten und diese Deutung ihrerseits wieder als eine Präzisierung des Gedankens der relativen Häufigkeit auf lange Sicht aufzufassen. Rein logisch gesehen könnte es der Fall sein, daß für gewisse Anwendungen die personalistische Deutung angemessen sei, für andere Anwendungen hingegen die objektivistische Konzeption (analog wie es sich im geometrischen Fall herausstellen könnte, daß der physikalische Raum euklidisch ist, hingegen der menschliche Wahrnehmungsraum oder ein spezieller Teil davon, wie z.B. der visuelle Raum, eine bestimmte nichteuklidische Struktur besitzt).

Dies ist auch tatsächlich die Auffassung von Carnap. Nach Carnap muß man in der Statistik und in der Physik mit dem Begriff der statistischen Wahrscheinlichkeit arbeiten, in der Theorie des induktiven Räsonierens hingegen mit dem personalistischen Wahrscheinlichkeitsbegriff bzw. mit einer Spezialisierung der personellen Wahrscheinlichkeit, die er *induktive Wahrscheinlichkeit* nennt. Der Streit zwischen den Schulen entsteht erst dann, wenn die Vertreter dieser Schulen mit einer bestimmten Deutung *einen erkenntnistheoretischen Ausschließlichkeitsanspruch* verknüpfen. Die Objektivisten z.B. behaupten, daß der Begriff des Überzeugungsgrades ein viel zu verschwommener, quantitativ überhaupt nicht präzisierbarer Begriff sei und daß *in allen* wissenschaftlichen Anwendungen nur mit dem Begriff der statistischen Wahrscheinlichkeit operiert werden dürfe. Die Subjektivisten (Personalisten) wiederum behaupten, daß sich der sog. objektive Wahrscheinlichkeitsbegriff gar nicht in zirkelfreier Weise definieren lasse und daß die einzige wahre Wahrscheinlichkeit die subjektive oder personelle Wahrscheinlichkeit sei.

Die Bemerkungen in den letzten beiden Sätzen sollten nur ein ungefähres Verständnis dafür erzeugen, wie überhaupt verschiedenartige Deutungen des Wahrscheinlichkeitskalküls einen Anlaß für Meinungsdifferenzen geben können. Die Stichhaltigkeit der Argumente für die eine oder die andere Auffassung kann an dieser Stelle natürlich nicht überprüft werden. Die detaillierten Auseinandersetzungen mit den verschiedenen Argumenten finden sich in den Hauptteilen dieses Buches.

Nur folgendes sei bereits jetzt antizipiert: Der Vorwurf, daß der subjektive oder personelle Wahrscheinlichkeitsbegriff mathematisch überhaupt nicht präzisierbar sei, muß als falsch zurückgewiesen werden, sofern man bereit ist, gewisse elementare Idealisierungen in der Gestalt von Rationalitätskriterien zu akzeptieren. Andererseits enthalten tatsächlich die älteren Versionen des Objektivismus entweder eine falsche Behauptung oder sie sind zirkulär. *Wenn überhaupt*, so läßt sich eine der objektivistischen Konzeption ähnliche nur in der Weise einführen, daß der Begriff der statistischen Wahrscheinlichkeit *als eine theoretische Disposition* aufgefaßt wird, die man nicht mittels empirischer Begriffe *definieren* kann.

Von diesen beiden Deutungsmöglichkeiten des Wahrscheinlichkeitskalküls müssen zwei weitere Dinge unterschieden werden: die *Carnapsche Spezialisierung* des Wahrscheinlichkeitsbegriffs und die *nichtmathematischen Gebrauchsweisen* von „wahrscheinlich".

Das Carnapsche Vorgehen unterscheidet sich vom personalistischen hinsichtlich Interpretation und Rechtfertigung der wahrscheinlichkeitstheoretischen Grundaxiome nur in bezug auf den Präzisionsgrad, der bei Carnap größer ist, nicht hingegen in bezug auf den Inhalt. Aus Gründen, die im zweiten Teil zur Sprache kommen werden, vertritt Carnap die Auffassung, daß zusätzliche Axiome hinzutreten sollen, um den Spielraum, welchen die personalistische Deutung dem Wahrscheinlichkeitsbegriff beläßt, weiter einzuengen.

Wir haben wahlweise die Ausdrücke „Subjektivismus" und „Personalismus" in gleicher Bedeutung gebraucht. Tatsächlich sollte man jedoch auch hier differenzieren. Als personalistisch im engeren Sinn werden wir nur die *normative* Deutung bezeichnen. Dies ist die von Carnap und den Personalisten intendierte Interpretation. Daneben kann der Subjektivismus aber auch im *empirisch-deskriptiven* Sinn verstanden werden: Während nach der normativen Interpretation die Wahrscheinlichkeit den Überzeugungsgrad bezeichnet, welchen eine rationale Person haben *sollte*, ist die Wahrscheinlichkeit nach der empirisch-deskriptiven Interpretation der Glaubensgrad, den eine existierende (also rationale *oder* irrationale) Person *tatsächlich hat*[4]. Wenn man beides wahrscheinlichkeitstheoretischen Subjektivismus nennt, so sollte man also diesen *Subjektivismus im weiteren Sinn* unterteilen in den empirisch-deskriptiven Subjektivismus und den Personalismus.

Auch bei den nichtmathematischen Gebrauchsweisen sollte man mindestens zwei Hauptfälle unterscheiden. Zur einen Klasse von Fällen gehören diejenigen, in denen der Ausdruck „wahrscheinlich" als gleichbedeutend mit „vermutlich" gebraucht wird und daher entweder kein Bedürfnis besteht, diesen Begriff über seinen alltäglichen Gebrauch hinaus zu präzisieren, oder bei denen eine solche Präzisierung einer Kontextelimination gleich-

---

[4] Die Axiome der Wahrscheinlichkeitstheorie werden in diesem Fall zu *empirisch-hypothetischen* Aussagen über das Verhalten von Menschen.

käme. Ein typischer Fall von der letzteren Art dürfte vorliegen, wenn ein Gericht eine Person X wegen eines Verbrechens verurteilt, das diese Person ‚mit an Sicherheit grenzender *Wahrscheinlichkeit*' begangen habe. Mit dieser Formulierung dürfte etwas gemeint sein, das sich mit anderen Worten ungefähr so ausdrücken läßt: Man kann zwar noch immer zweifeln, ob X das fragliche Verbrechen begangen hat. Zur Begründung eines solchen Zweifels könnte man aber keine Argumente vorbringen, die sich auf diesen *konkreten* Fall beziehen, sondern nur die *allgemeine* Tatsache anführen, daß Irren eben menschlich sei.

Zur anderen Klasse von Fällen gehört jenes Sprechen über *die Wahrscheinlichkeit von Hypothesen*, bei dem eine Präzisierung des dabei verwendeten Ausdrucks „Wahrscheinlichkeit" zwar möglich ist, jedoch zu einer nicht-probabilistischen Explikation des Wahrscheinlichkeitsbegriffs führt, d.h. zu einem Explikat, welches nicht den Axiomen des Wahrscheinlichkeitskalküls genügt. Dazu gehören die Begriffe, welche in nicht-probabilistischen Theorien der (qualitativen, komparativen und quantitativen) Bestätigung (Stützung) deterministischer und statistischer Hypothesen entwickelt werden.

Die Tabelle auf S. 133 gibt einen schematischen Überblick über alle diese Möglichkeiten.

Anmerkung. Die tabellarische Übersicht über die verschiedenen Verwendungen von „wahrscheinlich" ist in einer entscheidenden Hinsicht unvollständig: Es wird darin nur auf die *deskriptiv-kognitiven Äußerungen* bezug genommen, in welchen sich dieser Ausdruck findet. Das Wort kommt jedoch auch *in nicht-deskriptiven Sprechakten* vor oder wird geradezu dafür verwendet, *solche anderen Sprechakte zu signalisieren.* Zwei Andeutungen über solche andersartige Verwendungen mögen dies verdeutlichen.

Angenommen, die Äußerung „mit an Sicherheit grenzender Wahrscheinlichkeit" werde wieder von einem Gericht im Rahmen des Urteilsspruches über eine Person vollzogen, die wegen eines schweren Verbrechens angeklagt ist. Und zwar machen wir die irreale Annahme, daß der Urteilsspruch nur dann rechtsgültig werde, wenn darin die Formel vorkommt, daß der Angeklagte mit an Sicherheit grenzender Wahrscheinlichkeit das Verbrechen begangen habe. Dann ist diese Wendung ein wesentlicher Bestandteil eines rituellen Aktes, der *eine Handlung mit einschneidenden praktischen Konsequenzen für den Angeklagten* darstellt. Das Wort „wahrscheinlich" bzw. „Wahrscheinlichkeit" ist, um mit J.L. Austin zu sprechen, zu einer unverzichtbaren Komponente eines *performativen Sprechaktes* geworden.

Eine ebenfalls performative Äußerung dürfte vorliegen, wenn ich zu meinem Freund sage, daß ich ihn *wahrscheinlich* heute abend besuchen werde. Wäre diese Wendung deskriptiv zu verstehen, so handelte es sich um eine *probabilistische Prognose* von prinzipiell derselben Art wie in der Wettervorhersage: „wahrscheinlich wird es morgen schneien". Doch so etwas war von mir sicherlich nicht intendiert. Ich habe meinem Freund zwar kein definitives Versprechen gegeben, heute abend zu ihm zu kommen. Trotzdem habe ich mit meiner Äußerung einen schwächeren *Akt der Zusicherung* vollzogen: Ich werde ‚mein Möglichstes tun', heute abend zu ihm zu kommen, bin aber nicht sicher, ob nicht gewisse Ereig-

I Abstrakter mathematischer Wahrscheinlichkeitsbegriff
Semantische Interpretationen

- *Interpretation 1* *subjektive Wahrscheinlichkeit i.w.S.* Gabelung in beschreibende und normative Theorien
  - 1*A*: subjektive W. im empirisch-deskriptiven Sinn *(Subjektivismus i.e.S.)*
  - 1*B*: subjektive W. im normativen Sinn *(Personalismus; Rationale Entscheidungstheorie)*
    - Zusätzliche Spezialisierung durch weitere Atome: 1*Ba: induktive W.*
      (1) *Induktive Logik:* Carnap I
      (2) *Normative Theorie des induktiven Räsonierens:* Carnap II
- *Interpretation 2* *objektive Wahrscheinlichkeit = statistische Wahrscheinlichkeit*
  - W. als Grenzwert relativer Häufigkeiten *(Limestheorie der statistischen Wahrscheinlichkeit)*
  - W. als eine *theoretische Disposition* physikalischer Systeme

II Nichtmathematische Wahrscheinlichkeitsbegriffe

- (*a*) wissenschaftstheoretisch bedeutsame und daher explikationsbedürftige Begriffe, deren intuitive Grundlage häufig „Hypothesenwahrscheinlichkeit" genannt wird, deren Explikat aber *nicht probabilistisch im Sinn von I* ist:
  (1) *deduktive* oder *qualitative Bestätigungsbegriffe für deterministische Hypothesen* (z.B. der Begriff der Bewährung von POPPER oder der Begriff des bestätigenden Datums von HEMPEL)
  (2) *komparative Begriffe der Bestätigung oder Stützung statistischer Hypothesen* (z.B. das Likelihood-Kriterium von HACKING)
  (3) *quantitative Begriffe der Bestätigung oder der Bewährung*, soweit diese nicht unter die Rubrik 1*Ba*, (1), fallen
- (*b*) alltagssprachliche Wendungen, die entweder nicht präzisierungsbedürftig sind oder die im Fall einer Präzisierung aus dem Kontext eliminiert werden können, wie z.B. der juristische Gebrauch von „mit an Sicherheit grenzender Wahrscheinlichkeit"

Fig. 2-1

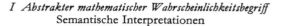

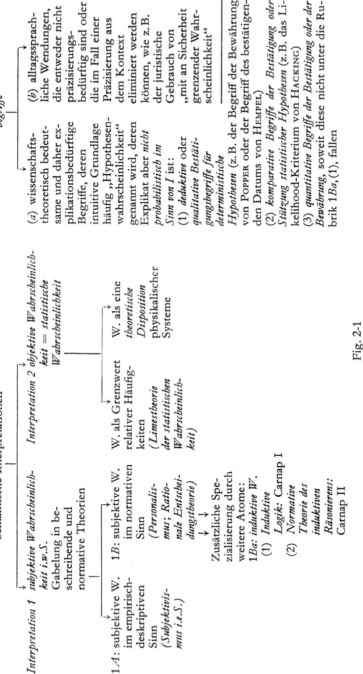

nisse meinen Plan durchkreuzen werden. Ich habe ihm mit meiner Äußerung, so könnte man sagen, *ein abgeschwächtes Versprechen* gegeben.

Es wäre eine wichtige und interessante philosophische Aufgabe, den performativen Gebrauch von „wahrscheinlich" sowie anderer verwandter Ausdrücke systematisch zu untersuchen.

2.b Körper und σ-Körper von Ereignissen. Bevor wir damit beginnen, das mathematische Modell der modernen Wahrscheinlichkeitstheorie zu schildern, müssen wir vorausschicken, daß ein unmittelbarer intuitiver Zugang zu diesem Modell nur von der *objektivistischen Auffassung* her zu gewinnen ist. Wir knüpfen daher an diese übliche Darstellungsweise an. Carnap ist es allerdings auf dem Wege über eine interessante Verknüpfung der Tarski-Semantik mit moderner Maßtheorie geglückt, einen ähnlichen Zugang auch für die *personalistische Auffassung* zu liefern. Die Schwierigkeit liegt diesmal darin, daß den Gegenstand der Wahrscheinlichkeitsbeurteilung *Propositionen* bilden und daß zunächst nicht zu erkennen ist, wie man solche Entitäten mit den mengentheoretisch gedeuteten Ereignissen des mathematischen Modells identifizieren könne. Das Carnapsche Verfahren soll am Ende dieses Unterabschnittes andeutungsweise skizziert werden. Diejenigen Leser, welche an den scharfen Definitionen der Einzelheiten interessiert sind, insbesondere an den Präzisierungen der Begriffe „Modell" und „Proposition", müssen auf den zweiten Teil verwiesen werden.

Frühere Schilderungen knüpften gewöhnlich an eine naheliegende *Verallgemeinerung elementarer deterministischer Gesetze* (in qualitativer Sprechweise) *zu statistischen Gesetzen* an. Ein elementares deterministisches Gesetz hat die Gestalt: „alle F sind G" und kann daher folgendermaßen symbolisiert werden:

(*a*) $\bigwedge x(Fx \rightarrow Gx)$.

Die dieser deterministischen Gesetzesaussage entsprechenden statistischen Gesetze würden aus allen Aussagen von der folgenden Gestalt bestehen: „die Wahrscheinlichkeit, daß ein F auch ein G ist, hat den Wert r", wobei r eine reelle Zahl zwischen 0 und 1 sein kann. Für diese Aussage wählen wir die folgende Formalisierung:

(*b*) $p(G,F)=r$.

Zu beachten ist, daß in beiden Fällen nicht vorausgesetzt wird, daß das Merkmal F sich nur auf eine endliche Anzahl von Objekten bezieht. Vielmehr ergeben sich beide Male die interessanteren Fälle erst dann, wenn eine potentiell unendliche Gesamtheit das Attribut F besitzt. So würde sich z.B. aus einer speziellen Interpretation von (*a*) die Aussage ergeben: „alle Metallgegenstände leiten Elektrizität". Unter Metallgegenständen sind hierbei nicht nur die *bisher beobachteten* Objekte dieser Art zu verstehen; vielmehr ist (*a*) zu deuten im Sinn von: „alle Objekte *aus der potentiell unendlichen Liste der Metallgegenstände* leiten Elektrizität." Mittels einer Spezialisierung von (*b*) würden wir z.B. die folgende Aussage gewinnen: „die Wahrscheinlichkeit, daß ein Wurf von gerader Augenzahl mit diesem Würfel (Merkmal *F*) überdies ein Sechserwurf (Merkmal *G*) ist, beträgt 1/3". Auch diese Aussage ist natürlich nicht im Sinne eines zusammenfassenden Berichtes über bisherige Beobachtungen zu verstehen, also im Sinn einer historischen Schilderung über die bislang beobachtete relative Häufigkeit der Sechserwürfe innerhalb der bis zur Gegenwart erzeugten Folge der geradzahligen Würfe mit diesem Würfel. Vielmehr besagt die Aussage, daß *relativ zur potentiell unendlichen Liste von geradzahligen Würfen* die Wahrscheinlichkeit der Sechserwürfe 1/3 beträgt. Tatsächlich wird weder in (*a*) noch in (*b*) vorausgesetzt, daß bereits relevante Beobachtungsergebnisse vorliegen. Darin kommt der wissenschaftstheoretisch wichtige Sachverhalt zur Geltung, daß es sich sowohl in (*a*) als auch in (*b*) um *Annahmen* oder *Vermutungen*, d.h. um *Hypothesen* handelt. Beide Arten von Hypothesen sind infolge der Unmöglichkeit, eine potentiell unendliche Liste effektiv zu durchlaufen, *unverifizierbar*. Eine Hypothese von der Gestalt (*b*) ist überdies auch *nicht* im strengen Sinn *falsifizierbar*. (Dieses letztere Faktum ist einer der Hauptgründe für die wissenschaftstheoretische Sonderstellung statistischer Hypothesen, die in Teil III genauer untersucht werden sollen.)

Die Aussage (*b*) benützt den Begriff der *bedingten* Wahrscheinlichkeit, d.h. den der Wahrscheinlichkeit des Vorkommens eines Attributes oder einer Klasse *relativ zu* einem Bezugsattribut oder einer Bezugsklasse. Die *absolute* Wahrscheinlichkeit ergibt sich daraus als Spezialfall, indem man nämlich für „*F*" das Prädikat wählt, welches *alle* Fälle umfaßt, die überhaupt zum Gegenstandsbereich der Untersuchung gehören. (In technischer Sprechweise designiert „*F*" in diesem Spezialfall das *Allattribut* oder die *Allklasse*. In unserem Beispiel würde es sich um die Klasse aller Würfe handeln, die man mit diesem Würfel vornehmen kann.)

In dem neueren Denkmodell, welchem wir uns jetzt zuwenden, wird umgekehrt vom Begriff der absoluten Wahrscheinlichkeit als dem Grundbegriff ausgegangen. Die Grundaxiome der Wahrscheinlichkeitstheorie reduzieren sich auf die besonders einfache und besonders einprägsame Klasse der Kolmogoroff-Axiome, so benannt nach dem russischen Wahrscheinlichkeitstheoretiker KOLMOGOROFF, auf den diese Axiomatisierung zurückgeht. Der (für die meisten praktischen Anwendungen wichtigere) Begriff der bedingten Wahrscheinlichkeit wird erst in einem zweiten Schritt auf den der absoluten Wahrscheinlichkeit definitorisch zurückgeführt.

Bei diesem Denkmodell geht man auf den *Mechanismus* zurück, durch den die Elemente der Klasse, die in der ersten Deutung Bezugsklasse genannt wurde, erzeugt werden, und zwar in dem allgemeinen Fall, daß die fragliche Klasse die Allklasse ist. Mit einem Seitenblick auf die statistischen Anwendungen werden solche Mechanismen Zufallsexperimente genannt. Um von einem Zufallsexperiment sprechen zu können, muß folgendes vorliegen: eine *experimentelle Anordnung*, die *in allen relevanten Einzelheiten beschreibbar* ist, mit deren Hilfe man ferner *Versuche eines bestimmten Typs* vornehmen kann, die *beliebig oft wiederholbar* sind und die *zu präzise beschreibbaren Resultaten* führen. Der Gedanke des Zufalls kommt insofern ins Spiel, als sich die Resultate bei sukzessiven Wiederholungen desselben Versuchstyps an dieser Anordnung *in unvorhersehbarer Weise* ändern. Daß trotz dieser Zufälligkeit eine Zuordnung fester Wahrscheinlichkeiten möglich wird, beruht darauf, daß die Resultate, obwohl im Einzelfall unvorhersehbar, mit Häufigkeiten vorkommen, die bei wachsender Zahl von Versuchen *konstant zu werden tendieren*.

Allen eben beschriebenen Gedanken haftet die Unbestimmtheit und Vagheit an, welche für intuitive Erläuterungen charakteristisch ist. Soweit erforderlich, werden diese Begriffe an späterer Stelle (Teil III) genauer analysiert. Um das Auftreten einseitiger oder fehlerhafter Vorstellungen zu verhindern, seien drei wichtige Aspekte kurz vorweggenommen:

(1) Es wird nicht vorausgesetzt, daß es sich bei dem Zufallsmechanismus um eine vom Menschen geschaffene *künstliche* Vorrichtung handele. Auch bestimmte *natürliche* Prozesse (Radiumzerfall, Vererbung, Verteilung der Geschlechter) werden als Ergebnisse geeignet interpretierter, in der Welt existierender Zufallsmechanismen aufgefaßt.

(2) Die Verwendung des Ausdrucks „Zufall" soll nicht zu der Annahme verleiten, als werde neben dem Begriff der Wahrscheinlichkeit ein unabhängig zu explizierender Begriff der Zufälligkeit benötigt. In III, 8 wird zu zeigen versucht, wie der Begriff der Zufälligkeit in allen wesentlichen Kontexten auf den der Wahrscheinlichkeit zurückführbar ist.

(3) Man muß der Verführung widerstehen, die Aussage, daß die relativen Häufigkeiten ‚konstant zu werden tendieren', dahingehend zu interpretieren, daß die relativen Häufigkeiten bei unendlich-oftmaliger Wiederholung desselben Versuchstyps am Zufallsexperiment bestimmten Grenzwerten — im Sinn der klassischen Analysis — zustreben. Es war der Kardinalfehler der früheren objektivistischen Theorien, eine solche Interpretation in der Sprechweise der herkömmlichen Analysis vorzunehmen.

Die Gesamtheit aller möglichen Resultate bildet das, was man den Stichprobenraum Ω nennt. Da diese Terminologie nur für den Fall der statistischen Wahrscheinlichkeit als angemessen erscheint, wählen wir stattdessen in der abstrakten Theorie den Ausdruck „*Möglichkeitsraum*". (Derselbe Ausdruck soll in Teil II bei der Schilderung der Carnapschen Theorie in einer spezielleren Bedeutung verwendet werden.) Ω wird als *Menge* aufgefaßt, nämlich als die Menge aller möglichen Resultate. Wenn wir bedenken, daß es sich bei den obigen Begriffen nur um gedankliche Hilfsmittel handelte, die den Zugang zum mathematischen Modell verständlich und plausibel machen sollen, können wir sagen, *daß im Rahmen des axiomati-*

schen Aufbaus der mathematischen Wahrscheinlichkeitstheorie der Möglichkeitsraum Ω als formaler Repräsentant des Zufallsexperimentes betrachtet wird. Prinzipiell kann man also, wenn man sich dem Aufbau der mathematischen Theorie zuwendet, alles wieder vergessen, was über den Begriff des Zufallsexperimentes gesagt worden ist.

Es ist allerdings nicht zweckmäßig, die Fähigkeit zur Vergeßlichkeit bereits an dieser Stelle in Aktion zu setzen; denn wir stehen bei der Beschreibung des mathematischen Modells erst am Anfang. In einem zweiten Schritt kommt es darauf an, diejenigen Entitäten auszuzeichnen, denen später Wahrscheinlichkeiten zugeordnet werden sollen. Diese Entitäten sollen *Ereignisse* genannt werden.

Es genügt nicht, nur die Elemente von Ω, also die möglichen Resultate allein, zu betrachten. Wenn z. B. Ω aus den sechs möglichen Wurfergebnissen eines Würfels besteht, so wollen wir nicht nur über die Wahrscheinlichkeiten sprechen können, daß eine 1 oder daß eine 2 oder daß eine 3 usw. geworfen wird. Wir werden in der Regel auch komplexeren Sachverhalten Wahrscheinlichkeiten zuordnen wollen, wie z.B. den durch Sätze von folgender Gestalt beschreibbaren Sachverhalten: „Es wird eine gerade Zahl geworfen"; „es wird eine 1 oder eine 5 geworfen"; „es wird keine 6 geworfen" usw. Wie man unmittelbar erkennt, handelt es sich hierbei um junktorenlogische Verknüpfungen von elementaren Sätzen, die das Eintreten möglicher Resultate beschreiben. (Auch der erste zitierte Satz ist offenbar als Adjunktion dreier solcher Sätze aufzufassen.) Statt von den die Ereignisse beschreibenden Sätzen gehen wir jedoch *von den Ereignissen selbst* aus, *die wir als Teilmengen von Ω auffassen.* An die Stelle junktorenlogischer Verknüpfungen treten dann mengentheoretische Operationen: an die Stelle der Negation die Komplementbildung; an die Stelle der Konjunktion die Durchschnittsbildung; an die Stelle der Adjunktion die Vereinigungsoperation.

Um zu verhindern, daß der Leser nur an die *einmalige* Durchführung eines Zufallsexperimentes denkt, soll zur Erläuterung ein Beispiel analysiert werden, bei dem ein derartiges Experiment dreimal hintereinander ausgeführt wird. Um den Sachverhalt graphisch veranschaulichen zu können, betrachten wir ein Zufallsexperiment, das einfacher ist als der Würfelwurf, nämlich den Münzwurf, der nur die zwei Resultate *Kopf* oder *Schrift* kennt. Für *Kopf* benützen wir die Ziffer 0 und für *Schrift* die Ziffer 1. Wir wollen uns mit drei aufeinanderfolgenden Würfen mit einer Münze beschäftigen. Da jeder der drei Würfe entweder das Resultat 0 oder das Resultat 1 haben kann, ergeben sich insgesamt $2^3 = 8$ Möglichkeiten[5]. Jede dieser Möglichkeiten stellt diesmal *ein* mögliches Resultat dar. Dasjenige, was wir die möglichen Resultate nennen, besteht also bei dem jetzt untersuchten Fall

[5] Hätten wir stattdessen ein dreimaliges Würfeln gewählt, so hätten wir einen Stichprobenraum von $6^3 = 216$ Elementen erhalten.

nicht in den Ergebnissen *eines* Münzwurfes, sondern in dem komplexen Ergebnis *dreier* aufeinanderfolgender Münzwürfe. Die einzelnen Resultate können wir auf Grund unserer Konvention als geordnete Tripel von Ziffern 0 und 1 darstellen, wobei das i-te Glied eines solchen Tripels das Ergebnis des i-ten Wurfes beschreibt ($i = 1,2,3$). So etwa ist $\langle 0,1,0 \rangle$ eine Abkürzung für die folgende Beschreibung eines Resultates: *Kopf* beim ersten Wurf, *Schrift* beim zweiten Wurf und *Kopf* beim dritten Wurf. Unser Möglichkeitsraum ist formal zu repräsentieren durch die Menge der 8 in dieser Weise gebildeten Tripel. Diesen Möglichkeitsraum Ω veranschaulichen wir folgendermaßen:

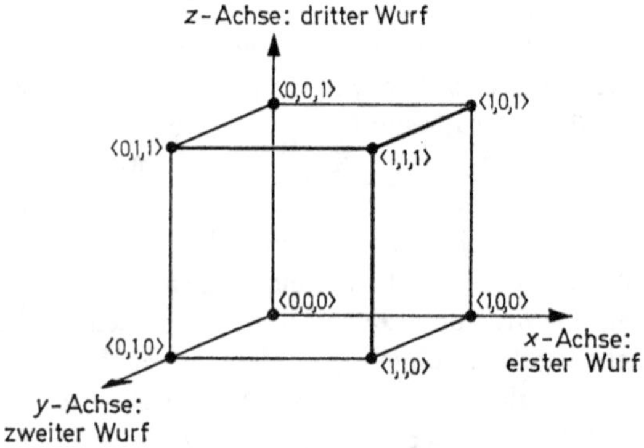

Fig. 2-2

Wir wählen ein dreidimensionales Cartesisches Koordinatensystem und ordnen dabei der x-Achse den ersten Wurf, der y-Achse den zweiten Wurf und der z-Achse den dritten Wurf zu. Ferner diene auf jeder der drei Achsen der Nullpunkt der Symbolisierung des Ergebnisses *Kopf* und der Punkt mit der Koordinate 1 der Symbolisierung des Ergebnisses *Schrift*. Ω wird dann anschaulich repräsentiert durch die 8 Eckpunkte unseres Würfels (vgl. Fig. 2-2).

Man erkennt jetzt sofort, daß die einzelnen denkbaren Ereignisse als Teilmengen dieses Raumes Ω darstellbar sind. So z.B. können wir das durch die folgende Aussage beschreibbare Ereignis: „beim ersten Wurf wird 1 *(Schrift)* geworfen“ mit der Menge der vier Eckpunkte identifizieren, die auf dem den Würfel rechts begrenzenden Quadrat ($x = 1$) erscheinen; denn genau diese vier Punkte entsprechen Tripeln, deren erstes Glied jeweils 1 ist, während die beiden anderen Glieder alle vier möglichen Wertekombinationen von 0 und 1 durchlaufen. Analog entspricht dem durch die Worte „beim zweiten Wurf wird 1 geworfen“ beschreibbaren Ereignis die Menge der vier Eckpunkte des Quadrates auf der Vorderseite des

Würfels. Wollen wir das Ereignis auszeichnen, das durch die *Konjunktion* der beiden unter Anführungszeichen stehenden Aussagen beschrieben wird, also das Ereignis: „beim ersten und beim zweiten Wurf wird 1 geworfen", so müssen wir den *Durchschnitt* der beiden eben angegebenen Mengen bilden. Wir erhalten dabei diejenige Menge, welche die beiden Punkte $\langle 1,1,1\rangle$ und $\langle 1,1,0\rangle$ auf der rechten Kante des vorderen Quadrates (welche zugleich die linke Kante des rechten Seitenquadrates ist) enthält. Wir identifizieren also das fragliche Ereignis mit der Menge $\{\langle 1,1,1\rangle,\langle 1,1,0\rangle\}$. Der Negation: „es ist nicht der Fall, daß in allen drei Würfen 1 *(Schrift)* geworfen wird" entspricht die Menge der 7 möglichen Resultate, die das Resultat $\langle 1,1,1\rangle$ nicht enthält, also die Menge der 7 Punkte des Würfels nach Weglassung des Punktes, der die drei Koordinatenwerte 1 besitzt. Diese Menge ist formal anschreibbar als die Differenzmenge $\Omega - \{\langle 1,1,1\rangle\}$, d.h. als die mengentheoretische Differenz zwischen Ω und der Einermenge von $\langle 1,1,1\rangle$.

Dieses letzte Beispiel, an dem die Zuordnung der mengentheoretischen Komplementbildung zur aussagenlogischen Negation illustriert wurde, zeigt zugleich, daß wir wegen der mengentheoretischen Deutung der Ereignisse nicht die möglichen Resultate, sondern *deren Einermengen* als elementarste Ereignisse wählen müssen. Wir sprechen von ihnen als von den *Elementarereignissen*. Der Grund für diese Konstruktion liegt auf der Hand: Es würde keinen Sinn ergeben, wollten wir das zuletzt gebrachte Beispiel in der Weise beschreiben, daß wir forderten, es sei die mengentheoretische Differenz von Ω und $\langle 1,1,1\rangle$ zu bilden. Ω ist ja eine Menge von Resultaten, $\langle 1,1,1\rangle$ hingegen selbst ein Resultat, also ein Element von Ω, jedoch keine Menge. Die Differenzbildung ist jedoch *nur für Mengen* erklärt. „Wegnahme des möglichen Resultates $\langle 1,1,1\rangle$ aus Ω" muß daher in der Weise gedeutet werden, daß die Einermenge $\{\langle 1,1,1\rangle\}$ von Ω ‚abgezogen' wird, d.h. daß der Durchschnitt aus Ω und dem Komplement $\overline{\{\langle 1,1,1\rangle\}}$ von $\{\langle 1,1,1\rangle\}$ gebildet wird. Ganz Analoges gilt für die Durchschnitts- und Vereinigungsoperation. Das durch den Satz: „in den ersten beiden Würfen wird 1 geworfen" beschriebene Ereignis wird durch die *Menge* $\{\langle 1,1,1\rangle,\langle 1,1,0\rangle\}$ wiedergegeben. Unser Satz ist logisch äquivalent mit der Adjunktion: „in allen drei Würfen wird 1 geworfen oder es wird in den ersten beiden 1 und im dritten 0 geworfen". Dem entspricht die Darstellung unserer Menge als Vereinigungsmenge. Man kann jedoch nicht die Vereinigung der beiden Resultate $\langle 1,1,1\rangle$ und $\langle 1,1,0\rangle$ bilden; vielmehr kann man nur die beiden *Mengen* $\{\langle 1,1,1\rangle\}$ und $\{\langle 1,1,0\rangle\}$ durch die Vereinigungsoperation zusammenfügen[6].

Wir fügen der Schilderung unseres Experimentes folgenden Beschluß hinzu: Sollte der ‚ungeheuer unwahrscheinliche' Fall eintreten, daß die

[6] Die eben geschilderte Komplikation würde nur in solchen Systemen nicht auftreten, in welchen, wie etwa im System von QUINE, Objekte oder Individuen mit deren Einermengen identisch sind.

Münze einmal auf der Kante stehen bleibt, so betrachten wir das durch: „drei aufeinander folgende Würfe mit dieser Münze" beschriebene Experiment als nicht vollzogen. Dann *muß* eines der 8 möglichen Resultate nach dreimaligem Wurf eintreten. Deshalb wird auch Ω selbst als Ereignis gedeutet und *das sichere Ereignis* genannt. Das Komplement davon, d.h. die leere Menge $\emptyset$ der Resultate, heißt *das unmögliche Ereignis*.

Aus dem betrachteten Beispiel geht auch hervor, wie wir zur Klasse der Ereignisse gelangten, nachdem der Möglichkeitsraum Ω bekannt war: Wir haben die Klasse der Ereignisse einfach mit der Potenzklasse $Pot(\Omega)$ identifiziert, also *mit der Klasse aller Teilmengen des Möglichkeitsraumes, Ω selbst und die leere Menge eingeschlossen*, wobei wir jede dieser Teilmengen von Ω als Ereignis auffaßten.

Von einem *diskreten Fall* sprechen wir immer dann, wenn Ω *abzählbar* (d.h. endlich oder höchstens abzählbar unendlich) ist. In jedem solchen Fall können wir als Klasse von Ereignissen die Potenzklasse $Pot(\Omega)$ wählen. Daß man diese Wahl nicht immer vornimmt, kann zwei ganz verschiedene Gründe haben:

(i) Häufig ist es auch im diskreten Fall gar nicht notwendig, eine so umfassende Ereignisklasse zu wählen. Ob man diese oder eine kleinere Klasse wählt, hängt allein vom Interesse, d.h. von der *Zwecksetzung* ab. Im Fall eines einmaligen Wurfes mit einem Würfel ist man vielleicht nur daran interessiert, ob man eine 6 erzielt oder nicht. Als Elementarereignisse werden hierbei nur die durch die beiden Sätze: „eine 6 wird geworfen", „keine 6 wird geworfen" beschriebenen Ereignisse gewählt.

(ii) Im überabzählbaren Fall (in dem Fall, wo Ω mehr als abzählbar viele Elemente enthält) ist eine derartige Wahl überhaupt nicht möglich. Dies hat nicht etwa mengentheoretische Gründe. Vielmehr kann man auch hier die Potenzklasse einführen. Dagegen ist es *nachweislich unmöglich*, für alle Elemente dieser Potenzklasse ein Wahrscheinlichkeitsmaß einzuführen. Die Gründe, welche es diesmal erzwingen, eine kleinere Klasse denn $Pot(\Omega)$ als Klasse aller Ereignisse zu wählen, sind also maßtheoretischer Natur. Ein großer Teil der Untersuchungen der modernen Maßtheorie zielt darauf ab, Verfahren zu entwickeln, um als Ereignisklassen *möglichst große* Klassen wählen zu können.

Unsere Wahl stellte also einen Spezialfall dar. Wir wollen aus diesem Spezialfall ein allgemeines Strukturmerkmal abstrahieren, welches die Klasse von Ereignissen, wie immer auch sie gewählt werden mag, erfüllen muß. Dieses *Strukturmerkmal* lautet: Die Klasse der Ereignisse soll *das sichere Ereignis Ω* enthalten; ferner soll sie zu jedem Ereignis A auch dessen *Komplement $\bar{A}$* sowie zu je zwei Ereignissen A und B auch deren *Vereinigung $A \cup B$* enthalten. Wenn man von den Ereignissen zu den diese Ereignisse beschreibenden Aussagen zurückgeht, erkennt man sofort, daß das geforderte Strukturmerkmal gleichwertig ist mit folgendem: Die Klasse der

Aussagen soll die tautologische Aussage enthalten[7] und mit jeder Aussage auch deren Negation sowie zu zwei beliebigen Aussagen auch deren Adjunktion.

Eine Mengenklasse mit diesem Strukturmerkmal wird ein Mengenkörper oder eine Mengenalgebra genannt. Wir gewinnen somit die folgende Definition:

D1 *Eine Klasse* $\mathfrak{A}$ *von Teilmengen einer gegebenen Menge* Ω *heißt Mengenkörper über* Ω *gdw gilt:*

(1) $\Omega \in \mathfrak{A}$;

(2) für jedes $A \in \mathfrak{A}$ ist auch $\bar{A} \in \mathfrak{A}$;

(3) wenn $A, B \in \mathfrak{A}$, dann auch $A \cup B \in \mathfrak{A}$[8].

Den Inhalt von **D1** kann man alltagssprachlich in der bündigen Form wiedergeben: „Ein Mengenkörper über Ω ist eine Klasse, die Ω enthält und die bezüglich der beiden mengentheoretischen Operationen der Komplementbildung und der Vereinigungsbildung abgeschlossen ist". Die Bestimmung, daß auch $\emptyset \in \mathfrak{A}$ gelten muß, brauchten wir nicht aufzunehmen, da sie sich aus den ersten beiden Bestimmungen ergibt: es ist ja $\emptyset = \bar{\Omega}$ (das unmögliche Ereignis ist das Komplement des sicheren Ereignisses), weshalb nach **D1**(1) und (2) folgt: $\emptyset \in \mathfrak{A}$. In der Wahrscheinlichkeitstheorie, worin die Mengen zur Repräsentation von Ereignissen dienen, spricht man auch vom *Ereigniskörper über dem Möglichkeitsraum*. Wenn aus dem Zusammenhang klar hervorgeht, wie der Möglichkeitsraum zu wählen ist, werden wir einfach vom Ereigniskörper schlechthin sprechen.

Die dritte Bestimmung enthält nur den Minimalfall. Man kann durch Induktion beweisen, daß ein Mengenkörper mit jeder *endlichen* Klasse von Mengen auch deren Vereinigung enthält.

Zur Illustration wenden wir diesen Begriff auf das in (i) erwähnte Beispiel an. Unsere Aufgabe bestehe darin, den kleinsten Ereigniskörper anzugeben, der das durch die Aussage „es wird eine 6 geworfen" beschriebene Ereignis enthält. Wenn wir dieses Elementarereignis mit A bezeichnen, so erhalten wir den folgenden Ereigniskörper: $\{\emptyset, A, \bar{A}, \Omega\}$. Man erkennt leicht, daß die beiden in **D1** beschriebenen Operationen (2) und (3) nicht aus dieser Klasse herausführen. (So z.B. ergibt der Durchschnitt von A und $\bar{A}$ das unmögliche Ereignis $\emptyset$, dagegen den Durchschnitt von A und Ω wieder das Ereignis A, die Vereinigung von A und $\bar{A}$ das sichere Ereignis Ω usw.) Wir könnten also die diese vier Elemente enthaltende Klasse als unseren Ereigniskörper wählen. Ω enthält dann nur zwei Elemente. Wenn wir

[7] Es werde dabei festgesetzt, daß die tautologische Aussage das sichere Ereignis beschreibt.

[8] Die Schreibweise „$A, B \in \mathfrak{A}$" sei eine Abkürzung für: „sowohl A als auch B sind Elemente von $\mathfrak{A}$".

die zwei möglichen Resultate durch Zahlen wiedergeben, etwa „eine 6 wird geworfen" durch 1 und „keine 6 wird geworfen" durch 0, so können wir Ω als Menge dieser beiden Zahlen auffassen: $\Omega = \{0, 1\}$.

Hätten wir uns dagegen entschlossen, alle sechs möglichen Wurfergebnisse als mögliche Resultate zu betrachten und als Klasse der Ereignisse wie im früheren Beispiel die Potenzklasse zu wählen, so würden wir zu folgender Darstellung gelangen: Ω selbst könnten wir als Klasse der sechs möglichen Augenzahlen rekonstruieren, d.h. wir könnten setzen: $\Omega = \{1,2,3,4,5,6\}$. Die Klasse der Ereignisse wäre gleich $Pot(\Omega)$. Sie enthielte im Gegensatz zu dem eben beschriebenen Fall nicht 4 sondern $2^6 = 64$ Elemente!

In vielen Fällen ist es zweckmäßig, statt der obigen Definition eine wesentlich stärkere zugrundezulegen. Danach wird nicht nur verlangt, daß zu zwei Mengen auch deren Vereinigung ein Element von Ω sein solle, sondern daß für jede Folge $A_1, A_2, \ldots, A_n, \ldots$ von Mengen auch deren unendliche Vereinigung Element von Ω sein solle. Man spricht in diesem Fall von einem σ-Körper (einer σ-Algebra) von Mengen bzw. von Ereignissen. Zur Abkürzung bezeichnen wir eine derartige Mengenfolge mit $(A_i)_{i \in \mathbb{N}}$. Die Definition der unendlichen Vereinigung bilden wir in einer gewissen Analogie zu (12), nämlich wir definieren:

(32) $\bigcup_{i=1}^{\infty} A_i =_{\mathrm{Df}} \{x \mid \bigvee i (i \in \mathbb{N} \wedge x \in A_i)\}$

(ℕ bezeichnet hier wieder die Menge der natürlichen Zahlen. Wir bilden also die Mengen aller Objekte x, die in mindestens einer der Mengen A_j als Elemente enthalten sind.)

Ebenso kann man den unendlichen Durchschnitt für die Elemente unserer Folge in Analogie zu (11) definieren:

(33) $\bigcap_{i=1}^{\infty} A_i =_{\mathrm{Df}} \{x \mid \bigwedge i (i \in \mathbb{N} \rightarrow x \in A_i)\}$.

Wir gelangen zu der folgenden Definition des σ-Körpers:

D2 *Eine Klasse $\mathfrak{A}$ von Teilmengen einer gegebenen Menge Ω heißt σ-Körper über Ω gdw gilt:*

(1) $\Omega \in \mathfrak{A}$;

(2) für jedes $A \in \mathfrak{A}$ ist auch $\overline{A} \in \mathfrak{A}$;

(3) für jede Folge $(A_i)_{i \in \mathbb{N}}$ von Mengen aus $\mathfrak{A}$ (d.h. mit $A_i \in \mathfrak{A}$ für alle i) ist auch $\bigcup_{i=1}^{\infty} A_i \in \mathfrak{A}$.

Wir machen uns zunächst klar, daß der Begriff des σ-Körpers den des Körpers einschließt:

(34) *Jeder σ-Körper ist ein Körper.*

Dazu zeigen wir, daß die dritte Bestimmung von **D1** aus der dritten Bestimmung von **D2** folgt. Dies ist nicht *vollkommen* trivial; denn über endlich viele Vereinigungen sagt **D2** (3) nichts aus. Wir können jedoch den folgenden einfachen Kunstgriff anwenden: In der Folge von Mengen $(A_i)_{i \in \mathbf{N}}$ identifizieren wir die erste mit A und die zweite mit B, während wir alle übrigen Mengen, d.h. alle A_i mit $i \geqq 3$, mit $\emptyset$ gleichsetzen. **D2** (3) verlangt dann, daß die unendliche Vereinigung dieser Mengen, nämlich $A \cup B \cup \emptyset \cup \emptyset \cup \cdots$, Element von $\mathfrak{A}$ ist. Da diese Vereinigung mit $A \cup B$ identisch ist, d.h. da gilt:

$$A \cup B \cup \emptyset \cup \emptyset \cup \cdots = A \cup B,$$

erhält man die Aussage (3) von **D1**.

Solange man zu gegebenem Ω als Klasse $\mathfrak{A}$ die Potenzklasse $Pot(\Omega)$ wählt, ist natürlich $\mathfrak{A}$ ein σ-Körper; denn die Potenzklasse enthält ja überhaupt *alle* Teilmengen von Ω, wie immer diese gebildet sein mögen. Es gibt aber auch andere Fälle. Eine einfache Veranschaulichung bildet wieder die obige Klasse von vier Elementen $\{\emptyset, A, \bar{A}, \Omega\}$, die zur Illustration des Beispieles von (i) verwendet wurde. Auch bei dieser Klasse handelt es sich nicht nur um einen Körper, sondern sogar um einen σ-Körper.

Wir machen noch auf zwei Tatsachen aufmerksam: Wegen (2)(h) und (i) enthält jeder Mengenkörper zu zwei Elementen auch deren Durchschnitt. Wegen der Relation:

$$\overline{\bigcup_{i=1}^{\infty} A_i} = \bigcap_{i=1}^{\infty} \bar{A}_i$$

enthält jeder σ-Körper mit jeder unendlichen Folge von Elementen auch deren unendlichen Durchschnitt. Wir halten dies fest in der folgenden Aussage:

(35) *Jeder Körper ist in bezug auf endliche Durchschnittsbildung abgeschlossen. Jeder σ-Körper ist sogar in bezug auf unendliche Durchschnittsbildung abgeschlossen.*

Häufig wird ein Körper bzw. σ-Körper $\mathfrak{A}$ in der Weise eingeführt, daß man eine Klasse $\mathfrak{B}$ von Teilmengen von Ω vorgibt und sich $\mathfrak{A}$ als *durch $\mathfrak{B}$ erzeugt* denkt. Man schreibt dann auch $\mathfrak{A} = \mathfrak{A}(\mathfrak{B})$. Es genügt, den allgemeineren Fall des σ-Körpers zu betrachten. Für das Funktionieren des Erzeugungsprozesses ist die folgende Feststellung von Wichtigkeit:

(36) *Jeder Durchschnitt von endlich oder unendlich vielen σ-Körpern über einer Menge Ω ist wieder ein σ-Körper.*

Der Beweis dieser Behauptung ergibt sich daraus, daß für diesen Durchschnitt die drei Bestimmungen von **D2** zutreffen. (Als Beispiel greifen wir die Bestimmung (3) heraus: Die Folge $(A_i)_{i \in \mathbf{N}}$ liege im Durchschnitt. Dies bedeutet, daß die Folge in jedem der gegebenen σ-Körper über Ω liegt. Dann kommt aber, da **D2** (3) eben für *jeden* dieser σ-Körper gilt, auch

$\bigcup_{i=1}^{\infty} A_i$ als Element in *jedem* dieser σ-Körper vor. Dies aber bedeutet nichts anderes, als daß diese unendliche Vereinigungsmenge im Durchschnitt selbst enthalten ist, womit dieser die Bestimmung (3) erfüllt.)

Es sei nun eine Klasse $\mathfrak{B}$ von Teilmengen einer Grundmenge Ω gegeben. Wir betrachten die Familie Σ aller σ-Körper $\mathfrak{A}'$, die $\mathfrak{B}$ einschließen, für die also gilt: $\mathfrak{B} \subseteq \mathfrak{A}'$. Diese Familie ist nicht leer; denn sie enthält z.B. mit Sicherheit die Klasse $Pot(\Omega)$. Wir bilden den Durchschnitt $\bigcap \Sigma$ aus all diesen σ-Körpern. Nach (36) ist dieser Durchschnitt selbst wieder ein σ-Körper. Er wird *der durch die Klasse* $\mathfrak{B}$ *erzeugte σ-Körper* $\mathfrak{A}(\mathfrak{B})$ *über* Ω genannt. Da er in jedem σ-Körper, der $\mathfrak{B}$ als Teilklasse enthält, eingeschlossen ist — denn ein Durchschnitt von Klassen ist Teilklasse *jeder* dieser Klassen —, ist $\mathfrak{A}(\mathfrak{B})$ der *kleinste* $\mathfrak{B}$ einschließende σ-Körper. Wir halten dies ausdrücklich in der nächsten Aussage fest:

(37) *Der durch eine Klasse* $\mathfrak{B}$ *von Teilmengen einer Menge* Ω *erzeugte σ-Körper* $\mathfrak{A}(\mathfrak{B})$ *über* Ω *ist der kleinste σ-Körper über* Ω, *welcher* $\mathfrak{B}$ *als Teilklasse enthält.*

Wir haben uns bisher überlegt, wie die ersten beiden Schritte bei der Konstruktion des mathematischen Modells der Wahrscheinlichkeitstheorie zu vollziehen sind. Diese Schritte bestehen in der Wahl des Möglichkeitsraumes (Stichprobenraumes) Ω und in der Wahl eines geeigneten Körpers bzw. σ-Körpers von Ereignissen über Ω. Der dritte und entscheidende Schritt besteht in der Einführung eines Wahrscheinlichkeitsmaßes, welches für alle Elemente von $\mathfrak{A}$ definiert ist. Dieser Aufgabe wenden wir uns in 2.c zu.

Zuvor aber soll noch das eingangs gegebene Versprechen eingelöst und angedeutet werden, wie sich Ω und $\mathfrak{A}$ innerhalb von CARNAPs Theorie der induktiven Wahrscheinlichkeit konstruieren lassen. Der Begriff des Zufallsexperimentes steht hier nicht zur Verfügung; denn dieser Begriff kann nur bezüglich der statistischen Wahrscheinlichkeit als Ausgangspunkt gewählt werden. Der *Raum der Möglichkeiten* Ω muß anders aufgebaut werden. Bei CARNAP sind die einzelnen Möglichkeiten *Modelle*, die Interpretationen ganzer Sprachsysteme liefern, in der Regel jedoch noch mehr. (In der früheren linguistischen Variante der Carnapschen Theorie wurden statt der Modelle *Zustandsbeschreibungen* verwendet. In beiden Fällen handelt es sich um Präzisierungen der Leibnizschen Idee einer möglichen Welt.) Daß CARNAP die Modelle als zahlentheoretische Funktionen (Modell*funktionen*) konstruiert, spielt im gegenwärtigen Zusammenhang keine Rolle. Entscheidend ist allein dies, daß die Modelle bzw. die Modellfunktionen *die Punkte des Möglichkeitsraumes* Ω bilden. Eine *atomare Proposition*, die z.B. beinhaltet, daß einem Individuum ein ganz bestimmtes Attribut zukommt, kann als eine (in der Regel unendliche) *Klasse von Modellen* eingeführt werden. CARNAP betrachtet nun *die Familie aller atomaren Propositionen und bildet den durch diese Familie erzeugten σ-Körper* $\mathfrak{E}$. Die Elemente dieses σ-Körpers sind die Propositionen, denen induktive Wahrscheinlichkeiten zugeordnet werden.

Außer dem inhaltlichen Unterschied besteht gegenüber dem obigen Vorgehen noch ein wichtiger formaler Unterschied: Alle mit der Idee des Zufallsexperimentes zusammenhängenden Begriffe waren bloße intuitive Hilfsvorstellungen, die das Zustandekommen des mathematischen Modells bzw. seiner ersten beiden Komponenten Ω und $\mathfrak{A}$ verständlich machen sollten. Diese intuitiven Hilfsvorstellungen gehen in das mathematische Modell selbst nicht ein, welches vielmehr mit dem abstrakten Möglichkeitsraum Ω und einem Ereigniskörper (σ-Körper) über *Ω beginnt.* Bei CARNAP hingegen verhält es sich so, daß diese beiden Begriffe *durch präzise Definitionen eingeführt werden:* Ω ist *definiert als* die Klasse aller Modelle und die Propositionen sind *definiert als* die Elemente des durch die atomaren Propositionen erzeugten σ-Körpers. Vergleicht man CARNAPs Vorgehen mit anderen Interpretationsverfahren, so muß man zugestehen, daß es ihm erstmals geglückt ist, auch für die ersten beiden Komponenten des Begriffs des Wahrscheinlichkeitsraumes präzise Definitionen gegeben zu haben.

2.c Endlich additive und σ-additive Wahrscheinlichkeitsmaße. Zwei Typen von Wahrscheinlichkeitsräumen. Den Elementen des Körpers bzw. σ-Körpers $\mathfrak{A}$ über Ω werden Wahrscheinlichkeiten zugeordnet. Dies geschieht mittels einer Funktion P („P" für „probabilitas"), deren Definitionsbereich $\mathfrak{A}$ ist, für die also gilt: $D_I(P) = \mathfrak{A}$ (vgl. (18)). Da die Argumente der Funktion P Ereignisse, also *Mengen* sind (nämlich eben die Elemente von $\mathfrak{A}$), handelt es sich bei P um eine Mengenfunktion. In der mathematischen Wahrscheinlichkeitstheorie werden also Wahrscheinlichkeiten in der Weise eingeführt, *daß man nach der Wahl eines Möglichkeitsraumes Ω und eines Körpers (σ-Körpers) $\mathfrak{A}$ über Ω eine Mengenfunktion P mit $D_I(P) = \mathfrak{A}$ definiert.* Die Funktion P heißt *Wahrscheinlichkeitsmaß.*

Von anderen reellen (d.h. reellwertigen) Mengenfunktionen (d.h. Mengenfunktionen, die nur reelle Zahlen als Werte haben) unterscheidet sich die Funktion P dadurch, daß sie erstens *normiert,* d.h. bezüglich ihrer Werte auf das geschlossene Intervall reeller Zahlen von 0 bis 1 beschränkt ist, und daß sie zweitens *additiv* ist, d.h. daß für zwei einander wechselseitig ausschließende Ereignisse A und B die Wahrscheinlichkeit, daß entweder A oder B eintrifft, gleich der Summe der Einzelwahrscheinlichkeiten von A und B ist. Das erste Merkmal, welches in zwei Axiomen festgehalten werden soll, besagt nichts anderes als daß Wahrscheinlichkeiten nur Zahlenwerte zwischen 0 und 1 (diese beiden Zahlen eingeschlossen) sein können. Das zweite Merkmal werde an einem elementaren Beispiel erläutert: Die Wahrscheinlichkeit, mit diesem Würfel eine 2 oder eine 5 zu werfen ist gleich der Wahrscheinlichkeit, mit diesem Würfel eine 2 zu werfen, plus der Wahrscheinlichkeit, mit diesem Würfel eine 5 zu werfen.

Wir werden jedoch nicht so vorgehen, daß wir die Axiome direkt anschreiben. Diese Axiome werden vielmehr als Definitionsbestandteile im Begriff des Wahrscheinlichkeitsraumes auftreten. Wir knüpfen damit an das Vorgehen der modernen Axiomatik an, *wonach jede Axiomatisierung einer Theorie in der Einführung eines geeigneten mengentheoretischen Prädikates besteht*[9].

---

[9] CARNAP und andere Autoren sprechen von der Einführung des *Explizitprädikates* eines Axiomensystems. Vgl. CARNAP, [Symbolische Logik], S. 176. Für eine ausführliche Schilderung dieser Methode vgl. SUPPES, [Logic], S. 249ff.

Unter einem mengentheoretischen Prädikat wird dabei ein solches Prädikat verstanden, welches ausschließlich mit Hilfe logischer und mengentheoretischer Begriffe definiert ist. So würde z.B. die Axiomatisierung der Gruppentheorie darin bestehen, das mengentheoretische Prädikat „Gruppe“ zu definieren. In unserem Fall geht es darum, das mengentheoretische Prädikat des Wahrscheinlichkeitsraumes durch Definition einzuführen.

D3 $\mathfrak{W}_e$ ist ein *endlich additiver Wahrscheinlichkeitsraum* gdw es ein Ω, ein $\mathfrak{A}$ und ein P gibt, so daß $\mathfrak{W}_e = \langle \Omega, \mathfrak{A}, P \rangle$, und für die drei Glieder von $\mathfrak{W}_e$ folgendes gilt:

(*a*) Ω ist eine nicht leere Menge;

(*b*) $\mathfrak{A}$ ist ein Mengenkörper über Ω;

(*c*) P ist eine reelle Mengenfunktion mit $D_I(P) = \mathfrak{A}$, welche die folgenden drei Bedingungen erfüllt:

A1 Für alle $A \in \mathfrak{A}$ ist $P(A) \geqq 0$;

A2 $P(\Omega) = 1$;

A3 Wenn $A, B \in \mathfrak{A}$ und $A \cap B = \emptyset$, dann $P(A \cup B) = P(A) + P(B)$.

Das erste Glied von $\mathfrak{W}_e$, also die Menge Ω, nennen wir *den zu diesem endlich additiven Wahrscheinlichkeitsraum gehörenden Möglichkeitsraum*. Das zweite Glied, also die Klasse $\mathfrak{A}$, werde *der zu* $\mathfrak{W}_e$ *gehörende Ereigniskörper* genannt, mit *Ereignissen* als seinen Elementen. Und das dritte Glied, nämlich die Mengenfunktion P, heiße *das zu diesem Wahrscheinlichkeitsraum gehörende endlich additive Wahrscheinlichkeitsmaß*. Daß wir $\mathfrak{W}_e$ als geordnetes Tripel konstruieren, hat keine andere Bedeutung als die, in bündiger Form die Tatsache zum Ausdruck zu bringen, daß die Konstruktion des mathematischen Modells drei Schritte erfordert: Erstens die Wahl eines Möglichkeitsraums, zweitens die Wahl eines geeigneten Ereigniskörpers über diesem Raum und drittens die Wahl eines für die Elemente dieses Ereigniskörpers definierten Wahrscheinlichkeitsmaßes, welches die drei angeführten Axiome erfüllt. Die für P geltenden *Kolmogoroff-Axiome* **A1** bis **A3** sind hier in die Definition des Wahrscheinlichkeitsmaßes mit einbezogen worden.

Das Prädikat „endlich additiv“ rührt daher, daß die in **A3** enthaltene Aussage durch vollständige Induktion auf den Fall beliebig endlich vieler Komponenten verallgemeinert werden kann. Genauer können wir mit Hilfe der vollständigen Induktion folgendes beweisen: Es seien $A_1, \ldots, A_n$ eine Folge von n Ereignissen ($n \geqq 2$), d.h. von Elementen aus $\mathfrak{A}$, die paarweise miteinander unverträglich sind oder, wie man auch sagt, paarweise disjunkt sind (so daß also für $1 \leqq i, j \leqq n$ und $i \neq j$ gilt $A_i \cap A_j = \emptyset$). Die

Vereinigung $A_1 \cup \ldots \cup A_n$ kürzen wir ab durch $\bigcup_{i=1}^{n} A_i$. Dann gilt:
$P\left(\bigcup_{i=1}^{n} A_i\right) = \sum_{i=1}^{n} P(A_i)$.

Um die Verallgemeinerung zum Begriff des σ-additiven Wahrscheinlichkeitsraumes vornehmen zu können, benötigen wir den Begriff der unendlichen Summe reeller Zahlen. Dieser Begriff wird gleichgesetzt mit dem Grenzwert der sogenannten Partialsummen. Die unendliche Summe existiert also nur dann, wenn dieser Grenzwert existiert. Es sei etwa eine unendliche Folge $a_1, a_2, \ldots, a_n, \ldots$ von reellen Zahlen gegeben. Die erste Partialsumme s_1 ist mit dem ersten Glied der Folge a_1 identisch; die zweite Partialsumme s_2 ist die Summe der ersten beiden Glieder, also $s_2 = a_1 + a_2$; allgemein ist die n-te Partialsumme s_n definiert als die Summe der ersten n Glieder, also $s_n = a_1 + a_2 + \ldots + a_n$. Die unendliche Summe *aller* Glieder der Folge, abgekürzt: $\sum_{i=1}^{\infty} a_i$, ist dann *definiert als* $\lim_{n \to \infty} s_n$. Jede Partialsumme bildet ja selbst eine reelle Zahl, so daß man den Grenzwert der neuen Folge $s_1, s_2, \ldots, s_n$ bilden und ihn mit der unendlichen Summe $a_1 + a_2 + \cdots + a_n + \cdots$ identifizieren kann, *sofern es diesen Grenzwert überhaupt gibt.* Die obige Bemerkung über die Existenz der unendlichen Summe dürfte damit auch für Nichtmathematiker verständlich gemacht worden sein.

Wir können jetzt die gesuchte Verallgemeinerung einführen.

D4 $\mathfrak{W}_\sigma$ ist ein *σ-additiver Wahrscheinlichkeitsraum* gdw es ein Ω, ein $\mathfrak{A}$ und ein P gibt, so daß $\mathfrak{W}_\sigma = \langle \Omega, \mathfrak{A}, P \rangle$ und für die drei Glieder von $\mathfrak{W}_\sigma$ folgendes gilt:

(*a*) Ω ist eine nicht leere Menge;

(*b*) $\mathfrak{A}$ ist ein σ-Körper über Ω;

(*c*) P ist eine reelle Mengenfunktion mit $D_I(P) = \mathfrak{A}$, welche die Bedingungen erfüllt:

A1 Für alle $A \in \mathfrak{A}$ ist $P(A) \geq 0$;

A2 $P(\Omega) = 1$;

A3 für jede unendliche Folge $(A_i)_{i \in \mathbb{N}}$ paarweise disjunkter Mengen A_i, so daß $A_i \in \mathfrak{A}$ für alle $i \in \mathbb{N}$, gilt:

$$P\left(\bigcup_{i=1}^{\infty} A_i\right) = \sum_{i=1}^{\infty} P(A_i).$$

Die Forderung von **A3** bezeichnet man im Fall von **D3** als Forderung der *endlichen Additivität*, im Fall von **D4** als die Forderung der *σ-Additivität* des Wahrscheinlichkeitsmaßes.

Wie der Vergleich zeigt, unterscheidet sich **D4** von **D3** durch zwei Merkmale: Erstens wird in der Bestimmung (*b*) diesmal nicht nur gefordert, daß $\mathfrak{A}$ ein Körper ist, sondern daß $\mathfrak{A}$ sogar ein σ-Körper ist. Zweitens wird jetzt die frühere Forderung der endlichen Additivität zu der der σ-Additivität verschärft. Ω heißt wieder der zum Wahrscheinlichkeitsraum gehörende *Möglichkeitsraum* (im statistischen Fall: *Stichprobenraum*), $\mathfrak{A}$ der zugehörige *σ-Körper von Ereignissen* mit *Ereignissen* als Elementen und P das zugehörige *σ-additive Wahrscheinlichkeitsmaß*.

Wenn wir es offen lassen wollen, ob ein Tripel $\langle \Omega, \mathfrak{A}, P \rangle$ einen endlich additiven oder einen σ-additiven Wahrscheinlichkeitsraum darstellt, so sprechen wir einfach von einem *Wahrscheinlichkeitsraum* schlechthin. Der unter **D4** eingeführte Begriff schließt den durch **D3** eingeführten als Spezialfall ein. Erstens ist nämlich wegen (34) jeder σ-Körper automatisch ein Körper. Zweitens enthält die σ-Additivität die endliche Additivität als Spezialfall. Um das letztere einzusehen, braucht man in **A3** von **D4** die unendliche Folge nur so zu wählen, daß die ersten beiden Ereignisse mit A und B übereinstimmen, die übrigen Glieder der Folge jedoch alle das unmögliche Ereignis $\emptyset$ darstellen. Die beiden Tatsachen, daß die beliebig oftmalige adjunktive Hinzufügung des unmöglichen Ereignisses $\emptyset$ zu $A \cup B$ immer wieder nur $A \cup B$ erzeugt und daß gilt: $P(\emptyset) = 0$, liefert dann das gewünschte Ergebnis.

Wenn einer Einermenge $\{\omega\}$ von Elementen $\omega \in \Omega$ ein P-Wert y zugeordnet worden ist, so übertragen wir diesen Wert auf ω selbst und sagen: „y ist die *Wahrscheinlichkeit* des Resultates ω". (Wenn $\mathfrak{A}$ die Potenzmenge von Ω ist, dann haben somit *alle* möglichen Resultate Wahrscheinlichkeit.)

Für manche Leser wird das inhaltliche Verständnis der beiden Begriffe von Wahrscheinlichkeitsräumen möglicherweise dadurch erleichtert, daß sie sich die Ereigniskörper *durch Gesamtheiten von Propositionen ersetzt* denken. Dazu ist zunächst zu bedenken, daß die sogenannten Ereignisse nicht „Wirklichkeitsstücke", sondern (mögliche) Sachverhalte darstellen, die nur aus technischen Gründen als Mengen konstruiert worden sind. Sachverhalte aber können prinzipiell durch Sätze beschrieben werden. Man kann daher entweder die Sachverhalte direkt mit den Propositionen *identifizieren*, welche die sie beschreibenden Sätze ausdrücken, oder, wenn man von einer solchen Identifizierung zurückschreckt, diese Sachverhalte zumindest Propositionen *injektiv* (d.h. umkehrbar eindeutig) *zuordnen*. Einem Ereigniskörper entspricht dann eine Klasse von Propositionen, die in Bezug auf die aussagenlogischen Operationen der Negation und der Adjunktion (und damit auch der Konjunktion) abgeschlossen ist. Einem σ-Körper entspricht bei dieser Analogiebetrachtung eine Klasse von Propositionen, die nicht nur in Bezug auf alle aussagenlogischen Operationen, sondern auch in Bezug auf All- und Existenzquantifikationen abgeschlossen ist. Von **D3** werden somit alle jene einfacheren Fälle erfaßt, in denen es um die probabilistische Beurteilung von Propositionen geht, die nur nach den Regeln der Aussagen- oder Junktorenlogik aufgebaut sind. **D4** hingegen erfaßt zusätzlich diejenigen Fälle, in denen Propositionen mit Hilfe von

Quantoren aufgebaut sind. Die Entsprechung ist im zweiten Fall allerdings nicht umkehrbar eindeutig; denn durch unendliche Durchschnitts- und Vereinigungsbildung läßt sich ein stärkerer Aussagegehalt erzielen als durch die üblichen Quantoren. (Eine Illustration für diese eben erwähnte Tatsache findet sich in Teil II.)

Anmerkung 1. Die in den beiden Definitionen **D3** und **D4** vorkommenden Symbole „$\mathfrak{W}_e$" und „$\mathfrak{W}_\sigma$" stellen Variable dar. Mittels einer trivialen Modifikation könnte man diese Definitionen in der Weise ändern, daß durch sie die beiden Abstraktionsterme „Klasse der endlich additiven Wahrscheinlichkeitsräume" und „Klasse der σ-additiven Wahrscheinlichkeitsräume" eingeführt werden.

Anmerkung 2. Wir haben bereits betont, daß der Begriff der reellen Funktion weiter ist als der Begriff der reellen *Zahlen*funktion. Während zwar in beiden Fällen die Werte reelle Zahlen sein müssen, brauchen im ersten Fall die Argumente keine Zahlen zu sein. Letzteres gilt insbesondere von der Wahrscheinlichkeitsfunktion P, deren Argumente Ereignisse sind; denn Ereignisse sind keine Zahlen.

In bezug auf das in 2.b gebrachte und durch Fig. 2-2 illustrierte Beispiel ist dabei folgendes zu beachten: Auch nach der Identifizierung von *Kopf* mit 0 und *Schrift* mit 1 sind die Punkte des Möglichkeitsraumes nicht zu Zahlen geworden; die Gegenstände der Wahrscheinlichkeitsbeurteilung sind also nicht in die Zahlensprache übersetzt worden. Denn die (durch die Eckpunkte des Würfels repräsentierten) 8 möglichen Resultate sind ja keine Zahlen, sondern *Tripel von Zahlen*, und die Ereignisse sind Mengen von solchen Tripeln. Angenommen nun, wir definieren auf diesem 8 Elemente enthaltenden Möglichkeitsraum eine Funktion, die alltagssprachlich durch die Wendung „die Anzahl der Kopfwürfe" wiedergegeben wird. Diese Funktion hat offenbar die 4 möglichen Zahlenwerte 0, 1, 2 und 3. (Für das Argument $\langle 0,1,0\rangle$ z.B. liefert die Funktion den Wert 2, für das Argument $\langle 1,1,1\rangle$ den Wert 0 usw.) Man kann jetzt z.B. nach der Wahrscheinlichkeit dafür fragen, daß diese Funktion den Wert 2 annimmt. Diese Wahrscheinlichkeit ist identisch mit der Wahrscheinlichkeit des Ereignisse, welches diejenigen Tripel enthält, die genau 2 Nullglieder aufweisen. Eine Betrachtung unseres Würfels ergibt, daß dieses Ereignis in der folgenden Menge besteht: $\{\langle 1,0,0\rangle, \langle 0,1,0\rangle, \langle 0,0,1\rangle\}$. Eine Funktion von der angegebenen Art werden wir später *Zufallsfunktion* nennen. Wenn das Wahrscheinlichkeitsmaß für die ganze Potenzmenge des ursprünglichen Möglichkeitsraumes definiert ist, so liefert eine derartige Funktion offenbar ganz automatisch die Wahrscheinlichkeit dafür, daß die Funktion irgendeine vorgegebene Menge von *Zahlenwerten* in ihrem Wertbereich annimmt. (In unserem Beispiel handelte es sich dabei um die Einermenge $\{2\}$.) Die Frage nach der Wahrscheinlichkeit bestimmter Ereignisse kann also jetzt durch die Frage nach der Wahrscheinlichkeit bestimmter Zahlenmengen ersetzt werden. Diese ‚Übersetzung in die Zahlensprechweise' und die durch sie bewirkte *Abbildung* des ursprünglichen Wahrscheinlichkeitsmaßes auf ein neues Wahrscheinlichkeitsmaß, das für einen Körper (σ-Körper) von *Zahlen*mengen definiert ist, stellt die wichtigste Leistung solcher Zufallsfunktionen dar. Sie ermöglicht die für rechnerische Zwecke außerordentlich wichtige Ersetzung des ursprünglichen Wahrscheinlichkeitsmaßes durch eine sogenannte Wahrscheinlichkeitsverteilung, die für Zahlenmengen als Argumente definiert ist.

Die eben gemachten Andeutungen bildeten nur einen intuitiven Vorausblick auf den Gegenstand von 3.a.

Anmerkung 3. Häufig liegt die Situation vor, daß Ω und $\mathfrak{A}$ bereits *gegeben* sind, ein geeignetes Wahrscheinlichkeitsmaß hingegen erst *gesucht* wird. Zwecks sprachlicher Vereinfachung wird in solchen Situationen das geordnete Paar $\langle\Omega,\mathfrak{A}\rangle$ als ein *meßbarer Raum*[10] bezeichnet. Dadurch soll zum Ausdruck gebracht werden, daß die ersten beiden Schritte, die der Einführung eines probabilistischen (oder nichtprobabilistischen) Maßes vorangehen müssen, bereits durchgeführt wurden, nämlich die Wahl eines Möglichkeitsraumes sowie die Wahl eines Körpers (σ-Körpers) über diesem Möglichkeitsraum. Der Ausdruck „meßbarer Raum" wird allerdings fast immer nur dann gebraucht, wenn es sich bei $\mathfrak{A}$ nicht bloß um einen Körper, sondern um einen σ-Körper handelt.

2.d Bedingte Wahrscheinlichkeiten, allgemeines Multiplikationsprinzip und der Begriff der stochastischen Unabhängigkeit von Ereignissen. Angenommen, eine Menge von 100 Personen werde nach zwei verschiedenen Gesichtspunkten jeweils in zwei Mengen unterteilt. Die erste Unterteilung unterscheidet danach, ob eine Person männlich (M) oder weiblich (W) ist. Die zweite Unterteilung geht von der Unterscheidung in verheiratete (V) und unverheiratete (U) Personen aus. Wir fassen „M", „W", „V" und „U" als Namen von Mengen auf. N sei eine Mengenfunktion, die in Anwendung auf eine vorgegebene Menge K als Wert $N(K)$ *die Anzahl der Elemente von* K liefert. In Anwendung auf unsere vier Mengen liefere die Funktion die folgenden Werte: $N(M) = 60$, $N(W) = 40$; $N(U) = 72$, $N(V) = 28$. Wir haben es also mit 60 männlichen, 40 weiblichen, 72 unverheirateten und 28 verheirateten Personen zu tun.

Wir berechnen die relative Anzahl der verheirateten Personen *unter den Männern*. Der Ausdruck „relative Anzahl" soll hierbei bedeuten, daß wir nicht den %-Satz der verheirateten Personen unter den Männern bestimmen, sondern diesen %-Satz durch 100 dividieren. Den %-Satz würden wir nach der Formel ermitteln: $\frac{N(M \cap V)}{N(M)} \cdot 100$. Wir haben also bloß den Faktor 100 wegzulassen und erhalten für die relative Anzahl den Wert $n_1 = \frac{N(M \cap V)}{N(M)}$. Diesen Wert können wir unseren Daten nicht entnehmen. Er liegt jedoch ebenso wie die drei analogen weiteren Werte fest, wenn wir die durch die folgende Tabelle ausgedrückte zusätzliche Information besitzen, welche uns ein Wissen über die Kombination der beiden Unterteilungen liefert:

	V	U
M	16	44
W	12	28

Fig. 2-3

[10] Einige Autoren sprechen auch von einem *Meßraum*.

Die vier kleinen Quadrate enthalten die N-Werte von $M \cap V$, $M \cap U$, $W \cap V$ sowie $W \cap U$. Daraus können wir sofort alle relativen Anzahlen ermitteln, nämlich:

$$n_1 = \frac{N(M \cap V)}{N(M)} = \frac{16}{60} = \frac{4}{15}\,;$$

$$n_2 = \frac{N(M \cap U)}{N(M)} = \frac{44}{60} = \frac{11}{15}\,;$$

$$n_3 = \frac{N(W \cap V)}{N(W)} = \frac{12}{40} = \frac{3}{10}\,;$$

$$n_4 = \frac{N(W \cap U)}{N(W)} = \frac{28}{40} = \frac{7}{10}\,.$$

Die vier Zahlen n_1 bis n_4 liefern also die relativen Anzahlen (relativen Häufigkeiten) der verheirateten Personen unter den Männern, der unverheirateten Personen unter den Männern, der verheirateten Personen unter den Frauen und der unverheirateten Personen unter den Frauen.

Jetzt gehen wir dazu über, für dieses Beispiel ein *wahrscheinlichkeitstheoretisches Modell* zu konstruieren. Der Möglichkeitsraum Ω, den wir im vorliegenden statistischen Fall als *Stichprobenraum* bezeichnen, bestehe, grob gesprochen, aus unseren 100 Personen. Ferner wählen wir $\mathfrak{A} = Pot(\Omega)$. Unser Zufallsexperiment bestehe darin, eine der 100 Personen willkürlich auszuwählen. Das Auswahlverfahren sei so geartet, daß für jede Person dieselbe Wahrscheinlichkeit 1/100 besteht, gewählt zu werden. Wenn wir die Personen mit $a_1, a_2, \ldots, a_{100}$ benennen, können wir dieselben Namen „a_i" für $i = 1, 2, \ldots, 100$ als Bezeichnungen der 100 möglichen Resultate des Zufallsexperimentes auffassen; d.h. die probabilistische Deutung von „a_i" besage: „die Person a_i wurde gewählt". Unsere Grundannahme über die Wahrscheinlichkeit besagt dann, daß für jedes der 100 Elementarereignisse $\{a_i\}$ mit $i = 1, 2, \ldots, 100$ gilt: $P(\{a_i\}) = \frac{1}{100}$. Ein Zufallsexperiment von dieser Form, wonach sämtliche möglichen Resultate gleichwahrscheinlich sind, heiße *Laplace-Experiment*. Das Wahrscheinlichkeitsmaß P werde *Laplace-Wahrscheinlichkeit* genannt und $\langle \Omega, \mathfrak{A}, P \rangle$ ein *Laplacescher Wahrscheinlichkeitsraum* (genauer: ein Laplacescher Wahrscheinlichkeitsraum der Ordnung 100).

Diese Bezeichnungen rühren daher, daß LAPLACE einer der Begründer der klassischen Wahrscheinlichkeitstheorie war, welche stets von einer Menge gleichmöglicher, d.h. *gleichwahrscheinlicher* Fälle ausging. Das Problem der Berechnung von Wahrscheinlichkeiten wurde dadurch *in allen Fällen* auf rein kombinatorische Aufgaben zurückgeführt, für welche stets auf die Grundformel $P(E) = \frac{N(E)}{N(\Omega)}$ zurückgegriffen werden konnte. Der Wert $N(E)$ wurde die Anzahl der für das Ereignis *günstigen Fälle* genannt, der Wert $N(\Omega)$ die Zahl der *möglichen Fälle*. Für die eben angeschriebene Formel hatte sich daher in der klassischen Theorie die alltagssprachliche Wiedergabe eingebürgert: „Die Wahrscheinlichkeit eines Ereignisses ist stets gleich der Anzahl der für dieses Ereignis günstigen Fälle, dividiert durch die Anzahl der möglichen Fälle".

Wie groß ist die Wahrscheinlichkeit, daß eine ausgewählte Person männlich (weiblich, verheiratet, unverheiratet) ist? Da die Auswahlwahrscheinlichkeit für jede Person 1/100 beträgt, können wir unsere ersten Daten verwenden und erhalten als Wert: $60 \cdot 1/100 = 3/5$; denn wegen $N(\Omega) = 100$ ist diese Wahrscheinlichkeit $P(M) = N(M)/N(\Omega)$. Analog ergeben sich für die drei übrigen Fälle als Wahrscheinlichkeiten einfach die entsprechenden relativen Häufigkeiten, also $P(W) = 2/5$; $P(U) = 18/25$; $P(V) = 7/25$.

Wie groß ist ferner die Wahrscheinlichkeit, daß eine der 100 Personen verheiratet ist, *vorausgesetzt, daß sie männlich ist?* Diese Wahrscheinlichkeit kürzen wir ab durch $P(V|M)$. Die Aufgabe verlangt, daß wir den ursprünglichen Stichprobenraum Ω auf den Teilraum M beschränken und die Wahrscheinlichkeit von *Verheiratet* in diesem Teilraum bestimmen. Da sich an der Gleichwahrscheinlichkeit für die Wahl einer Person nichts geändert hat, brauchen wir nur die erste Zeile unserer Tabelle zu betrachten und erhalten den Wert $16/60 = 4/15$. Man nennt diese Wahrscheinlichkeit *die bedingte Wahrscheinlichkeit von* V (des Ereignisses V) *zu* (dem Ergebnis) M. Ein Vergleich mit den oben berechneten vier relativen Häufigkeiten lehrt, daß unser Wert mit n_1 identisch ist. Analoges gilt in den drei übrigen Fällen, so daß wir insgesamt erhalten:

$$P(V|M) = \frac{N(M \cap V)}{N(M)} = \frac{4}{15};$$

$$P(U|M) = \frac{N(M \cap U)}{N(M)} = \frac{11}{15};$$

$$P(V|W) = \frac{N(W \cap V)}{N(W)} = \frac{3}{10};$$

$$P(U|W) = \frac{N(W \cap U)}{N(W)} = \frac{7}{10}.$$

Die bedingten Wahrscheinlichkeiten sind also mit den entsprechenden relativen Häufigkeiten identisch. Diese Zurückführung bedingter Wahrscheinlichkeiten auf relative Häufigkeiten wurde nur dadurch ermöglicht, daß wir vom speziellen Fall der Laplace-Wahrscheinlichkeit ausgingen. Die eben angestellte Überlegung dürfte aber genügen, den Übergang zum allgemeineren Fall verständlich zu machen, in welchem das Wahrscheinlichkeitsmaß beliebig vorgegeben sein soll. Hier ist die Kardinalzahl einer Menge durch die dieser Menge zukommende Wahrscheinlichkeit zu ersetzen (was sich bezüglich der eben gewonnenen Gleichungen darin äußert, daß auf der rechten Seite für die Vorkommnisse der Symbole „N" für „die Anzahl von" Vorkommnisse von „P" für „die Wahrscheinlichkeit von" zu substituieren wären).

Genauer führen wir den Begriff der bedingten Wahrscheinlichkeit folgendermaßen ein: Es sei ein Wahrscheinlichkeitsraum $\langle \Omega, \mathfrak{A}, P \rangle$ gegeben. A und B seien Ereignisse, also Elemente von $\mathfrak{A}$. Ferner sei $P(A) \neq 0$. *Die bedingte Wahrscheinlichkeit von B relativ zu A*[11] ist definiert durch:

$$(38) \quad P(B \mid A) =_{\mathrm{Df}} \frac{P(A \cap B)}{P(A)}$$

Anschaulich läßt sich der Begriff $P(B \mid A)$ interpretieren als *die Wahrscheinlichkeit von B, wenn bereits die Information zur Verfügung steht, daß das Ereignis A eingetreten ist.* Zum Unterschied von unserem Beispiel geht in diese allgemeine Definition keine Annahme über Gleichwahrscheinlichkeit ein. Vielmehr werden in der Definition gleichzeitig die folgenden beiden Operationen vollzogen: Die erste Operation besteht darin, jedes ursprüngliche Ereignis B dadurch auf den Teilraum A von Ω zu beschränken, daß man seinen Durchschnitt mit A bildet und die Wahrscheinlichkeit dieses ‚reduzierten' Ereignisses bestimmt. Auf diese Weise tritt auf der rechten Seite von (38) im Zähler $P(A \cap B)$ an die Stelle von $P(B)$. Die zweite Operation besteht darin, daß jede so ermittelte Wahrscheinlichkeit mit dem konstanten Faktor $1/P(A)$ multipliziert wird. Dies bewirkt, daß die Summe der bedingten Wahrscheinlichkeiten relativ zu A für jede Zerlegung[12] des reduzierten Stichprobenraumes A den Wert 1 ergibt.

Man kann den Sachverhalt noch in abstrakterer Weise charakterisieren: Wir wählen ein bestimmtes $A \in \mathfrak{A}$ mit $P(A) > 0$ und halten dieses fest. Dann können wir die in (38) definierte Funktion als einstellige Funktion P_A auffassen, die für ein beliebiges Argument $B \in \mathfrak{A}$ den Wert $P(A \cap B)/P(A)$ liefert. Wie man ohne Mühe feststellt, *ist die Funktion P_A selbst wieder ein Wahrscheinlichkeitsmaß mit dem Definitionsbereich* $\mathfrak{A}$. Außerdem gilt nach Definition: $P_A(A) = 1$. *Die neue Funktion P_A bewirkt also, daß A zu einem Ereignis mit der Wahrscheinlichkeit* 1 *wird.* Darin kommt die Reduktion des ursprünglichen Raumes Ω auf A zum Ausdruck.

Durch (38) wird die bedingte Wahrscheinlichkeit auf die *absolute* Wahrscheinlichkeit zurückgeführt, wie man die einstellige Mengenfunktion P auch nennt. Umgekehrt kann jede absolute Wahrscheinlichkeit $P(A)$ *als eine relative Wahrscheinlichkeit gedeutet* werden, wobei als ‚Hypothese' Ω zu wählen ist; denn es gilt: $P(A) = P(A \mid \Omega)$. (Dazu hat man nur die entsprechende Einsetzung in (38) vorzunehmen und zu berücksichtigen, daß $A \cap \Omega = A$ sowie daß $P(\Omega) = 1$.) Diese wechselseitige Definierbarkeit von bedingten durch absolute Wahrscheinlichkeiten und umgekehrt ist für gewisse Betrachtungen von Nutzen. In der Carnapschen Theorie entsprechen den absoluten Wahrscheinlichkeitsmaßen die M-Funktionen und

---

[11] Man spricht auch von der *bedingten Wahrscheinlichkeit von B unter der Hypothese A.*

[12] Von einer Zerlegung einer gegebenen Menge in *n* Mengen sprechen wir auch hier wieder genau dann, wenn die gegebene Menge als Vereinigung dieser Mengen darstellbar ist, wobei die letzteren außerdem paarweise disjunkt sind.

den bedingten Wahrscheinlichkeitsmaßen die *C*-Funktionen. Die eben getroffene Feststellung äußert sich in der Carnapschen Theorie darin, daß wahlweise die *M*-Funktionen durch die *C*-Funktionen definierbar sind und umgekehrt.

Unmittelbar aus der Definition (38) gewinnen wir das *allgemeine Multiplikationsprinzip:*

(39) (*a*) $P(A \cap B) = P(A) \cdot P(B|A)$;
(*b*) $P(A \cap B) = P(B) \cdot P(A|B)$.

(39) (*a*) geht aus (38) durch beiderseitige Multiplikation mit $P(A)$ hervor; (*b*) entsteht durch Vertauschung von A mit B und Berücksichtigung der Kommutativität von $\cap$. Die Voraussetzungen $P(A) \neq 0$ bzw. $P(B) \neq 0$ brauchen hier nicht eigens erwähnt zu werden, da sie bereits in der Definition der bedingten Wahrscheinlichkeit enthalten sind. Umgangssprachlich könnte man den Inhalt von (39) etwa folgendermaßen wiedergeben: „die Wahrscheinlichkeit dafür, daß zwei Ereignisse A und B zusammen eintreten, ist gleich der Wahrscheinlichkeit, daß eines dieser beiden Ereignisse eintritt, multipliziert mit der Wahrscheinlichkeit, daß das andere unter der Hypothese des Vorkommens des ersten Ereignisses eintritt".

Angenommen, die in (38) enthaltene zusätzliche Information darüber, daß das Ereignis A eingetreten sei, habe keinen Einfluß auf die Wahrscheinlichkeit des Eintretens von B, so daß also gilt: $P(B|A) = P(B)$. Man spricht in diesem Fall davon, daß B von A unabhängig (bzw. genauer: stochastisch unabhängig) ist. Nach (39) (a) besagt dies dasselbe wie $P(A \cap B) = P(A) \cdot P(B)$. Wegen der Kommutativität der Multiplikation ist dann auch A von B unabhängig. Die Unabhängigkeit ist also eine *symmetrische* Relation, so daß wir definieren können:

(40) Zwei Ereignisse A und B sind *(stochastisch) unabhängig voneinander* gdw gilt:
$P(A \cap B) = P(A) \cdot P(B)$.

So sind z.B. die aufeinanderfolgenden Würfe mit einer normalen Münze oder mit einem normalen Würfel unabhängig voneinander; denn die Wahrscheinlichkeit dafür, daß ein (vom ersten Wurf verschiedener) Wurf zu einem bestimmten Resultat führt, wird nicht davon beeinflußt, zu welchen Ergebnissen die vorangehenden Würfe geführt haben. Wenn wir hingegen zwei aufeinanderfolgende Ziehungen von Karten aus einem normalen Kartenspiel betrachten, wobei nach dem ersten Zug die gezogene Karte *nicht* zurückgelegt werden soll, so ist die Wahrscheinlichkeit dafür, beim zweiten Zug ein *As* zu ziehen nicht unabhängig davon, welche Karte man bei der ersten Ziehung erhalten hat. Vielmehr ist die Wahrscheinlichkeit von *As* bei der zweiten Ziehung abhängig davon, ob bei der ersten Ziehung ein *As* gezogen wurde oder nicht.

Der Begriff der Unabhängigkeit von n Ereignissen wird in Analogie zu (40) definiert. (Für die Einführung weiterer Unabhängigkeitsbegriffe, die im Rahmen der Wahrscheinlichkeitsrechnung benötigt werden, vgl. BAUER, [Wahrscheinlichkeitstheorie], S. 125ff..)

2.e Das allgemeine Multiplikationsprinzip, die Formel der totalen Wahrscheinlichkeit und die Regel von Bayes-Laplace. Die Bestimmung von $P(A \cup B)$ gemäß **A3** ist nur dann möglich, wenn der Durchschnitt von A und B leer ist. (Deshalb spricht man hier auch häufig vom *speziellen Additionsprinzip*.) Das *allgemeine Additionsprinzip* gestattet die Bestimmung der Wahrscheinlichkeit von $A \cup B$ für beliebige Ereignisse[13]:

(41) $P(A \cup B) = P(A) + P(B) - P(A \cap B)$

Für einen Nachweis sei, um unnötige Wiederholungen zu vermeiden, auf den Beweis von T_4 in I,4 verwiesen. Jenes Theorem ist inhaltsgleich mit (41). Es besteht nur ein Unterschied im Symbolismus: Die dort verwendeten junktorenlogischen Operationen der Negation, Konjunktion und Adjunktion sind, um (41) sowie den Beweis dafür zu erhalten, durch die entsprechenden mengentheoretischen Operationen der Komplementbildung, Durchschnitts- und Vereinigungsbildung zu ersetzen.

Für die Gewinnung des nächsten Theorems müssen wir eine Differenzierung vornehmen, je nachdem ob wir es mit einem Wahrscheinlichkeitsraum $\mathfrak{W}_e$ (endliche Additivität) oder $\mathfrak{W}_\sigma$ (σ-Additivität) zu tun haben. Im ersten Fall sei eine *endliche* Folge von n Ereignissen $B_1, \ldots, B_n$ gegeben, die eine Zerlegung von Ω darstellen (d.h. also, es soll gelten: für $i \neq j$ ist $B_i \cap B_j = \emptyset$ und $B_1 \cup B_2 \cup \ldots \cup B_n = \Omega$). Im zweiten Fall sei $(B_i)_{i \in \mathbf{N}}$ eine *abzählbar unendliche* Folge von Ereignissen, die eine Zerlegung von Ω bilden. A sei ein beliebiges Ereignis. Wir führen die folgenden Schritte für den Endlichkeitsfall im Detail an; die im zweiten Fall zu vollziehenden Schritte sind analog:

Es gilt:

$$A = A \cap \Omega = A \cap (B_1 \cup \ldots \cup B_n)$$
$$= (A \cap B_1) \cup (A \cap B_2) \cup \ldots \cup (A \cap B_n).$$

Da es sich bei dieser letzten Menge um eine endliche Vereinigung von Durchschnitten handelt, wählen wir dafür die unmißverständliche Abkürzung: $\bigcup_{i=1}^{n} (A \cap B_i)$.

Für die Wahrscheinlichkeiten ergibt sich aus der gewonnenen mengentheoretischen Gleichung zunächst die Gleichung: $P(A) = P\left(\bigcup_{i=1}^{n} (A \cap B_i)\right)$.

Da die Mengen B_i wechselseitig disjunkt sind, gilt dies a fortiori auch von

[13] Die selbstverständliche Voraussetzung, daß es sich dabei um Ereignisse, also um Elemente von $\mathfrak{A}$, handeln muß, führen wir hier und im folgenden nicht mehr ausdrücklich an.

den Mengen $A \cap B_i$. **A3** liefert daher für die rechte Wahrscheinlichkeit den Wert: $\sum_{i=1}^{n} P(A \cap B_i)$. Für jedes dieser Glieder setzen wir gemäß (39) (b) ein und erhalten die *Formel der totalen Wahrscheinlichkeit:*

(42) $P(A) = \sum_{i=1}^{n} P(B_i) \cdot P(A|B_i)$, sofern für alle $i = 1, \ldots, n$ gilt: $P(B_i) > 0$.

Für den zweiten Fall ergibt sich eine analoge Formel mit der unendlichen Summe $\sum_{i=1}^{\infty}$. Das Vorgehen ist vollkommen parallel zum geschilderten. Man hat nur im ersten Schritt statt der endlichen eine unendliche Vereinigung von Durchschnitten zu bilden und im zweiten Schritt statt der endlichen Additivität die σ-Additivität zu benützen.

Es sei nun $P(A) > 0$. Wir wollen den Wert von $P(B_k|A)$ für ein beliebiges $k = 1, 2, \ldots$ bestimmen. (Im ersten Fall muß natürlich $k \leq n$ gelten.) Dazu setzen wir zunächst in (38) ein und erhalten den Bruch $P(A \cap B_k)/P(A)$. Für den Nenner können wir die rechte Seite von (42) einsetzen, während wir für den Zähler wieder eine Umformung mit Hilfe von (39) (b) vornehmen können: $P(A \cap B_k) = P(B_k) \cdot P(A|B_k)$. Insgesamt haben wir damit *die Regel von Bayes-Laplace* erhalten:

$$P(B_k|A) = \frac{P(B_k) \cdot P(A|B_k)}{\sum_{i=1}^{n} P(B_i) \cdot P(A|B_i)}. \tag{43}$$

Dieses wichtige Theorem hat sich somit als eine unmittelbare Folgerung der Formel der totalen Wahrscheinlichkeit ergeben. Wer einen möglichst raschen Einblick in die Bedeutung von (43) gewinnen möchte, kann unmittelbar zur Lektüre von Teil III, 6.e übergehen. Dort findet sich ein anschauliches Illustrationsbeispiel, ferner die Verallgemeinerung von (43) auf den kontinuierlichen Fall sowie eine wissenschaftstheoretische Diskussion des Theorems.

B. Weiterführung der Theorie für den diskreten Fall

3. Verteilungen

3.a Zufallsfunktionen, Wahrscheinlichkeitsverteilungen und kumulative Verteilungen. Wir sprechen immer dann von einem diskreten Fall, wenn das Erstglied Ω des Wahrscheinlichkeitsraumes, also der Möglichkeits- bzw. der Stichprobenraum, endlich oder abzählbar unendlich ist. In diesem Sinn werden auch die Ausdrücke „*diskreter Stichprobenraum*“ und „*diskreter Wahrscheinlichkeitsraum*“ gebraucht.

Auf den Begriff der Zufallsfunktion sind wir andeutungsweise bereits in 2.c, Anmerkung 2, zu sprechen gekommen. Führen wir die dortigen Hinweise für das in 2.b gegebene und durch die Fig. 2-2 illustrierte Beispiel durch! So wie in der erwähnten Anmerkung interessieren wir uns für die Anzahl der Kopfwürfe bei drei aufeinanderfolgenden unabhängigen Würfen mit der Münze. Ω enthält 8 Elemente, die durch die Eckpunkte des Würfels in Fig. 2-2 — bzw. genauer: durch die diesen Eckpunkten zugeordneten Zahlentripel — repräsentiert sind. Unser Interesse gilt der Anzahl der Kopfwürfe. Solche Würfe werden nach dem früheren Beschluß durch die Ziffer 0 wiedergegeben. Die für unseren Stichprobenraum definierte Funktion „die Anzahl der Kopfwürfe“ ist somit diejenige Funktion $\mathfrak{x}$ mit $D_I(\mathfrak{x}) = \Omega$ (d.h. diejenige Funktion mit den 8 Zahlentripeln als zulässigen Argumenten), welche für jedes Argument als Wert die Anzahl der Nullen angibt, welche in diesem Argument als Glieder vorkommen. Wir können die 8 Resultate, die sich durch Anwendung unserer Funktion ergeben, abermals durch die Eckpunkte eines Würfels (d.h. wieder genauer: durch die diesen Eckpunkten zugeordneten Funktionswerte) darstellen.

Dabei ist zu beachten, daß dieser neue Würfel *punktweise* dem Würfel von Fig. 2-2 *entspricht* (d.h. z.B. dem Ursprung entspricht wieder der Ursprung, dem Punkt mit dem x-Wert 1 und den y- und z-Werten 0 entspricht auch jetzt wieder der Punkt mit dem x-Wert 1 und den y- und z-Werten 0 usw.). Während aber im ersten Würfel mit verschiedenen Eckpunkten stets verschiedene Zahlentripel verbunden waren, kommen im zweiten Würfel die Zahlen 1 und 2 an je drei Eckpunkten vor. Darin drückt sich die Tatsache aus, daß $\mathfrak{x}$ zwar, wie *jede* Funktion, eine eindeutige Abbildung liefert, nicht jedoch eine injektive (umkehrbar eindeutige) Abbildung. Daß z.B. der Wert 2 gleich dreimal erscheint, beruht darauf, daß jedes der drei Tripel ⟨1,0,0⟩, ⟨0,1,0⟩ und ⟨0,0,1⟩ das Vorkommen von *zwei Kopfwürfen* bei dreimaligem Werfen anzeigt. Die drei Fälle unterscheiden sich nur durch die Reihenfolge der Kopfwürfe: im ersten Fall sind genau die beiden letzten Würfe Kopfwürfe, im dritten Fall genau die beiden ersten, und im zweiten Fall ist der erste und der dritte Wurf ein Kopfwurf. *Auf diesen Unterschied in der Reihenfolge aber kommt es für unsere Fragestellung nicht an.* Analog entsprechen die drei Eckpunkte mit dem Zahlenwert 1 den drei Fällen, daß der Kopfwurf nur als erstes oder nur als zweites oder nur als drittes Glied der Folge von drei Würfen vorkommt. Daß demgegenüber die Zahlen 0 und 3 nur einmal vorkommen, ist darin begründet, daß nur *ein* Fall unter den acht Wurffolgen keinen Kopfwurf, und ebenso nur *ein* Fall ausschließlich Kopfwürfe enthält.

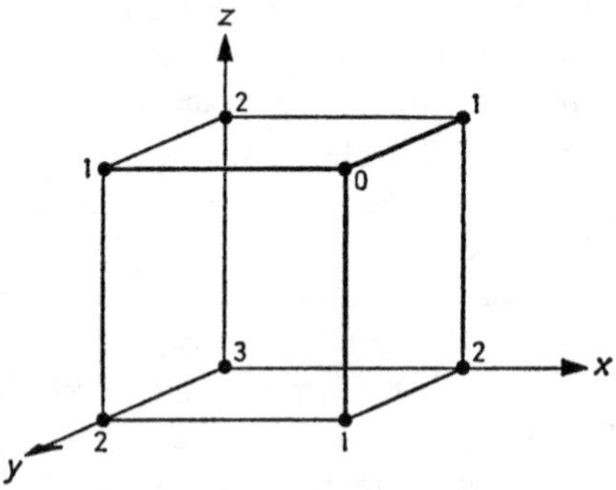

Fig. 3-1

Wenn wir die beiden Würfel wie angegeben punktweise einander entsprechen lassen — d.h. so, daß jedem Eckpunkt *e* des ersten Würfels derjenige Eckpunkt des zweiten korrespondiert, neben dem die Zahl der Nullen steht, die in dem zu *e* gehörenden Tripel vorkommen —, dann liefern uns die beiden Abbildungen zusammen eine anschauliche und vollständige Information über die Funktion $\mathfrak{x}$: Der Definitionsbereich, welcher 8 Elemente enthält, wird durch die im ersten Würfel angeführten Zahlentripel wiedergegeben. Der Wertbereich, welcher aus der Menge $\{0,1,2,3\}$ von vier Zahlen besteht, ist identisch mit der Menge der an den Eckpunkten des zweiten Würfels erscheinenden Zahlen. Und die Art der funktionellen Zuordnung liest man unmittelbar ab, wenn man entsprechende Würfelpunkte vergleicht. So ist z.B.

$$\mathfrak{x}(\langle 0,0,0\rangle)=3;\ \mathfrak{x}(\langle 1,0,1\rangle)=1;\ \mathfrak{x}(\langle 1,1,1\rangle)=0 \text{ usw.}$$

Aus diesem einfachen Beispiel abstrahieren wir den allgemeinen Begriff der Zufallsfunktion. Um bereits an dieser Stelle den wichtigen Begriff der Wahrscheinlichkeitsverteilung anvisieren zu können, gehen wir nicht bloß davon aus, daß ein Stichprobenraum Ω gegeben ist, sondern daß bereits ein ganzer Wahrscheinlichkeitsraum verfügbar ist, insbesondere also ein Wahrscheinlichkeitsmaß P. Wir beschäftigen uns dabei vorläufig allein mit diskreten Fällen, in welchen Ω höchstens abzählbar ist. In diesen Fällen können wir, wie bereits früher erwähnt, als Körper bzw. als σ-Körper stets die Potenzmenge $Pot(\Omega)$ wählen. Um mathematische Komplikationen zu vermeiden, setzen wir für die folgenden Betrachtungen voraus, daß diese Wahl im konkreten Fall stets erfolge. Wir führen daher die folgende bedingte Definition ein:

D5 Gegeben sei ein Wahrscheinlichkeitsraum $\mathfrak{W}$ mit $\mathfrak{W} = \langle \Omega, Pot(\Omega), P \rangle$, dessen Möglichkeitsraum endlich viele oder abzählbar unendlich viele Elemente enthält und dessen Ereigniskörper mit der Potenzmenge von Ω identisch ist, so daß das Wahrscheinlichkeitsmaß P für alle Teilmengen von Ω definiert ist. *Dann soll jede reelle Punktfunktion* $\mathfrak{x}$ *mit* $D_I(\mathfrak{x}) = \Omega$ *als Zufallsfunktion* (genauer: *als Ω-Zufallsfunktion*) *bezeichnet werden.*

Während ein Wahrscheinlichkeitsmaß stets eine Mengenfunktion ist, stellt eine Zufallsfunktion immer eine *Punktfunktion* dar.

Anmerkung 1. In der deutschsprachigen Literatur werden Zufallsfunktionen meist durch lateinische Großbuchstaben bezeichnet. Die Wahl einer solchen Symbolik wäre für uns unzweckmäßig und irreführend, weil in den Teilen I und II lateinische Großbuchstaben aus dem Anfang und der Mitte des Alphabetes meist zur Bezeichnung von *Propositionen*, lateinischen Großbuchstaben aus dem Ende des Alphabetes häufig zur Bezeichnung von *Personen* verwendet werden. Außerdem benützen wir in diesem Teil 0 lateinische Großbuchstaben häufig als Mengenbezeichnungen. Zufallsfunktionen sollen daher stets durch gotische Kleinbuchstaben aus dem Ende des Alphabetes bezeichnet werden, also durch $\mathfrak{x}$, $\mathfrak{y}$ und $\mathfrak{z}$.

Anmerkung 2. Üblicherweise wird in der Literatur statt von Zufallsfunktionen von *Zufallsveränderlichen*, *zufälligen Veränderlichen (zufälligen Größen)* oder von *stochastischen Veränderlichen* gesprochen. Die Definition dieses Begriffs wird dann meist mit einer inhaltlichen Erläuterung von etwa folgender Art versehen: „Eine zufällige Veränderliche ist eine Größe, deren Wert vom Zufall abhängt".

Diese Terminologie ist unvereinbar mit dem Standardgebrauch des Begriffs „Veränderliche" bzw. „Variable" in der Logik. Zudem ist die eben zitierte Formulierung so ungeheuer irreführend, daß beides zusammen: die Terminologie und die umgangssprachliche Erläuterung, zwangsläufig das Verständnis dieses Begriffs bei jedem Anfänger außerordentlich erschweren müssen: Erstens nämlich versteht man unter Variablen *linguistische* Entitäten, also *Symbole*, während es sich bei den Zufallsfunktionen um außersprachliche Entitäten, eben um funktionelle Zuordnungen oder um Abbildungen, handelt. Die Situation verbessert sich nicht, wenn man von den Funktionen zu ihren Benennungen übergeht. Denn eine derartige Funktion — und dies ist der zweite Punkt der Kritik — wird nicht durch eine Variable, sondern durch eine *Konstante* bezeichnet. Selbst nach Beseitigung der Verwechslung von Namen und Benanntem wäre also der Ausdruck „Zufallsveränderliche" fehlerhaft; er müßte durch „Zufalls*konstante*" ersetzt werden. Drittens enthält die geschilderte inhaltliche Erläuterung einen weiteren Fehler.

Betrachten wir etwa die Funktion $\mathfrak{x}$ unseres Beispiels: Diese Funktion ist *effektiv berechenbar*; denn sie ordnet jedem Tripel, bestehend aus Nullen und Einsen, die Anzahl der darin vorkommenden Nullen zu. *Es ist offenbar unsinnig, von einer effektiv berechenbaren Funktion zu behaupten, daß ihr Wert vom Zufall abhänge*; denn was vom Zufall abhängt, kann man nicht rechnerisch voraussagen. Was die Statistiker *meinen*, ist etwas vollkommen anderes, nämlich: Das Eintreten eines bestimmten *Argumentes* der Zufallsfunktion hängt vom Zufall ab. Auch dies läßt sich an unserem Beispiel gut veranschaulichen: Die 8 möglichen Zahlentripel, deren jedes ein bestimmtes Resultat dreier aufeinanderfolgender Münzwürfe repräsentiert, bilden die möglichen Ergebnisse des folgenden Zufallsexperimentes mit einer konkreten Münze: „Dreimaliges Werfen dieser Münze und Feststellen, ob K oder S". Für diese *Ergebnisse* (!) wird die Funktion $\mathfrak{x}$ definiert und liefert, je nachdem welches Zahlentripel durch das Experiment realisiert wurde, einen bestimmten Wert aus der Menge $\{0,1,2,3\}$. Eine umgangssprachliche Charakterisierung derartiger Funktionen sollte also besser lauten: „Eine Zufallsfunktion ist eine reellwertige (und meist berechenbare) Funktion, die so beschaffen ist, daß das Eintreten eines Argumentes vom Zufall abhängt". Die Bedeutung der Wendung „vom Zufall abhängen" ließe sich zusätzlich folgendermaßen erklären: „Die fragliche Funktion ist für das Erstglied Ω eines Wahrscheinlichkeitsraumes, also für den Stichprobenraum (Möglichkeitsraum), definiert. Im statistischen Fall wird stets vorausgesetzt, daß die Elemente von Ω die möglichen Resultate eines Zufallsexperimentes darstellen".

Nachdem wir erklärt haben, was Zufallsfunktionen *sind*, wenden wir uns der wichtigeren Frage zu, was diese Funktionen für die Wahrscheinlichkeitstheorie und Statistik *leisten*. Insbesondere müssen wir noch die bereits gegebene Andeutung präzisieren, daß durch derartige Funktionen eine Übersetzung in die Zahlensprechweise gewährleistet werde. Dafür gehen wir wieder darauf zurück, daß der vorgegebene Wahrscheinlichkeitsraum auch ein Wahrscheinlichkeitsmaß P für sämtliche Ereignisse — d.h. also aufgrund unserer speziellen Annahme: für sämtliche Teilmengen von Ω — enthält. Durch die Funktion $\mathfrak{x}$ können diese Wahrscheinlichkeiten *in Wahrscheinlichkeiten von Zahlmengen transformiert* werden, nämlich in Wahrscheinlichkeiten aller Zahlmengen, die (echte oder unechte) Teilmengen des Wertbereiches $D_{II}(\mathfrak{x})$ von $\mathfrak{x}$ sind. Dies soll genauer analysiert werden.

Wir führen zunächst eine weitere Funktion $f_{\mathfrak{x}}$ ein, die wir die *Wahrscheinlichkeitsverteilung von* $\mathfrak{x}$ nennen. Diese Funktion wird folgendermaßen erklärt: Wenn x ein Element des Wertbereiches der Zufallsfunktion $\mathfrak{x}$ ist, so soll $f_{\mathfrak{x}}(x)$ die Wahrscheinlichkeit dafür darstellen, daß $\mathfrak{x}$ den Wert x annimmt. Man beachte, daß die *Argumente* der neuen Funktion f stets *Werte* der diskreten Zufallsfunktion $\mathfrak{x}$, insbesondere also stets Zahlen, sind. Außerdem möge nicht übersehen werden, daß man nicht von einer Wahrscheinlichkeitsverteilung schlechthin sprechen kann, sondern nur von der Wahrscheinlichkeitsverteilung *einer ganz bestimmten Zufallsfunktion*. Die Bezeichnung für die letztere wird daher der Funktion, welche die Wahrscheinlichkeitsverteilung darstellt, als unterer Index beigefügt. Nur wenn aus dem Kontext klar hervorgeht, welche Zufallsfunktion gemeint ist bzw. wie diese Funktion definiert werden kann, wird der untere Index weggelassen.

Die Bedeutung einer solchen Funktion $f_{\mathfrak{x}}$ kann bündig so charakterisiert werden: Das ursprüngliche Wahrscheinlichkeitsmaß P wird durch $f_{\mathfrak{x}}$ in ein neues Wahrscheinlichkeitsmaß P^* übergeführt, auch *Bildmaß* von P genannt, welches für *Zahlenmengen* erklärt ist, die Teilmengen des Wertbereiches $D_{II}(\mathfrak{x})$ der Zufallsfunktion bilden.

Wir werden den etwas abstrakten Sachverhalt sogleich an unserem obigen Modellbeispiel eines dreimaligen Münzwurfes erläutern. Zuvor aber soll der Begriff der Wahrscheinlichkeitsverteilung einer Zufallsfunktion genauer definiert werden.

D6 Gegeben sei ein Wahrscheinlichkeitsraum $\mathfrak{W}$ von der in **D5** beschriebenen Art, zusammen mit einer Ω-Zufallsfunktion $\mathfrak{x}$[14]. Unter der *Wahrscheinlichkeitsverteilung von* $\mathfrak{x}$ (bezüglich des Wahrscheinlichkeitsmaßes P) verstehen wir diejenige Funktion f (bzw. genauer: $f_{\mathfrak{x}}$) für die gilt:

(*a*) $D_I(f) = D_{II}(\mathfrak{x})$;

(*b*) Für jede reelle Zahl $x \in D_I(f)$ gilt:

$$f_{\mathfrak{x}}(x) = P(\{\omega|\ \omega \in \Omega \wedge \mathfrak{x}(\omega) = x\})^{15}.$$

Einige Autoren sprechen statt von einer Wahrscheinlichkeitsverteilung auch vom *Wahrscheinlichkeitsgesetz* oder von der *Wahrscheinlichkeitsfunktion* der Zufallsfunktion $\mathfrak{x}$.

Die letzte Bestimmung von **D6** zeigt, wie die Wahrscheinlichkeitsverteilung auf das ursprünglich eingeführte Wahrscheinlichkeitsmaß zurückgeführt wird: der f-Wert einer Zahl x ist ja gleich dem P-Maß des $\mathfrak{x}$-Urbildes von x. Damit diese Definition in jedem Fall sinnvoll wird, mußten wir voraussetzen, daß der Ereigniskörper (σ-Körper von Ereignissen) mit der Potenzmenge von Ω identisch ist. Denn ansonsten könnte es passieren, daß das Wahrscheinlichkeitsmaß P für die angeführte Teilmenge von Ω (also für das $\mathfrak{x}$-Urbild von x) gar nicht definiert ist.

Auch dies sei kurz erläutert: Angenommen etwa, wir hätten uns in unserem Beispiel nur für die Frage interessiert, ob alle drei Würfe Kopfwürfe sind oder nicht. In diesem Fall hätten wir, entgegen unserer Festsetzung, als Ereigniskörper eine Klasse von vier Elementen wählen können, nämlich die Klasse: $\{\Omega, \emptyset, A, \bar{A}\}$ mit $A = \{\langle 0, 0, 0\rangle\}$. Nur für die vier Elemente dieses Ereigniskörpers wäre das Wahrscheinlichkeitsmaß P definiert. Falls wir nun wieder die obige Zufallsfunktion $\mathfrak{x}$ („die Anzahl der Kopfwürfe") mit dem Wertbereich $\{0, 1, 2, 3\}$ definiert hätten und z.B. nach dem Wert von $f_{\mathfrak{x}}(2)$ fragen würden, so müßte diese Frage unbeantwortet bleiben. Denn wie sich aus der obigen Definition ergibt, fragen wir

[14] Ω ist natürlich der zu $\mathfrak{W}$ gehörige Möglichkeitsraum.

[15] Die Teilbestimmung „$\omega \in \Omega$" könnte weggelassen werden, da sie aus der Definition von $\mathfrak{x}$ folgt. Wir haben sie größerer Anschaulichkeit halber in die Definition miteinbezogen.

ja nach der Wahrscheinlichkeit der Menge $\{\langle 1, 0, 0\rangle, \langle 0, 1, 0\rangle, \langle 0, 0, 1\rangle\}$. (Diese Menge kann man auch ganz mechanisch durch den Vergleich der beiden Würfel von Fig. 2-2 und Fig. 3-1 gewinnen. Man hat dazu nichts anderes zu tun, als von denjenigen Eckpunkten des zweiten Würfels, mit denen die Zahl 2 assoziiert ist, zu den entsprechenden Eckpunkten des ersten Würfels überzugehen und die diesen Eckpunkten zugeordneten Zahlentripel zu betrachten. Diese Tripel bilden genau die Elemente der gesuchten Menge; denn hierbei handelt es sich um diejenigen Elemente des Möglichkeitsraumes, denen durch $\mathfrak{x}$ die Zahl 2 zugeordnet worden ist.) Diese Menge bildet jedoch überhaupt kein Element unseres Ereigniskörpers und erhält daher auch keine Wahrscheinlichkeit zugeordnet. Um zu verhindern, daß $f_{\mathfrak{x}}$ zu einer teilweise undefinierten Funktion wird (d.h. daß sie nicht für den ganzen Wertbereich von $\mathfrak{x}$ erklärt ist), mußten wir voraussetzen, daß der σ-Körper von $\mathfrak{W}$ die Potenzmenge von Ω darstellt, so daß uns bei der Wahrscheinlichkeitsbeurteilung keine Teilmenge von Ω ‚entschlüpfen' kann.

Anmerkung. In dem hier geschilderten Sachverhalt liegt eine weitere Wurzel für die Komplikationen, welche die moderne Maßtheorie zu bewältigen hat. Da es nämlich im kontinuierlichen Fall unmöglich ist, die ganze Potenzmenge von Ω als Ereigniskörper zu wählen, tritt die Gefahr auf, Zufallsfunktionen zu verwenden, für welche die Wahrscheinlichkeitsverteilung nur partiell oder überhaupt nicht definiert ist. Derartige Funktionen wären jedoch für die Behandlung wahrscheinlichkeitstheoretischer Probleme unbrauchbar. Man muß sich daher auf solche Funktionen beschränken, für welche die Wahrscheinlichkeitsverteilung vollständig definiert ist. Es sind dies die in Abschnitt 8 angeführten *meßbaren Funktionen.*

Der Begriff der Wahrscheinlichkeitsverteilung wurde von uns so eingeführt, daß dabei stets auf eine Zufallsfunktion Bezug genommen wird. Häufig bezeichnet man auch das ursprüngliche Wahrscheinlichkeitsmaß als *Wahrscheinlichkeitsverteilung* (ohne Zusatz). Diese Sprechweise ist inhaltlich dadurch gerechtfertigt, daß das normierte Maß P angibt, wie sich die gesamte Wahrscheinlichkeit 1 auf die einzelnen Elemente der Ereigniskörpers *verteilt.* Wenn man diese Terminologie benützt, so läßt sich das, was jeweils gemeint ist, daraus erschließen, ob von der Wahrscheinlichkeitsverteilung schlechthin oder von der Wahrscheinlichkeitsverteilung einer Zufallsfunktion gesprochen wird.

Wenn der gegebene Wahrscheinlichkeitsraum ein Laplace-Raum ist, nennt man das zugehörige Wahrscheinlichkeitsmaß auch eine *Gleichverteilung.* Dadurch wird zum Ausdruck gebracht, daß die verschiedenen möglichen Resultate *dieselben* Realisierungschancen besitzen.

Im Rahmen der modernen Wahrscheinlichkeitstheorie läßt sich diese Verallgemeinerung des Begriffs der Wahrscheinlichkeitsverteilung sogar *formal* rechtfertigen. Hier werden nämlich nicht nur reellwertige Funktionen als Zufallsfunktionen zugelassen, sondern beliebige Abbildungen des Erstgliedes Ω eines

Wahrscheinlichkeitsraumes in das Erstglied eines zweiten Wahrscheinlichkeitsraumes. Auch die *identische Abbildung* wird dadurch zu einer Zufallsfunktion. Damit aber wird in trivialer Weise jedes Wahrscheinlichkeitsmaß zur Wahrscheinlichkeitsverteilung einer Zufallsfunktion, eben der identischen Funktion.

Die in **D6** eingeführte Funktion f ist zunächst nur für die einzelnen Zahlenwerte aus dem Wertbereich von $\mathfrak{x}$, d.h. für die Elemente von $D_{II}(\mathfrak{x})$, definiert. Sie ist damit jedoch automatisch auch für jede Teilmenge X von $D_{II}(\mathfrak{x})$ erklärt. Erst dies rechtfertigt es, von einem *Bild*maß P^* von P zu sprechen.

Um auch für diesen Begriff des Bildmaßes eine knappe Formulierung geben zu können, präzisieren wir zwei weitere mengentheoretische Begriffe: den Begriff des Bildes sowie den des Urbildes einer gegebenen Menge unter einer Funktion. Wenn A eine Menge und φ eine Funktion mit $A \subseteq D_I(\varphi)$ ist, so sei $\varphi(A)$ (das *φ-Bild von A*) definiert durch

$$\varphi(A) = \{y \mid \bigvee x(x \in A \wedge \varphi(x) = y)\}.$$

(Viele Mathematiker benützen für diese Menge die zwar nicht ganz präzise, aber doch anschaulichere abkürzende Darstellung: $\{\varphi(x) \mid x \in A\}$.) Ist hingegen A eine Menge und ψ eine Funktion mit $A \subseteq D_{II}(\psi)$, so sei

$$\psi^{-1}(A) = \{x \mid \bigvee y(y \in A \wedge \psi(x) = y)\}.$$

Diese Menge wird auch das *ψ-Urbild von A* genannt.

Kehren wir nun zu unseren wahrscheinlichkeitstheoretischen Begriffen zurück, so können wir den allgemeinen Begriff des Bildmaßes in der folgenden Weise erklären:

(44) Gegeben sei ein Wahrscheinlichkeitsraum $\mathfrak{W} = \langle \Omega, \mathfrak{A}, P \rangle$ sowie eine reellwertige Zufallsfunktion $\mathfrak{x}$ über Ω (d.h. $D_I(\mathfrak{x}) = \Omega$). Dann soll unter dem *Bildmaß P^* von P bezüglich* $\mathfrak{x}$ diejenige Funktion verstanden werden, die für jede Zahlenmenge X mit $X \subseteq D_{II}(\mathfrak{x})$ definiert ist durch $P^*(X) = P(\mathfrak{x}^{-1}(X))$.

Manche Wahrscheinlichkeitstheoretiker geben die Mengenfunktion P^* auch durch die Bezeichnung „$\mathfrak{x}(P)$" wieder, um zum Ausdruck zu bringen, daß es sich um das durch $\mathfrak{x}$ erzeugte Bild der Mengenfunktion P handelt.

In der jetzigen Symbolik hätten wir die Gleichung von **D6** (b) kürzer durch

$$(b') \quad f_{\mathfrak{x}}(x) = P(\mathfrak{x}^{-1}(\{x\}))$$

wiedergeben können.

Betrachten wir zur Illustration wieder unser Modellbeispiel mit der durch die Wendung „die Anzahl der Kopfwürfe" beschreibbaren Zufallsfunktion. Wir wählen die Zahlenmenge $X = \{1, 2\}$. Um das Bildmaß $P^*(X)$ zu bestimmen, d.h. um dieses Bildmaß auf das P-Maß einer Teilmenge unseres Stichprobenraumes Ω zurückführen zu können, müssen wir gemäß (44) zunächst das $\mathfrak{x}$-Urbild von $\{1, 2\}$ ermitteln. Ein Vergleich unserer beiden Würfel von Fig. 2-2 und Fig. 3-1 liefert das Resultat:

$$\mathfrak{x}^{-1}(\{1, 2\}) = \{\langle 1, 1, 0\rangle, \langle 1, 0, 1\rangle, \langle 0, 1, 1\rangle, \langle 1, 0, 0\rangle,$$
$$\langle 0, 1, 0\rangle, \langle 0, 0, 1\rangle\}.$$

Dieses Ergebnis hätten wir natürlich auch durch rein logische Überlegungen erhalten können: Da die Aufgabe darin besteht, diejenigen Dreierfolgen von Münzwürfen auszusondern, die entweder genau einen oder genau zwei Kopfwürfe enthalten, brauchen wir nichts anderes zu tun, als aus dem Stichprobenraum die beiden Tripel $\langle 0, 0, 0\rangle$ und $\langle 1, 1, 1\rangle$ zu entfernen, welche die beiden durch „3 aufeinanderfolgende Kopfwürfe" und „kein einziger Kopfwurf" beschreibbaren Möglichkeiten repräsentieren. Dadurch erhalten wir aber gerade die angegebene Menge, welche sechs Tripel als Elemente enthält. Nachdem wir die Urbildmenge ermittelt haben, gewinnen wir das Bildmaß aufgrund von (44):

$$P^*(\{1, 2,\}) = P(\{\langle 1, 1, 0\rangle, \langle 1, 0, 1\rangle, \langle 0, 1, 1\rangle, \langle 1, 0, 0\rangle$$
$$\langle 0, 1, 0\rangle, \langle 0, 0, 1\rangle\}).$$

Eine numerische Bestimmung ist natürlich nicht möglich, solange das ursprüngliche Maß selbst nicht numerisch festgelegt ist. Nehmen wir etwa den Fall einer Laplace-Wahrscheinlichkeit an. Alle an den Ecken des ersten Würfels erscheinenden Tripel haben dann dieselbe Wahrscheinlichkeit der Realisation, nämlich 1/8. Es ergibt sich daher: $P^*(\{1, 2\}) = 6/8 = 3/4$.

Wir wollen unter derselben Annahme, nämlich der Laplace-Wahrscheinlichkeit, noch den Wertverlauf der Funktion f von **D6** (b), d.h. der Wahrscheinlichkeitsverteilung für unsere gegenwärtige Zufallsfunktion $\mathfrak{x}$, explizit anschreiben. Da das Argument genau den Wertbereich von $\mathfrak{x}$ durchlaufen darf, kann man für x die Zahlen 0, 1, 2 und 3 einsetzen. Wenn wir weiter bedenken, daß den Zahlenwerten 1 und 2 je drei Elemente enthaltende Teilmengen des Urbildes Ω von $D_{II}(\mathfrak{x})$ entsprechen, den Zahlen 0 und 3 hingegen je ein Element enthaltende Teilmengen, so gewinnen wir für den Fall, daß der ursprüngliche Wahrscheinlichkeitsraum ein Laplace-Raum ist, die folgende explizite Definition:

$$f_{\mathfrak{x}}(x) = \begin{cases} \frac{1}{8} \text{ für } x = 0; \\ \frac{3}{8} \text{ für } x = 1; \\ \frac{3}{8} \text{ für } x = 2; \\ \frac{1}{8} \text{ für } x = 3. \end{cases}$$

Unter Benützung der Abkürzung $\binom{n}{k}$ von 1.d läßt sich diese Definition kürzer so anschreiben:

$$f_{\mathfrak{x}}(x) = \frac{\binom{3}{x}}{8} \text{ für } x = 0, 1, 2, 3.$$

Der Leser lasse sich durch dieses konkrete Beispiel nicht zu dem für die klassische Wahrscheinlichkeitstheorie typischen Fehler verleiten, daß entweder überhaupt alle oder doch wenigstens die normalen Fälle von Wahrscheinlichkeitsverteilungen auf Laplace-Wahrscheinlichkeiten, d.h. auf *Gleichverteilungen*, beruhen. Zur Übung möge der Leser ein Wahrscheinlichkeitsmaß P angeben, das sämtlichen 8 Tripeln von Ω verschiedene Wahrscheinlichkeiten zuordnet, und auf der Grundlage dieses P die Wahrscheinlichkeitsverteilung f für dieselbe Zufallsfunktion wie oben („die Anzahl der Kopfwürfe") definieren.

An dieser Stelle dürfte eine wissenschaftstheoretische Bemerkung am Platz sein, deren volle Bedeutung erst in Teil III erkannt werden wird: Nicht nur dürfen wir bei konkreten Anwendungen unseres logisch-mathematischen Modells auf spezielle Situationen *nicht* voraussetzen, daß die Wahrscheinlichkeitsverteilung (das vorliegende Wahrscheinlichkeitsmaß) auf eine *Gleichverteilung* (eine *Gleichwahrscheinlichkeit*) reduzierbar ist. Es darf *im statistischen Fall* auch *nicht* davon ausgegangen werden, *daß wir diese Wahrscheinlichkeiten kennen*, sei es aufgrund von Apriori-Betrachtungen, sei es aufgrund vergangener Beobachtungen an Zufallsmechanismen. Statistische Wahrscheinlichkeiten können nur *hypothetisch angenommen* werden. Allgemein werden wir unter einer *statistischen Hypothese* an späterer Stelle stets eine *Verteilungshypothese* verstehen, d.h. entweder die hypothetische Annahme einer statistischen Wahrscheinlichkeitsfunktion P oder die hypothetische Annahme einer Wahrscheinlichkeitsverteilung f bezüglich einer angegebenen Zufallsfunktion. *Elementare statistische Hypothesen*, etwa von der Art: „die Wahrscheinlichkeit, mit diesem Würfel eine 6 zu werfen, beträgt 0,2", werden wir dabei als degenerierte Fälle betrachten, in denen nur ein Stück der Verteilungshypothese gegeben ist. Man könnte auch umgekehrt vorgehen und eine Verteilungshypothese als eine endliche oder unendliche Konjunktion von elementaren statistischen Hypothesen auffassen.

Neben der Wahrscheinlichkeitsverteilung $f_{\mathfrak{x}}$ ist noch eine zweite Funktion $F_{\mathfrak{x}}$ von Bedeutung, die wir die *kumulative Verteilungsfunktion von* $\mathfrak{x}$ nennen. Der Unterschied dieser beiden Funktionen läßt sich am besten verdeutlichen, wenn man ihre Werte für dasselbe Argument x vergleicht. Während $f_{\mathfrak{x}}(x)$ die Wahrscheinlichkeit dafür angibt, daß $\mathfrak{x}$ *genau* den Wert x annimmt, drückt $F_{\mathfrak{x}}(x)$ die Wahrscheinlichkeit dafür aus, daß die Zufallsfunktion $\mathfrak{x}$ *höchstens* den Wert x, also keinen größeren, hat. Hinzu tritt ein mehr äußerlicher Unterschied über die Wahl des Definitionsbereiches: Während $f_{\mathfrak{x}}$ nur auf dem Wertbereich von $\mathfrak{x}$ definiert ist, wählt man als Definitionsbereich von $F_{\mathfrak{x}}$ den gesamten Bereich der reellen Zahlen unter

Einschluß der beiden idealen Elemente $-\infty$ und $+\infty$. Wir bezeichnen diesen Bereich mit $[-\infty, +\infty]$. Dann gelangen wir in Analogie zur Einführung von $f_{\mathfrak{x}}$ zu der folgenden Definition:

D7 Gegeben sei ein Wahrscheinlichkeitsraum $\mathfrak{W}$ von der in **D5** beschriebenen Art, zusammen mit einer Ω-Zufallsfunktion $\mathfrak{x}$. Unter der ***kumulativen Verteilungsfunktion*** (bzw. kürzer: der ***kumulativen Verteilung***) ***von*** $\mathfrak{x}$ verstehen wir diejenige Funktion $F_{\mathfrak{x}}$, für die gilt:

(*a*) $D_I(F_{\mathfrak{x}}) = [-\infty, +\infty]$;

(*b*) für jede reelle Zahl x, d.h. für jedes $x \in D_I(F_{\mathfrak{x}})$, gilt:

$$F_{\mathfrak{x}}(x) = P(\{\omega \mid \omega \in \Omega \wedge \mathfrak{x}(\omega) \leqq x\}).$$

Aus den beiden letzten Definitionen folgt unmittelbar eine Gleichung, welche die Beziehung zwischen den beiden einstelligen Funktionen f und F exakt beschreibt, nämlich:

$$F_{\mathfrak{x}}(x) = \sum_{t \leqq x} f(t) \text{ für } -\infty \leqq x \leqq +\infty. \tag{45}$$

Die Funktion F summiert also die f-Werte bis einschließlich zum f-Wert für das Argument x. Daß man den erweiterten Definitionsbereich wählen darf, wird am besten wieder anhand unseres Beispiels illustriert, für welches wir die folgende explizite Darstellung von $F_{\mathfrak{x}}$ gewinnen:

$$F_{\mathfrak{x}}(x) = \begin{cases} 0 \text{ für } x < 0 \\ \frac{1}{8} \text{ für } 0 \leqq x < 1 \\ \frac{4}{8} \text{ für } 1 \leqq x < 2 \\ \frac{7}{8} \text{ für } 2 \leqq x < 3 \\ 1 \text{ für } 3 \leqq x. \end{cases}$$

Die graphische Darstellung von $F_{\mathfrak{x}}$ liefert das folgende Bild:

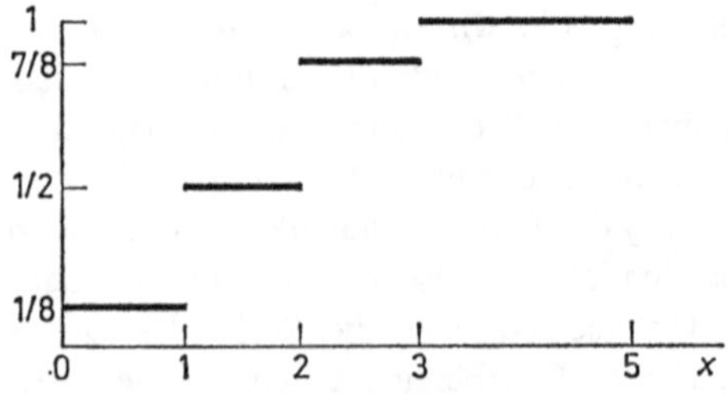

Fig. 3-2

Solche Funktionen werden auch *Treppenfunktionen* genannt. $F_{\mathfrak{x}}$ ist also eine Treppenfunktion.

Man könnte die Frage aufwerfen, ob die zusätzliche Einführung von $F_{\mathfrak{x}}$ neben $f_{\mathfrak{x}}$ nichts weiter darstelle als eine mathematische Spielerei. Hätten wir es nur mit diskreten Fällen zu tun, so müßte die Antwort vermutlich bejahend ausfallen; denn alles, was in diesen Fällen $F_{\mathfrak{x}}$ zu leisten vermag, läßt sich auch mit Hilfe von $f_{\mathfrak{x}}$ bewerkstelligen. Erst in den kontinuierlichen Fällen ergibt sich eine prinzipiell andersartige Situation. Hier drücken nur die Funktionen F *Wahrscheinlichkeiten* aus, während die Funktionen vom Typ f Wahrscheinlichkeits*dichten* darstellen, die bloße Hilfsmittel zur Definition von Wahrscheinlichkeiten darstellen. Dieser Unterschied, der in **C** genauer zur Sprache kommen wird, bildet die Wurzel dafür, daß generell Funktionen vom Typ F der Vorzug gegeben wird; denn nur sie repräsentieren in *allen* Fällen Wahrscheinlichkeiten.

Anmerkung. In der deutschen Literatur werden Funktionen vom Typ F gewöhnlich nur *Verteilungsfunktionen*, oder noch kürzer: *Verteilungen*, genannt. Da auf der anderen Seite aber auch die Bezeichnung „Wahrscheinlichkeitsverteilung" zu „Verteilung" abgekürzt zu werden pflegt, entsteht eine zumindest für den Anfänger lästige Doppeldeutigkeit des Ausdruckes „Verteilung", da er jeweils aus dem Kontext erschließen muß, ob ein f oder ein F gemeint ist. Der Ausdruck „kumulative Verteilungsfunktion" als Bezeichnung einer Funktion vom Typ F wurde in Anknüpfung an den englischen Sprachgebrauch gewählt, wo eine derartige Funktion "cumulative distribution" genannt wird. Der Zusatz „kumulativ" sichert nicht nur die sprachliche Eindeutigkeit; er ist außerdem sehr suggestiv, da er den Gedanken an eine „Akkumulation von Wahrscheinlichkeiten" (bis zu einem bestimmten Wert x der zugehörigen Zufallsfunktion $\mathfrak{x}$) nahelegt, was genau der Formel (45) entspricht.

3.b Einige spezielle Wahrscheinlichkeitsverteilungen: die Binomialverteilung (Bernoulli-Verteilung); die hypergeometrische Verteilung; die Gleichverteilung; die geometrische Verteilung; die Poisson-Verteilung. Wollte man jede spezielle Wahrscheinlichkeitsverteilung logisch einwandfrei einführen, so müßte man stets folgendermaßen vorgehen: In einem *ersten Schritt* wäre der zugrundeliegende Wahrscheinlichkeitsraum mit seinen drei Gliedern, dem Stichprobenraum Ω, dem Ereigniskörper $\mathfrak{A}$ und dem Wahrscheinlichkeitsmaß P, zu konstruieren. In einem *zweiten Schritt* hätte man eine Zufallsfunktion $\mathfrak{x}$ auf Ω exakt zu definieren. Und in einem *dritten Schritt* wäre die Wahrscheinlichkeitsverteilung $f_{\mathfrak{x}}$ von $\mathfrak{x}$ durch Rückgriff auf P zu berechnen. Der praktisch arbeitende Statistiker geht meist anders vor. Er verzichtet auf eine explizite und präzise Konstruktion des Wahrscheinlichkeitsraumes mit seinen drei Gliedern und begnügt sich stattdessen mit gewissen inhaltlichen Erläuterungen, die für seine Zwecke ausreichen. Auch den zweiten Schritt vollzieht er sehr rasch: Statt eine präzise Definition der Zufallsfunktion $\mathfrak{x}$ zu liefern, gibt er die möglichen numerischen Resultate dieser Funktion an, charakterisiert diese Funktion also allein durch Angabe ihres Wertbereiches. Erst der dritte

Schritt, also *die Angabe der Wahrscheinlichkeitsverteilung*, wird ausdrücklich und genau vollzogen. Da er jedoch wegen der Vagheit des ersten Schrittes nicht auf ein bereits eingeführtes Wahrscheinlichkeitsmaß zurückzugreifen vermag, muß er die Wahrscheinlichkeitsverteilung überhaupt erst *definieren*, kann sie jedoch nicht aufgrund anderweitiger Daten *berechnen*. Zu seiner Definition gelangt der Statistiker auf verschiedenen Wegen, teils durch Apriori-Erwägungen (z.B. durch Symmetriebetrachtungen in bezug auf eine Münze oder einen Würfel), teils durch Annahmen, die sich auf vergangene Befunde stützen (z.B. Auszählungen relativer Häufigkeiten von Kopf- oder Sechserwürfen). Von der Frage, wie er zu seiner Definition gelangt, sowie von dem Problem, wie er seine Annahme rechtfertigt, daß die angesetzte Wahrscheinlichkeitsverteilung die richtige sei, wollen wir hier ganz abstahieren. Diese Probleme werden uns in Teil III ausführlich beschäftigen.

Hier wollen wir uns mit einigen wichtigen Typen von Wahrscheinlichkeitsverteilungen vertraut machen, wobei wir den eben angedeuteten Weg des ‚praktischen Statistikers' beschreiten werden. Der streng maßtheoretisch verfahrende Wahrscheinlichkeitstheoretiker muß ein solches Vorgehen unbefriedigend finden. Glücklicherweise ist dieses Vorgehen *nur logisch lückenhaft, nicht jedoch logisch fehlerhaft*. Allerdings ist dies, wie wir später erkennen werden, keine Selbstverständlichkeit. Der Maßtheoretiker spielt daher für den Statistiker nicht etwa nur die Rolle eines Lückenbüßers, der das, was der Statistiker entweder überhaupt nicht oder nur sehr undeutlich sagt, genau expliziert. Häufig obliegt es ihm zu zeigen, daß das Vorgehen des Statistikers überhaupt *vernünftig* ist, indem er nachweist, daß das einer Wahrscheinlichkeitsverteilung zugrundeliegende mathematische Modell eines Wahrscheinlichkeitsraums *konsistent* und *eindeutig* ist.

Diese letzte Feststellung gilt bereits für die am häufigsten benützte diskrete Wahrscheinlichkeitsverteilung, der wir uns zunächst zuwenden werden: die *Binomialverteilung* oder *Bernoulli-Verteilung*, wie sie nach ihrem Entdecker auch genannt wird. Wir wählen die erste Bezeichnung, weil sie bereits einen Hinweis auf die Struktur der Verteilung liefert.

Indem wir uns an dieser Stelle über etwaige logische Skrupel, die mit der Konstruktion des ersten Schrittes verbunden sind, großzügig hinwegsetzen[16], können wir den Sachverhalt inhaltlich folgendermaßen beschreiben: Gegeben sei ein Zufallsexperiment, von dem wir voraussetzen, daß es wiederholbar und zwar *beliebig oft wiederholbar* ist. Weiter nehmen wir an, daß mittels Einführung einer geeigneten Zufallsfunktion die Resultate als *numerische* Werte vorliegen. Unser Interesse gelte Werten von bestimmter Art, die als *Erfolge* ausgezeichnet seien. Beispiele: *1.* Das Zufallsexperiment

---

[16] Daß solche Skrupel einerseits berechtigt sind, daß sie sich aber andererseits beheben lassen, soll in Abschnitt 11 angedeutet werden.

bestehe aus Würfen mit einer Münze. Gesucht ist die Wahrscheinlichkeit dafür, daß bei 20 aufeinanderfolgenden Würfen 8-mal *Kopf* und 12-mal *Schrift* geworfen wird. *2.* Das Zufallsexperiment bestehe diesmal im Würfeln. Gefragt ist nach der Wahrscheinlichkeit dafür, daß ein 12-maliges Würfeln 5-mal zum Resultat 3 *oder* 5 führt. *3.* Das Zufallsexperiment sei diesmal kein künstliches, sondern ein ‚natürliches'. Es handelt sich um die Geburten an einem bestimmten Tag in einer bestimmten Großstadt. Es soll die Wahrscheinlichkeit dafür ermittelt werden, daß sich unter den 54 Neugeborenen 31 Knaben und 23 Mädchen befinden. *4.* Wieder betrachten wir einen ‚natürlichen' Fall. 3000 Personen sei ein Fragebogen zugesandt worden, dessen Beantwortung ihnen anheimgestellt worden ist. Wir wollen die Wahrscheinlichkeit dafür erfahren, daß 925 Personen den Fragebogen ausfüllen und zurücksenden.

Die Bezeichnung „Erfolg" für das jeweils ausgezeichnete Ereignis, nach dessen Wahrscheinlichkeit gefragt wird, ist dabei als *wertfrei* zu denken. Daß sich diese Bezeichnung überhaupt eingebürgert hat, beruht auf nichts weiter als auf einer Reminiszenz an die Entstehungszeit der Wahrscheinlichkeitsrechnung: Damals ging es allein darum, die Wahrscheinlichkeiten von Resultaten bei *Glücksspielen* zu berechnen, und zwar die Wahrscheinlichkeiten solcher Resultate, die für einen beteiligten Glücksspieler *vorteilhaft* waren. In allen von Glücksspielen verschiedenen Fällen, in denen heute die Wahrscheinlichkeitstheorie angewendet wird — und dies ist die bei weitem überwiegende Zahl von Fällen —, darf man sich bei der Verwendung des Ausdruckes „Erfolg" *nicht* mehr von der Vorstellung leiten lassen, daß mit dem als Erfolg bezeichneten Ereignis für irgendeine Person oder irgendeine Personengruppe auch ein Vorteil verbunden sei. Wenn z.B. in einem konkreten Fall nach der *Sterbewahrscheinlichkeit* gefragt wird, so bestünde der ‚Erfolg' im Sterben.

Damit wir zur Formel für die Binomialverteilung gelangen, muß eine weitere Voraussetzung gelten, nämlich: *Die Erfolgswahrscheinlichkeit für jeden einzelnen Versuch ist dieselbe wie für jeden anderen.* Wenn es sich z.B. um das mögliche Resultat R mit der Wahrscheinlichkeit des Eintretens ϑ handelt, so muß dessen Wahrscheinlichkeit bei der m-ten Wiederholung des Experimentes ebenfalls ϑ sein, gleichgültig wie die Resultate der vorangehenden m—1 Durchführungen des Experimentes beschaffen waren. Ein Vergleich mit den Überlegungen, die zur Definition (40) führten, lehrt, daß diese zusätzliche Voraussetzung in einer *stochastischen Unabhängigkeitsannahme* besteht und daher auch so ausgedrückt werden kann, daß die einzelnen Durchführungen des Zufallsexperimentes voneinander unabhängig sind. Auch diesmal verbindet sich mit dieser Formulierung der Gedanke, daß das Resultat keiner einzigen Durchführung des Experimentes das Ergebnis einer späteren Durchführung ‚kausal beeinflußt'.

Um jedes Mißverständnis auszuschließen, sei ausdrücklich darauf hingewiesen, daß es *nicht evident* ist, daß die eben erwähnte Unabhängigkeitsvoraussetzung in den oben angeführten Beispielen erfüllt ist und daß *deshalb* die Formel für die Binomialverteilung in allen diesen Fällen anzuwenden sei. Vielmehr verhält es sich umgekehrt: Die Regel für die Binomialverteilung gilt für die Beispiele nur, *falls* diese die Unabhängigkeitsvoraussetzung erfüllen. Daß dies in den konkreten Beispielen der Fall ist, kann von uns nur hypothetisch angenommen werden. So könnte es sich etwa im ersten Beispiel um eine Münze handeln, in die ein Mechanismus eingebaut ist von der Art, daß das Eintreten eines Wurfes *Kopf* das nochmalige Eintreten von *Kopf* beim nächsten Wurf begünstigt. Oder die Personen des vierten Beispiels könnten miteinander in Beziehung treten und vereinbaren, wer unter ihnen den Fragebogen beantworten solle. In derartigen Fällen würde die Anwendung der Formel für die Binomialverteilung zu Fehlschlüssen führen.

Für die Ableitung der Formel gehen wir von der Frage aus, wie groß die Wahrscheinlichkeit ist, daß n aufeinanderfolgende Durchführungen des Zufallsexperimentes zu x Erfolgen führen, wobei ϑ die (nach Voraussetzung gleichbleibende) Wahrscheinlichkeit eines Erfolges ist. Wenn wir von *einer ganz bestimmten Sequenz* von x Erfolgen und $n-x$ Mißerfolgen ausgehen, so können wir wegen der Unabhängigkeit der Resultate die Formel (40) anwenden und erhalten daher als Wahrscheinlichkeit für das Eintreten dieser bestimmten Sequenz den Wert: $\vartheta^x(1-\vartheta)^{n-x}$. Denn wir haben ja nichts anderes zu tun als die n Wahrscheinlichkeiten miteinander zu multiplizieren, wobei wir nur berücksichtigen müssen, daß die Wahrscheinlichkeit eines Mißerfolges $1-\vartheta$ ist, so daß zu den x Wahrscheinlichkeiten ϑ von Erfolgen $n-x$ Wahrscheinlichkeiten $1-\vartheta$ von Mißerfolgen hinzutreten. (Anders ausgedrückt: Für jeden Erfolg erhalten wir einen Faktor ϑ, für jeden Mißerfolg einen Faktor $1-\vartheta$. Wegen der Unabhängigkeit sind diese Faktoren alle miteinander zu multiplizieren, wobei im Produkt nach Annahme x Faktoren von der ersten Art und $n-x$ Faktoren der zweiten Art auftreten.)

Wir müssen uns noch von der Annahme befreien, daß wir es mit einer *bestimmten* Sequenz von x Erfolgen und $n-x$ Mißerfolgen zu tun haben. Wieviele solcher Sequenzen gibt es für gegebenes n und gegebenes x? Da wir n als Anzahl der Elemente einer Menge, nämlich der Menge aller Resultate, und x als die Anzahl der Elemente derjenigen Teilmenge auffassen können, die als Elemente nur Erfolge enthält, ist die letzte Frage gleichwertig mit der Frage, wieviele Teilmengen von genau x Elementen eine Menge von n Elementen enthält. Die Antwort liefert uns die Formel (27); sie lautet: $\binom{n}{x}$. Mit dieser Zahl also muß der obige Ausdruck multipliziert werden. Die Erfolgswahrscheinlichkeit ϑ wird der Parameter der Binomialverteilung genannt. Unter Benützung dieser Terminologie gelangen wir so zu der Aussage:

(46) Gegeben sei eine Sequenz von n voneinander unabhängigen Durchführungen eines Zufallsexperimentes mit der gleichbleibenden Er-

folgswahrscheinlichkeit ϑ. Die Wahrscheinlichkeit dafür, x Erfolge und $n-x$ Mißerfolge (in irgendeiner Reihenfolge) zu erhalten, wird durch *die Formel für die Binomialverteilung* $b(x;\, n, \vartheta)$ geliefert:

$$b(x;\, n, \vartheta) = \binom{n}{x} \vartheta^x (1-\vartheta)^{n-x}$$

für $0 \leqq \vartheta \leqq 1$, n ganz und beliebig und $0 \leqq x \leqq n$.

Diese Formel erfaßt auch alle von der ‚klassischen' Wahrscheinlichkeitstheorie behandelten Fälle von Gleichverteilungen. Es ist aber wichtig zu erkennen, *daß der Anwendungsbereich dieser Formel weit über den klassischen Fall hinausreicht*. Denn man kann von dieser Formel auch dann Gebrauch machen, wenn *keine* Gleichverteilung vorliegt, wenn also z.B. die Wahrscheinlichkeit, mit einem Würfel die Augenzahl 6 zu erzielen, den Wert $\vartheta = 0{,}27$ besitzt, oder die Wahrscheinlichkeit eines Wurfes *Kopf* mit einer Münze $\vartheta = 0{,}65$ ist. Eine Voraussetzung für die Anwendbarkeit von (46) besteht natürlich darin, daß man ϑ entweder kennt (bzw. zu kennen glaubt) oder eine Hypothese über ϑ zugrunde legt. Im letzteren Fall besteht die *statistische Hypothese* in der Annahme der Formel (46) für dieses bestimmte ϑ.

Betrachten wir das frühere Beispiel dreier aufeinanderfolgender und voneinander unabhängiger Münzwürfe mit der Gleichverteilungsannahme, also $\vartheta = 1/2$. Nach (46) erhalten wir:

$$b\left(x;\, 3, \frac{1}{2}\right) = \binom{3}{x} \left(\frac{1}{2}\right)^x \left(\frac{1}{2}\right)^{3-x} = \binom{3}{x} \left(\frac{1}{2}\right)^3 = \frac{\binom{3}{x}}{8}.$$

Für die vier möglichen Wahlen $x = 0, 1, 2$ und 3 erhalten wir die Resultate 1/8, 3/8, 3/8 und 1/8. Die Binomialverteilung $n = 3$ und $\vartheta = 1/2$ ist daher, wie zu erwarten, identisch mit der Wahrscheinlichkeitsverteilung von $f_{\mathfrak{x}}$ von 3.a: Die Formel für $b(x;\, 3, \frac{1}{2})$ ist eine komprimierte Zusammenfassung der dortigen vierzeiligen Definition von $f_{\mathfrak{x}}(x)$.

Die Zahl ϑ von (46) wird auch der *Parameter der Binomialverteilung* genannt. Dies ist eine ungenaue Sprechweise; denn die Verteilung hängt de facto von *zwei* Parametern ab. Um dies ausdrücklich kenntlich zu machen, sind wir hier dem Statistiker J.E. Freund gefolgt und haben die beiden Parameter n und ϑ ausdrücklich hinter dem „;" im Argument b angeführt, haben also den variablen Wert dieser Funktion nicht einfach durch „$b(x)$" bezeichnet.

Es sei hier eine kurze Anmerkung über den Gebrauch der Ausdrücke „Variable" und „Parameter" eingefügt. Mathematiker erläutern den zweiten dieser Begriffe gewöhnlich in der Weise, daß sie sagen, ein *Parameter* sei eine *beliebige*, aber *festgewählte Zahl* (innerhalb eines angegebenen Bereiches). Im Fall von (46) würde dies bedeuten: ϑ und n seien vorgegeben. Dann kann x alle ganzzahligen Werte von 0 bis n durchlaufen; und für jeden dieser willkürlich gewählten x-Werte kann die Erfolgswahrscheinlichkeit durch Berechnung von $b(x;n,\vartheta)$ bestimmt werden.

Der Logiker wird gegen eine solche Erläuterung mit Recht einwenden, daß sie erstens nicht exakt sei und zweitens überhaupt nicht den logischen Status, sondern nur die pragmatischen Umstände betreffe, die mit praktischer Zwecksetzung und Verwertung zusammenhängen. Rein logisch gesehen müsse man die Funktion *b* für die Binomialverteilung als eine *dreistellige* Funktion betrachten. Nach dieser Auffassung tritt zu der Definition dieser dreistelligen Funktion *die praktische Anweisung* hinzu, von dieser Definition stets erst dann Gebrauch zu machen, nachdem für die zweite und dritte Argumentstelle zulässige Einsetzungen von Konstanten erfolgten.

Für viele Anwendungen wird man aber trotzdem den Unterschied rein logisch charakterisieren können. *Variable* haben eine doppelte Funktion: Sie sind einerseits ‚Platzhalter' für Einsetzungen von Konstanten; andererseits können sie im Bereich von Quantoren stehen. *Parameter* übernehmen nur die erste dieser beiden Funktionen: man kann für sie Einsetzungen vornehmen; dagegen sind sie nicht für Quantifikationen verwendbar.

Würfel- und Münzwürfe bilden typische Illustrationsbeispiele von Binomialverteilungen. Wir hätten stattdessen auch das Ziehen von Kugeln aus einer Urne oder von Karten aus einem Kartenspiel benützen können. Allerdings hätten wir dann den Sachverhalt etwas umständlicher beschreiben müssen: Die gezogene Kugel bzw. Karte wäre nach jedem Zug wieder zurückzulegen und die Urne bzw. das Kartenspiel wären gut zu mischen, so daß nach jedem Zug die ursprüngliche Wahrscheinlichkeitsverteilung wiederhergestellt wird. Genauer gesprochen: Nur wenn die durch die Wendung „Zurücklegen und gut Mischen" beschriebene Situation die Wiederherstellung derselben Wahrscheinlichkeitsverteilung von Zug zu Zug bedeutet, ist die Anwendung der Formel für die Binomialverteilung berechtigt.

Angenommen etwa, wir haben es mit einem normalen Kartenspiel von 52 Karten zu tun, so daß jeder Zug ein Laplace-Experiment darstellt. Dann läßt sich unter der eben geschilderten Voraussetzung die Frage: „Wie groß ist die Wahrscheinlichkeit, in 5 aufeinanderfolgenden Ziehungen dreimal Dame zu ziehen?" mittels (46) durch Ausrechnung von $b(3; 5, 4/52)$ beantworten.

Man kann die eben formulierte Frage aber auch ganz anders interpretieren. Nach dieser zweiten Interpretation soll eine einmal gezogene Karte *nicht* wieder ins Spiel zurückgelegt werden. Offenbar darf man dann die Formel (46) nicht mehr benützen. Denn die Erfolgswahrscheinlichkeit kann jetzt nicht mehr von einem Zug zum nächsten gleich bleiben, da sich mit jedem Zug die Anzahl der Möglichkeiten verringert und damit auch die Erfolgswahrscheinlichkeit vergrößern oder verkleinern muß. Die Formel, welche diesmal angewendet werden muß, ist die Formel für die *hypergeometrische* Verteilung.

Bevor wir diese Formel ableiten, sei noch eine häufig verwendete Terminologie erwähnt, die sich auf das Urnenmodell stützt. Danach wird das der Binomialverteilung zugrundeliegende Zufallsexperiment als *Stichpro-*

benauswahl mit Ersetzung bezeichnet, während das der hypergeometrischen Verteilung zugrundeliegende Zufallsexperiment *Stichprobenauswahl ohne Ersetzung* genannt wird. Der wesentliche Unterschied zwischen diesen beiden Fällen liegt darin, daß ein Experiment der ersten Art beliebig oft wiederholbar ist, ein Experiment der zweiten Art dagegen nur n-mal wiederholt werden kann, wobei n die Anzahl der zu ziehenden Objekte ist. So etwa kann im Kartenbeispiel höchstens 52mal ein Zug *ohne* Ersetzung vorgenommen werden.

Bei der Ableitung der gesuchten Formel muß man methodisch ganz anders vorgehen als im vorigen Fall. Zur Erleichterung des Verständnisses möge der abstrakte Gedankengang parallel durch das obige Kartenbeispiel erläutert werden.

Während im Fall der Binomialverteilung die Anzahl der Versuchswiederholungen unbegrenzt und daher die Zahl der Erfolge und Mißerfolge nicht von vornherein fixierbar ist, läßt sich bei der Stichprobenauswahl ohne Ersetzung im Vorhinein eine feste endliche Menge von r möglichen Resultaten angeben, von denen c Resultate als Erfolge und $d = r - c$ als Mißerfolge ausgezeichnet sind. Da ein normales Kartenspiel genau 4 Damen enthält, sind in unserem Beispiel $r = 52$, $c = 4$ und $d = 48$.

Jetzt formulieren wir unsere Frage in Analogie zur Problemstellung bei der Binomialverteilung, nämlich: *Wie groß ist die Wahrscheinlichkeit, in n Versuchen x Erfolge und $n-x$ Mißerfolge zu erzielen?* x läuft dabei wieder von 0 bis n, wobei n diesmal die Bedingung $n \leq r = c + d$ erfüllen muß. Für die Beantwortung der Frage müssen wir die zusätzliche Voraussetzung machen, daß für jede Teilmenge der Gesamtmenge mit einer Anzahl n von Elementen *dieselbe Wahrscheinlichkeit* besteht, gewählt zu werden. Aus einer Menge von $c+d$ Elementen kann man $\binom{c+d}{n}$ Teilmengen auswählen, welche genau n Elemente enthalten.

Wir beschließen nun, unseren Stichprobenraum so zu wählen, daß er als Elemente genau diese $\binom{c+d}{n}$ Mengen enthält, deren jede eine spezielle Auswahl von n Elementen aus der Grundmenge von r Elementen darstellt. Durch diese Festlegung erzeugen wir einen Laplaceschen Wahrscheinlichkeitsraum, dessen mögliche Resultate alle die Wahrscheinlichkeit $1/\binom{c+d}{n}$ haben. (Man beachte, daß je nach der Festsetzung der Zahl n von Versuchen ein anderer derartiger Raum zu konstruieren ist.) Wir sind an der Zahl x der Erfolge bei n Versuchen interessiert. Da es insgesamt genau c Elemente gibt, die Erfolge repräsentieren, kann man genau $\binom{c}{x}$ Teilmengen mit x Elementen wählen, die Erfolge darstellen, und analog $\binom{d}{n-x}$ Teilmengen mit $n-x$ Elementen, die Mißerfolge darstellen. Die Anzahl der Möglichkeiten, aus der Gesamtmenge von $c+d$ Elementen in n Zügen ohne Ersetzung x Erfolge und $n-x$ Mißerfolge zu erzielen, beträgt demnach $\binom{c}{x} \cdot \binom{d}{n-x}$. Da jede dieser Möglichkeiten dieselbe, nämlich die oben angegebene Wahrscheinlichkeit hat, muß man den eben erhaltenen Wert noch mit dieser Wahrscheinlichkeit multiplizieren und gelangt so zu:

(47) Gegeben sei eine Grundmenge von $c+d$ Elementen, wobei die c Elemente Erfolge und die d Elemente Mißerfolge darstellen; ferner eine Stichprobenauswahl ohne Ersetzung von n Elementen aus der Grundmenge, wobei für jede dieser n-gliedrigen Stichproben dieselbe Wahrscheinlichkeit bestehe, gewählt zu werden. Dann wird die Wahrscheinlichkeit dafür, x Erfolge und $n-x$ Mißerfolge zu erzielen, durch die *Formel für die hypergeometrische Verteilung* $h(x; n, c, d)$ geliefert:

$$h(x; n, c, d) = \frac{\binom{c}{x}\binom{d}{n-x}}{\binom{c+d}{n}} \text{ für } 0 \leqq x \leqq n \text{ und } n \leqq c+d.$$

Jetzt läßt sich unsere Frage in der zweiten Deutung rasch beantworten. Dazu müssen wir die drei Parameter und die Variable entsprechend spezialisieren. Da genau die Ziehungen von Damen Erfolge darstellen, ist $c=4$ und $d=48$. 5 Ziehungen sollen gemacht werden; also ist $n=5$. Gesucht ist die Wahrscheinlichkeit von $x=3$ Erfolgen. Die Ausrechnung gemäß (47) liefert:

$$h(3; 5, 4, 48) = \frac{\binom{4}{3}\binom{48}{2}}{\binom{52}{5}} = \frac{94}{54145}.$$

Dieser Wert ist approximativ 1/500. Die Wahrscheinlichkeit, in 5 Ziehungen von Karten *ohne Zurücklegen dieser Karten* 3-mal Dame zu erhalten, ist also ungefähr 1/500.

Zwei formale Unterschiede gegenüber der Binomialverteilung fallen auf:

Erstens kommt diesmal kein Wahrscheinlichkeitsparameter ϑ vor. Dies hat seinen Grund darin, daß die hypergeometrische Verteilung nur unter der geschilderten Gleichwahrscheinlichkeitsannahme für die $\binom{c+d}{n}$ Stichprobenauswahlen besteht. Zweitens hat sich die Anzahl der Parameter um 1 erhöht. Die Wurzel dafür ist darin zu erblicken, daß eine feste Anzahl von Erfolgen und ebenso eine feste Anzahl von Mißerfolgen von vornherein ausgezeichnet ist. (Alternativ könnte man natürlich die feste Anzahl r der Grundelemente und die Anzahl c der Erfolge auszeichnen. Die Zahl der Mißerfolge ließe sich dann rechnerisch durch $d=r-c$ ermitteln.)

Drei weitere Verteilungen seien kurz erwähnt. Die einfachste Verteilung überhaupt ist die *diskrete uniforme Verteilung*. Hier haben wir es mit dem speziellen Fall einer Zufallsfunktion $\mathfrak{y}$ zu tun, die endlich viele Werte $y_1, \ldots, y_n$ annehmen kann, welche alle *dieselbe Wahrscheinlichkeit* haben; d.h. es liegt eine *Gleichverteilung* vor. Die Wahrscheinlichkeitsverteilung von $\mathfrak{y}$ lautet daher:

$$f_{\mathfrak{y}}(y) = \frac{1}{n} \text{ für } y = y_1 \ldots, y_n$$

Bei der sog. geometrischen Verteilung liegt dieselbe Ausgangsvoraussetzung zugrunde wie bei der Binomialverteilung: Die Durchführungen eines Zufallsexperimentes seien voneinander unabhängig. Dagegen sei diesmal keine feste Zahl n von Versuchen vorgegeben. Die Zufallsfunktion $\mathfrak{y}$ kann inhaltlich durch die folgende Bestimmung beschrieben werden: „die Nummer desjenigen Versuchs, bei dem der erste Erfolg vorkommt". Wie lautet die Wahrscheinlichkeitsverteilung dieser Zufallsfunktion bei gegebenem Wahrscheinlichkeitsparameter ϑ? Die Formel für die *geometrische Verteilung*, welche die Antwort auf diese Frage liefert, lautet:

(48) $$g(x;\vartheta) = \vartheta(1-\vartheta)^{x-1} \text{ für } x = 0,1,2,\ldots.$$

Denn wenn im x-ten Versuch der erste Erfolg zu verbuchen ist, der mit der Wahrscheinlichkeit ϑ eintritt, so müssen die $x-1$ vorangehenden Versuche zu Mißerfolgen geführt haben, von denen jeder die Wahrscheinlichkeit $1-\vartheta$ besitzt. Wegen der Unabhängigkeitsannahme sind diese x Wahrscheinlichkeitswerte miteinander zu multiplizieren und liefern das angegebene Produkt. Da keine feste Versuchszahl n vorgegeben ist, verringert sich die Anzahl der in der Binomialverteilung vorkommenden Parameter um einen, so daß nur mehr der Wahrscheinlichkeitsparameter ϑ übrig bleibt. (Die Bezeichnung „geometrische Verteilung" rührt daher, daß die angegebenen Werte mit wachsendem x eine geometrische Progression ergeben.)

Unser letztes Beispiel ist die für viele Anwendungen wichtige *Poisson-Verteilung*. Es seien wieder genau die Voraussetzungen der Binomialverteilung erfüllt. Wir betrachten eine *unendliche Folge von* Binomialverteilungen, wobei ϑ, also der Wahrscheinlichkeitsparameter, gegen 0 und n, also die Versuchszahl, gegen $+\infty$ konvergiert, diese beiden Konvergenzen jedoch so aufeinander bezogen sind, *daß das Produkt* $\lambda = n \cdot \vartheta$ *konstant bleibt*. Den Limes unserer Folge nennt man auch die *Grenzverteilung* der Binomialverteilung (Der Ausdruck „Grenzverteilung" wird analog in anderen Fällen benützt.) Die Formel für die Grenzverteilung, welche nur noch von dem Parameter $\lambda (= n \cdot \vartheta)$ abhängt, lautet:

(49) $$p(x;\lambda) = \frac{\lambda^x e^{-\lambda}}{x!} \text{ für } x = 0, 1, 2, \ldots.$$

(Für einen einfachen Beweis, in dem diese Gleichung aus der Formel für die Binomialverteilung hergeleitet wird vgl. E. Freund [Statistics], S. 72f. Der Beweis läuft im wesentlichen darauf hinaus, daß zunächst die Formel für die Binomialverteilung einigen elementaren Umformungen unterworfen und dann die von der Analysis her bekannte Gleichung

$$\lim_{n\to\infty} \left(1 - \frac{\lambda}{n}\right)^{-\frac{n}{\lambda}} = e$$

benützt wird. (49) läßt sich aber auch ohne Rückgriff auf die Binomialverteilung gewinnen.)

Bei der Bildung von Grenzverteilungen von der Art (49) muß darauf geachtet werden, daß die Behauptung, es handle sich um eine *Wahrscheinlichkeitsverteilung*, nicht von vornherein richtig zu sein braucht. Diese Behauptung ist vielmehr unabhängig zu verifizieren. In unserem Fall ist zu zeigen, daß die unendliche Summe $\sum_{x=0}^{\infty} p(x;\lambda)$ den Wert 1 hat. Dies erkennt man jedoch nach Heraushebung des Faktors $e^{-\lambda}$ unmittelbar, wenn man die Darstellung von e^{λ} als unendliche Summe benützt; denn dann erhält man:

$$e^{-\lambda} \sum_{x=0}^{\infty} \frac{\lambda^x}{x!} = e^{-\lambda} \cdot e^{\lambda} = 1.$$

Eine — aber keineswegs die einzige — Verwendung der Poisson-Verteilung besteht darin, die Formel (49) als *Approximation* für solche Binomialverteilungen zu benützen, in denen ϑ sehr klein und n sehr groß ist.

3.c Gemeinsame Wahrscheinlichkeitsverteilungen mehrerer Zufallsveränderlicher, Marginalverteilungen, bedingte Wahrscheinlichkeitsverteilungen und Unabhängigkeit von Zufallsfunktionen. Gegeben sei wieder ein diskreter Stichprobenraum, auf dem aber diesmal *zwei voneinander verschiedene* Zufallsfunktionen $\mathfrak{x}$ und $\mathfrak{y}$ definiert seien also

$$D_I(\mathfrak{x}) = D_I(\mathfrak{y}) = \Omega.$$

Wir führen den Begriff der *gemeinsamen Wahrscheinlichkeitsverteilung* $f_{\mathfrak{x}\mathfrak{y}}$ dieser beiden Zufallsfunktionen ein. Die beiden unteren Indizes werden wir der Einfachheit halber fortlassen. f ist eine zweistellige Funktion, deren erster Argumentbereich mit dem Wertbereich von $\mathfrak{x}$ und deren zweiter Argumentbereich mit dem Wertbereich von $\mathfrak{y}$ übereinstimmt. $f(x, y)$ ist die Wahrscheinlichkeit, daß $\mathfrak{x}$ den Wert x *und* daß $\mathfrak{y}$ den Wert y annimmt. Die formale Definition würde daher lauten:

$$f(x, y) = P(\{\omega | \omega \in \Omega \wedge \mathfrak{x}(\omega) = x \wedge \mathfrak{y}(\omega) = y\})$$[17].

Der abstrakte Begriff wird am besten durch ein konkretes Beispiel erläutert: Ein Würfel werde zweimal geworfen. Der Stichprobenraum Ω der möglichen Resultate enthält 36 Elemente. Wir definieren auf Ω zwei Zufallsfunktionen. Die erste Zufallsfunktion $\mathfrak{x}$ diene dazu, die Anzahl der Einsen bei beiden Würfen anzugeben; die zweite Zufallsfunktion $\mathfrak{y}$ gebe die Anzahl der Sechserwürfe bei beiden Würfen an. Wir fassen die Möglichkeiten in der Tabelle von Fig. 3-3 zusammen.

Die Tabelle ist folgendermaßen zu lesen: Die sechs Ziffern unter der Abzisse geben die möglichen Resultate beim ersten Wurf an, die sechs Ziffern neben der Ordinate die möglichen Resultate beim zweiten Wurf.

[17] Wegen der Kommutativität der Konjunktion könnten wir die Reihenfolge der Argumente natürlich umkehren. Entscheidend ist lediglich, daß man ein für allemal festhält, *welcher* Argumentbereich von f den Wertbereich *welcher* Zufallsfunktion ausmachen soll.

Von den Ziffernpaaren an den 36 Kreuzungspunkten soll jeweils die erste Ziffer die Anzahl der Einsen bei den zwei diesem Kreuzungspunkt entsprechenden Würfen repräsentieren, also den Funktionswert von $\mathfrak{x}$; die zweite Ziffer dagegen soll den Funktionswert von $\mathfrak{y}$ repräsentieren, d.h. die Anzahl der Sechsen, die bei diesen zwei Würfen erzielt wurden. Die Funktionen $\mathfrak{x}$ und $\mathfrak{y}$ können nur die drei möglichen Werte 0, 1 und 2 haben.

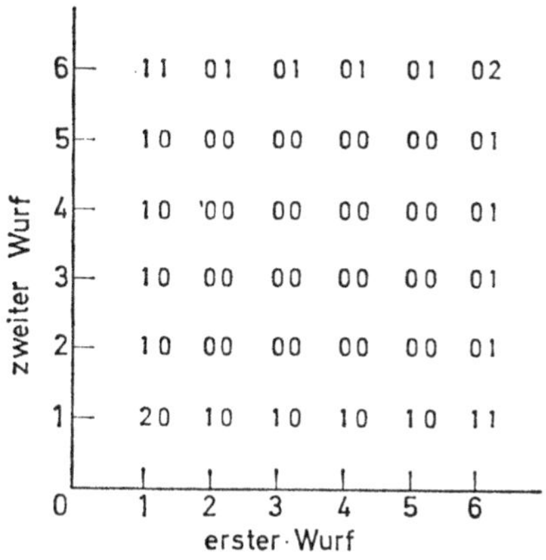

Fig. 3-3

Das Ziffernpaar „20“ am linken unteren Eck gibt uns z.B. die Information, daß beim ersten und beim zweiten Wurf eine 1 und daher bei keinem Wurf eine 6 erzielt wurde. Das Ziffernpaar „11“ am linken oberen Eck informiert uns darüber, daß bei einem Wurf eine 1 und bei einem Wurf eine 6 erzielt wurde. Daß das erstere dagegen beim ersten Wurf, das letztere beim zweiten Wurf der Fall war, geht aus dem Ziffernpaar nicht hervor, sondern nur aus seiner Stellung in der Tabelle. Sieht man von dieser Stellung ab, so drückt das Ziffernpaar am rechten unteren Eck genau dieselbe Information aus wie das Ziffernpaar am linken oberen Eck. Tatsächlich sind wir ja nur an der Zahl der Einser- und Sechserwürfe interessiert, nicht jedoch an ihrer Reihenfolge. (Die Symmetrie unserer Tabelle ist natürlich reiner Zufall. Sie beruht allein darauf, daß wir die beiden Extremwerte 1 und 6 betrachteten. Der Leser schreibe zur Übung die analoge Tabelle für den Fall an, wo $\mathfrak{x}$ die Anzahl der Zweier und $\mathfrak{y}$ die Anzahl der Vierer repräsentiert.)

Bis hierher war in unserem Beispiel von Wahrscheinlichkeitsverteilung nicht die Rede. Zu dieser gelangen wir erst, wenn wir zusätzlich wissen, wie sich die Gesamtwahrscheinlichkeit 1 auf die 36 Elemente unseres Stichprobenraumes verteilt. Um für zwei bestimmte Argumente x und y den Wert von $f(x,y)$ zu berechnen, haben wir nichts anderes zu tun, als die

Wahrscheinlichkeiten zu addieren, die denjenigen Elementen des Stichprobenraumes zugeordnet sind, mit denen das Wertpaar x, y assoziiert ist. Nehmen wir etwa an, es handle sich um unabhängige Würfe mit einem homogenen Würfel, so daß eine Laplace-Wahrscheinlichkeit vorliegt. Jedem der 36 Punkte bzw. jedem der 36 Zahlenpaare wird hier die Wahrscheinlichkeit 1/36 zugeordnet. Wir erhalten so z.B. $f(0, 1) = 8/36 = 2/9$, da mit genau 8 Punkten des Stichprobenraumes das Wertpaar 0, 1 assoziiert ist. Eine systematische Übersicht gewinnen wir durch die folgende Tabelle, die aus Spalten und Zeilen besteht, wobei die drei Spalten den drei möglichen Werten der Zufallsfunktion $\mathfrak{x}$ und die drei Zeilen den drei möglichen Werten der Zufallsfunktion $\mathfrak{y}$ entsprechen:

	$\mathfrak{x}$: 0	1	2	
$\mathfrak{y}$: 0	$\frac{4}{9}$	$\frac{2}{9}$	$\frac{1}{36}$	$\frac{25}{36}$
1	$\frac{2}{9}$	$\frac{1}{18}$		$\frac{5}{18}$
2	$\frac{1}{36}$			$\frac{1}{36}$
	$\frac{25}{36}$	$\frac{5}{18}$	$\frac{1}{36}$	

Fig. 3-4

Wie aus der Tabelle unmittelbar hervorgeht, handelt es sich bei $f(x, y)$ um eine bloß *partielle Funktion*, d.h. um eine Funktion, die nicht für alle möglichen Kombinationen von Argumenten definiert ist. $f(1, 2)$ ist z.B. nicht definiert, weil es keinen Sinn hat zu fragen, wie groß die Wahrscheinlichkeit dafür ist, daß bei zwei aufeinanderfolgenden Würfen einmal eine 1 und zweimal eine 6 eintreffen.

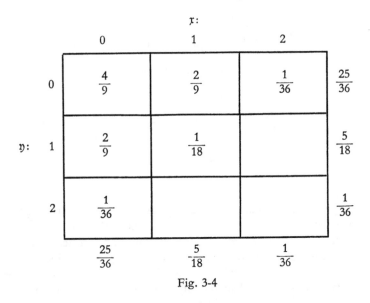

Auf der rechten Seite der Tabelle haben wir die drei Zeilensummen eingetragen, analog unterhalb der drei Spalten die Spaltensummen. Was haben diese Summen für eine wahrscheinlichkeitstheoretische Bedeutung? Die erste Spaltensumme 25/36 gibt die Wahrscheinlichkeit dafür an, daß $\mathfrak{x}$ den Wert 0 annimmt (daß also überhaupt keine 1 geworfen wird), die zweite Spaltensumme die Wahrscheinlichkeit 5/18 dafür, daß $\mathfrak{x}$ den Wert 1 annimmt (daß also in den zwei Würfen genau eine 1 vorkommt) und die dritte Spaltensumme die Wahrscheinlichkeit 1/36 dafür, daß $\mathfrak{x}$ den Wert 2 annimmt (daß also beide Würfe Einserwürfe sind). Damit haben wir erkannt: *Die drei Spaltensummen liefern uns genau die Wahrscheinlichkeitsverteilung der Zufallsfunktion* $\mathfrak{x}$. Die Summierung drückt dabei nichts anders aus, als daß die andere Zufallsfunktion in jedem der drei Fälle irgendeinen der drei für sie möglichen Werte annehmen muß. *Analog liefern uns die Zeilensummen die Wahrscheinlichkeitsverteilung von* $\mathfrak{y}$.

Diese letzte Überlegung zeigt, wie man aus der gemeinsamen Wahrscheinlichkeitsverteilung zweier Zufallsfunktionen $\mathfrak{x}$ und $\mathfrak{y}$ die Wahrscheinlichkeitsverteilungen von $\mathfrak{x}$ allein und von $\mathfrak{y}$ allein ableiten kann. Die Wahrscheinlichkeitsverteilung $f_{\mathfrak{x}}$ von $\mathfrak{x}$ ist durch die Formel gegeben:

$$(50)\quad f(x) = \sum_{y} f(x, y)^{18}.$$

Die Gültigkeit dieser Formel stützt sich ebenso wie im Beispielsfall darauf, daß die Wahrscheinlichkeit dafür, daß $\mathfrak{x}$ den Wert x annimmt, mit der Wahrscheinlichkeit dafür identisch ist, daß $\mathfrak{x}$ den Wert x *und* $\mathfrak{y}$ *überhaupt einen zulässigen Wert* annimmt. Ebenso erhalten wir die Wahrscheinlichkeitsverteilung $g_{\mathfrak{y}}$ für $\mathfrak{y}$ durch die Formel:

$$(51)\quad g(y) = \sum_{x} f(x, y).$$

Damit haben wir den Begriff der *Marginalverteilung* oder *Randverteilung* bereits eingeführt. Die durch (50) eingeführte Wahrscheinlichkeitsverteilung $f_{\mathfrak{x}}$ wird die *Marginalverteilung von* $\mathfrak{x}$ und analog die durch (51) eingeführte Wahrscheinlichkeitsverteilung die *Marginalverteilung von* $\mathfrak{y}$ genannt.

Der Begriff der gemeinsamen Wahrscheinlichkeitsverteilung läßt sich vom Fall zweier Zufallsfunktionen zu dem beliebig vieler Zufallsfunktionen verallgemeinern. Wenn auf dem Erstglied eines Wahrscheinlichkeitsraumes Ω n Zufallsfunktionen definiert sind, so drückt die *gemeinsame Wahrscheinlichkeitsverteilung* $f(x_1, x_2, \ldots, x_n)$ die Wahrscheinlichkeit dafür aus, daß die erste Zufallsfunktion den Wert x_1 *und* die zweite Zufallsfunktion den Wert x_2 *und* ... *und* die n-te Zufallsfunktion den Wert x_n annimmt. Sofern uns z.B. die gemeinsame Wahrscheinlichkeitsverteilung von vier Zufallsfunktionen bekannt ist, wird die Wahrscheinlichkeit dafür, daß die erste dieser Zufallsfunktionen den Wert a und die dritte den Wert c annimmt, dadurch gewonnen, daß man $f(a,y,c,u)$ über alle möglichen Wertekombinationen von y und u summiert. Wir hätten dadurch die zweistellige Marginalverteilung $g(a,c)$ gewonnen.

In 2.d ist der Begriff der Unabhängigkeit von Ereignissen definiert worden. Daneben läßt sich der weitere Begriff der *Unabhängigkeit von Zufallsfunktionen* einführen. Es sei f die gemeinsame Wahrscheinlichkeitsverteilung

---

[18] Das Symbol „y“ unter dem Summenzeichen soll andeuten, daß über alle zulässigen Werte von y, d.h. über alle Zahlen von $D_{II}(\mathfrak{y})$, zu summieren ist.

zweier Zufallsfunktionen $\mathfrak{x}$ und $\mathfrak{y}$; f_1 sei die Marginalverteilung von $\mathfrak{x}$ und f_2 die Marginalverteilung von $\mathfrak{y}$.

(52) Die Zufallsfunktionen $\mathfrak{x}$ und $\mathfrak{y}$ sind *unabhängig* gdw

$$f(x, y) = f_1(x) \cdot f_2(y)$$

für alle Zahlenpaare $x; y$ mit $x \in D_{II}(\mathfrak{x})$ und $y \in D_{II}(\mathfrak{y})$, für welche f definiert ist.
(Umgangssprachlich formuliert etwa: Zwei Zufallsfunktionen sind genau dann unabhängig, wenn ihre gemeinsame Wahrscheinlichkeitsverteilung dem Produkt ihrer Marginalverteilungen gleicht.)

Auch dieser Unabhängigkeitsbegriff kann für eine beliebige Anzahl n von Zufallsfunktionen $\mathfrak{x}_1, \mathfrak{x}_2, \ldots, \mathfrak{x}_n$ erklärt werden. (52) wäre dann zu ersetzen durch die allgemeinere Bestimmung:

(52′) Die Zufallsfunktionen $\mathfrak{x}_1, \mathfrak{x}_2, \ldots, \mathfrak{x}_n$ sind unabhängig gdw

$$f(x_1, \ldots, x_n) = \prod_{i=1}^{n} f_i(x_i)$$

für alle Zahlen-n-Tupel x_i mit $x_i \in D_{II}(\mathfrak{x}_i)$ $(1 \leqq i \leqq n)$, für welche f definiert ist und wobei die f_i die entsprechenden Marginalverteilungen sind.

Daß der eben definierte Unabhängigkeitsbegriff nicht mit dem früheren zusammenfällt, können wir uns an dem eingangs gegebenen Beispiel verdeutlichen: Wir hatten dort angenommen, daß es sich um zwei unabhängige Würfe mit einem Würfel, d. h. um *unabhängige Ereignisse*, handelt. Die beiden Zufallsfunktionen $\mathfrak{x}$ und $\mathfrak{y}$ sind jedoch *nicht* unabhängig. Denn einerseits ist $f(1, 1) = 1/18$, wie ein Blick auf Fig. 3-3 lehrt; andererseits ergeben in der Symbolik von (50) und (51) für das Argument 1 sowohl die erste Marginalverteilung $f(1) = 5/18$ als auch die zweite Marginalverteilung $g(1) = 5/18$, so daß $f(1) \cdot g(1) > f(1, 1)$.

Eine wichtige Anwendung des Begriffs der gemeinsamen Wahrscheinlichkeitsverteilung liefert die Formel für die *Multinominalverteilung*. Die letztere kann man als eine Verallgemeinerung der Binomialverteilung auffassen. Auch diesmal werden beliebig wiederholbare und voneinander unabhängige Versuche betrachtet. Sie haben jedoch nicht bloß zwei mögliche Arten von Resultaten (Erfolge und Mißerfolge), sondern r mögliche Ausgänge $(r \geqq 2)$, die einander wechselseitig ausschließen. Den Ausdruck „Ausgang“ verwenden wir dabei als Kurzformel für „Art von Resultat“. Die Wahrscheinlichkeit des i-ten Ausganges sei ϑ_i. Vorausgesetzt wird, daß die Wahrscheinlichkeit eines Ausganges von Versuch zu Versuch gleich bleibt und daß die Bedingung erfüllt ist:

$$\sum_{i=1}^{r} \vartheta_i = 1.$$

Zur Gewinnung der gesuchten Formel benötigt man die folgende Verallgemeinerung von (27):

(27′) Es gibt $\frac{n!}{k_1!\,k_2!\ldots k_r!}$ Möglichkeiten, eine Menge von n Elementen in eine Folge von r Teilmengen zu zerlegen, wobei für jedes i mit $1 \leqq i \leqq r$ die i-te Teilmenge genau k_i Elemente enthält.

Aus der Voraussetzung folgt, daß $\sum_{i=1}^{r} k_i = n$. (27′) läßt sich auf (27) zurückführen: Die erste Teilmenge kann auf $\binom{n}{k_1}$ verschiedene Weisen gewählt werden. Nach der ersten Wahl kann die zweite Teilmenge von $n-k_1$ Elementen auf $\binom{n-k_1}{k_2}$ Weisen gewählt werden usw. Man erhält so:

$$\binom{n}{k_1}\cdot\binom{n-k_1}{k_2}\cdot\binom{n-k_1-k_2}{k_3}\cdot\ldots\cdot\binom{k_r}{k_r}=\frac{n!}{k_1!\,k_2!\ldots k_r!}$$

Wahlmöglichkeiten.

Beispiel. Während es $6! = 720$ verschiedene Möglichkeiten gibt, die 6 Buchstaben*vorkommnisse* im Wort „leerer" anzuordnen, gibt es nur $\frac{6!}{3!\,2!} = 60$ verschiedene Möglichkeiten, die in diesem Wort vorkommenden 3 *Buchstaben* anzuordnen.

Zur Konstruktion des mathematischen Modells für die Multinomialverteilung gehen wir aus von einem Stichprobenraum, bestehend aus r^n Punkten. Der Raum soll n-dimensional sein. Jede der n Koordinatenachsen entspricht einem der n Versuche, und auf jeder Koordinatenachse werden die r möglichen Werte eingetragen. (In Fig. 3-1 hatten wir einen Spezialfall mit $n = 3$, $r = 2$.) Jedem der r möglichen Ausgänge ordnen wir eine Zufallsfunktion mit der Bedeutung zu: „die Anzahl der Vorkommnisse des i-ten Ausganges bei n Versuchen". (Im Fall der Binomialverteilung hatten wir nur eine Zufallsfunktion für die Anzahl der Erfolge bei n Versuchen.)

Unser Problem besteht in der Frage: „*Wie groß ist die Wahrscheinlichkeit, in n Versuchen x_1 erste Ausgänge, x_2 zweite Ausgänge, ..., x_r r-te Ausgänge zu erhalten?*" Wie im Fall der Binomialverteilung geben wir zunächst die Wahrscheinlichkeit dafür an, daß *eine ganz bestimmte Sequenz* von x_1 Ausgängen der ersten Art, x_2 Ausgängen der zweiten Art, ..., x_r Ausgängen der r-ten Art vorkommt. Da für jedes i mit $1 \leqq i \leqq r$ ein Ausgang der i-ten Art die Wahrscheinlichkeit ϑ_i hat, x_i derartige Ausgänge also wegen der Unabhängigkeit die Wahrscheinlichkeit $\vartheta_i^{x_i}$, so erhalten wir als Wahrscheinlichkeit für das Eintreten dieser bestimmten Sequenz den Wert: $\vartheta_1^{x_1}\cdot\vartheta_2^{x_2}\cdot\ldots\cdot\vartheta_r^{x_r}$. Dabei ist $\sum_{i=1}^{r} x_i = n$, da ja jeder der n Versuche in genau einem der r Ausgänge einmünden muß. In einem zweiten Schritt müssen wir uns, wieder in Analogie zum Vorgehen bei der Behandlung der Binomialverteilung, von der Annahme befreien, daß eine bestimmte Sequenz vorliegt. Da uns die Formel (27′) das Verfahren zur Berechnung der Anzahl derartiger Sequenzen in die Hand gibt, erhalten wir schließlich:

(53) Gegeben sei eine Sequenz von n voneinander unabhängigen Durchführungen eines Zufallsexperimentes. Jeder Versuch habe r mögliche Ausgänge; die Zufallsfunktion $\mathfrak{x}_i$ gebe für $1 \leqq i \leqq r$ die Anzahl der i-ten Ausgänge bei n Versuchen an. Die gleichbleibende Wahrscheinlichkeit des i-ten Ausganges sei $\vartheta_i (1 \leqq i \leqq r)$. Die gemeinsame Wahrscheinlichkeitsverteilung der r Zufallsfunktionen $\mathfrak{x}_1, \mathfrak{x}_2, \ldots, \mathfrak{x}_r$ wird durch die *Formel für die Multinominalverteilung* geliefert:

$$f(x_1, x_2, \ldots, x_r) = \frac{n!}{x_1!\,x_2!\ldots x_r!}\,\vartheta_1^{x_1}\,\vartheta_2^{x_2}\ldots\vartheta_r^{x_r}.$$

Dabei kann für jedes i die Zahl x_i einen der Werte $0,1,\ldots,n$ annehmen, vorausgesetzt, daß die zusätzliche Bedingung erfüllt ist:

$$\sum_{i=1}^{r} x_i = n.$$

Der Ausdruck für die gemeinsame Wahrscheinlichkeitsverteilung ist, verglichen mit unserem früheren Vorgehen, ungenau angeschrieben worden. Strenggenommen müßte man, um z.B. die Analogie zur Schreibweise von (46) herzustellen, auch noch *die* $r+1$ *Parameter* anführen, nämlich die r Wahrscheinlichkeitsparameter sowie den Parameter n, der die Anzahl der Versuche angibt. Der Ausdruck auf der linken Seite wäre dann genauer folgendermaßen anzugeben: $f(x_1,x_2,\ldots,x_r;n,\vartheta_1,\vartheta_2,\ldots,\vartheta_r)$.

Abschließend erwähnen wir noch den Begriff der *bedingten* Wahrscheinlichkeitsverteilung von Zufallsfunktionen. Da dieser Begriff in vollkommener Parallele zum Begriff der bedingten Ereigniswahrscheinlichkeit (vgl. (38)) eingeführt wird, können wir uns hier sehr kurz fassen. Auf ein und demselben Stichprobenraum seien zwei Zufallsfunktionen $\mathfrak{x}$ und $\mathfrak{y}$ definiert. Ihre gemeinsame Wahrscheinlichkeitsverteilung sei f; die Wahrscheinlichkeitsverteilung von $\mathfrak{y}$ sei g[19]. $h(x|y)$ sei die Wahrscheinlichkeit dafür, daß $\mathfrak{x}$ den Wert x annimmt, *vorausgesetzt, daß* $\mathfrak{y}$ *den Wert* y *hat.* Im Einklang mit (38) erhalten wir für h die Formel:

$$h(x|y) = \frac{f(x,y)}{g(y)}, \tag{54}$$

vorausgesetzt, daß $g(y) \neq 0$.

Wenn h als Funktion des ersten Argumentes allein betrachtet wird — geschrieben: $h(\cdot|y)$ —, so spricht man auch von der *bedingten Wahrscheinlichkeitsverteilung der Zufallsfunktion unter der Hypothese, daß* y *der Wert von* $\mathfrak{y}$ *ist.*

4. Erwartungswert und Gesetz der großen Zahlen

4.a Momente über dem Ursprung und Momente über dem Mittel.

Angenommen, wir stehen vor der Aufgabe, den Wert zu *schätzen*, den eine diskrete Zufallsfunktion $\mathfrak{x}$ annehmen wird. Dafür ist es erstens erforderlich, sämtliche möglichen Werte von $\mathfrak{x}$ in Betracht zu ziehen, und zweitens jedem dieser möglichen Werte nach Maßgabe seiner Wahrscheinlichkeit ein Gewicht zu verleihen. Genauer gesagt: Man multipliziert jeden der möglichen Werte von $\mathfrak{x}$ mit seiner Wahrscheinlichkeit und summiert über alle so gewonnenen Produkte. Den Wert, welchen man auf diese Weise gewinnt, nennt man den *Erwartungswert* $E(\mathfrak{x})$ *von* $\mathfrak{x}$. Man kann den Erwartungswert von $\mathfrak{x}$ auch als das gewogene arithmetische Mittel der möglichen Werte von $\mathfrak{x}$ mit den Wahrscheinlichkeiten dieser Werte als Wägungskoeffizienten

[19] g kann, aber muß nicht als Marginalverteilung eingeführt worden sein.

(oder Gewichten) erklären. Die hierbei benötigten Wahrscheinlichkeiten sind uns bekannt, wenn wir die Wahrscheinlichkeitsverteilung $f_{\mathfrak{x}}$ von $\mathfrak{x}$ kennen; denn für jeden möglichen Wert x_i von $\mathfrak{x}$ ist die Wahrscheinlichkeit seines Eintretens gleich $f_{\mathfrak{x}}(x_i)$. Wir gelangen somit zu der folgenden Definition des Erwartungswertes, wobei wir wieder den unteren Index „$\mathfrak{x}$" von „f" der Einfachheit halber weglassen:

D8 Es sei $\mathfrak{x}$ eine diskrete Zufallsfunktion mit dem Wertbereich $D_{II}(\mathfrak{x}) = \{x_1, x_2, \ldots\}$ und der Wahrscheinlichkeitsverteilung f. Unter dem *Erwartungswert von* $\mathfrak{x}$ verstehen wir die Größe:

$$E(\mathfrak{x}) = \sum_i x_i f(x_i)^{20}.$$

Anmerkung 1. Für den Begriff des Erwartungswertes wird die Wahrscheinlichkeitsverteilung als gegeben vorausgesetzt. Genauer sollte es also eigentlich heißen: „Erwartungswert von $\mathfrak{x}$ *bezüglich der Wahrscheinlichkeitsverteilung von* $\mathfrak{x}$". Das Summenzeichen ist dabei so zu verstehen: Wenn $D_{II}(\mathfrak{x})$ endlich ist und n Elemente hat, so läuft der Summationsindex i von 1 bis n; wenn $D_{II}(\mathfrak{x})$ hingegen abzählbar unendlich ist, so läuft i von 1 bis ∞. Man beachte, daß die Voraussetzung $\sum_i f(x_i) = 1$ erfüllt sein muß.

Anmerkung 2. Der Leser lasse sich durch den Ausdruck „Erwartungswert" nicht irreführen. In den meisten Fällen handelt es sich dabei nämlich um einen Wert, von dem man nicht annehmen kann, ihn zu erzielen, also ihn im sprachüblichen Sinn zu erwarten. Nehmen wir etwa an, das Werfen eines homogenen Würfels bilde ein Laplace-Experiment. $\mathfrak{x}$ liefere die Augenzahl bei einmaligem Werfen. Es gilt:

$$E(\mathfrak{x}) = \sum_{i=1}^{6} i \cdot \frac{1}{6} = 3{,}5.$$

Statistiker setzen sich gewöhnlich über den normalen Sprachgebrauch hinweg und gebrauchen außer dem Substantiv „Erwartungswert" in einem gleichen Sinn auch das Verbum „erwarten". Danach müßten wir also in diesem Beispielsfall *erwarten*, mit dem Würfel die Augenzahl 3,5 zu werfen! Analog würden andere Rechenergebnisse so zu interpretieren sein, daß eine verheiratete Frau eines bestimmten Landes *erwarten* kann, 1,57 Kinder zur Welt zu bringen; oder daß ein Bewohner des Alpenvorlandes *erwarten* kann, sich im Jahr 2,367 Erkältungen zuzuziehen. Wenn man auf diesen seltsamen Sprachgebrauch stößt, muß man sich stets vor Augen halten, *daß der zu erwartende Wert kein möglicher Wert zu sein braucht.* Vielmehr handelt es sich dabei um nichts anderes als um einen *geschätzten Durchschnittswert*, d.h. genauer: um ein gewogenes arithmetisches Mittel, wobei die Wahrscheinlichkeiten der möglichen Resultate als Wägungskoeffizienten dienen.

Häufig ist man in der Statistik genötigt, mit bestimmten *Funktionen von* Zufallsfunktionen zu arbeiten und diese neuen Funktionen ihrerseits wieder als Zufallsfunktionen zu deuten. Dafür läßt sich ein einfacher Symbolismus einführen: Wenn $\mathfrak{x}$ eine Zufallsfunktion ist, so soll $h(\mathfrak{x})$ diejenige Zufallsfunktion darstellen, welche genau dann, wenn $\mathfrak{x}$ den Wert x annimmt, den

[20] Da der Wert dieser Reihe von der Numerierung unabhängig sein soll, muß die absolute Konvergenz der Reihe vorausgesetzt werden. Die Definition dieses letzteren Begriffs und Erläuterungen dazu finden sich in Abschnitt 5.

Wert $h(x)$ erhält. Da sich durch diese funktionelle Zuordnung an der Wahrscheinlichkeitsverteilung nichts ändert, bestimmt sich nach der obigen Definition der Erwartungswert von $h(\mathfrak{x})$ gemäß der Formel:

$$E(h(\mathfrak{x})) = \sum_i h(x_i) f(x_i).$$

Eine wichtige Klasse von speziellen Anwendungen dieses Symbolismus erhält man, wenn man die Zufallsfunktionen $h(\mathfrak{x}) = \mathfrak{x}^r$ mit $r = 1, 2, 3, \ldots$ betrachtet. Als Erwartungswert erhält man:

(55) $E(\mathfrak{x}^r) = \sum_i x_i^r f(x_i)$.

Für festes r nennt man diese Größe das *r-te Moment über dem Ursprung der Wahrscheinlichkeitsverteilung von* $\mathfrak{x}$. Für $r = 1$ spricht auch vom *Mittelwert* der Wahrscheinlichkeitsverteilung von $\mathfrak{x}$. Der Ausdruck „Mittelwert" ist dabei als sprachliche Abkürzung von „gewogenes arithmetisches Mittel mit den zugehörigen Wahrscheinlichkeiten als Wägungskoeffizienten" zu verstehen. Da es sich bei $r = 1$ jedoch gerade um den Erwartungswert handelt, *sind die drei Ausdrücke „Erwartungswert", „erstes Moment über dem Ursprung der Wahrscheinlichkeitsverteilung" und „Mittelwert der Wahrscheinlichkeitsverteilung" in diesem Kontext synonym.* Für das Mittel wird häufig das Symbol „μ" verwendet. Dabei ist nicht zu übersehen, daß man dieses Symbol, damit es einen Sinn ergibt, stets auf die Wahrscheinlichkeitsverteilung einer Zufallsfunktion zu relativieren hat. Der Erwartungswert einer konstanten Funktion, die für alle Argumente denselben Wert c annimmt, ist mit diesem Funktionswert c identisch; denn

$$\sum_i c f(x_i) = c \cdot \sum_i f(x_i) = c \cdot 1 = c.$$

Aus dieser Tatsache sowie elementaren Umformungen (Vertauschungen von Gliedern der Summation) folgt unmittelbar die für verschiedene Anwendungen benötigte Gleichung:

(56) Wenn c und d zwei feste Zahlen sind, so gilt:

$$E(c\mathfrak{x} + d) = c \cdot E(\mathfrak{x}) + d.$$

Zum Begriff des Erwartungswertes gelangten wir dadurch, daß wir von der Aufgabe ausgingen, *den Wert einer Zufallsfunktion zu schätzen.* Nach erfolgter Schätzung des tatsächlichen Wertes kann man sich die weiterführende Aufgabe stellen, *die Abweichung des tatsächlichen Wertes von* $\mathfrak{x}$ *vom Erwartungswert* $E(\mathfrak{x})$ *zu schätzen.* Für jeden *speziellen* Wert x_i von $\mathfrak{x}$ ist diese Abweichung $x_i - E(\mathfrak{x})$ bzw. $x_i - \mu$. Wenn wir hier sofort die analoge Verallgemeinerung vornehmen, die vom Begriff des Erwartungswertes zum allgemeineren Begriff des r-ten Momentes über dem Ursprung führte, müssen wir von $h(\mathfrak{x}) = (\mathfrak{x} - \mu)^r$ mit $r = 1, 2, \ldots$ ausgehen. Den Erwartungswert einer solchen Größe nennt man das *r-te Moment über dem Mittel der Wahrscheinlichkeitsverteilung von* $\mathfrak{x}$. Vielfach werden dafür die Symbole „μ_r“ verwendet (die in derselben Weise wie „μ“ relativiert zu denken sind). Wir erhalten so:

$$(57)\quad \begin{aligned}\mu_r &= E\,[(\mathfrak{x}-E(\mathfrak{x}))^r]\\ &= E\,[(\mathfrak{x}-\mu)^r]\\ &= \sum_i (x_i-\mu)^r f(x_i)\,.\end{aligned}$$

Die Hoffnung, das erste Moment μ_1 als Schätzwert für die Abweichung vom Erwartungswert verwenden zu können, trügt leider. Wie die einfache Rechnung ergibt, ist der Wert von μ_1 stets 0, da $\mu_1 = E\,[(\mathfrak{x}-E(\mathfrak{x}))] = E(\mathfrak{x})-E(\mathfrak{x}) = 0$. Dieses Resultat steht auch mit der Anschauung durchaus im Einklang: Wir gingen ja vom Mittelwert $\mu = E(\mathfrak{x})$ aus und bildeten das *Mittel der* Abweichungen von diesem Wert. Die tatsächlichen Werte von $\mathfrak{x}$ haben von $E(\mathfrak{x})$ teilweise positive, teilweise negative Abstände, die in ihrer Gesamtheit wegen der Eigenart von $E(\mathfrak{x})$ als Mittelwert so geartet sind, daß sie sich in der Gesamtsumme genau fortheben.

Diesen Nachteil des wechselseitigen Forthebens von Größen vermeidet man, wenn man statt $\mathfrak{x}-E(\mathfrak{x})$ das Quadrat dieser Größen als Argument von E wählt. Denn dann erhält man nur positive Zahlen. Dies ist der logische Grund für die Wichtigkeit von μ_2, des zweiten Momentes über dem Mittel. Es wird auch *Varianz der Wahrscheinlichkeitsverteilung von* $\mathfrak{x}$ genannt. Verschiedene in der Literatur geläufige Symbole dafür sind: „σ^2“, „$Var(\mathfrak{x})$“, „$V(\mathfrak{x})$“. Die positive Quadratwurzel daraus wird als *Standardabweichung der Wahrscheinlichkeitsverteilung von* $\mathfrak{x}$ bezeichnet. Wegen ihrer Wichtigkeit halten wir diese beiden Begriffe in einer eigenen Definition fest:

(58a) Gegeben sei eine diskrete Zufallsfunktion mit zugehöriger Wahrscheinlichkeitsverteilung f. Die *Varianz* der Wahrscheinlichkeitsverteilung f von $\mathfrak{x}$ lautet:

$$V(\mathfrak{x}) = Var(\mathfrak{x}) = \sigma^2 = \mu_2 = E[(\mathfrak{x}-\mu)^2];$$

(58b) wenn σ^2 und μ_2 dasselbe bedeuten wie in (a), so heißt $\sigma = \sqrt{\mu_2}$ die *Standardabweichung* der Wahrscheinlichkeitsverteilung von $\mathfrak{x}$.

Bei der Verwendung der beiden Symbole „σ^2“ und „μ_2“ darf man wieder nicht übersehen, daß diese Zeichen erst dann bedeutungsvoll werden, *wenn man sie auf die Wahrscheinlichkeitsverteilung einer bestimmten Zufallsfunktion relativiert*. Falls dies aus dem Kontext nicht klar hervorgeht, da z.B. von mehreren Zufallsfunktionen die Rede war, sollte man wieder die entsprechenden unteren Indizes verwenden, also z.B. „$\sigma_{\mathfrak{x}}$“ schreiben.

Wir wollen uns die Wichtigkeit der Größen σ^2 und σ anschaulich vergegenwärtigen. Angenommen, es liegen zwei Zufallsfunktionen $\mathfrak{x}$ und $\mathfrak{y}$

mit gegebenen Wahrscheinlichkeitsverteilungen vor. Die Rechnung ergebe: $E(\mathfrak{x}) = E(\mathfrak{y})$, d.h. die Werte von $\mathfrak{x}$ und die von $\mathfrak{y}$ haben genau denselben Mittelwert. Trotz des gleichen Mittelwertes können die beiden Verteilungen aber *eine vollkommen verschiedene Gestalt besitzen*. Die Werte von $\mathfrak{x}$ können sich z.B. sehr eng um den Erwartungswert $E(\mathfrak{x})$ scharen, während die Werte von $\mathfrak{y}$ nach beiden Richtungen von $E(\mathfrak{y})$ hin weit verstreut liegen können. Wir benötigen, um diesen Unterschied mathematisch erfassen zu können, daher neben dem Erwartungswert noch ein Maß, *welches den Grad der Streuung der tatsächlichen Werte um das Mittel mißt*. Ein derartiges *Streuungsmaß* aber ist die Quadratwurzel aus σ^2. σ^2 ist ja selbst wieder als Mittel konstruiert, nämlich als Erwartungswert (d.h. als wahrscheinlichkeitsgewogenes arithmetisches Mittel) der Quadrate der Abstände der tatsächlichen Werte vom Erwartungswert μ.

Wegen dieser Eigenschaft nennt man σ auch häufig *Streuung*. Diese Terminologie ist nicht zweckmäßig. Man sollte vielmehr die Ausdrücke „Streuung" bzw., „Streuungsmaß" zur Bezeichnung eines *allgemeineren* Begriffs benützen und die Standardabweichung σ *nur als ein ganz bestimmtes Streuungsmaß* betrachten. Denn man kann noch verschiedene andere Methoden entwickeln, um die Streuung der tatsächlichen Werte um das Mittel zu messen. Ja, es ist prima facie überhaupt nicht einzusehen, warum man der auf relativ komplizierte Weise zu ermittelnden Größe σ^2 dabei den Vorzug gibt. Denn da die Untauglichkeit von μ_1 als Streuungsmaß nur darauf beruht, daß sich positive und negative Zahlenwerte gegenseitig wegheben, könnte man z.B. beschließen, von den *Absolutbeträgen* der Abstände vom Mittel auszugehen und aus diesen den Mittelwert zu berechnen. Wenn wir annehmen, daß $\mathfrak{x}$ n mögliche Werte hat und die Abstände dieser n Werte von $E(\mathfrak{x})$ $d_1 \ldots, d_n$ sind, so würde dieses einfachere Streuungsmaß durch

$$\sum_{i=1}^{n} \frac{|d_i|}{n}$$

zu definieren sein. Tatsächlich wird auch dieses Streuungsmaß gelegentlich benützt, z.B. in der Sozialstatistik. Daß man es in der mathematischen Statistik dagegen vorzieht, mit σ^2 und σ zu arbeiten, hat verschiedene Gründe. Ein Grund ist rechnerischer Natur: Es gibt mathematische Gesetzmäßigkeiten, welche wichtige Zusammenhänge zwischen den Momenten über dem Ursprung und über dem Mittel ausdrücken (vgl. dazu das Theorem (59)) und die zusammen mit anderen Gesetzmäßigkeiten (z.B. für die in 4.c angeführten momenterzeugenden Funktionen) die Bestimmung der verschiedenen Momente über dem Mittel wesentlich erleichtern. Ein anderer Grund ist folgender: Die wichtigste Verteilung im kontinuierlichen Fall (und damit vermutlich die wichtigste Verteilung überhaupt) ist die Gauß-Verteilung oder die Normalverteilung. Die beiden Parameter dieser Verteilung sind aber nachweislich mit μ und σ identisch.

Eine der erwähnten Gesetzmäßigkeiten gibt an, *wie man die Momente über dem Mittel auf die Momente über dem Ursprung zurückführen kann*. Die entsprechende Formel lautet:

$$(59)\quad \mu_k = E(\mathfrak{x}^k) - \binom{k}{1} E(\mathfrak{x}^{k-1})\mu + \ldots + (-1)^i \binom{k}{i} E(\mathfrak{x}^{k-i})\mu^i + \ldots + (-1)^{k-1}(k-1)\mu^k, \text{ und zwar für } k = 1,2,3,\ldots.$$

Zum Beweis von (59) setze man zunächst in (57) für $r = k$ ein und entwickle den Ausdruck in der Klammer. Man erhält:

$$\mu_k = E\left[\mathfrak{x}^k - \binom{k}{1}\mathfrak{x}^{k-1}\mu + \cdots + (-1)^i\binom{k}{i}\mathfrak{x}^{k-i}\mu^i\right.$$
$$\left. + \cdots + (-1)^{k-1}\binom{k}{k-1}\mathfrak{x}\mu^{k-1} + (-1)^k\mu^k\right].$$

Wegen (56) kann man E ‚nach innen schieben' und erhält gerade die Glieder von (59), mit Ausnahme von dessen letztem Glied. Dieses aber wird dadurch erhalten, daß man die beiden letzten Glieder des soeben gewonnenen Ausdruckes zusammenzieht, daß $E(\mathfrak{x}) = \mu$, ferner $\binom{k}{k-1} = k$ und $(-1)^k\mu^k = (-1)^{k-1} \cdot -\mu^k$. Die beiden Glieder zusammen ergeben also:
$(-1)^{k-1}k\mu^k - (-1)^{k-1}\mu^k = (-1)^{k-1}(k-1)\mu^k$, wie zu erwarten war.

Für den Fall $k = 2$ erhält man die in der Statistik häufig benützte Formel:

(60) $\mu_2 = \sigma^2 = Var(\mathfrak{x}) = E(\mathfrak{x}^2) - \mu^2.$

Die Varianz ist also darstellbar als Differenz des zweiten Momentes über dem Ursprung und dem Quadrat des Erwartungswertes.

Wegen $\mu_1 = 0$ *haben* $\mathfrak{x}$ *und* $\mathfrak{x} - E(\mathfrak{x})$ *dieselbe Varianz*. Denn aus der Definition der Funktion Var erhalten wir, wenn wir $\mathfrak{x} - E(\mathfrak{x})$ statt $\mathfrak{x}$ als Argument einsetzen:

$Var(\mathfrak{x} - E(\mathfrak{x})) = E\,[(\mathfrak{x} - E(\mathfrak{x}) - E(\mathfrak{x} - E(\mathfrak{x})))^2] =$

$E\,[(\mathfrak{x} - E(\mathfrak{x}))^2] = Var(\mathfrak{x})$, da im zweiten Ausdruck das letzte Glied in der Klammer gerade den verschwindenden Ausdruck μ_1 darstellt. (Zur Vermeidung von Konfusionen haben wir diesmal das Symbol „μ" nicht benützt, da wir zwei verschiedene Arten von Erwartungswerten bildeten.)

Eine Zufallsfunktion, deren Erwartungswert 0 ist, wird *zentriert* genannt. Wenn man aus einer Zufallsfunktion eine zentrierte Zufallsfunktion von gleicher Varianz erzeugen möchte, hat man also nichts anderes zu tun, als von $\mathfrak{x}$ zu $\mathfrak{x} - E(\mathfrak{x})$ überzugehen. Man nennt diesen Vorgang auch das *Zentrieren am Erwartungswert.*

Bisher haben wir von Momenten nur in abstracto gesprochen. Es ist zweckmäßig, Formeln zur Verfügung zu haben, mit deren Hilfe man die wichtigsten Momente, insbesondere μ und σ^2, der am häufigsten verwendeten Verteilungen unter Verwendung der vorgegebenen Parameter berechnen kann. Für drei Verteilungen führen wir diese beiden Momente an:

(61) Es sei $\mathfrak{x}$ eine diskrete Zufallsfunktion. Je nach der Beschaffenheit der Wahrscheinlichkeitsverteilung von $\mathfrak{x}$ gelten für den Erwartungswert μ und die Varianz σ^2 die folgenden Gleichungen:

(a) falls die Wahrscheinlichkeitsverteilung von $\mathfrak{x}$ die Binomialverteilung $b(x; n, \vartheta)$ ist, sind μ und σ^2 gegeben durch:

$$\mu = n\vartheta, \quad \sigma^2 = n\vartheta(1-\vartheta);$$

(b) falls die Wahrscheinlichkeitsverteilung von $\mathfrak{x}$ die hypergeometrische Verteilung $h(x; n, c, d)$ ist, sind μ und σ^2 gegeben durch:

$$\mu = \frac{n\,c}{c+d}, \qquad \sigma^2 = \frac{n\,c\,d(c+d-n)}{(c+d)^2(c+d-1)};$$

(c) falls die Wahrscheinlichkeitsverteilung von $\mathfrak{x}$ die Poisson-Verteilung $p(x; \lambda)$ ist, sind μ und σ^2 gegeben durch:

$$\mu = \lambda, \qquad \sigma^2 = \lambda.$$

Zu all diesen Formeln gelangt man durch Einsetzung der früheren Verteilungsformeln (46), (47) und (49) für „f" in die Definitionen von μ (**D8**) und σ^2 ((58) (a)). So gewinnt man etwa den Erwartungswert der Binominalverteilung durch Umformungen der Gleichung

$$\mu = \sum_{x=0}^{n} x \cdot \binom{n}{x} \vartheta^x (1-\vartheta)^{n-x}.$$

Bei diesen Berechnungen werden zwar immer elementare Methoden angewendet; doch sind die dabei benützten Verfahren keineswegs vollkommen trivial, sondern oft recht umständlich und mühsam. (Für eine detaillierte Schilderung der Berechnungen der Formeln von (61) (a), (b) und (c) vgl. z.B. E. Freund, [Statistics], S. 99—104.)

Die Statistiker haben daher ein Verfahren entwickelt, um μ und σ^2 sowie auch andere Momente beliebiger vorgegebener Wahrscheinlichkeitsverteilungen in einfacher Weise und nach einem einheitlichen Prinzip zu berechnen. Dieses Verfahren soll wenigstens in Umrissen skizziert werden.

4.b Momenterzeugende Funktionen. An dieser Stelle müssen wir von einer Formel der Analysis Gebrauch machen, nämlich davon, daß sich die Exponentialfunktion e^x als unendliche Reihe darstellen läßt, nämlich:

$$e^x = \sum_{\nu=0}^{\infty} \frac{x^\nu}{\nu!} \text{ [21]}$$

Es sei nun eine Zufallsfunktion $\mathfrak{x}$ sowie die zu $\mathfrak{x}$ gehörige Wahrscheinlichkeitsverteilung f gegeben. Man definiert dann eine neue einstellige Funktion $M_{\mathfrak{x}}$,

[21] Diese Gleichung wird zu einer mathematisch *beweisbaren* Aussage, wenn man die Exponentialfunktion $\exp(x)$ als die Umkehrfunktion des natürlichen Logarithmus $\ln x$, ferner e als diejenige Zahl definiert, deren natürlicher Logarithmus den Wert 1 hat (d.h. $\ln e = \int_1^e \frac{1}{x}\,dx = 1$), und daraus schließlich die Identitäten $\ln e^x = x \ln e = x$, also $\exp(x) = e^x$ ableitet. In neueren Darstellungen wird die obige unendliche Reihe dagegen meist als *Definition* der Exponentialfunktion gewählt, wobei dann links „e^x" durch „$\exp(x)$" zu ersetzen ist. Die Zahl e wird bei diesem Vorgehen durch den Wert der Exponentialfunktion für das Argument 1 definiert, d.h.:

$$e = \exp(1) = \sum_{\nu=0}^{\infty} = \frac{1}{\nu!}$$

welche *die momenterzeugende Funktion der Wahrscheinlichkeitsverteilung von* $\mathfrak{x}$ genannt wird, als den Erwartungswert von $e^{t\mathfrak{x}}$, d.h. durch die Gleichung:

$$M_{\mathfrak{x}}(t) =_{\text{Df}} E(e^{t\mathfrak{x}}) = \sum_i e^{tx_i} f(x_i).$$

(Die Summation ist dabei natürlich so aufzufassen, daß sie sich über alle $x_i \in D_{II}(\mathfrak{x})$ erstreckt.)

Wenn wir ein bestimmtes i herausgreifen, so können wir e^{tx_i} nach der obigen Summenformel entwickeln und erhalten:

$$1 + tx_i + \frac{t^2 x_i^2}{2!} + \ldots + \frac{t^n x_i^n}{n!} + \ldots$$

Wenn wir diese Entwicklung für *jedes* Summationsglied der Funktion $M_{\mathfrak{x}}$ vornehmen, so gewinnen wir:

$$\begin{aligned} M_{\mathfrak{x}}(t) &= \sum_i \left[1 + tx_i + \frac{t^2 x_i^2}{2!} + \cdots + \frac{t^n x_i^n}{n!} + \cdots\right] f(x_i) \\ &= \sum_i f(x_i) + t \cdot \sum_i x_i f(x_i) + \frac{t^2}{2!} \sum_i x_i^2 f(x_i) + \cdots + \frac{t^n}{n!} \sum_i x_i^n f(x_i) + \ldots \\ &= 1 + t \cdot E(\mathfrak{x}) + \frac{t^2}{2!} \cdot E(\mathfrak{x}^2) + \ldots + \frac{t^n}{n!} \cdot E(\mathfrak{x}^n) + \ldots \end{aligned}$$

(durch Einsetzung in die Definition von (55) für die Momente über dem Ursprung).

Der Ausdruck „momenterzeugende Funktion" findet jetzt seine Erklärung: Wenn man $M_{\mathfrak{x}}(t)$ in eine Potenzreihe von t entwickelt, so erhält man für jedes n als Koeffizienten von $t^n/n!$ das n-te Moment über dem Ursprung. Wollen wir daraus z.B. das m-te Moment über dem Ursprung gewinnen, so bilden wir einfach die m-te Ableitung von $M_{\mathfrak{x}}$ bezüglich t an der Stelle $t = 0$. Die Glieder mit höherem als m-ten Exponenten verschwinden dann wegen $t = 0$, die Glieder mit niedrigerem Exponenten verschwinden, weil die Ableitung m-fach durchzuführen ist. Es bleibt also nur das Glied mit dem ursprünglichen m-ten Exponenten übrig, wobei nach m-fachem Differenzieren im Zähler und Nenner $m!$ stehen, die sich gegenseitig zur Zahl 1 wegheben. Wir erhalten somit:

$$(62) \quad \left[\frac{d^m M_{\mathfrak{x}}(t)}{dt^m}\right]_{t=0} = E(\mathfrak{x}^m).$$

Auf diese Weise gewinnen wir zwar nur die Momente *über dem Ursprung*. Zusammen mit der früher gewonnenen Formel (59) haben wir jedoch jetzt ein Verfahren zur Verfügung, *um für jede Verteilung sowohl alle Momente über dem Ursprung als auch alle Momente über dem Mittel berechnen zu können.*

Bei dem hier skizzierten Verfahren besteht die praktische Schwierigkeit meist nicht im Auffinden der momenterzeugenden Funktion $M_{\mathfrak{x}}$, sondern darin, diese Funktion in eine Potenzreihe von t zu entwickeln.

Als momenterzeugende Funktion einer binomialverteilten Zufallsfunktion (also mit der Wahrscheinlichkeitsverteilung $b(x; n, \vartheta)$) erhalten wir z.B.:

$$\begin{aligned} M_{\mathfrak{x}}(t) &= \sum_{x=0}^{n} e^{xt} \binom{n}{x} \vartheta^x (1-\vartheta)^{n-x} \\ &= \sum_{x=0}^{n} \binom{n}{x} (\vartheta e^t)^x (1-\vartheta)^{n-x} \end{aligned}$$

(nach Umstellung und Zusammenfassung).

Diese Summe ist aber nichts anderes als die binomische Entwicklung von

$$[\vartheta e^t + (1-\vartheta)]^n,$$

so daß unsere Funktion zweckmäßigerweise (nach geringfügiger Umordnung ihrer Glieder) so angeschrieben wird:

$$M_{\mathfrak{x}}(t) = [1 + \vartheta(e^t - 1)]^n.$$

Bildet man die erste Ableitung und setzt $t=0$, so erhält man sofort den Wert $\mu = E(\mathfrak{x}) = n\vartheta$. Mit der zweiten Ableitung gewinnt man nach demselben Verfahren den Wert von $E(\mathfrak{x}^2)$ und erhält daraus mittels (59):

$$\mu_2 = \sigma^2 = E(\mathfrak{x}^2) - \mu^2 = n\vartheta(1-\vartheta).$$

Dies sind aber gerade die beiden in (61)(a) angegebenen Werte.

Rein logisch wäre es denkbar, daß verschiedene Wahrscheinlichkeitsverteilungen dieselbe momenterzeugende Funktion besitzen. Tatsächlich ist jedoch das Gegenteil davon mathematisch beweisbar, d.h. genauer: *Sofern momenterzeugende Funktionen überhaupt existieren, ist die Entsprechung zwischen Wahrscheinlichkeitsverteilungen und momenterzeugenden Funktionen injektiv* (d.h. umkehrbar eindeutig). Eine wichtige Anwendung dieses Theorems bildet etwa die folgende Überlegung: An früherer Stelle wurde erwähnt, daß die Poisson-Verteilung die Grenzverteilung der Binomialverteilung ist, wenn drei Bedingungen erfüllt sind (vgl. den Absatz oberhalb von (49)). Dieses Resultat kann man auch erzielen, ohne mit Folgen von Binomialverteilungen zu arbeiten. Dazu schreibe man die Formel für die momenterzeugende Funktion der Binomialverteilung an und nehme für diesen Ausdruck die beiden Grenzoperationen $n \to \infty$ und $\vartheta \to 0$ vor, wobei $n \cdot \vartheta = \lambda$ konstant bleiben soll. Es stellt sich heraus, daß man die momenterzeugende Funktion der Poisson-Verteilung erhält. Wegen des eben erwähnten Eindeutigkeitstheorems hat man damit wieder bewiesen, daß die Poisson-Verteilung unter der genannten Voraussetzung die Grenzverteilung der Biomialverteilung ist.

4.c Produktmomente. Kovarianz. Gegeben sei ein Stichprobenraum Ω, auf dem zwei Zufallsfunktionen $\mathfrak{x}$ und $\mathfrak{y}$ definiert sind, deren gemeinsame Wahrscheinlichkeitsverteilung f ist (vgl. 3.c: in $f(x, y)$ stammen die Argumente x aus $D_{II}(\mathfrak{x})$ und die Argumente y aus $D_{II}(\mathfrak{y})$). *Das q-te und r-te Produktmoment (über dem Ursprung) der gemeinsamen Wahrscheinlichkeitsverteilung dieser beiden Zufallsfunktionen ist definiert durch:*

$$(63) \quad E(\mathfrak{x}^q \mathfrak{y}^r) = \sum_j \sum_k x_j^q y_k^r f(x_j, y_k).$$

Die Summation ist dabei über alle Argumentpaare $(x_j; y_k)$ mit $x_j \in D_{II}(\mathfrak{x})$ und $y_k \in D_{II}(\mathfrak{y})$ zu erstrecken, für welche die gemeinsame Wahrscheinlichkeitsverteilung f definiert ist.

In ganz analoger Weise definiert man das *q-te* und *r-te Produktmoment über den Mitteln der beiden Wahrscheinlichkeitsverteilungen*, die zum Zweck der Unterscheidung mit $\mu_{\mathfrak{x}}$ und $\mu_{\mathfrak{y}}$ bezeichnet werden mögen:

$$(64) \quad E[(\mathfrak{x}-\mu_{\mathfrak{x}})^q (\mathfrak{y}-\mu_{\mathfrak{y}})^r] = \sum_j \sum_k (x_j-\mu_{\mathfrak{x}})^q (y_k-\mu_{\mathfrak{y}})^r f(x_j, y_k).$$

Für den Bereich, auf den sich die Summation erstreckt, gilt dasselbe wie in (63).

Falls in (64) $q = r = 1$ gesetzt wird, erhält man $E[(\mathfrak{x}-\mu_{\mathfrak{x}})(\mathfrak{y}-\mu_{\mathfrak{y}})]$. Dieser Begriff wird als *Kovarianz der gemeinsamen Verteilung von* $\mathfrak{x}$ *und* $\mathfrak{y}$ bezeichnet und durch $\sigma_{\mathfrak{x}\mathfrak{y}}$ oder $Cov(\mathfrak{x}, \mathfrak{y})$ abgekürzt.

Alle diese Begriffe lassen sich auf den Fall von mehr als zwei Zufallsfunktionen erweitern.

Wir schildern kurz zwei Verwendungen des Begriffs der Kovarianz. Wie die Formel (64) für $q = r = 1$ lehrt, kann uns die Kovarianz in gewissen Fällen Aufschluß über eine Relation zwischen Werten geben, die von $\mathfrak{x}$ angenommen werden, und Werten, die $\mathfrak{y}$ annimmt. Es gilt nämlich: Wenn die Kovarianz *positiv* ist, so ist dies Ausdruck einer hohen Wahrscheinlichkeit dafür, daß große $\mathfrak{x}$-Werte zusammen mit großen $\mathfrak{y}$-Werten auftreten sowie daß niedrige $\mathfrak{x}$-Werte zusammen mit niedrigen $\mathfrak{y}$-Werten auftreten. Wenn dagegen die Kovarianz *negativ* ist, dann liegt eine hohe Wahrscheinlichkeit dafür vor, daß große $\mathfrak{x}$-Werte zusammen mit kleinen $\mathfrak{y}$-Werten vorkommen und umgekehrt.

Ferner kann die Kovarianz als Unabhängigkeitsmaß dienen: Wenn $\mathfrak{x}$ und $\mathfrak{y}$ unabhängig sind, so ist die Kovarianz ihrer gemeinsamen Verteilung gleich 0. Zum Beweis beachte man, daß bei Unabhängigkeit in (64) $f(x_j, y_k)$ ersetzbar ist durch $f(x_j)\cdot f(y_k)$, daß ferner $\sum_j f(x_j) = \sum_k f(y_k) = 1$ sowie daß $\sum_j x_j f(x_j) = \mu_{\mathfrak{x}}$ und $\sum_k y_k f(y_k) = \mu_{\mathfrak{y}}$. Es heben sich dann tatsächlich alle Glieder in (64) nach Ausmultiplikation fort.

4.d Das Theorem von Tschebyscheff. Das folgende wichtige Theorem ist von dem russischen Mathematiker Tschebyscheff bereits im vorigen Jahrhundert entdeckt worden. Wir werden es vor allem für zwei Zwecke benützen: in 4.e als Hilfsmittel zur Ableitung des Gesetzes der großen Zahlen; und in Teil III, 1.c für die Schilderung des Versuchs von Braithwaite, den Begriff der statistischen Wahrscheinlichkeit als theoretische Größe zu konstruieren. Wir formulieren den Gehalt dieses Theorems unter den angegebenen Voraussetzungen sowohl in symbolischer Abkürzung als auch in umgangssprachlicher Umschreibung:

(65) $\mathfrak{x}$ sei eine diskrete Ω-Zufallsfunktion. P sei das Wahrscheinlichkeitsmaß des zugrundeliegenden Wahrscheinlichkeitsraumes. Die Wahrscheinlichkeitsverteilung von $\mathfrak{x}$ besitze das Mittel μ (d.h. μ sei der Erwartungswert von $\mathfrak{x}$) und die Varianz σ^2. Ferner sei k eine beliebige positive reelle Zahl. Dann gilt:

$$P(\{\omega \mid \omega \in \Omega \wedge |\mathfrak{x}(\omega) - \mu| > k\sigma\}) < \frac{1}{k^2},$$

d.h. die Wahrscheinlichkeit, daß $\mathfrak{x}$ einen Wert annimmt, der kleiner ist als $\mu - k\sigma$ oder der größer ist als $\mu + k\sigma$, ist kleiner als $1/k^2$.

Zum Beweis erinnern wir an die Definition von $\sigma^2 = \mu_2$, wonach gilt (vgl. (57)): $\sigma^2 = \sum_i (x_i - \mu)^2 f(x_i)$, wobei die Summation natürlich wieder über alle Werte von $\mathfrak{x}$ zu erstrecken ist und f die Wahrscheinlichkeitsverteilung von $\mathfrak{x}$ bezüglich P darstellt. Wir zerlegen diese Summe in drei Teile. Um keine zu unübersichtliche Indizierung vornehmen zu müssen, schreiben wir das Symbol „α" unter das Summenzeichen „$\sum$" für jene Teilsumme, welche über die x_i läuft, die kleiner sind als $\mu-k\sigma$; analog schreiben wir „β" unter das Summationszeichen bezüglich der x_i, die größer sind als $\mu+k\sigma$. Schließlich sei „$\sum_\gamma$" so zu verstehen, daß diese Summe über alle x_j läuft, die größer oder gleich $\mu-k\sigma$, jedoch kleiner oder gleich $\mu+k\sigma$ sind. Da die Summe damit vollständig in drei Teilsummen zerlegt ist, gilt:

$$\sigma^2 = \sum_\alpha (x_i-\mu)^2 f(x_i) + \sum_\gamma (x_i-\mu)^2 f(x_i) + \sum_\beta (x_i-\mu)^2 f(x_i).$$

Da alle drei Summanden nichtnegativ sind, folgt insbesondere:

$$\sigma^2 \geqq \sum_\alpha (x_i-\mu)^2 f(x_i) + \sum_\beta (x_i-\mu)^2 f(x_i).$$

Nun bedenken wir, daß nach Voraussetzung für die α-Glieder $x_i<\mu-k\sigma$ und für die β-Glieder $x_i>\mu+k\sigma$ gilt, also in beiden Fällen: $k\sigma<|\mu-x_i|$. Wenn wir alle quadratischen Glieder durch $k\sigma$ ersetzen, so erhalten wir daher eine *echte* Ungleichung, nämlich:

$$\sigma^2 > \sum_\alpha k^2\sigma^2 f(x_i) + \sum_\beta k^2\sigma^2 f(x_i)$$

Falls $\sigma \neq 0$, so liefert die Division durch den positiven Wert $k^2\sigma^2$:

$$\frac{1}{k^2} > \sum_\alpha f(x_i) + \sum_\beta f(x_i)$$

Wenn wir auf die Bedeutung der Symbole α und β zurückgreifen, so stellen wir fest, daß das Theorem für $\sigma \neq 0$ bereits bewiesen ist; denn das erste rechte Glied gibt gerade die Wahrscheinlichkeit dafür an, daß der Wert von $\mathfrak{x}$ kleiner ist als $\mu-k\sigma$, und das zweite rechte Glied die Wahrscheinlichkeit dafür, daß der Wert von $\mathfrak{x}$ größer ist als $\mu+k\sigma$. Für $\sigma=0$ ist das Theorem trivial (denn hierbei handelt es sich um den Grenzfall, wo alle $\mathfrak{x}$-Werte untereinander und daher auch mit dem Mittel identisch sind).

Für manche Anwendungen ist eine zweite, geringfügig geänderte Fassung des Theorems angemessener. a sei eine beliebige positive Zahl und k von (65) sei so gewählt, daß gilt: $a=k\sigma$. Dann ist $1/k^2=\sigma^2/a^2$. Wir erhalten somit:

(65*) Die Voraussetzungen von (65) seien erfüllt. a sei eine beliebige positive Zahl. Dann ist die Wahrscheinlichkeit dafür, daß $\mathfrak{x}$ einen Wert annimmt, der kleiner ist als $\mu-a$ oder der größer ist als $\mu+a$, kleiner als $\frac{\sigma^2}{a^2}$.

Statt von der Wahrscheinlichkeit dafür zu sprechen, daß die $\mathfrak{x}$-Werte aus dem angegebenen Intervall *herausfallen*, könnte man eine Aussage über die Wahrscheinlichkeit machen, daß die Werte in das Intervall (einschließlich seiner Randpunkte) *hineinfallen*. Die Behauptung von (65) wäre dann durch die Aussage zu ersetzen, daß mit einer Wahrscheinlichkeit von $1 - 1/k^2$ die $\mathfrak{x}$-Werte im abgeschlossenen Intervall von $\mu - k\sigma$ bis $\mu + k\sigma$ liegen.

4.e Das schwache Gesetz der großen Zahlen. Um zu dem sog. schwachen Gesetz der großen Zahlen zu gelangen, knüpfen wir an die Form (65*) des Theorems von Tschebyscheff an. Außerdem benützen wir die beiden Formeln (61) (a) für den Erwartungswert und die Varianz der Binomialverteilung $b(x; n, \vartheta)$ sowie zwei elementare Umformungsregeln: die Formel (56) für den Erwartungswert und die nur für den gegenwärtigen Zweck benötigte Formel (66) für die Varianz, welche wir noch kurz beweisen.

(66) Für zwei feste Zahlen c und d gilt:
$$Var(c\mathfrak{x} + d) = c^2 \, Var(\mathfrak{x}).$$

Beweis. Nach (56) ist $E(c\mathfrak{x} + d) = c\,E(\mathfrak{x}) + d = c\mu + d$. Da μ stets auf die fragliche Zufallsfunktion zu relativieren ist, müssen wir in der Definitionsformel (58)(a) „$c\mathfrak{x} + d$" statt „$\mathfrak{x}$" und „$c\mu + d$" statt „μ" schreiben. Wir erhalten so:

$$Var(c\mathfrak{x} + d) = E[(c\mathfrak{x} + d - (c\mu + d))^2] = E[c^2(\mathfrak{x} - \mu)^2]$$
$$= c^2 E[(\mathfrak{x} - \mu)^2] \text{ (nach (56))} = c^2\, Var(\mathfrak{x}) \quad \text{(nach Definition)}.$$

Wir gehen davon aus, daß die Zufallsfunktion $\mathfrak{x}$ als Wahrscheinlichkeitsverteilung die Binomialverteilung $b(x; n, \vartheta)$ hat. Allerdings nehmen wir dabei eine kleine Modifikation unserer Problemstellung vor. Wir erinnern uns daran, daß $\mathfrak{x}$ die Anzahl der Erfolge angibt und daß demgemäß die Formel $b(x; n, \vartheta)$ die Wahrscheinlichkeit dafür liefert, bei n Versuchen x Erfolge (und n—x Mißerfolge) zu haben. Statt nach der *Anzahl* der Erfolge fragen wir nun nach der *relativen Häufigkeit der Erfolge bei n Versuchen*. Mathematisch gesehen bedeutet dies, daß wir die Funktion durch die neue Zufallsfunktion $\frac{\mathfrak{x}}{n}$ zu ersetzen haben. Aufgrund von (61) (a) gewinnen wir als Erwartungswert und Varianz für die neue Zufallsfunktion unter Benützung der elementaren Regeln (56) und (66):

$$(67) \quad E\left(\frac{\mathfrak{x}}{n}\right) = \vartheta \qquad \sigma^2_{\mathfrak{x}/n} = Var\left(\frac{\mathfrak{x}}{n}\right) = \frac{\vartheta(1-\vartheta)}{n}.$$

Im nächsten Schritt greifen wir auf das genannte Theorem (65*) zurück. Dann ergibt sich durch Einsetzung der Formeln für den Erwartungswert und die Varianz von (67):

(68) $\mathfrak{x}$ sei eine Zufallsfunktion, deren Wahrscheinlichkeitsverteilung die Binomialverteilung $b(x; n, \vartheta)$ ist. Für eine beliebige positive Zahl a ist dann die Wahrscheinlichkeit, daß $\mathfrak{x}/n$ (= die relative Häufig-

keit von Erfolgen bei n Versuchen) einen Wert annimmt, der größer als $\vartheta + a$ oder kleiner als $\vartheta - a$ ist, kleiner als $\frac{\vartheta(1-\vartheta)}{n\,a^2}$.

Im Ausdruck „$\frac{\vartheta(1-\vartheta)}{n\,a^2}$“ ist ϑ der festliegende Parameter der gegebenen Binomialverteilung; a ist die zwar beliebige, aber doch fest gewählte Zahl. Wenn wir die Zahl der Versuche anwachsen lassen, so heißt dies, daß n größer und größer wird. Lassen wir n hinreichend anwachsen, so können wir dadurch $\frac{\vartheta(1-\vartheta)}{n\,a^2}$ beliebig klein machen. Dies bedeutet nichts anderes, als daß für $n \to \infty$ die Wahrscheinlichkeit dafür, daß der Wert von $\mathfrak{x}/n$ von ϑ um mehr als eine beliebig gewählte kleine Zahl (in der einen oder der anderen Richtung) abweicht, sich der 0 nähert[22]. Wenn wir unsere Aufmerksamkeit statt auf die Werte außerhalb des Intervalls $[\vartheta - a, \vartheta + a]$ auf diejenigen Werte konzentrieren, die *innerhalb* dieses Intervalls liegen, so erhalten wir die dazu duale Feststellung, daß für $n \to \infty$ die Wahrscheinlichkeit dafür, daß $\mathfrak{x}/n$ einen Wert annimmt, der beliebig nahe bei ϑ liegt, sich der 1 nähert. Zusammenfassend gewinnen wir also die folgende Darstellung des schwachen Gesetzes der großen Zahlen:

(69) Es sei $\mathfrak{x}$ eine Zufallsfunktion mit der Binomialverteilung $b(x; n, \vartheta)$. Dann gilt:

(a) für $n \to \infty$ konvergiert die Wahrscheinlichkeit dafür, daß der Wert von $\mathfrak{x}/n$ von ϑ um eine beliebig kleine Zahl abweicht, gegen 0;

(b) für $n \to \infty$ konvergiert die Wahrscheinlichkeit dafür, daß der Wert von $\mathfrak{x}/n$ beliebig nahe bei ϑ liegt, gegen 1.

Um im Leser nicht den Eindruck übermäßiger Kompliziertheit zu erwecken, haben wir bei der Formulierung dieser Aussage (69), die man *das schwache Gesetz der großen Zahlen* nennt, etwas verschwiegen, das wir jetzt ausdrücklich nachtragen: Während $\mathfrak{x}$ eine ganz bestimmte Zufallsfunktion darstellt, handelt es sich bei $\mathfrak{x}/n$ nicht mehr um eine einzige Zufallsfunktion, sondern *um eine unendliche Folge von Zufallsfunktionen*, da wir ja n beliebig anwachsen lassen. Wenn wir $\mathfrak{x}_n$ statt $\mathfrak{x}/n$ schreiben, so enthält das Gesetz eine Konvergenzaussage über die Werte der unendlichen Folge der Zufallsfunktionen $\mathfrak{x}_n$. (Von diesen Zufallsfunktionen braucht dann nicht einmal mehr vorausgesetzt zu werden, daß sie in der geschilderten Weise aus einer ‚ursprünglichen‘ Funktion $\mathfrak{x}$ gebildet wurden, sondern nur, daß sie alle dasselbe μ und σ^2 besitzen.)

Außerordentlich wichtig ist es, nicht zu übersehen, daß in (69) eine Aussage über die *Konvergenz der Wahrscheinlichkeit* gemacht wird. Man hat

[22] Der von nun an öfter verwendete *übliche* Konvergenzbegriff ist im Rahmen der Zusammenstellung der wichtigsten Begriffe der Analysis in 5.a definiert.

dafür einen eigenen Begriff eingeführt, der *stochastische Konvergenz* oder *Konvergenz nach Wahrscheinlichkeit* genannt wird. Unter Benützung dieses Begriffs könnte z.B. die Teilaussage (b) folgendermaßen abgekürzt werden: „Die Folge von Zufallsfunktionen $(\mathfrak{x}_n)_{n\in\mathbf{N}}$ konvergiert nach Wahrscheinlichkeit gegen ϑ". Die formale Präzisierung dieser Wendung würde so aussehen:

(70) Eine unendliche Folge $(\mathfrak{x}_n)_{n\in\mathbf{N}}$ von Zufallsfunktionen *konvergiert nach Wahrscheinlichkeit* (oder: *konvergiert stochastisch*) *gegen* ϑ gdw

$$\bigwedge\varepsilon \bigwedge\eta \bigvee N \bigwedge n\,[n > N \rightarrow P(\{\omega \mid |\mathfrak{x}_n(\omega) - \vartheta| > \varepsilon\}) < \eta]$$

Dabei ist P wieder das Wahrscheinlichkeitsmaß des zugrundeliegenden Wahrscheinlichkeitsraumes, N sowie n sind Variable für positive ganze Zahlen und ε sowie η sind Variable für positive reelle Zahlen.

Anmerkung 1. Unter Vorwegnahme genauerer Erörterungen in Teil III schieben wir hier eine kurze kritische Bemerkung über die Häufigkeitsinterpretation der statistischen Wahrscheinlichkeit ein. Die Häufigkeitstheoretiker gehen von der richtigen Feststellung aus, daß man für endliche Fälle die statistische Wahrscheinlichkeit meist mit relativer Häufigkeit gleichsetzt und im Unendlichkeitsfall die Prüfung statistischer Hypothesen durch Häufigkeitszählung vornimmt. Dies verleitete zumindest die älteren Vertreter dieser Richtung (v. MISES, REICHENBACH) dazu, die statistische Wahrscheinlichkeit als Grenzwert der relativen Häufigkeit zu definieren. Da sie hierbei den gewöhnlichen Konvergenzbegriff verwendeten, *vergröberten sie dadurch den Gehalt des Gesetzes der großen Zahlen*, welches ja nur eine Konvergenz der relativen Häufigkeiten *nach Wahrscheinlichkeit* behauptet. Wenn man nun bedenkt, daß vom inhaltlichen Standpunkt die gewöhnliche Konvergenz eine Konvergenz *mit logischer Notwendigkeit*, die Konvergenz nach Wahrscheinlichkeit hingegen eine Konvergenz *mit praktischer Sicherheit* darstellt, so könnte man den Häufigkeitstheoretikern den Vorwurf machen, *daß sie praktische Sicherheit mit logischer Notwendigkeit verwechseln.* Dieser Einwand trifft allerdings nur diejenige Variante der Häufigkeitstheorie, welche wir in Teil III die *Limestheorie der Wahrscheinlichkeit* nennen werden, weil sie die statistische Wahrscheinlichkeit als einen Limes von relativen Häufigkeiten *definiert.*

Ein einfaches Beispiel möge diese Andeutungen verständlicher machen. Wir können z.B. für eine unverfälschte Münze mit $\vartheta = 1/2$ zwar mit praktischer Sicherheit annehmen, daß eine unbegrenzte Wiederholung von Würfen nicht nur Kopfwürfe produzieren wird; wir können dies jedoch nicht logisch beweisen. Vom Standpunkt der deduktiven Logik allein aus ist die Erzeugung einer unendlichen Folge von Kopfwürfen mit einer solchen homogenen Münze durchaus möglich. Sie müßte jedoch logisch unmöglich sein, wenn die Häufigkeitsdefinition richtig wäre.

Um diesem Einwand gerecht zu werden, müßte der Häufigkeitstheoretiker seine Definition gemäß dem Inhalt des schwachen Gesetzes der großen Zahlen modifizieren und darin statt von Konvergenz bloß von Konvergenz *nach Wahrscheinlichkeit* sprechen. Dann aber entstünde für ihn das folgende *Dilemma*: *Entweder* er interpretiert diese im Definiens vorkommende Wahrscheinlichkeit in derselben Weise wie die zu definierende. Dann ist sein Vorgehen zirkulär: Wahrscheinlichkeit wird mittels Wahrscheinlichkeit definiert. (Falls er dagegen, wie H. REICHENBACH, Wahrscheinlichkeiten verschiedener Stufen unterscheidet und Wahrscheinlichkeiten niedrigerer Stufe mit solchen höherer Stufe definiert, so gerät er in einen unendlichen Regress.) *Oder* aber er deutet die im Definiens vorkommende Wahrscheinlichkeit im subjektivistischen bzw. im personalistischen Sinn. Dann gibt er damit zu, daß er, um seine objektivistische Wahrscheinlichkeitsauffassung realisieren zu können, auf den personalistischen Wahrscheinlichkeitsbegriff zurückgreifen muß. Er wäre, so könnte man sagen, in die subjektivistische Mausefalle geraten.

Anmerkung 2. Wir haben das Gesetz der großen Zahlen nur in der schwachen Form (69) bewiesen, welche den in (70) präzisierten Begriff der Konvergenz nach Wahrscheinlichkeit oder stochastischen Konvergenz benützt. Das sog. *starke Gesetz der großen Zahlen* operiert demgegenüber mit dem stärkeren Begriff der Konvergenz mit Wahrscheinlichkeit 1. Mit „P" als symbolischer Abkürzung für das Wahrscheinlichkeitsmaß spricht man auch von *P-fast sicherer Konvergenz*. Dieser Begriff wird gewöhnlich im Rahmen der allgemeinen Maßtheorie, deren Grundgedanken in **D** skizziert werden sollen, eingeführt. Wenn μ ein Maß ist, so heißt jede Menge A mit $\mu(A)=0$ eine *μ-Nullmenge*. Von einer Eigenschaft E, die für alle Elemente $\omega \in \Omega$ definiert ist, wird gesagt daß sie *μ-fast überall* auf Ω gilt, wenn eine μ-Nullmenge C existiert, so daß alle $\omega \in \overline{C}$, also alle Elemente der Komplementärmenge von C, diese Eigenschaft besitzen. Der Begriff *P-fast sicher* ergibt sich daraus durch Spezialisierung für jene Fälle, wo das Maß ein *normiertes Maß*, d.h. eine Wahrscheinlichkeit, darstellt.

Allerdings ist hier zu bemerken, daß auch der in (70) definierte Begriff der Konvergenz nach Wahrscheinlichkeit meist durch eine analoge Spezialisierung eingeführt wird. Wir erhalten den allgemeineren Begriff, wenn wir in (70) das Symbol „P", welches für eine Wahrscheinlichkeit steht, durch das Symbol „μ" für ein beliebiges Maß ersetzen. Man spricht dann von *Konvergenz dem Maß nach*.

Analog wie wir in (70) ohne vorherige Schilderung der Maßtheorie die Konvergenz nach Wahrscheinlichkeit definierten, soll der Begriff der Konvergenz mit Wahrscheinlichkeit 1 ohne derartigen Rückgriff präzisiert werden.

(71) Eine unendliche Folge $(\mathfrak{x}_n)_{n\in\mathbf{N}}$ von Zufallsfunktionen *konvergiert mit Wahrscheinlichkeit eins* (oder: *konvergiert P-fast sicher*) gegen ϑ gdw

$$P(\{\omega \mid \wedge\, \varepsilon[\varepsilon > 0 \rightarrow \vee N \wedge n(n > N \rightarrow |\, \mathfrak{x}_n(\omega) - \vartheta \,| \leqq \varepsilon)]\}) = 1$$

Für die verwendeten Symbole gilt Analoges wie in (70). Inhaltlich gesprochen: Die Menge der ω, auf der die $\mathfrak{x}_n$ gegen ϑ konvergieren, hat das Wahrscheinlichkeitsmaß 1 (d.h. es ist ‚praktisch sicher', daß diese Konvergenz besteht); oder umgekehrt formuliert: die Menge, auf der diese Konvergenz nicht besteht, hat die Wahrscheinlichkeit 0. Wahrscheinlichkeitstheoretische Untersuchungen zum starken Gesetz der großen Zahlen bestehen darin, *hinreichende Bedingungen für die Konvergenz mit Wahrscheinlichkeit eins zu finden*. In unserem früheren Spezialfall kann das Gesetz folgendermaßen formuliert werden:

(69_{st}) Es sei dieselbe Voraussetzung erfüllt wie in (69). Dann konvergiert die unendliche Folge von Zufallsfunktionen $\mathfrak{x}_n = \mathfrak{x}/n$ mit Wahrscheinlichkeit eins gegen ϑ.

Für einen Beweis vgl. H. Richter, Wahrscheinlichkeitstheorie, S. 388; Bauer, [Wahrscheinlichkeitstheorie], S. 150ff.; A. Rényi, [Wahrscheinlichkeitsrechnung], S. 330ff.; Vogel, Wahrscheinlichkeitstheorie, S. 325f. Da die meisten Autoren für unseren Spezialfall vom Erwartungswert Gebrauch machen, sei an folgendes erinnert: Da nach Voraussetzung die Wahrscheinlichkeitsverteilung von $\mathfrak{x}$ die Binomialverteilung $b(x;n,\vartheta)$ ist, hat der Erwartungswert gemäß (61)(a) den Betrag $n\vartheta$. Die Glieder unserer unendlichen Folge von Zufallsfunktionen, nämlich die Funktionen $\mathfrak{x}_n$, haben daher alle denselben Erwartungswert $\mu=\vartheta$.

Das Motiv für die Prädikate „schwach" und „stark" im Zusammenhang mit den beiden Gesetzen der großen Zahlen ist darin zu suchen, daß der Konvergenzbegriff (71) nachweislich stärker ist als der Konvergenzbegriff (70), d.h. man kann beweisen:

(72) *Die Konvergenz mit Wahrscheinlichkeit eins impliziert logisch die Konvergenz nach Wahrscheinlichkeit. Die Umkehrung gilt nicht.*

Für einen Nachweis der logischen Folgerung vgl. BAUER, [Wahrscheinlichkeitstheorie], S. 83, Satz 19.3; oder VOGEL, Wahrscheinlichkeitstheorie, S. 301, Satz 1.5. Für ein Gegenbeispiel gegen die umgekehrte Folgebeziehung vgl. BAUER a.a.O., S. 85. Trotz solcher Gegenbeispiele ist der Zusammenhang zwischen diesen beiden Begriffen ziemlich eng; vgl. dazu BAUER, a.a.O., S. 85, Satz 19.6.

Anmerkung 3. Das wahrscheinlichkeitstheoretische Studium des Gesetzes der großen Zahlen — oder genauer, da wir den Plural verwenden müssen — der Gesetze der großen Zahlen wird nochmals dadurch verkompliziert, daß es außer den drei bisher angeführten Konvergenzbegriffen: dem üblichen sowie den beiden wahrscheinlichkeitstheoretischen (70) und (71) noch einen vierten Konvergenzbegriff gibt, nämlich die sog. *Konvergenz im p-ten Mittel.* Diesen Begriff können wir nicht in Analogie zu den beiden anderen wahrscheinlichkeitstheoretischen Konvergenzbegriffen definieren, da hierfür der in der Maßtheorie eingeführte abstrakte Integralbegriff benötigt wird. Erwähnt sei lediglich, daß auch diese Konvergenz *stärker* ist als die stochastische. Das Buch von P. RÉVÉSZ, [Gesetze], enthält eine ausgezeichnete systematische Untersuchung der verschiedenen Arten der Gesetze der großen Zahlen, worin auch die logischen Zusammenhänge der hier erwähnten Konvergenzbegriffe genau zur Sprache kommen.

C. Weiterführung der Theorie für den kontinuierlichen Fall

5. Einige Begriffe der Analysis

Die Zahlensysteme: natürliches, ganzes, rationales und reelles Zahlensystem setzen wir voraus. (Für eine Schilderung der Einführung der reellen Zahlen vgl. Bd. II, S. 241–246.) Dagegen sollen hier die wichtigsten Grundbegriffe der *Theorie der reellen Funktionen* angeführt werden, d.h. der Funktionen, deren Argument- wie Bildbereich nur aus reellen Zahlen besteht. Dabei beschränken wir uns auf den Fall einstelliger Funktionen dieser Art. Da diese Erinnerung an die wichtigsten Begriffe der reellen Analysis natürlich nicht ein Lehrbuch zu ersetzen vermag, können hier nur einige der grundlegendsten Lehrsätze erwähnt werden.

Die Klasse der natürlichen Zahlen unter Einschluß der 0 bezeichnen wir mit $\mathbb{N}$, die der rationalen Zahlen mit $\mathbb{Q}$, und die der reellen Zahlen mit $\mathbb{R}$. $\mathbb{R}_a$ ist die sog. abgeschlossene Zahlengerade, d.h. die durch die Hinzufügung der beiden unendlich fernen oder uneigentlichen Punkte $-\infty$ und $+\infty$ zu $\mathbb{R}$ entstehende Zahlenmenge: $\mathbb{R}_a = \mathbb{R} \cup \{-\infty, +\infty\}$[23].

(73) Die *ε-Umgebung* der reellen Zahl x für ein $\varepsilon > 0$ ist definiert als

$$U(x, \varepsilon) =_{\mathrm{Df}} \{y \mid |x - y| < \varepsilon\}.$$

$U(x, \varepsilon)$ ist also die Menge der reellen Zahlen, deren Abstand von x kleiner ist als ε. Zu jeder derartigen Umgebung gehört insbesondere x selbst. Für bestimmte Zwecke ist es wünschenswert, einen analogen Begriff für die ε-Umgebung von x, nach Wegnahme von x selbst, zur Verfügung zu haben. Wir nennen dies die reduzierte ε-Umgebung von x.

(74) Die *reduzierte ε-Umgebung* der reellen Zahl x ist definiert als

$$\overline{U}(x, \varepsilon) =_{\mathrm{Df}} \{y \mid 0 < |x - y| < \varepsilon\}^{24}.$$

Mit diesem Hilfsbegriff läßt sich insbesondere der Begriff des Häufungspunktes x einer Menge M reeller Zahlen leicht definieren. Von einem derartigen Häufungspunkt wird verlangt, daß jede seiner Umgebungen einen von ihm selbst verschiedenen Punkt von M enthält:

(75) x ist *Häufungspunkt* der reellen Zahlenmenge M gdw

$$\bigwedge \varepsilon\, [\varepsilon > 0 \rightarrow \bigvee y (y \in M \wedge y \in \overline{U}(x, \varepsilon))].$$

---

[23] Die Einbeziehung der unendlich fernen Punkte hat hauptsächlich die praktische Bedeutung, daß sich dadurch gewisse Lehrsätze *als ausnahmslos gültig* formulieren lassen, die sonst nur unter einschränkenden Zusatzbedingungen gelten.

[24] „$0 < |x - y|$" besagt, daß x und y einen positiven Abstand voneinander haben. Man könnte statt dessen auch „$x \neq y$" schreiben; doch erinnert nur die erste Formulierung daran, daß wir es mit einem *metrischen* Raum zu tun haben.

Mittels der Begriffe der ε-Umgebung und des Häufungspunktes lassen sich die übrigen topologischen Begriffe definieren: Eine Menge $U \subset \mathbb{R}$ heißt *Umgebung* des Punktes x, wenn es eine ganz in U enthaltene ε-Umgebung von x gibt. Eine Menge wird *offen* genannt, wenn sie Umgebung jedes ihrer Punkte ist. Spezielle Fälle offener Mengen sind die *offenen Intervalle* (a, b) mit $a < b$, die aus allen Punkten x bestehen, welche der Ungleichung $a < x < b$ genügen, also aus allen Punkten zwischen a und b unter Ausschluß dieser beiden Endpunkte. Demgegenüber besteht das *abgeschlossene Intervall* $[a, b]$ aus allen Punkten x mit $a \leqq x \leqq b$, d.h. aus allen Punkten zwischen a und b unter Einschluß dieser Endpunkte. Analog besteht das *linksseitig offene Intervall* $(a, b]$ aus allen Punkten x mit $a < x \leqq b$ und das *rechtsseitig offene Intervall* $[a, b)$ aus allen Punkten x mit $a \leqq x < b$. Allgemein wird eine Menge *abgeschlossen* genannt, wenn sie alle ihre Häufungspunkte enthält. (Das Innere eines Kreises ist z.B. eine offene Menge; der Kreisrand besteht aus den nicht zu dieser Menge selbst gehörenden Häufungspunkten der Menge, durch deren Hinzufügung der Kreis zu einer abgeschlossenen Menge wird.) Ein Punkt einer Menge wird *Randpunkt* der Menge genannt, wenn in jeder Umgebung dieses Punktes sowohl Punkte der Menge selbst als auch ihres Komplementes vorkommen.

Von einer Folge $(a_\nu)_{\nu \in \mathbf{N}}$ mit Gliedern $a_\nu, \nu = 1, 2, \ldots$ von reellen Zahlen sagen wir, daß sie gegen eine reelle Zahl x konvergiert, abgekürzt: $\lim\limits_{\nu \to \infty} a_\nu = x$, wenn für jede (noch so klein gewählte) positive reelle Zahl ε *fast alle* Glieder der Folge — d.h. alle mit höchstens endlich vielen Ausnahmen — innerhalb der ε-Umgebung von x liegen. Diese Bedingung ist genau dann erfüllt, wenn für eine hinreichend groß gewählte (und von ε abhängende) natürliche Zahl N alle jene Glieder der Folge in der ε-Umgebung liegen, deren Index größer ist als N. Wir können daher definieren:

(76) $\lim\limits_{\nu \to \infty} a_\nu = x$ gdw

$$\bigwedge \varepsilon \{\varepsilon > 0 \to \bigvee N [N \in \mathbb{N} \wedge \bigwedge n (n > N \to a_n \in U(x, \varepsilon))]\}.$$

Die Zahl x heißt auch *Grenzwert* der Folge $(a_\nu)_{\nu \in \mathbf{N}}$. Daß eine Folge (a_ν) mit Gliedern a_ν gegen einen Grenzwert x konvergiert, wird häufig statt durch die linke Seite von (76) durch die noch kürzere Formel: $a_\nu \to x$ ausgedrückt.

Eine Folge, die gegen eine reelle Zahl konvergiert, wird *konvergente Folge* genannt. Zu den wichtigsten Aussagen der Analysis gehört das

Konvergenzkriterium von Cauchy: Eine reelle Zahlenfolge $(a_\nu)_{\nu \in \mathbf{N}}$ ist konvergent gdw

$$\bigwedge \varepsilon \{\varepsilon > 0 \to \bigvee N [N \in \mathbb{N} \wedge \bigwedge i \bigwedge k (i > N \wedge k > N \to |a_i - a_k| < \varepsilon)]\}.$$

Dieses Kriterium wird also genau dann von einer reellen Folge $(a_\nu)_{\nu \in \mathbf{N}}$ erfüllt, wenn der Abstand zwischen zwei Gliedern der Folge, die hinreichend hohe Indizes besitzen, beliebig klein gemacht werden kann. Dieses Kriterium ist in dem Sinn *ein immanentes Kriterium*, als darin nur auf ein Merkmal Bezug genommen wird, welches von den Gliedern der Folge erfüllt sein muß. Auf den Grenzwert selbst dagegen wird nicht Bezug genommen. Um das Cauchy-Kriterium anwenden zu können, braucht man daher den Grenzwert überhaupt nicht zu kennen.

Der Konvergenzbegriff kann auch auf Funktionenfolgen angewendet werden. Es sei $(f_\nu)_{\nu \in \mathbf{N}}$ eine unendliche Folge von Funktionen, die alle auf M erklärt seien (d.h. M soll Teilmenge des Durchschnittes der Definitionsbereiche dieser Funktionen sein). Wenn wir ein $x \in M$ herausgreifen, so können wir für jedes ν den Wert $f_\nu(x)$ bilden.

Angenommen, für *jedes* beliebig herausgegriffene $x \in M$ konvergiere die Zahlenfolge $f_1(x), f_2(x), \ldots$ gegen einen bestimmten Grenzwert. Wenn man jedem x diesen Grenzwert zuordnet, so hat man damit eine neue Funktion erklärt, die man die *Grenzfunktion* f der Funktionenfolge (f_ν) nennt. Man sagt: Die Funktionenfolge (f_ν) *konvergiert* (oder genauer: *konvergiert punktweise*) gegen die Grenzfunktion f. Das eben umgangssprachlich geschilderte Verfahren kann man symbolisch durch

$$f(x) =_{\mathrm{Df}} \lim_{\nu \to \infty} f_\nu(x) \quad \text{für } x \in M$$

abkürzen. Dementsprechend wird die Grenzfunktion häufig so dargestellt: $f = \lim\limits_{\nu \to \infty} f_\nu$.

Eine Verschärfung dieses Begriffs wird folgendermaßen gewonnen: Wir sagen, daß eine Funktionenfolge (f_ν) auf M *gleichmäßig* gegen eine Grenzfunktion f *konvergiert*, wenn es zu jeder Zahl $\varepsilon > 0$ eine Zahl $n_0 \in \mathbf{N}$ gibt, so daß für alle $n \geqq n_0$ und für alle $x \in M$ gilt: $|f_n(x) - f(x)| < \varepsilon$. Inhaltlich besagt dies: Für jedes noch so kleine ε ist von einem bestimmten n_0 an der Graph von f_n mit $n \geqq n_0$ in einem ε-Streifen um den Graphen von f enthalten, wo immer in M das x gewählt werden möge. (Für eine anschauliche Figur vgl. Grauert-Lieb [D.I.—I], S. 78.)

Der Sinn dieser Verschärfung liegt darin, daß man nur bei Vorliegen gleichmäßiger Konvergenz von wichtigen Eigenschaften, die alle Glieder der Folge besitzen, auf die analoge Eigenschaft der Grenzfunktion schließen kann. Eine derartige Eigenschaft ist z.B. die Stetigkeit: Während eine Folge von *stetigen* Funktionen punktweise gegen eine *unstetige* Grenzfunktion konvergieren kann, überträgt sich im Fall der gleichmäßigen Konvergenz einer Folge stetiger Funktionen (f_ν) gegen eine Grenzfunktion f die Stetigkeitseigenschaft mit Notwendigkeit auf f selbst.

Eine wichtige *probabilistische* Anwendung des Begriffs der Grenzfunktion werden wir in Abschnitt 8 kennenlernen. Die Funktionenfolgen werden dort *Folgen von Verteilungsfunktionen* sein (d.h. genauer: Wir werden Folgen von Zufallsfunktionen mit gegebenen Verteilungen betrachten und diese Verteilungen in eine Folge ordnen). Es wird sich herausstellen, daß diese Verteilungsfunktionen unter gewissen Voraussetzungen gegen eine Grenzfunktion konvergieren, die dann sinngemäß als *Grenzverteilung* bezeichnet wird.

Eine andere Anwendung des Konvergenzbegriffs ist die auf *Reihen*. Der Begriff der Reihe, d.h. der Summe $\sum\limits_{i=1}^{\infty} u_i$ mit unendlich vielen Gliedern, ist zunächst überhaupt nicht definiert. Man bewerkstelligt diese Definition durch Zurückführung auf den Konvergenzbegriff für Zahlen*folgen*. Für jedes n werde $s_n = \sum\limits_{i=1}^{n} u_i$ die n-te *Partialsumme* der Reihe genannt. Dann und nur dann, wenn die Folge $(s_n)_{n \in \mathbf{N}}$ der Partialsummen gegen einen Grenzwert s konvergiert, wird die unendliche Reihe $\sum\limits_{i=1}^{\infty} u_i$ *konvergent* genannt und der Limes s ihrer Partialsummen wird als *Summe der Reihe* bezeichnet, d.h.:

$$s = \lim_{n \to \infty} s_n = \lim_{n \to \infty} \sum_{i=1}^{n} u_i = \sum_{i=1}^{\infty} u_i.$$

Unendliche Reihen, deren Glieder verschiedenes Vorzeichen haben, können ein merkwürdiges Verhalten zutagelegen, das bereits von Leibniz studiert worden ist: Die eben definierte Summe kann davon abhängen, wie die Summanden geordnet sind. Ein Beispiel bildet die Reihe $\sum_{i=1}^{\infty}(-1)^{i+1}\frac{1}{i} = 1 - \frac{1}{2} + \frac{1}{3} - \frac{1}{4} + \cdots$, deren Summe ln 2 ist. Multipliziert man diese Reihe mit $\frac{1}{2}$ und addiert das Ergebnis zur ersten Reihe hinzu, so erhält man den Wert $\frac{3}{2}$ ln 2. Eine Überprüfung ergibt jedoch, daß man dadurch genau dieselbe Reihe, bloß mit anderer Reihenfolge der Glieder, gewonnen hat; der andere Wert hat sich also nur durch Umordnung der Reihenglieder ergeben. In diesem letzteren Fall spricht man von *bedingter Konvergenz* einer Reihe. Dagegen wird eine Reihe *unbedingt konvergent* genannt, wenn durch beliebige Umordnungen ihre Konvergenz sowie ihre Summe erhalten bleiben. Ein Kriterium dafür ist die *absolute Konvergenz*: $\sum_{i=1}^{\infty} u_i$ wird abolut konvergent genannt, wenn $\sum_{i=1}^{\infty} |u_i|$, also die Summe der absoluten Beträge der Glieder, konvergiert. Nachweislich ist die absolute Konvergenz mit der unbedingten Konvergenz äquivalent. Daß im eben angeführten Beispiel keine unbedingte Konvergenz vorliegen kann, erfährt man mittels dieses Kriteriums sofort, da die Partialsummen der Absolutbeträge der Glieder jede endliche Schranke übersteigen (d.h. die sog. harmonische Reihe hat keine endliche Summe; bei Zugrundelegung der abgeschlossenen Zahlengeraden $\mathbb{R}_a$ gilt: $\sum_{i=1}^{\infty}\frac{1}{i} = +\infty$.)

(77) (a) Eine Menge M von reellen Zahlen ist *nach oben beschränkt* gdw $\bigvee y\,[y \in \mathbb{R} \wedge \bigwedge x(x \in M \rightarrow x \leqq y)]$;

(b) eine Menge M von reellen Zahlen ist *nach unten beschränkt* gdw $\bigvee y\,[y \in \mathbb{R} \wedge \bigwedge x(x \in M \rightarrow y \leqq x)]$.

Jede derartige Zahl y heißt *obere* bzw. *untere Schranke* von M. Die kleinste obere Schranke heißt *obere Grenze* oder *Supremum von M*, abgekürzt: sup M; die größte untere Schranke heißt *untere Grenze* oder *Infimum von M*, abgekürzt: inf M. Unter alleiniger Benützung des Begriffs der Schranke lassen sich diese beiden Begriffe durch einen einfachen logischen Kunstgriff definieren:

(78) (a) sup M ist diejenige obere Schranke von M, die zugleich untere Schranke der Menge aller oberen Schranken von M ist;

(b) inf M ist diejenige untere Schranke von M, die zugleich obere Schranke der Menge aller unteren Schranken von M ist.

Dies sind nicht die üblichen Definitionen. sup M wird z.B. gewöhnlich definiert als diejenige reelle Zahl y, welche die beiden Bedingungen erfüllt:

1) $\bigwedge x(x \in M \rightarrow x \leqq y)$;

2) $\bigwedge z\,[\bigwedge x(x \in M \rightarrow x \leqq z) \rightarrow y \leqq z]$.

Analog (d.h. durch Umkehrung der Ungleichungen) wird inf M definiert. Man erkennt leicht, daß diese beiden Bestimmungen die Intention wiedergeben; denn 1) besagt, daß y obere Schranke von M ist, und 2) besagt, daß dieses y zugleich alle derartigen oberen Schranken nach unten hin begrenzt.

Diese beiden Begriffe lassen sich unmittelbar auf *Folgen* $(a_\nu)_{\nu \in \mathbb{N}}$ von reellen Zahlen übertragen, indem man jedesmal einfach zu der Menge übergeht, deren

Elemente genau die Glieder der Folgen ausmachen. Man schreibt dann $\sup_\nu a_\nu$ bzw. $\inf_\nu a_\nu$:

(79) (a) $\sup_\nu a_\nu =_{\text{Df}} \sup \{a_\nu | \nu \in \mathbb{N}\}$;

(b) $\inf_\nu a_\nu =_{\text{Df}} \inf \{a_\nu | \nu \in \mathbb{N}\}$.

Mittels dieser Begriffe kann man aus einer gegebenen Folge (f_ν) von reellen Zahlen den größten Häufungspunkt oder *limes superior*, abgekürzt: $\overline{\lim_\nu} f_\nu$, definitorisch auszeichnen, und ebenso den Begriff des niedrigsten Häufungspunktes oder *limes inferior*, abgekürzt: $\underline{\lim_\nu} f_\nu$. Dabei wird von der Konvention Gebrauch gemacht, einschränkende Bedingungen, denen die Indizes unterliegen, unterhalb der Zeichen „sup" und „inf" anzubringen:

(80) (a) $\overline{\lim_\nu} f_\nu =_{\text{Df}} \inf_k \sup_{\nu \geqq k} f_\nu$;

(b) $\underline{\lim_\nu} f_\nu =_{\text{Df}} \sup_k \inf_{\nu \geqq k} f_\nu$.

(Für eine ausführlichere Diskussion, als dies üblicherweise geschieht, innerhalb eines allerdings etwas andersartigen symbolischen Rahmens vgl. Barner, [Differentialrechnung I], S. 81f.)

Da genau im Konvergenzfall der limes superior und der limes inferior erstens zusammenfallen und zweitens mit dem Grenzwert identisch sind, wird von einigen Autoren die Konvergenz einer Folge gegen eine reelle Zahl durch diese beiden eben genannten Bedingungen definiert. (Dies geschieht z.B. in Grauert-Lieb, [I], S. 41.).

Es sei f eine reelle Funktion mit dem Argument- oder Definitionsbereich $\mathfrak{D}$, also $\mathfrak{D} = D_I(f)$. x_0 sei ein Häufungspunkt von $\mathfrak{D}$. Daß die Funktion im Punkt x_0 den Grenzwert z hat, soll den intuitiven Sachverhalt präzisieren, daß die Funktionswerte von f dem Wert z beliebig angenähert werden können, sofern nur die Argumentwerte hinreichend nahe bei x_0 gewählt werden. Der *Grenzwert* in x_0 wird durch $\lim_{x \to x_0} f(x)$ abgekürzt:

(81) $\lim_{x \to x_0} f(x) = z$ gdw

$$\bigwedge \varepsilon \{\varepsilon > 0 \to \bigvee \delta [\delta > 0 \wedge \bigwedge y (y \in \overline{U}(x_0, \delta) \to f(y) \in U(z, \varepsilon))]\}.$$

Man beachte, daß für die Werte von y verlangt wird, daß sie von x_0 verschieden sind, während von $f(y)$ nicht die Verschiedenheit von z verlangt wird. Ferner übersehe man nicht, daß eine Funktion an einem Punkt x_0 einen Grenzwert haben kann, ohne an diesem Punkt überhaupt definiert zu sein. Falls jedoch auch x_0 selbst zum Definitionsbereich gehört, und außerdem der Grenzwert der Funktion mit dem Funktionswert in x_0 übereinstimmt, so wird die Funktion *stetig in* x_0 genannt:

(82) f sei eine reelle Funktion mit $\mathfrak{D} = D_I(f)$. Ferner sei $x_0 \in \mathfrak{D}$ und x_0 Häufungspunkt von $\mathfrak{D}$. Dann sagen wir: f ist *stetig in* x_0 gdw

$\lim_{x \to x_0} f(x) = f(x_0)$.

Wegen (81) könnte die Stetigkeitsbedingung auch so definiert werden:

(82') $\bigwedge \varepsilon \{\varepsilon > 0 \to \bigvee \delta [\delta > 0 \wedge \bigwedge y (y \in \mathfrak{D} \wedge y \in \overline{U}(x_0, \delta) \to f(y) \in U(f(x_0), \varepsilon))]\}$.

Die Stetigkeit ist eine *Punkteigenschaft*, d.h. diese Eigenschaft bezieht sich auf *eine ganz bestimmte Zahl* aus dem Definitionsbereich der Funktion. Ist f in *jedem* Punkt ihres Definitionsbereiches stetig, so wird f *stetig* schlechthin genannt. Diese Stetigkeitsdefinition erhält man, wenn man in (82') „x_0" durch „x" ersetzt und den Quantor „$\wedge x$", welcher sich auf die Gesamtformel erstreckt, voranstellt.

Sehr nützlich für viele Anwendungen ist die folgende beweisbare Feststellung: Eine Funktion f ist in x_0 genau dann stetig, wenn für jede konvergente Folge $(a_\nu)_{\nu \in \mathbf{N}}$ mit $a_\nu \to x_0$ auch $f(a_\nu) \to f(x_0)$ gilt. Der Pfeil wird dabei wieder für die Abkürzung verwendet, die unmittelbar im Anschluß an (76) erwähnt wurde. Wenn man bedenkt, daß die erste Formel $a_\nu \to x_0$ dasselbe besagt wie $\lim\limits_{\nu \to \infty} a_\nu = x_0$ und die zweite Formel analog zu interpretieren ist, so läuft dieses sogenannte Folgenkriterium darauf hinaus, daß genau im Stetigkeitsfall die Symbole „lim" und das Funktionssymbol „f" miteinander vertauscht werden dürfen:

Folgenkriterium der Stetigkeit. f ist stetig in x_0 gdw für jede Folge $(a_\nu)_{\nu \in \mathbf{N}}$ mit $a_\nu \to x_0$ gilt:

$$\lim_{\nu \to \infty} f(a_\nu) = f\left(\lim_{\nu \to \infty} a_\nu\right).$$

Den Begriff der Stetigkeit kann man sich auf zwei verschiedene Weisen aus spezielleren Begriffen ‚zusammengestückelt' vorstellen. So kann man z.B. *rechtsseitige Stetigkeit* und *linksseitige Stetigkeit* einer Funktion in x_0 unterscheiden, je nachdem ob die Stetigkeitsbedingung bei der Annäherung an x_0 von rechts (d.h. von größeren Werten als x_0) her oder von links (d.h. von kleineren Werten als x_0) her erfüllt ist. Eine analoge Verallgemeinerung kann man beim Begriff des Grenzwertes vornehmen und zwischen dem rechtsseitigen und dem linksseitigen Grenzwert unterscheiden. Unter Benützung dieses Begriffsapparates kann man die Aussage, daß f in x_0 stetig ist, in die folgenden vier Teilbehauptungen zerlegen: (1) f muß in x_0 einen rechtsseitigen Grenzwert haben; (2) f muß in x_0 einen linksseitigen Grenzwert besitzen; (3) diese beiden Grenzwerte müssen miteinander identisch sein; (4) außerdem müssen diese Grenzwerte mit dem Funktionswert $f(x_0)$ von f an der Stelle x_0 übereinstimmen.

In neueren Darstellungen wird der Stetigkeitsbegriff dagegen häufig auf zwei Begriffe der Halbstetigkeit zurückgeführt. Eine Funktion f mit dem Definitionsbereich $\mathfrak{D}$ wird in x_0 *nach oben halbstetig* genannt, wenn erstens $f(x_0) < +\infty$ und wenn zweitens zu jeder Zahl $y > f(x_0)$ eine Umgebung U von x_0 existiert, so daß: $\wedge x(x \in U \cap \mathfrak{D} \to f(x) < y)$ (d.h. für jede noch so nahe bei $f(x_0)$ liegende Zahl y, die jedoch größer ist als $f(x_0)$, läßt sich eine hinreichend kleine Umgebung von x_0 angeben, so daß die f-Werte für die reellen Zahlen innerhalb dieser Umgebung alle kleiner sind als y). In analoger Weise — d.h. durch Vertauschung von „$<$" durch „$>$" und in der ersten Bestimmung von „$+\infty$" durch „$-\infty$" — wird die *Halbstetigkeit nach unten* definiert. Die Stetigkeit von f in x_0 kann dann dadurch definiert werden, daß f in x_0 sowohl halbstetig nach oben als auch halbstetig nach unten sein muß.

Von der gewöhnlichen Stetigkeit ist die gleichmäßige Stetigkeit zu unterscheiden, die im Gegensatz zur ersteren keine Punkteigenschaft einer Funktion ist, sondern sich außer auf die fragliche Funktion selbst von vornherein auch auf *den ganzen Definitionsbereich* der Funktion bezieht.

(83) Es sei f eine reelle Funktion mit dem Definitionsbereich $\mathfrak{D} = D_I(f)$. f ist *gleichmäßig stetig* in $\mathfrak{D}$ gdw

$$\wedge \varepsilon\{\varepsilon > 0 \to \vee \delta\,[\delta > 0 \wedge \wedge x \wedge y(x, y \in \mathfrak{D} \wedge y \in U(x,\delta) \to f(y) \in U(f(x), \varepsilon))]\}.$$

Gewöhnlich wird der Schlußteil dieser Behauptung (83) durch „$(|x - y| < \delta \to |f(x) - f(y)| < \varepsilon)$" wiedergegeben. Der Unterschied gegenüber der gewöhnlichen Stetigkeit kommt durch die Stellung des Quantors „$\bigwedge x$" zur Geltung. Während im Fall der gewöhnlichen Stetigkeit das zu wählende δ nicht nur von der vorgegebenen Zahl ε, sondern auch noch davon abhängt, *wo* der Punkt x im Definitionsbereich $\mathfrak{D}$ liegt, kann im Fall der gleichmäßigen Stetigkeit δ *unabhängig von der Lage des Punktes* x gewählt werden. Der Unterschied zwischen den beiden Begriffen wird durch die Funktion $1/x$ im (linksseitig offenen, rechtsseitig abgeschlossenen) Intervall $(0, 1]$ illustriert. $1/x$ ist in diesem Intervall stetig, jedoch *nicht* gleichmäßig stetig, da mit der Annäherung des Argumentes gegen die Zahl 0 der Funktionswert sehr rasch größer wird, so daß die Zahl δ *in Abhängigkeit von* x immer kleiner gewählt werden muß, damit für alle $y \in U(x, \delta)$ das $f(y)$ in der ε-Umgebung von $f(x)$ liegt.

Eine der wichtigsten Anwendungen des Grenzwertbegriffes ist der Begriff der Ableitung einer Funktion oder des Differentialquotienten dieser Funktion. Auch hier wird, analog wie im Fall der üblichen Stetigkeit, zunächst nur *eine Punkteigenschaft* definiert.

(84) Es sei f eine Funktion mit $\mathfrak{D} = D_I(f)$; x_0 sei ein Häufungspunkt von $\mathfrak{D}$. Falls in x_0 der Grenzwert

$$\lim_{x \to x_0} \frac{f(x) - f(x_0)}{x - x_0}$$

existiert, so wird dieser Grenzwert als die *Ableitung* oder der *Differentialquotient von f in x_0* bezeichnet und mit $\frac{df}{dx}(x_0)$ oder mit $f'(x_0)$ abgekürzt. Von der Funktion f sagt man dann, sie sei *in x_0 differenzierbar.*

Zu beachten ist hier folgendes: Wenn man aus einer beliebigen, gegen x_0 konvergierenden Zahlenfolge $x_1, x_2, x_3, \ldots$ ein beliebiges Glied x_i herausgreift, so liefert auch $f(x_i)$, da f eine Funktion darstellt, eine bestimmte Zahl; und damit ist auch $\frac{f(x_i) - f(x_0)}{x_i - x_0}$ eine bestimmte Zahl. Eine derartige Zahl wird auch *Differenzenquotient* genannt. Es hat daher einen Sinn, von einer derartigen Zahlenfolge für $x \to x_0$ zu sprechen und die Frage aufzuwerfen, ob diese Zahlenfolge einen Grenzwert besitzt. Die Bezeichnung „Differentialquotient" für diesen Grenzwert rührt von den Zeiten der Entstehung der Differentialrechnung her, ebenso die Bezeichnung „$\frac{df}{dx}(x_0)$". *Ein Differentialquotient ist kein Quotient*; vielmehr ist er der *Grenzwert einer unendlichen Folge von Quotienten!*

Wegen der Wichtigkeit des Begriffs des Differentialquotienten mag es vielleicht von Nutzen sein, die Existenzvoraussetzung von (84) ohne das Symbol „lim" auszusprechen. Größerer Übersichtlichkeit halber formulieren wir sie mittels umgangssprachlicher Umschreibung der logischen Ausdrücke. Dann besagt die Bedingung: „Es existiert eine Zahl $r \in \mathbb{R}$, so daß für jedes ε, welches größer als 0 ist, eine Zahl δ existiert, so daß gilt: wenn $x \in \mathfrak{D}$, ferner $x \neq x_0$ und außerdem $|x - x_0| < \delta$, dann ist $\left|\frac{f(x) - f(x_0)}{x - x_0} - r\right| < \varepsilon$"[25]. Diese Zahl r wird $f'(x_0)$ genannt.

Wenn f in seinem gesamten Definitionsbereich differenzierbar ist, d.h. also, wenn als Punkt x_0 von (84) ein beliebiges Element von $\mathfrak{D}$ gewählt werden darf, so kann man aus diesen Werten *eine neue Funktion* bilden, welche die *Derivierte*

[25] Der Übung halber möge der Leser diese in Anführungszeichen stehende Aussage vollständig formalisieren.

oder die *Ableitung Df von f* genannt wird. Diese Derivierte ist also mittels Bezugnahme auf die ursprüngliche Funktion f dadurch *erklärt*, daß sie denselben Definitionsbereich $\mathfrak{D}$ haben soll wie f, daß jedoch für jedes $x \in \mathfrak{D}$ ihr Funktions*wert* stets mit $f'(x)$ identisch sein soll. Statt Df wird daher häufig auch einfach f' geschrieben, was allerdings etwas mißverständlich ist.

Während man unmittelbar einsehen kann, daß jede an der Stelle x differenzierbare Funktion auch in x stetig ist, gilt die Umkehrung nicht, obwohl man dies vom Standpunkt der Anschauung eigentlich erwarten würde. (WEIERSTRASS ist es sogar geglückt, eine Funktion zu definieren, die *überall* stetig und doch *nirgends* differenzierbar ist.[26])

Als letztes führen wir den Begriff des Riemannschen Integrals ein. Eine reelle Funktion heißt *beschränkt*, wenn ihr Bildbereich sowohl eine obere als auch eine untere Schranke besitzt. Es sei f eine beschränkte Funktion, die für ein abgeschlossenes Intervall $[a, b]$ definiert ist, d.h. dieses Intervall sei entweder mit dem Definitionsbereich von f identisch oder sei eine Teilmenge davon. Wir definieren eine *Zerlegung* von $[a, b]$ mittels einer *endlichen* Menge $Z = \{x_1, \ldots, x_n\}$ von reellen Zahlen, welche die folgende Bedingung erfüllen (wobei wir die nicht zu Z gehörende Zahl a zur Vereinheitlichung der Symbolik x_0 nennen):

$$a = x_0 < x_1 < x_2 < \cdots < x_n = b.$$

Einfachheitshalber sprechen wir im folgenden von der *Zerlegung Z* und verstehen darunter die durch Z in der geschilderten Weise zustandegekommene Zerlegung des Intervalls $[a, b]$. Als *Maximallänge der Zerlegung* bezeichnen wir den längsten unter den Abständen $x_i - x_{i-1}$.

Für jedes $x_i \in Z$ definieren wir:

$$M_i =_{\mathrm{Df}} \sup\{f(x) \mid x_{i-1} \leqq x \leqq x_i\},$$

$$m_i =_{\mathrm{Df}} \inf\{f(x) \mid x_{i-1} \leqq x \leqq x_i\}.$$

M_i ist also die obere Grenze der f-Werte innerhalb des Teilintervalls $[x_{i-1}, x_i]$, und m_i ist die untere Grenze der f-Werte innerhalb desselben Teilintervalls. Wir nennen die Summe von Produkten

$$S = \sum_{x_i \in Z} M_i(x_i - x_{i-1})$$

die zu der Zerlegung Z von $[a, b]$ gehörige *obere Darboux-Summe* (bezüglich f). Entsprechend soll die Summe von Produkten

$$s = \sum_{x_i \in Z} m_i(x_i - x_{i-1})$$

die zu der Zerlegung Z von $[a, b]$ gehörige *untere Darboux-Summe* (bezüglich f) heißen. Wir gelangen dann zur folgenden Integraldefinition:

(85) f sei eine beschränkte reelle Funktion mit $\mathfrak{D} = D_I(f)$ und $[a, b] \subseteq \mathfrak{D}$. Ferner sei die folgende Bedingung erfüllt: Für jede Folge von Zerlegungen von $[a, b]$ mit gegen 0 konvergierender Maximallänge konvergieren die obere sowie die untere Darboux-Summe gegen denselben Grenzwert g. Dann wird f *Riemann-integrierbar* auf $[a, b]$ genannt, und der gemeinsame Grenzwert g der Darboux-Summen heißt *das bestimmte*

[26] Für eine eingehende Schilderung einer derartigen Funktion vgl. BARNER, [Differentialrechnung I], S. 131ff.

Riemannsche Integral von f zwischen den Grenzen a und b. Es wird symbolisch durch:

$$g = \int_a^b f(x)\,dx$$

abgekürzt.

Die Bedeutung dieses Begriffs läßt sich folgendermaßen veranschaulichen. Es sei f eine Funktion mit Werten $\geqq 0$, in deren Definitionsbereich das Intervall $[a, b]$ eingeschlossen ist. Ferner sei f stetig und in $[a, b]$ beschränkt (d.h. beschränkt für alle Argumente x mit $a \leqq x \leqq b$). Die Aufgabe besteht darin, den Inhalt der Fläche zu bestimmen, die durch die folgenden vier Kurven begrenzt wird: unten durch das Stück x-Achse von a nach b, links und rechts durch die Parallelen zur y-Achse von a nach $f(a)$ bzw. von b nach $f(b)$, und oben durch die Werte der stetigen Funktion f zwischen $f(a)$ und $f(b)$. Das bestimmte Integral $\int_a^b f(x)\,dx$ liefert den gesuchten Wert des Inhaltes. Die Methode der Gewinnung läßt sich etwa so beschreiben: Man bestimme für eine beliebige Zerlegung von der geschilderten Art die Werte M_i und m_i nach der obigen Vorschrift. Dies läuft darauf hinaus, innerhalb jedes der n Intervalle den größten bzw. den kleinsten f-Wert *als für dieses ganze Intervall gültigen Funktionswert* zu wählen. Dadurch erhält man zwei Treppenfunktionen, von denen die mit den M_i-Werten gebildeten *die f-Kurve einschließt*, während die mit den m_i-Werten erzeugte Treppenfunktion *von der f-Kurve eingeschlossen wird.* Durch weitere und weitere Zerlegungen wird so die f-Kurve durch zwei Treppenfunktionen ‚von oben her' und ‚von unten her' approximiert. Dasselbe gilt auch vom Inhalt; denn die mittels der Treppenfunktionen erzeugten Flächeninhalte sind einfach Summen von Rechtecken, wobei die obere Darboux-Summe stets größer ist als der gesuchte Flächeninhalt, während die untere Darboux-Summe stets kleiner ist als dieser gesuchte Inhalt. Die unteren Darboux-Summen bilden eine nach oben beschränkte, monoton wachsende Folge, die gegen einen oberen Grenzwert konvergiert. Analog bilden die oberen Darboux-Summen eine nach unten beschränkte, monoton fallende Folge, die gegen einen unteren Grenzwert konvergiert. In unserem Fall konvergieren bei unbegrenzter Verfeinerung der Zerlegung die mittels der beiden Treppenfunktionen gebildeten Flächeninhalte gegen ein und denselben Grenzwert, der kraft Festsetzung mit dem gesuchten Inhalt identifiziert wird.

Eine technische Komplikation tritt bei der Definition des Riemannschen Integrals durch die Notwendigkeit des Nachweises dafür auf, daß eine untere Darboux-Summe stets kleiner ist als eine obere Darboux-Summe, selbst wenn man bei der Definition dieser beiden Summen *verschiedene* Zerlegungen wählt, so daß auch der Grenzwert der Obersumme *größer oder gleich* dem Grenzwert der Untersumme ist. (Daß dagegen jede der beiden Summen überhaupt gegen einen Grenzwert konvergiert, ergibt sich unmittelbar aus dem Satz, daß eine nach oben (unten) beschränkte Menge reeller Zahlen eine obere (untere) Grenze hat; denn diese Summen *sind* ja reelle Zahlen, welche eine nach oben bzw. nach unten beschränkte Menge bilden.) Bisweilen wird der Grenzwert der Obersumme das *obere Integral* von f zwischen a und b und der Grenzwert der Untersumme das *untere Integral* von f zwischen a und b genannt. Bei Zugrundelegung dieser Begriffe wird für die Riemannsche Integrierbarkeit verlangt, daß das obere mit dem unteren Integral zusammenfällt; und der gemeinsame Wert dieser beiden Integrale heißt das Riemannsche Integral.

Das durch (85) definierte Integral von f zwischen a und b ist *eine bestimmte reelle Zahl.* Das Integral als Funktion seiner oberen Grenze ist demgegenüber diejenige

Funktion $F(x)$, welche dadurch entsteht, daß man die obere Grenze b durch die Variable x ersetzt.

Diese Art der Betrachtungsweise, durch die man vom bestimmten Integral zu einer Funktion übergeht, ist etwas irreführend. Sie gleicht — wenn auch nicht ganz, so doch etwas — dem Vorgehen in der Volksschule, wo man zunächst die Summen verschiedener Zahlen bilden lernt und erst in einem zweiten Schritt dadurch die Funktion *die Summe von* erfassen soll. Außerdem wird durch den Begriff des unbestimmten Integrals die Funktion *das Integral von* keineswegs erfaßt, sondern nur eine *Teil*funktion davon. Auf die Frage, was für eine Funktion die Wendung „das Integral von" bezeichnet, müßte man folgendes antworten: Sie bezeichnet eine *zweistellige* Funktion Φ, deren erster Argumentbereich aus Zahlmengen bestimmter Art, nämlich *Intervallen* J besteht, und deren zweiter Argumentbereich genau *die im Riemannschen Sinn integrierbaren Funktionen* f enthält. Der unbestimmte Wert von Φ wäre also mit $\Phi(J,f)$ zu bezeichnen, mit der Abkürzung: $\int$. Gelegentlich werden Funktionen, die unter ihren Argumenten selbst wieder Funktionen haben, *Funktionale* genannt. Nach dieser Sprechweise wäre Φ also ein Funktional, welches jedem J und jedem Riemann-integrierbaren f in seinem Definitionsbereich eine bestimmte Zahl (eben das bestimmte Riemannsche Integral für dieses Intervall und für diese Funktion) zuordnet. Für den Fall, daß J nicht in $D_I(f)$ eingeschlossen ist, muß Φ als undefiniert erklärt werden.

Will man in der Bezeichnung einer Funktion Art und Zahl der Argumente kenntlich machen, trotzdem aber die Gefahr einer Verwechslung zwischen einer Funktion und dem unbestimmten Wert dieser Funktion vermeiden, so muß man zur λ-Symbolik von Church greifen. Die zweistellige Funktion *das Integral von* (im Riemannschen Sinn) wäre danach zu symbolisieren durch „$\lambda J\, \lambda f\, \Phi(J,f)$". Diese Funktion könnte man die *Integralfunktion* nennen. Das sog. *unbestimmte Integral* ist demgegenüber die einstellige Funktion $\lambda J\, \Phi(J,f_0)$, welche die vorherige Wahl eines ganz bestimmten f_0 voraussetzt. Während die erstgenannte Funktion nur *eine* ist, existieren soviele Funktionen, die man unbestimmte Integrale nennt, als es zulässige Einsetzungen in die zweiten Argumentstellen von $\lambda J\, \lambda f\, \Phi(J,f)$ gibt. *Das Integral als Funktion seiner oberen Grenze* ist etwas noch spezielleres: Hier wird außer der Funktion f_0 auch noch die untere Intervallgrenze a_0 vorgegeben. Man könnte diese Funktion daher durch $\lambda x\, \Phi\, ((a_0, x), f_0)$ für *bestimmtes* a_0 und *bestimmtes* f_0 wiedergeben. Später werden wir sehen, daß der allgemeine Integralbegriff der Maßtheorie sogar eine dreistellige Funktion darstellt. Selbstverständlich kann man auch die (mathematisch wenig interessante) Funktion $\lambda f\, \Phi(J_0,f)$ bilden: sie ordnet bei festem Intervall J_0 jeder Riemann-integrierbaren Funktion f das bestimmte Integral von f zwischen den Grenzen des Intervalls J_0 zu. Da sich bisher die λ-Notation von Church in der Mathematik (noch) nicht durchgesetzt hat, behilft man sich meist auf andere Weise, um den Unterschied zwischen einer Variablen und einem (‚beliebig, aber fest gewählten') Parameter kenntlich zu machen, d.h. zwischen einer Funktion und dem unbestimmten Wert dieser Funktion zu unterscheiden: Man fügt an derjenigen Argumentstelle, dessen Variable in der Church-Symbolik durch den λ-Operator gebunden wird, einfach einen Punkt ein. Bei festem f ist danach z.B. $\Phi(.,f)$ das unbestimmte Integral von f, während $\Phi(J,f)$ einen variablen Wert dieses unbestimmten Integrals symbolisiert. (Wir werden nur in einigen komplizierteren Fällen in III, 10 von dieser Punktnotation Gebrauch machen.)

Der Zusammenhang zwischen einer zu integrierenden Funktion f und ihrem unbestimmten Integral läßt sich präzise beschreiben. Eine Funktion heiße *stetig differenzierbar*, wenn ihre Derivierte existiert und wenn diese überdies stetig ist. Es sei nun f eine in einem Intervall stetige Funktion. Jede in diesem Intervall stetig differenzierbare Funktion Ψ, welche für das Intervall die Bedingung $D\Psi = f$ erfüllt, heißt *Stammfunktion von f*. Nachweislich unterscheiden sich zwei Stammfunktionen von f nur durch eine Konstante (da nämlich die Ableitung einer Konstante stets 0 ist). Man nennt diese Feststellung auch den *ersten Fundamentalsatz der Integralrechnung*. Die Gesamtheit der Stammfunktionen von f wird das unbestimmte Integral von f genannt. Man schreibt es in der Weise an:

$\int f(x)\,dx = \Psi(x) + C$ (wobei Ψ eine Stammfunktion von f und C eine reelle Zahl ist.)

Ist eine beliebige Stammfunktion Σ von f vorgegeben, so ist das bestimmte Integral von f mit den Integrationsgrenzen a und b gleich der Differenz der Funktionswerte, die Σ für b und a annimmt. Man nennt dies den *zweiten Fundamentalsatz der Integralrechnung* und gibt ihn in der folgenden Weise wieder:

$$\int_a^b f(x)\,dx = \Sigma(b) - \Sigma(a)$$

(Für Beweise und Details vgl. z.B. Duschek, [Mathematik I], S. 145f., oder Graubert-Lieb, [II], S. 171f.)

Für ein Verständnis der späteren ‚statistischen Deutung' des Integralbegriffs dürfte die Erwähnung des (ersten) *Mittelwertsatzes der Integralrechnung* von Nutzen sein: Wenn g eine untere und G eine obere Grenze der Funktion f im Intervall $[a, b]$ ist, so existiert eine Zahl M mit $g \leqq M \leqq G$, so daß $\int_a^b f(x)\,dx = M(b-a)$.

Nach Teilung durch $(b-a)$ erhält man: $M = \frac{1}{b-a} \int_a^b f(x)\,dx$.

Bisher war immer nur von dem die Rede, was man *eigentliche Integrale* nennt. Die Definition des bestimmten Riemannschen Integrals ist an die beiden Voraussetzungen geknüpft, daß erstens der Integrand $f(x)$ im Integrationsintervall beschränkt ist und daß zweitens dieses Intervall ein endliches Intervall ist. Läßt man eine dieser beiden Voraussetzungen fallen und gelangt man trotzdem zu einer sinnvollen Integraldefinition, so entstehen die beiden Typen von uneigentlichen Integralen. In beiden Fällen behilft man sich damit, daß man das *uneigentliche Integral* als Grenzwert einer geeigneten Folge eigentlicher Integrale einführt. Wird z.B. f an der Stelle b unendlich, d.h. gilt $f(b) = +\infty$, so wird das Integral $\int_a^b f(x)\,dx$ trotz des bei Annäherung des Argumentes an b unbeschränkt wachsenden Integranden erklärt, sofern der Grenzwert der Folge von Integralen $\int_a^\beta f(x)\,dx$ für $\beta \to b$ existiert; und der Wert des bestimmten Integrals zwischen den Grenzen a und b wird mit diesem Grenzwert identifiziert. In prinzipiell analoger Weise verfährt man, wenn man uneigentliche Integrale für den Fall definiert, wo nicht der Integrand über alle Schranken anwächst, sondern wo das Integrationsintervall unbeschränkt ist: Existiert der Grenzwert $\lim_{b \to +\infty} \int_a^b f(x)\,dx$, so erklärt man diesen Grenzwert für den Wert des uneigentlichen Integrals $\int_a^{+\infty} f(x)\,dx$.

Die Stetigkeit einer Funktion ist eine hinreichende Bedingung ihrer Riemann-Integrierbarkeit. Diese Bedingung ist jedoch nicht notwendig. So kann z.B. die im übrigen stetige Funktion auch endlich viele ‚Sprungstellen' haben. Merkwürdigerweise kann man eine sowohl hinreichende als auch notwendige Bedingung der Riemann-Integrierbarkeit nur über eine Anleihe bei der Maßtheorie angeben. In dieser Theorie werden Mengen Maße zugeordnet, die aber zum Unterschied von Wahrscheinlichkeitsmaßen nicht normiert zu sein brauchen (vgl. Kap. **D**). Eine Menge vom Maß 0 wird Nullmenge genannt. (Eine Nullmenge ist also nicht identisch mit der leeren Menge; vielmehr kann eine Nullmenge in der Sprechweise der klassischen Mathematik sogar überabzählbar viele Elemente haben.) Unter den möglichen Maßen wird in unserem Fall dasjenige ausgewählt, welches einem Intervall dessen *Länge* zuordnet. Von einer Eigenschaft, die von allen Elementen gilt, mit Ausnahme höchstens der Elemente einer Nullmenge, sagt man, daß sie *fast überall* gilt. Unter Benützung dieses Begriffs führen wir abschließend ein Theorem an, welches eine hinreichende *und notwendige* Bedingung der Riemann-Integrierbarkeit angibt:

(86) *Satz von* LEBESGUE: f sei eine Funktion, die für das abgeschlossene Intervall $[a, b]$ definiert und in diesem Intervall beschränkt ist. f ist genau dann *Riemann-integrierbar*, wenn f in $[a, b]$ *fast überall stetig* ist.

(Für einen ausführlichen Beweis vgl. MUNROE, [Measure], S. 174—176.)

6. Verteilungen

6. a Wahrscheinlichkeitsdichten und Verteilungsfunktionen. Bevor wir uns dem kontinuierlichen Fall zuwenden, sei kurz erläutert, was unter diesem Fall zu verstehen ist, da wir jetzt, zum Unterschied vom diskreten Fall, eine Differenzierung vornehmen müssen. Zugleich wird sich ergeben, daß wir die bisherige Verwendung des Ausdruckes „diskret" etwas modifizieren und zwar etwas erweitern müssen. Zu Beginn von 3.a hatten wir die allgemeine Festsetzung getroffen, von einem diskreten Fall immer dann zu sprechen, wenn der Stichprobenraum Ω höchstens abzählbar unendlich ist. Die Menge der Werte einer auf Ω definierten Zufallsfunktion war dann automatisch ebenfalls höchstens abzählbar unendlich (da die Menge der Werte einer Funktion nicht von höherer Mächtigkeit sein kann als der Definitionsbereich dieser Funktion). Wir können dies durch die Kurzformel ausdrücken: *Die Annahme der Diskretheit von Ω überträgt sich automatisch auf die Bildbereiche aller Zufallsfunktionen, die sich auf Ω definieren lassen.*

Nun sind wir aber bei allen statistischen Fragestellungen *an den Verteilungen von Zufallsfunktionen* interessiert. (Auch derjenige Fall, wo sich das Interesse tatsächlich nur auf das ursprüngliche Wahrscheinlichkeitsmaß P eines Wahrscheinlichkeitsraumes $\langle \Omega, \mathfrak{A}, P \rangle$ richtet, kann als Grenzfall davon angesehen werden, nämlich als derjenige Grenzfall, wo die Zufallsfunktion die identische Abbildung von Ω auf sich selbst liefert.) Dies bedeutet, daß es bei gegebener Zufallsfunktion $\mathfrak{x}$ gar nicht auf die Mächtigkeit von Ω, *sondern auf die Mächtigkeit des Wertevorrates (= des Bildbereiches)* $D_{II}(\mathfrak{x})$ ankommt. Wir beschließen daher, nachträglich auch diejenigen Fälle als diskrete Fälle zu betrachten, wo wir Zufallsfunktionen auf einem überabzählbaren Stichprobenraum studieren, deren Bildbereich aber höchstens abzählbar ist. *Nur dann, wenn $D^{II}(\mathfrak{x})$ für eine Zufallsfunktion $\mathfrak{x}$ selbst überab-*

zählbar ist, sprechen wir davon, daß ein kontinuierlicher Fall vorliegt. Diese Feststellung bildet natürlich nur eine notwendige, aber keine hinreichende Bedingung dafür, von einer Zufallsfunktion sprechen zu dürfen. Genauer lautet die Definition folgendermaßen: Gegeben sei ein Wahrscheinlichkeitsraum $\langle \Omega, \mathfrak{A}, P \rangle$. Wir unterscheiden zwei Fälle:

(1) Eine reellwertige Funktion $\mathfrak{x}$ mit $D_I(\mathfrak{x}) = \Omega$ heißt *diskrete Zufallsfunktion*, wenn gilt:

(*a*) $D_{II}(\mathfrak{x}) = \{x_1, x_2, \ldots, x_n, \ldots\}$, wobei die x_i für $i = 1, 2, \ldots$ die höchstens abzählbar vielen Werte von $\mathfrak{x}$ darstellen;

(*b*) für jedes $i = 1, 2, \ldots$ ist $\{\omega | \mathfrak{x}(\omega) = x_i\} \in \mathfrak{A}$.

(2) Eine reellwertige Funktion mit $D_I(\mathfrak{x}) = \Omega$ heißt *reelle* Zufallsfunktion, wenn gilt:

(*a*) $D_{II}(\mathfrak{x}) \subset \mathbb{R}$;

(*b*) für jede reelle Zahl x ist $\{\omega | \mathfrak{x}(\omega) < x\} \in \mathfrak{A}$.

Die Alternative „*diskreter Fall—kontinuierlicher Fall*" kann jetzt folgendermaßen erklärt werden: Solange man es ausschließlich mit dem Studium diskreter Zufallsfunktionen zu tun hat, liegt der *diskrete Fall* vor. Sobald man hingegen zum Studium einer reellen Zufallsfunktion $\mathfrak{x}$ übergeht, deren Bildbereich $D_{II}(\mathfrak{x})$ *überabzählbar* (also gleichmächtig mit $\mathbb{R}$) ist, hat man es mit dem *kontinuierlichen Fall* zu tun.

Im kontinuierlichen Fall stehen wir vor zwei grundsätzlichen neuen Schwierigkeiten: Erstens können wir zwar oft das stetige Analogon zu den (in **D6** definierten) Wahrscheinlichkeitsverteilungen des diskreten Falles bilden. Doch ist es jetzt nicht mehr möglich, diesem Analogon direkt eine probabilistische Deutung zu geben. Zweitens ist es diesmal logisch ausgeschlossen, für einen vorgegebenen Stichprobenraum Ω als zugehörigen σ-Körper die Potenzklasse, d.h. die Klasse aller Teilmengen von Ω, zu wählen. Der Grund dafür liegt darin, daß es nachweislich unmöglich ist, auf *Pot*(Ω) für ein nicht abzählbares Ω ein Wahrscheinlichkeitsmaß zu definieren[27].

Die zweite Schwierigkeit hängt unmittelbar mit der ersten zusammen. Da das stetige Analogon zu den diskreten Wahrscheinlichkeitsverteilungen nicht als Wahrscheinlichkeit interpretierbar ist, müssen wir ein derartiges Analogon f, auch *Wahrscheinlichkeitsdichte* genannt, als Hilfsfunktion auffassen, und zwar auf solche Weise, daß nur *die bestimmten Integrale über diese Hilfsfunktion* als Wahrscheinlichkeiten deutbar sind. Diese Integrale existie-

[27] Der Beweis verläuft in der Weise, daß gezeigt wird: Zu jedem Maß (d.h. zu jeder nichtnegativen und σ-additiven Maßfunktion, die der leeren Menge das Maß 0 zuordnet) gibt es *eine nichtmeßbare Menge*, d.h. eine solche Menge, für die das Maß nicht definiert ist.

ren jedoch nicht für *beliebige* Bereiche. Dort und nur dort, wo das Integral existiert, werden wir in diesem Kapitel **C** von einer Wahrscheinlichkeit sprechen. Damit ist bereits das Verfahren zur Behebung der ersten Schwierigkeit angedeutet.

Da die im letzten Absatz angedeutete Überlegung keine Selbstverständlichkeit darstellt, sei eine kurze Erläuterung hinzugefügt, wobei wir aber nachdrücklich betonen müssen, daß die endgültige Aufklärung dieses Sachverhaltes nur im Rahmen der Maßtheorie erfolgen kann. Wir gehen davon aus, daß (kumulative) Verteilungsfunktionen und Wahrscheinlichkeitsmaße einander umkehrbar eindeutig entsprechen. (Dies ist keine Selbstverständlichkeit, da man eine Verteilungsfunktion auch ohne Bezugnahme auf ein vorgegebenes Wahrscheinlichkeitsmaß durch sog. innere Eigenschaften charakterisieren kann: vgl. dazu Abschnitt 12.d, 2. Methode sowie Satz (129).) Es genügt also, sich auf eine kumulative Verteilungsfunktion F zu beschränken. In vielen Fällen ist eine derartige Funktion nicht nur stetig, sondern sogar *absolut stetig*. Im eindimensionalen Fall besagt die absolute Stetigkeit von F:

Für jede beliebig gegebene positive reelle Zahl ε existiert ein $\delta > 0$, so daß für jedes reelle Intervall (a, b) mit $(b - a) < \delta$ gilt: $F(b) - F(a) < \varepsilon$.

Eine Funktion ist nachweislich genau dann absolut stetig, wenn sie fast überall differenzierbar ist und mit dem unbestimmten Integral ihrer Ableitung (Derivierten) identisch ist. $DF = f$ von F nennt man die *Dichtefunktion* von F. (Sie ist nur für diejenigen Stellen definiert, an denen F differenzierbar ist.) Genauer spricht man auch *von der Dichtefunktion der durch F gegebenen Wahrscheinlichkeitsverteilung*. Ist F die kumulative Verteilungsfunktion einer Zufallsfunktion $\mathfrak{x}$, so wird f oft auch einfach *die Dichtefunktion der Zufallsfunktion* $\mathfrak{x}$ genannt.

Es ist nun keineswegs a priori selbstverständlich, sondern sozusagen ein *glücklicher Zufall*, daß die Statistiker, welche sich mit dem kontinuierlichen Fall beschäftigen, in den wichtigsten praktischen Fällen auf Wahrscheinlichkeitsmaße stoßen, deren zugehörige Verteilungsfunktion absolut stetig ist, die also eine Dichtefunktion besitzt und daher als Integral dieser Dichtefunktion darstellbar ist. Genau genommen handelt es sich sogar um einen *doppelt* glücklichen Zufall, insofern nämlich, als man in der praktischen Statistik mit dem *Riemannschen* Integral auskommt, dessen Rechenregeln man bereits in einem Grundkurs über Analysis lernt.

Für den allgemeinen Fall wird der hier angedeutete Sachverhalt durch den Satz von RADON-NIKODYM von Abschnitt 10.c ausgedrückt.

Die zweite Schwierigkeit kann wegen der logischen Natur der Sache nicht vollständig behoben werden. Man kann höchstens versuchen, ein Wahrscheinlichkeitsmaß für *möglichst umfassende* Klassen von Teilmengen des Stichprobenraumes Ω zu definieren. Eine der Aufgaben der modernen Maßtheorie besteht darin, dafür geeignete Methoden bereitzustellen. Da wir aber für das Folgende[28] nur den Begriff des Riemannschen Integrales voraussetzen, müssen wir selbst auf diese noch immer sehr ehrgeizige Zielsetzung von vornherein verzichten. Denn bei gegebener Wahrscheinlichkeitsdichte f einer Zufallsfunktion $\mathfrak{x}$ können wir die Wahrscheinlichkeiten

[28] Gemeint ist genauer: für den ganzen Teil **C**, nicht jedoch für Teil **D**.

nur von solchen Wertmengen der Funktion $\mathfrak{x}$ bestimmen, für die das Riemannsche Integral definiert ist. Wie sich allerdings herausgestellt hat, kommt man für die Aufgaben, vor die der praktische Statistiker gestellt ist, mit diesen durch die übliche Analysis bereitgestellten Methoden gewöhnlich aus.

Zur Verdeutlichung sei ein einfaches Beispiel für eine Aufgabe angeführt, die mit unseren Methoden *nicht* behandelt werden könnte: Gegeben sei eine quadratische Zielscheibe, deren Mittelpunkt als Ursprung eines rechtwinkligen Koordinatensystems gewählt werde. Auf die Zielscheibe werde mit außerordentlich dünnen Bolzen geschossen, so daß wir die idealisierende Annahme machen können, es werde jeweils nur ein Punkt auf der Scheibe getroffen[29]. *Wie groß ist die Wahrscheinlichkeit dafür, auf dieser Scheibe einen Punkt zu treffen, dessen x- und y-Koordinaten beide rationale Zahlen sind?* Innerhalb *unseres* begrifflichen Systems können wir diese Frage nicht einmal formulieren, d.h. sie müßte als eine unzulässige Frage zurückgewiesen werden. Denn über einer Menge, die aus einem abgeschlossenen Bereich dadurch hervorgeht, daß man genau die rationalen Zahlen beibehält, die irrationalen Zahlen hingegen wegstreicht, ist das Riemannsche Integral nicht definiert (wie immer auch die Funktion lauten möge, über die zu integrieren ist). Hätten wir dagegen statt des Riemannschen Integrals den allgemeineren Begriff des *Lebesgueschen Integrals* zur Verfügung, so wäre die eben formulierte Frage sinnvoll und eindeutig zu beantworten. Allerdings müßte dann aus dem erwähnten Grund die entsprechende Wahrscheinlichkeitsfrage für andersartige Probleme zurückgewiesen werden, nämlich für solche, welche sich auf Mengen beziehen, die nicht im Lebesgueschen Sinn integrierbar sind.

Wir gehen methodisch so vor, daß wir für eine auf dem Stichprobenraum Ω definierte Zufallsfunktion $\mathfrak{x}$ direkt das Analogon zu dem in **D7** eingeführten Begriff der kumulativen Verteilungsfunktion suchen. Wir behalten dafür nicht nur das Symbol „F" bzw. genauer „$F_{\mathfrak{x}}$" bei, sondern sprechen auch wieder von der *kumulativen Verteilungsfunktion* einer Zufallsfunktion. Die Definition **D7** können wir wörtlich wiederholen; sie gilt auch für den kontinuierlichen Fall. (Man beachte, daß in dieser Definition kein Gebrauch von der Funktion $f_{\mathfrak{x}}$ gemacht worden ist, die im diskreten Fall als Wahrscheinlichkeitsverteilung bezeichnet wurde!) Für ein gegebenes x soll also $F_{\mathfrak{x}}(x)$ wieder die Wahrscheinlichkeit dafür bezeichnen, daß die Funktion $\mathfrak{x}$ einen Wert annimmt, der höchstens so groß ist wie x, wobei gilt: $-\infty \leqq x \leqq +\infty$.

Im diskreten Fall war F eine Treppenfunktion mit ‚Sprüngen nach oben', wenn man in der Wertskala von $\mathfrak{x}$ sukzessive nach rechts geht (vgl. das numerische Beispiel sowie das dazugehörige Diagramm unterhalb der Formel (45)). Im gegenwärtigen Fall gehen wir davon aus, daß der Bildbereich der Zufallsfunktion der abgeschlossene Bereich der reellen Zahlen

[29] Genauer gesprochen legen wir für die Scheibe ein Cartesisches Koordinatensystem fest und definieren auf der als Ω gedeuteten Menge der Punkte dieser Scheibe eine Zufallsfunktion $\mathfrak{x}$ mit einem überabzählbaren Wertbereich, bestehend aus geordneten Paaren (x_ν, y_ν), wobei x_ν die x-Koordinate und y_ν die y-Koordinate des Punktes darstellt.

ist, also $\mathbb{R}_a$. Die kumulative Verteilungsfunktion wird jetzt zu einer *stetigen*, *isotonen*[30] *Funktion*, deren Graph z.B. so aussieht:

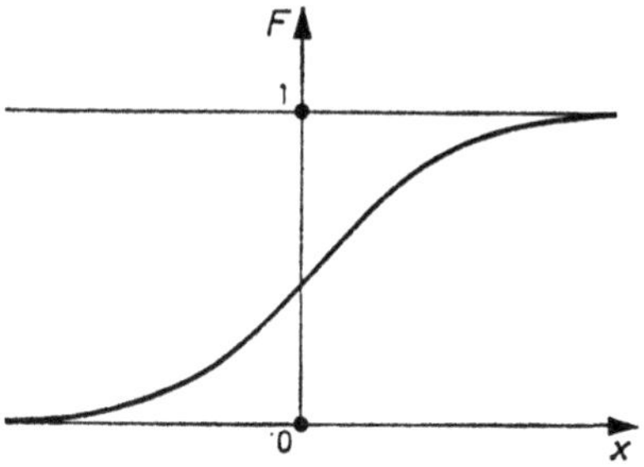

Fig. 6-1

Die eben getroffene Feststellung bildet keine Behauptung, sondern eine *Festsetzung*, die wir treffen, um eine Funktion als kumulative Verteilungsfunktion bezeichnen zu können. Wir können auch eine rein formale Charakterisierung einer kumulativen Verteilungsfunktion geben, die kein Wahrscheinlichkeitsmaß als gegeben voraussetzt. Dazu gehen wir noch einen Schritt weiter und verlangen, daß F nicht nur stetig, sondern an allen außer endlich vielen Stellen *differenzierbar* ist. Die hierbei als existierend vorausgesetzte Derivierte $DF = F' = f$ werde die (zu F gehörige) *Wahrscheinlichkeitsdichte* oder *Dichtefunktion* genannt. Wir müssen jetzt noch garantieren, daß eine Wahrscheinlichkeit herauskommt (Normierungsbedingung!), d.h. der F-Wert für $-\infty$ muß 0 sein, der für $+\infty$ hingegen 1. So gelangen wir zu der folgenden Definition, welche nicht auf ein bereits vorliegendes Wahrscheinlichkeitsmaß P zurückgreift:

(87) Eine *kumulative Verteilungsfunktion* F auf $\mathbb{R}$ einer reellen Zufallsfunktion $\mathfrak{x}$ liegt genau dann vor, wenn gilt:

(*a*) F ist isoton;

(*b*) F ist stetig und an allen außer an endlich vielen Stellen von $\mathbb{R}$ differenzierbar mit der zu ihr gehörenden *Wahrscheinlichkeitsdichte* $f = DF$[31].

(*c*) $\lim_{x \to -\infty} F(x) = 0$ und $\lim_{x \to +\infty} F(x) = 1$.

[30] Eine reelle Funktion φ wird *isoton* genannt, wenn für $x \leqq y$ auch $\varphi(x) \leqq \varphi(y)$ gilt. Die Bezeichnung „isoton“ entspricht dem englischen Ausdruck “non-decreasing”. Gleichbedeutend damit ist die anschaulichere, dafür jedoch umständlichere Wendung: „schwach monoton wachsend“.

[31] Für den allgemeinen Fall genügt es, die rechtsseitige Stetigkeit von F zu verlangen. Während die obige stärkere Annahme die Darstellbarkeit von Wahrscheinlichkeiten mittels bestimmter Integrale — sogar mittels Riemannscher Integrale — einer geeigneten Dichtefunktion garantiert, ist im allgemeinen Fall eine solche Integraldarstellung davon abhängig, ob die Voraussetzung des in **D** angeführten Satzes von Radon-Nikodym erfüllt sind.

Auf diese Weise ist das Wahrscheinlichkeitsmaß eindeutig bestimmt, wenn man definiert:

$$P(\{\omega \mid \omega \in \Omega \wedge -\infty \leqq \mathfrak{x}(\omega) \leqq x\}) =_{\mathrm{Df}} F(x)$$

(Ist umgekehrt das P-Maß vorgegeben, so erfüllt die kumulative Verteilungsfunktion die Bedingungen (87) (a) und (c) sowie die gegenüber (b) schwächere Bedingung der rechtsseitigen Stetigkeit; vgl. Fußnote 31.)

Eine genauere Diskussion des Verhältnisses von Wahrscheinlichkeitsmaßen und Verteilungsfunktionen mit einem Nachweis dafür, daß das eine durch das andere eindeutig festgelegt wird, erfolgt in 12.d.

Nach dem Fundamentaltheorem der Theorie des Riemannschen Integrals gilt:

$$(88)\ (a)\quad \int_{-\infty}^{x} f(y)\, dy = F(x);$$

$$(b)\quad \int_{a}^{b} f(x)\, dx = F(b) - F(a)\,.$$

Die Wahrscheinlichkeit, daß $\mathfrak{x}$ einen genau bestimmten Wert c annimmt, wäre danach $\int_{c}^{c} f(x)\, dx = F(c) - F(c) = 0$. *Dies macht deutlich, daß die Wahrscheinlichkeitsdichte* f — das stetige Gegenstück zur Wahrscheinlichkeitsverteilung — *nicht als Wahrscheinlichkeit gedeutet werden kann!* Denn einerseits ist für jedes spezielle x die Wahrscheinlichkeit, wie wir soeben feststellten, stets 0, während die f-Werte von 0 verschieden sein müssen, um positive Integrale, d.h. positive F-Werte, zu liefern.

Der Leser lasse sich nicht durch die folgende scheinbare Paradoxie verwirren: Einerseits muß auch im stetigen Fall $\mathfrak{x}$ irgendeinen Wert x annehmen. Andererseits ist die Wahrscheinlichkeit dafür, daß $\mathfrak{x}$ diesen bestimmten Wert x annimmt, 0. Wie lassen sich diese beiden Dinge miteinander in Einklang bringen? Die Antwort lautet: Aus der Tatsache, daß ein Ereignis die Wahrscheinlichkeit 0 hat, darf man im stetigen Fall nicht schließen, daß sein Vorkommen unmöglich ist.

Angenommen, wir wählen ein zweidimensionales rechtwinkliges Koordinatensystem und tragen die möglichen Werte der Zufallsfunktion $\mathfrak{x}$ auf der x-Achse auf. Die Werte der Wahrscheinlichkeitsdichte f seien die y-Werte. Der Graph der f-Kurve habe die in der Fig. 6-2 angegebene Gestalt.

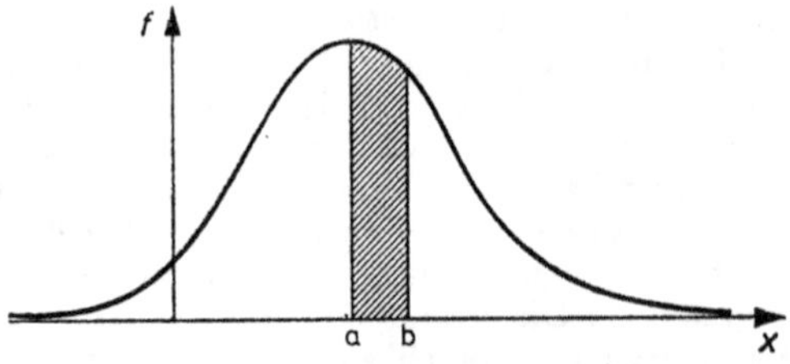

Fig. 6-2

Dann ist die Wahrscheinlichkeit, daß ein $\mathfrak{x}$-Wert in das Intervall $[a, b]$ hineinfällt, durch den Inhalt der schraffierten Fläche gegeben; denn dieser Inhalt ist für das vorgegebene f genau mit dem Wert des Integrals (88) (b) identisch.

6. b Einige spezielle Verteilungen: die uniforme Verteilung; die Exponentialverteilung; die Normalverteilung. Für die Betrachtungen in 6.a legten wir das folgende gedankliche Schema zugrunde: Zunächst wird eine kumulative Verteilungsfunktion gegeben. Daraus gewinnt man durch Differentiation die Wahrscheinlichkeitsdichte. Mittels dieser Wahrscheinlichkeitsdichte kann man auf dem Wege der Integration schließlich bestimmte Wahrscheinlichkeiten berechnen.

In den meisten praktischen Anwendungen wird die Reihenfolge der ersten beiden Schritte umgekehrt: *Nicht die kumulative Verteilungsfunktion, sondern die Wahrscheinlichkeitsdichte wird vorgegeben.* Wenn ein Statistiker ankündigt, er wolle sich ‚mit der folgenden Verteilung' beschäftigen, so wird er, sofern es sich um einen diskreten Fall handelt, eine *Wahrscheinlichkeitsverteilung* angeben, während er im kontinuierlichen Fall in der Regel die Formel für eine bestimmte *Wahrscheinlichkeitsdichte* anschreiben wird. Auch wir werden uns im folgenden, wenn wir von *Verteilungen* bestimmter Zufallsfunktionen sprechen, dabei auf die zugehörige Wahrscheinlichkeits*dichte* beziehen. Als Beispiele führen wir drei Fälle an, wobei wir jedesmal das eben erwähnte Verfahren der Angabe einer Dichtefunktion wählen. Wir sprechen stets, wie dies in der Statistik üblich ist, einfach von Verteilungen.

(I) Der einfachste Typ einer diskreten Verteilung war die Gleichverteilung, die zu einem Laplaceschen Wahrscheinlichkeitsraum führt. Das stetige Analogon zu der Gleichverteilung ist die sog. *uniforme Verteilung*, von der wir wiederum einen Spezialfall herausgreifen, der durch die folgende Wahrscheinlichkeitsdichte beschrieben wird:

(89)
$$f(x) = \begin{cases} 0 \text{ für } x \leqq 0 \\ 1 \text{ für } 0 < x < 1 \\ 0 \text{ für } 1 \leqq x \end{cases}$$

Der Graph dieser Funktion hat folgendes Aussehen:

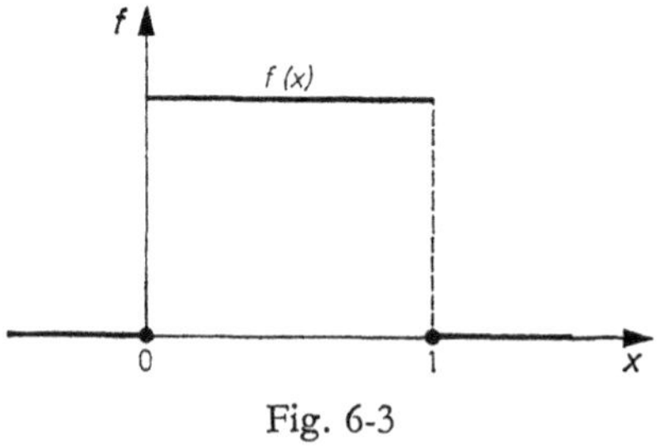

Fig. 6-3

Da gilt: $\int_a^b 0\,dx = 0$ und $\int_0^b 1\,dx = b$, hat die kumulative Verteilungsfunktion folgende Gestalt:

$$F(x) = \begin{cases} 0 \text{ für } x \leqq 0 \\ x \text{ für } 0 < x < 1 \\ 1 \text{ für } 1 \leqq x \end{cases}$$

Sie besitzt daher den folgenden Graphen:

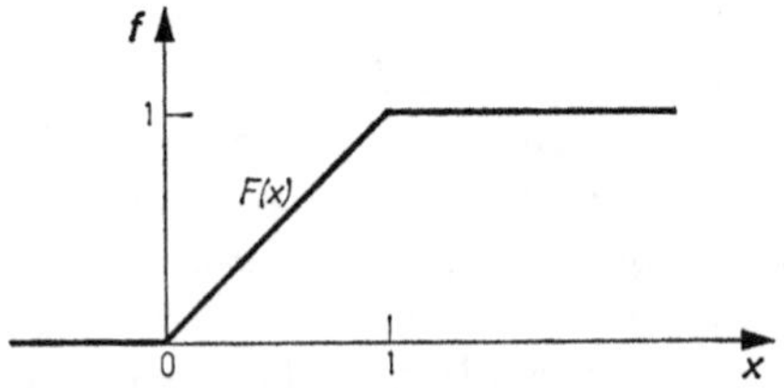

Fig. 6-4

Das *allgemeine* Definitionsschema für die uniforme Verteilung ist dadurch gegeben, daß für zwei beliebige reelle Zahlen α und β mit $\alpha < \beta$ $f(x) = 1/(\alpha - \beta)$ für $\alpha < x < \beta$ gesetzt wird, während an allen übrigen Stellen $f(x) = 0$ gilt. In unserem Beispielsfall hatten wir $\alpha = 1$ und $\beta = 0$ gesetzt.

(II) Das Schema der *Exponentialverteilung*, deren Name von der Verwendung der Exponentialfunktion e^x herrührt, lautet:

(90) $$f(x) = \begin{cases} \frac{1}{\vartheta} e^{-\left(\frac{x}{\vartheta}\right)} \text{ für } x > 0 \\ 0 \text{ an allen übrigen Stellen} \end{cases}$$

Hierbei ist zusätzlich zu fordern, daß $\vartheta > 0$.

Um nachzuweisen, daß es sich tatsächlich um eine Wahrscheinlichkeitsdichte handelt, ist noch zu zeigen, daß das Integral von $-\infty$ bis $+\infty$ über diese Funktion den Wert 1 liefert. Da für $x \leqq 0$ die Funktion f den Wert 0 hat, genügt die Integration von 0 bis $+\infty$. Tatsächlich ist:

$$\int_0^{+\infty} \frac{1}{\vartheta} e^{-\left(\frac{x}{\vartheta}\right)} = -e^{-\left(\frac{x}{\vartheta}\right)}\Bigg|_0^{+\infty} = -(0-1) = 1$$

Wir sprechen von einem *Schema*, da die Verteilung von dem noch zu wählenden Parameter abhängt. Nach der Schreibweise, die wir für die diskreten Wahrscheinlichkeitsverteilungen wählten, müßten wir derartige Parameter explizit angeben. Wir hätten also z.B. die Dichtefunktion im Fall der uniformen Verteilung genauer durch $f(x; \alpha, \beta)$ und im Fall der Exponentialverteilung durch $f(x, \vartheta)$ zu bezeichnen.

Ein Beispiel für eine praktische Anwendung dieser Verteilung ist das folgende: *Es soll ein mathematisches Modell konstruiert werden, mit dessen Hilfe man die Lebensdauer einer Leuchtröhre, eines Computers (oder eines anderen elektrischen oder elektronischen Gerätes) berechnen kann.* Wir schreiben „t“ statt „x“, da es sich um eine Zeitvariable handelt. Δt sei die symbolische Bezeichnung für ein beliebiges kleines Zeitintervall. Die Wahrscheinlichkeit, daß das Gerät während Δt versagt, sei $\frac{1}{\vartheta}\,\Delta t$ und somit unabhängig von t. (Diese intuitive Voraussetzung findet damit Eingang in die folgende Konstruktion.) Wir unterteilen die Zeitspanne zwischen 0 und t in n gleiche Teile $\frac{t}{n}$ und wählen diese Teile als Δt, also $\Delta t =_{Df} \frac{t}{n}$. Die Wahrscheinlichkeit, daß die Röhre in einem bestimmten, beliebig herausgegriffenen Intervall von der Länge Δt nicht versagt, beträgt somit $1 - \frac{1}{\vartheta}\,\Delta t$. Die Wahrscheinlichkeit, daß die Röhre in der gesamten Zeitspanne von 0 bis t nicht versagt, ist somit $\left(1 - \frac{1}{\vartheta}\,\Delta t\right)^n$. Da n nach Definition von Δt mit $\frac{t}{\Delta t}$ identisch ist, können wir diese letzte Wahrscheinlichkeit umformen in:

$$\left(1 - \frac{1}{\vartheta}\,\Delta t\right)^{\left(\frac{t}{\Delta t}\right)} = \left[\left(1 - \frac{\Delta t}{\vartheta}\right)^{-\left(\frac{\vartheta}{\Delta t}\right)}\right]^{-\left(\frac{t}{\vartheta}\right)}.$$

Der einzige Zweck der komplizierten letzten Umschreibung besteht darin, durch Grenzübergang eine Exponentialformel zu erhalten. In der Tat: Da ϑ eine feste Zahl darstellt, erhält man für $\Delta t \to 0$ innerhalb der eckigen Klammer den Wert

$$\lim_{h \to 0} (1 + h)^{\frac{1}{h}} = e \quad \left(\text{für } h =_{Df} -\frac{\Delta t}{\vartheta}\right).$$

Die Wahrscheinlichkeit des Nichtversagens beträgt also $e^{-\frac{t}{\vartheta}}$.

Gehen wir jetzt zur Exponentialverteilung (90) zurück und benützen sie zur Berechnung der Wahrscheinlichkeit, daß eine Zufallsfunktion mit dieser Verteilung *nicht* einen Wert $\leqq x$ annimmt. Wir erhalten:

$$1 - F(x) = \int_{-\infty}^{+\infty} f(x)\,dx - \int_{-\infty}^{x} f(x)\,dx = \int_{x}^{+\infty} f(x)\,dx$$

$$= \int_{x}^{+\infty} \frac{1}{\vartheta}\, e^{-\left(\frac{x}{\vartheta}\right)} = e^{-\left(\frac{x}{\vartheta}\right)}.$$

Mit „t“ statt „x“ erhalten wir gerade das obige Resultat. Damit haben wir gezeigt, daß unter der genannten Voraussetzung die Exponentialverteilung tatsächlich ein adäquates mathematisches Modell für die Berechnung der Lebenszeit von technischen Ausrüstungsgegenständen bestimmter Art bildet. Aber nicht nur dies: Es ist offenbar unwesentlich, daß wir es in unserem Beispiel mit *vom Menschen erzeugten Objekten* zu tun hatten. Auch die Lebensdauer radioaktiver Elemente genügt dem *exponentiellen Zerfallsgesetz*; d.h. die Lebensdauer eines beliebigen Atoms eines bestimmten radioaktiven Stoffes kann als eine Zufallsfunktion aufgefaßt werden, deren kumulative Verteilungsfunktion die Gestalt hat: $F(t) = 1 - e^{-\lambda t}$. Dabei ist λ eine positive reelle Zahl, nämlich die Zerfallskonstante des radioaktiven Stoffes, welche umgekehrt proportional zur Halbwertszeit des radioaktiven Stoffes ist. (Für eine genauere mathematische Diskussion des radioaktiven Zerfalls vgl. RÉNYI, [Wahrscheinlichkeitsrechnung], S. 105ff.)

Die Exponentialverteilung bildet einen speziellen Fall des noch allgemeineren Schemas der *Gamma-Verteilung*, welche die aus der Analysis bekannte Gamma-Funktion benützt. Für Details vgl. FREUND, [Statistics], S. 127f., 136, 147, 155.

(III) Das Schema der *Normalverteilung*. Sowohl in historischer als auch in systematischer Hinsicht spielt die sog. Normalverteilung eine zentrale Rolle in der Statistik. Bereits im 18. Jh. machten Naturwissenschaftler die überraschende Entdeckung, daß die Fehler, die man bei physikalischen Messungen macht, eine erstaunliche Regelmäßigkeit aufweisen: Wenn man die Meßwerte einer Größe f in Abhängigkeit von den Koordinaten x als y-Werte unter Zugrundelegung eines Cartesischen Koordinatensystems in die x-y-Ebene einträgt, so erhält man ein Verteilungsmuster für die relativen Häufigkeiten, welches sich einer stetigen Kurve mit einem *glockenförmigen* Graphen annähert. Diese Kurve wurde *normale Fehlerkurve* genannt. Genau genommen handelt es sich natürlich nicht um *eine* Kurve, sondern um eine ganze Klasse von Kurven, wobei die Elemente dieser Klasse durch ein gemeinsames strukturelles Merkmal ausgezeichnet sind, welches sich anschaulich in der Glockenform des Graphen niederschlägt. Die mathematischen Eigenschaften dieser Kurven wurden nach Vorarbeiten von LAPLACE und DE MOIVRE insbesondere von C.F. GAUSS studiert. Nach ihm wird die Normalverteilung auch häufig *Gauß-Verteilung* benannt.

Den *formalen* Ansatz für die Wahrscheinlichkeitsdichte der Normalverteilung liefert die Funktion von folgender Form:

$$(91)\quad f(x) = c \cdot e^{-\frac{1}{2}\left(\frac{x-\alpha}{\beta}\right)^2} \quad \text{für} -\infty < x < +\infty$$

α und β sind dabei reelle Zahlen mit $\beta > 0$.

Man erkennt unmittelbar, daß die Funktion ihren Maximalwert für $x = \alpha$ annimmt. Denn nur für diesen Fall ergibt der Exponent von e den Wert 0, so daß $f(\alpha) = c$. Alle anderen f-Werte sind kleiner: Der quadratische Ausdruck im Exponenten liefert stets eine positive Zahl. e^y mit $y > 0$ ist aber größer als 1, so daß der im Nenner stehende e-Wert, durch den c zu dividieren ist, für alle $x \neq \alpha$ größer ist als 1 und den f-Wert unter seinen maximalen Wert c herabdrückt. Die ‚Glockenförmigkeit' der Kurve resultiert einerseits aus den Eigenschaften von e^y, andererseits daraus, daß wegen des Quadrates im Exponenten der f-Wert für $x = \alpha + \varrho$ *derselbe* ist wie der für $x = \alpha - \varrho$ ($\varrho > 0$); denn daraus ergibt sich die symmetrische Gestalt des Graphen der Funktion bezüglich $\langle \alpha, f(\alpha) \rangle$ (vgl. dazu Fig. 6-5).

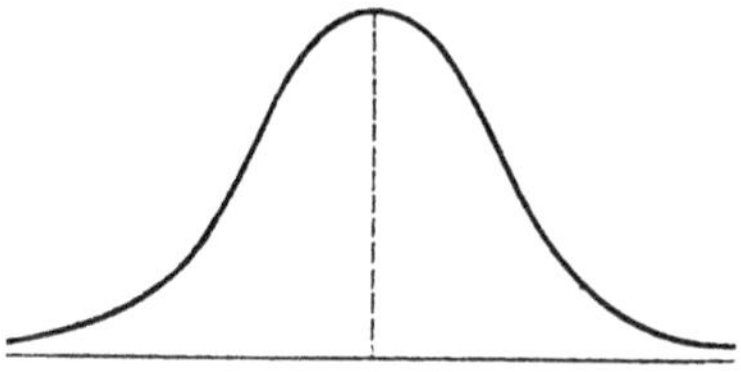

Fig. 6-5

Die genaue Diskussion der Dichtefunktion f fördert zwei interessante Resultate zutage. Durch die Forderung, daß f eine *Verteilung* festlegen, d.h. daß das Integral über f von $-\infty$ bis $+\infty$ den Wert 1 liefern muß, ist c auf β zurückführbar, genauer $c = 1/\beta\sqrt{2\pi}$. Die Untersuchung der *Momente* der Verteilung führt zu der Erkenntnis, daß α gleich dem Erwartungswert μ und daß β^2 gleich der Varianz σ^2 dieser Verteilung ist. Die zunächst formal angesetzte Dichtefunktion (91) mit den drei Parametern c, α und β — welche also nach unserer früheren Konvention als $f(x; c, \alpha, \beta)$ anzuschreiben wäre — hat somit genau die beiden Parameter μ und σ, was durch die Schreibweise $f(x; \mu, \sigma)$ ausgedrückt wird:

$$f(x; \mu, \sigma) = \frac{1}{\sigma\sqrt{2\pi}}\, e^{-\frac{1}{2}\left(\frac{x-\mu}{\sigma}\right)^2}.$$

Diese überraschende Bedeutung, die μ und σ in der Normalverteilung haben, ist angesichts der Wichtigkeit dieser Verteilung vermutlich, wie bereits in 4.a angedeutet, einer der Gründe dafür, daß die Statistiker die Standardabweichung σ der Wahl anderer, ‚primitiverer' Streuungsmaße vorziehen.

Während wir die Schilderung des zweiten erwähnten Schrittes auf die Einführung der Momente im stetigen Fall in 7.c verschieben müssen, sei hier eine Andeutung über den ersten Schritt gemacht, der zur Bestimmung von c führt.

Das Integral der Funktion (91) von $-\infty$ bis $+\infty$ muß 1 sein. Wir führen die neue Integrationsvariable $y = \frac{(x-\alpha)}{\beta}$ ein. Dann ist $\frac{dx}{dy} = \beta$, also $dx = \beta \cdot dy$.

Unsere Forderung erhält somit die folgende Fassung: $c\beta \int\limits_{-\infty}^{+\infty} e^{-\left(\frac{1}{2}\right)y^2}\, dy = 1$.

Wir dividieren die beiden Seiten der Gleichung durch $c\beta$ und quadrieren sie außerdem, wobei wir links das Produkt explizit anschreiben und das zweite Mal die Integrationsveränderliche „z" nennen. Wir erhalten:

$$\int\limits_{-\infty}^{+\infty} e^{-\left(\frac{1}{2}\right)y^2}\, dy \cdot \int\limits_{-\infty}^{+\infty} e^{-\left(\frac{1}{2}\right)z^2}\, dz = \frac{1}{c^2\beta^2}.$$

Die linke Seite läßt sich nochmals zu einem Doppelintegral umformen:

$$\int_{-\infty}^{+\infty}\int_{-\infty}^{+\infty} e^{-\frac{1}{2}(y^2+z^2)}\,dy\,dz = \frac{1}{c^2\beta^2}.$$

Es wird jetzt zu sog. *Polarkoordinaten* übergegangen: $y = r\cos\varphi$, $z = r\sin\varphi$. Bei dieser Umformung geht $dy\,dz$ über in $\frac{\partial(y,z)}{\partial(r,\varphi)}\,dr\,d\varphi$,[32] mit der Funktionaldeterminante:

$$\frac{\partial(y,z)}{\partial(r,\varphi)} = \begin{vmatrix} \frac{\partial y}{\partial r} & \frac{\partial y}{\partial \varphi} \\ \frac{\partial z}{\partial r} & \frac{\partial z}{\partial \varphi} \end{vmatrix} = \begin{vmatrix} \cos\varphi & -r\sin\varphi \\ \sin\varphi & r\cos\varphi \end{vmatrix} = r\cos^2\varphi + r\sin^2\varphi = r.$$

$dy\,dz$ geht also über in $r\,dr\,d\varphi$ und im Exponenten von e geht $y^2 + z^2$ über in r^2. Wenn wir noch bedenken, daß der Winkel φ von 0 bis 2π läuft und r von 0 bis $+\infty$, so erhalten wir

$$\int_{0}^{2\pi}\int_{0}^{+\infty} r\cdot e^{-\left(\frac{1}{2}\right)r^2}\,dr\,d\varphi = \frac{1}{c^2\beta^2}$$

Die Berechnung des Integrals liefert den Wert 2π. Daraus ergibt sich $c = \frac{1}{\beta\sqrt{2\pi}}$.

6.c Gemeinsame Verteilungen mehrerer Zufallsfunktionen, Marginaldichten, bedingte Wahrscheinlichkeitsdichten und die Unabhängigkeit von Zufallsfunktionen. Die in 3.c für den diskreten Fall definierten Begriffe lassen sich mutatis mutandis analog für den kontinuierlichen Fall einführen. Wir können uns daher auf eine kurze Erwähnung beschränken, wobei wir meist gleich den allgemeinen Fall von n Funktionen behandeln. Grob gesprochen gehen die früheren Begriffe in die jetzigen über, wenn man die Wahrscheinlichkeitsverteilungen durch Wahrscheinlichkeitsdichten und die Summationen durch entsprechende Integrationen ersetzt.

Auf dem Stichprobenraum seien n Zufallsfunktionen $\mathfrak{x}_1, \mathfrak{x}_2, \ldots, \mathfrak{x}_n$ definiert. Die Wahrscheinlichkeit, daß $\mathfrak{x}_1$ höchstens den Wert x_1, $\mathfrak{x}_2$ höchstens den Wert $x_2, \ldots$ $\mathfrak{x}_n$ höchstens den Wert x_n annimmt, sei gegeben durch:

$$(92)\quad F(x_1, x_2, \ldots, x_n) = \int_{-\infty}^{x_1}\int_{-\infty}^{x_2}\cdots\int_{-\infty}^{x_n} f(x_1, x_2, \ldots, x_n)\,dx_1\,dx_2\ldots dx_n$$

für beliebige n-Tupel von reellen Zahlen $x_1, x_2, \ldots, x_n$. Dann heißt f die *gemeinsame Wahrscheinlichkeitsdichte* und F die *gemeinsame kumulative Verteilungsfunktion* dieser n Zufallsfunktionen.

[32] Für den Beweis der dabei benützten Transformationsregel für Doppelintegrale vgl. DUSCHEK, [Mathematik II], S. 222ff.

Der Zusammenhang zwischen der Funktion F und dem Wahrscheinlichkeitsmaß P ist wieder mit der folgenden Gleichung gegeben:
$F(x_1, x_2, \ldots, x_n) = P(\{\omega | \omega \in \Omega \wedge \mathfrak{x}_1(\omega) \leqq x_1 \wedge \mathfrak{x}_2(\omega) \leqq x_2 \wedge \ldots \wedge \mathfrak{x}_n(\omega) \leqq x_n\})$
oder noch kürzer durch: $F(x_1, x_2, \ldots, x_n) = P\left(\bigcap_{i=1}^{n} \{\omega | \omega \in \Omega \wedge \mathfrak{x}_i(\omega) \leqq x_i\}\right)$.

Wenn eine gemeinsame Wahrscheinlichkeitsdichte von n Zufallsfunktionen vorliegt, so kann man i dieser n Funktionen herausgreifen und über die Dichtefunktion bezüglich der übrigen $n-i$ Glieder, welche diesen $n-i$ Zufallsfunktionen entsprechen, von $-\infty$ bis $+\infty$ integrieren. Man erhält dann (in Analogie zur Verallgemeinerung von (51)) die *gemeinsame Marginaldichte* der herausgegriffenen i Zufallsfunktionen. Analog kann man die *gemeinsame kumulative Verteilungsfunktion* dieser i Zufallsfunktionen bilden. Sie wird dadurch gewonnen, daß man für die $n-i$ übrigen Funktionen in (92) die oberen Grenzen x_j durch $+\infty$ ersetzt.

An die Stelle der bedingten Wahrscheinlichkeitsverteilung tritt jetzt die *bedingte Wahrscheinlichkeitsdichte*. Es seien f die gemeinsame Wahrscheinlichkeitsdichte von $\mathfrak{x}_1$ und $\mathfrak{x}_2$ und g die Marginaldichte von $\mathfrak{x}_2$. Dann ist die *bedingte Wahrscheinlichkeitsdichte von $\mathfrak{x}_1$ unter der Hypothese, daß $\mathfrak{x}_2$ den Wert x_2 hat*, in vollkommener Analogie zu (54) zu definieren als die Funktion $h(\cdot | x_2)$, welche die Gleichung erfüllt:

$$(93) \quad h(x_1 | x_2) = \frac{f(x_1, x_2)}{g(x_2)} \quad \text{für } g(x_2) \neq 0.$$

Auch dieser Begriff läßt die entsprechenden Verallgemeinerungen auf n Funktionen zu.

Ebenso ist der Begriff der Unabhängigkeit in vollkommener Parallele zu (52') zu definieren. Wenn $\mathfrak{x}_1, \mathfrak{x}_2, \ldots, \mathfrak{x}_n$ n Zufallsfunktionen sind, so daß f ihre gemeinsame Wahrscheinlichkeitsdichte und f_i für $i = 1, \ldots, n$ die Marginaldichte von $\mathfrak{x}_i$ ist, so sagen wir:

(94) Die Zufallsfunktionen $\mathfrak{x}_1, \ldots, \mathfrak{x}_n$ sind genau dann unabhängig, wenn gilt:

$$f(x_1, \ldots, x_n) = \prod_{i=1}^{n} f_i(x_i).$$

7. Momente von Verteilungen

7. a Erwartungswerte und Momente. Auch die Begriffe, welche wir in diesem Abschnitt a einführen, stellen Analogiekonstruktionen der in Abschnitt 4 eingeführten Begriffe für den kontinuierlichen Fall dar. Das Verständnis des Folgenden wird außerordentlich erleichtert, wenn der Leser die *Merkregel* (95) beachtet:

(95) Aus den in Abschnitt 4 eingeführten Begriffen von Momenten gehen die entsprechenden Begriffe des kontinuierlichen Falles da-

durch hervor, daß man die Zeichen für (endliche oder unendliche) Summen durch das Symbol für die Integration von $-\infty$ bis $+\infty$ ersetzt.

Diese Regel ist natürlich wieder so zu verstehen, daß die früheren Wahrscheinlichkeitsverteilungen durch die jetzigen Wahrscheinlichkeitsdichten zu ersetzen sind. Diese Regel gestattet den Verzicht auf eine Wiederholung der in Abschnitt 4 gegebenen inhaltlichen Erläuterungen.

$\mathfrak{x}$ sei eine Zufallsfunktion mit der Wahrscheinlichkeitsdichte f. Das r-te Moment über dem Ursprung für $r = 1, 2, 3, \ldots$ ist gegeben durch

$$(96) \qquad E(\mathfrak{x}^r) = \int_{-\infty}^{+\infty} x^r\, f(x)\, dx.$$

Für $r = 1$ liefert diese Formel wieder den mathematischen Erwartungswert $E(\mathfrak{x})$, der abermals den zweiten Namen „*Mittelwert* μ der Verteilung" erhält.

In Analogie zu (57) ergeben sich die Formen für die r-ten Momente μ_r über dem Mittelwert μ für $r = 1, 2, 3, \ldots$:

$$(97) \quad \mu_r = E[(\mathfrak{x}-\mu)^r] = \int_{-\infty}^{+\infty} (x-\mu)^r f(x)\, dx.$$

μ_2 nennen wir wieder die *Varianz* der Verteilung von $\mathfrak{x}$ und kürzen sie ab durch: $Var(\mathfrak{x}) = V(\mathfrak{x}) = \sigma^2$ bzw. genauer $\sigma_{\mathfrak{x}}^2$.

Die früher angeführten Theoreme gelten auch jetzt, insbesondere (56) und (59). Die letzte Feststellung ist besonders wichtig, weil sie es wieder ermöglicht, die Momente über dem Mittel auf die Momente über dem Ursprung zurückzuführen. Insbesondere gilt auch jetzt: $\sigma^2 = E(\mathfrak{x}^2) - \mu^2$.

7. b Standardisierung von Zufallsfunktionen. Unter der Standardisierung einer Zufallsfunktion versteht man eine Verschärfung dessen, was wir in Abschnitt 4 das Zentrieren am Erwartungswert nannten.

Von der Verteilung einer Zufallsfunktion sagt man genau dann, daß sie *in Standardform* sei, wenn erstens ihr Erwartungswert $\mu = 0$ und zweitens ihre Standardabweichung $\sigma = 1$ ist. Gegeben sei die Verteilung einer Zufallsfunktion $\mathfrak{x}$ mit dem Erwartungswert μ und der Varianz σ^2. Wir bilden die *neue* Zufallsfunktion $\mathfrak{y} = \frac{\mathfrak{x}-\mu}{\sigma}$. $\mathfrak{y}$ werde *die* $\mathfrak{x}$ *entsprechende standardisierte Zufallsfunktion* genannt. Die Rechtfertigung für diese Sprechweise liegt darin, daß die Verteilung von $\mathfrak{y}$ in Standardform ist, d.h. daß gilt:

$$(98) \quad (a) \quad E(\mathfrak{y}) = E\left(\frac{\mathfrak{x}-\mu}{\sigma}\right) = 0$$

$$(b) \quad Var(\mathfrak{y}) = E\left[\left(\frac{\mathfrak{x}-\mu}{\sigma}\right)^2\right] - \left[E\left(\frac{\mathfrak{x}-\mu}{\sigma}\right)\right]^2 = 1.$$

Der Teil (*a*) folgt unmittelbar aus (56) und $E(\mathfrak{x}) = \mu$. Die erste Gleichung von (*b*) ist eine direkte Folge des in 7.a schon erwähnten Spezialfalles von (59). Wir halten dabei gleich fest, daß wegen Teil (*a*) das zweite Glied 0 ist. Für die zweite Gleichung benützen wir den leicht beweisbaren Hilfssatz (der sich direkt durch Einsetzung in die Definition des Erwartungswertes ergibt):

$E[(a\mathfrak{x} + b)^2] = a^2 E(\mathfrak{x}^2) + 2ab\, E(\mathfrak{x}) + b^2.$

Wir erhalten: $E\left[\left(\frac{\mathfrak{x}-\mu}{\sigma}\right)^2\right] = \frac{1}{\sigma^2} E(\mathfrak{x}^2) - \frac{2\mu^2}{\sigma^2} + \frac{\mu^2}{\sigma^2}$. Statt $E(\mathfrak{x}^2)$ können wir nach der letzten Formel von 7.a auch $\sigma^2 + \mu^2$ schreiben. Wenn wir schließlich bedenken, daß die letzten beiden Glieder der eben erhaltenen Summe zusammen den Wert $-\mu^2/\sigma^2$ liefern, so ergibt sich insgesamt:

$$\frac{\sigma^2 + \mu^2}{\sigma^2} - \frac{\mu^2}{\sigma^2} = \frac{\sigma^2}{\sigma^2} = 1.$$

Damit ist auch (b) verifiziert.

Durch Übergang von $\mathfrak{x}$ in $\mathfrak{y}$ wird die Verteilung von $\mathfrak{x}$ in die von $\mathfrak{y}$ verwandelt. Wegen der Eigenschaften (98) sagt man auch, *die Verteilung von $\mathfrak{x}$ sei in ihre Standardform transformiert worden.*

7. c Momente spezieller Verteilungen. Nochmals die Normalverteilung. Wie bereits im diskreten Fall ist die Berechnung der Momente spezieller Verteilungen oftmals eine recht mühsame Angelegenheit. Wir geben μ und σ^2 für die drei in 6.b als Beispiele angeführten Verteilungen an. Es gilt:

(99) (a) Erwartungswert und Varianz der uniformen Verteilung (für den allgemeinen Fall des Intervalls α bis β) lauten:

$$\mu = \frac{\alpha + \beta}{2}, \quad \sigma^2 = \frac{(\beta - \alpha)^2}{12};$$

(b) Erwartungswert und Varianz der Exponentialverteilung lauten:

$$\mu = \vartheta, \quad \sigma^2 = \vartheta^2;$$

(c) Erwartungswert und Varianz der Normalverteilung lauten:

$$\mu = \alpha, \quad \sigma^2 = \beta^2.$$

Für den Beweis von (a) und (b) vgl. FREUND, [Statistics], S. 146f. Der Beweis von (c) sei kurz skizziert:

Um μ zu berechnen, müssen wir die Dichtefunktion (91) in die Definition des Erwartungswertes einsetzen und dabei das bereits in 6.b erzielte Resultat $c = 1/(\beta\sqrt{2\pi})$ benützen. Die Einsetzung in (96) für $r = 1$ liefert also:

$$\mu = \int_{-\infty}^{+\infty} x \cdot \frac{1}{\beta\sqrt{2\pi}}\, e^{-\frac{1}{2}\left(\frac{x-\alpha}{\beta}\right)^2} dx.$$

Wir setzen: $y = \frac{x-\alpha}{\beta}$. Es ist $dx = \beta\, dy$ und $x = \beta y + \alpha$; also:

$$\mu = \frac{1}{\sqrt{2\pi}} \int_{-\infty}^{+\infty} (\beta y + \alpha)\, e^{-\left(\frac{1}{2}\right) y^2} dy$$

$$= \frac{\beta}{\sqrt{2\pi}} \int_{-\infty}^{+\infty} y\, e^{-\left(\frac{1}{2}\right) y^2} dy + \alpha \left[\frac{1}{\sqrt{2\pi}} \int_{-\infty}^{+\infty} e^{-\left(\frac{1}{2}\right) y^2} dy\right].$$

Das erste Integral muß hier 0 sein, da der Integrand für positive Argumente y genau den entgegengesetzten Funktionswert liefert wie für die entsprechenden negativen, d.h. genauer: mit $\Psi(y) =_{Df} y\, e^{-\left(\frac{1}{2}\right) y^2}$ gilt $\Psi(-y) = -\Psi(y)$. Weiter gilt: Der Ausdruck innerhalb der eckigen Klammer im zweiten Glied hat den Wert 1. Um dies einzusehen, braucht man nur auf die bereits bei der Diskussion der Normalverteilung in 6.b benutzte Forderung zurückzugehen, daß der Wert des Integrals von $-\infty$ bis $+\infty$ gleich 1 ist: das c von 6.b mußte so gewählt werden, daß $c\beta = 1/\sqrt{2\pi}$, so daß innerhalb der eckigen Klammer genau der dort gleich 1 gesetzte Integralausdruck steht. (Tatsächlich handelt es sich bei der Formel innerhalb der eckigen Klammer selbst um eine Normalverteilung mit $\alpha = 0$ und $\beta = 1$!) Damit aber ist die erste Hälfte unserer Behauptung, nämlich *daß der erste Parameter α der Normalverteilung mit μ identisch ist*, bereits bewiesen.

Jetzt schreiben wir, diesmal unter Benützung von (97), die Formel für $\mu_2 = \sigma^2$ an, wobei wir in der Formel (91) für die Wahrscheinlichkeitsdichte f der Normalverteilung außer der Gleichung $c = 1/(\beta\sqrt{2\pi})$ auch das eben gewonnene erste Resultat $\mu = \alpha$ bereits benützen. Wir erhalten somit:

$$\sigma^2 = \frac{1}{\beta\sqrt{2\pi}} \int_{-\infty}^{+\infty} (x-\mu)^2\, e^{-\frac{1}{2}\left(\frac{x-\mu}{\beta}\right)^2} dx\,.$$

Wir setzen wie vorher $y = \frac{x-\mu}{\beta}$. Es ergibt sich (unter Beachtung dessen, daß dx in βdy übergeht, so daß im Zähler zunächst β^3 steht):

$$\sigma^2 = \frac{\beta^2}{\sqrt{2\pi}} \int_{-\infty}^{+\infty} y^2\, e^{-\left(\frac{1}{2}\right) y^2} dy$$

$$= \frac{2\beta^2}{\sqrt{2\pi}} \int_{0}^{\infty} y^2\, e^{-\left(\frac{1}{2}\right) y^2} dy$$ [wegen der Symmetrieeigenschaft des Integranden $\Phi(y)$, d.h. $\Phi(y) = \Phi(-y)$].

Wenn man $z = \frac{1}{2} y^2$ setzt, so daß $dz = y\,dy$ und $y = \sqrt{2z}$, dann geht diese Gleichung über in:

$$\sigma^2 = \frac{2\beta^2}{\sqrt{\pi}} \int_0^\infty z^{1/2}\, e^{-z}\, dz\,.$$

Der Integralausdruck bezeichnet die aus der Analysis her wohlbekannte *Gamma-Funktion* $\Gamma(z)$ für $z = 3/2$, so daß die Rechenregeln für diese Funktion anwendbar sind. (Für eine knappe Schilderung vgl. DUSCHEK, [Mathematik I], S. 235.) Es ist $\Gamma\left(\frac{1}{2}\right) = \sqrt{\pi}$ und daher wegen der Rekursionsformel $\Gamma(z) = (z-1)\,\Gamma(z-1)$:

$$\Gamma\left(\frac{3}{2}\right) = \frac{1}{2}\,\Gamma\left(\frac{1}{2}\right) = \frac{\sqrt{\pi}}{2}\,.$$

Damit erhält man:

$$\sigma^2 = \frac{2\beta^2}{\sqrt{\pi}} \cdot \frac{\sqrt{\pi}}{2} = \beta^2.$$

Damit wurde gezeigt, daß tatsächlich β^2 mit der Varianz der Normalverteilung identisch ist.

Wir sind jetzt in der Lage, die zunächst in (91) formal angesetzte Normalverteilung unter präziser Angabe ihrer Parameter anzuschreiben. Ihrer Wichtigkeit wegen wählen wir für sie das Symbol „N" und geben ihr eine eigene Nummer:

$$(100) \quad N(x; \mu, \sigma^2) = \frac{1}{\sigma\sqrt{2\pi}}\, e^{-\frac{1}{2}\left(\frac{x-\mu}{\sigma}\right)^2} \quad \text{für} -\infty < x < +\infty$$

Aufgrund der früheren Diskussion wissen wir bereits, daß der Graph dieser Verteilungskurve sein Maximum bei $x = \mu$ annimmt und sich von da nach beiden Seiten ‚glockenförmig' ausbreitet. Ob diese Glockenkurve steiler oder flacher ist, hängt von σ ab. Eine analytische Untersuchung der Kurve ergibt, daß man die Rolle von σ noch genauer angeben kann: Der Graph von (100) besitzt genau an den Stellen $\mu + \sigma$ und $\mu - \sigma$ seine *Wendepunkte* (d. h. diejenigen Punkte, an denen eine an die Kurve gelegte Tangente die Kurve durchsetzt).

Da der Ausdruck auf der linken Seite von (100) den *variablen Wert* der Dichtefunktion bezeichnet, wird die Dichtefunktion der Normalverteilung unter expliziter Angabe der Parameter in der Literatur meist mit $N(\mu, \sigma^2)$ bezeichnet.

Am Beispiel der Normalverteilung möge nochmals das Standardisierungsverfahren von 7.b diskutiert werden. $\mathfrak{x}$ sei eine Zufallsfunktion mit der Wahrscheinlichkeitsdichte $N(x; \mu, \sigma^2)$. Durch Übergang zur Zufallsfunktion $\frac{\mathfrak{x} - \mu}{\sigma}$ erhalten wir die $\mathfrak{x}$ entsprechende standardisierte Zufallsfunktion, deren Verteilung wegen (98) durch

$$(100') \quad N(x; 0, 1) = \frac{1}{\sqrt{2\pi}}\, e^{-\frac{1}{2}x^2}$$

gegeben ist. Die zugehörige kumulative Verteilungsfunktion, die häufig $\Phi(y)$ genannt wird, lautet:

$$(101) \quad \Phi(y) = \frac{1}{\sqrt{2\pi}} \int_{-\infty}^{y} e^{-\frac{x^2}{2}}\, dx$$

Die überaus große praktische Bedeutung des Standardisierungsverfahrens liegt darin, daß man die Berechnung für den standardisierten Fall nicht selbst vorzunehmen braucht, da in den verfügbaren statistischen Tabellen die Rechenergebnisse für die Flächen unter der *standardisierten* Normalverteilung bereits vorliegen. Wegen der symmetrischen Gestalt der Glockenkurve wird dabei nicht wie in (101) $-\infty$, sondern 0 als untere Grenze genommen. Wenn man also z. B. erfahren will, wie groß die Wahrscheinlichkeit ist, daß eine standardisierte Zufallsfunktion $\mathfrak{y}$ einen Wert annimmt, der kleiner oder gleich 1,87 ist, so muß man zur Wahrscheinlichkeit 1/2 den Wert 0,4693 addieren, der in der betreffenden Tabelle für $y = 1{,}87$ eingetragen ist. Die gesuchte Wahrscheinlichkeit ist also 0,9693.

Liegt beim vorliegenden Problem — wie dies meist der Fall sein wird — noch keine standardisierte Zufallsfunktion vor, *so muß man das geschilderte Standardisierungsverfahren vorschalten, um in der Tabelle nachblättern zu können.* Angenommen etwa, die gegebene Zufallsfunktion $\mathfrak{x}$ habe die Normalverteilung $N(x; 48, 9)$. Wir wollen wissen, wie groß die Wahrscheinlichkeit dafür ist, daß $\mathfrak{x}$ einen Wert annimmt, der höchstens 52,5 beträgt. Der Dichtefunktion entnehmen wir, daß $\mu = 48$ und $\sigma = 3$. Wir müssen also in der vorliegenden statistischen Tabelle die Wahrscheinlichkeit dafür ausfindig machen, daß eine Zufallsfunktion, welche die standardisierte Normalverteilung besitzt, einen Wert annimmt, der höchstens $(52{,}5 - 48)/3 = 1{,}5$ beträgt. Die Tabelle liefert (wenn man wieder wie oben 0,5 addiert) den Wert 0,9332.

7. d Momenterzeugende Funktionen. Definition und Verwendung der momenterzeugenden Funktionen lassen sich wieder vollkommen zum diskreten Fall parallelisieren, wobei auch diesmal von der Merkregel (95) Gebrauch zu machen ist.

Für eine vorgegebene Zufallsfunktion $\mathfrak{x}$ mit bekannter Dichtefunktion f ist die *momenterzeugende Funktion der Verteilung von* $\mathfrak{x}$ also definiert durch

$$M_{\mathfrak{x}}(t) =_{\mathrm{Df}} E(e^{t\mathfrak{x}}) = \int_{-\infty}^{+\infty} e^{tx} f(x)\, dx.$$

Durch Potenzreihenentwicklung erhält man genauso wie im diskreten Fall als Koeffizienten von $t^n/n!$ den Wert $E(\mathfrak{x}^n)$, so daß wiederum die Formel (62) *zur Bestimmung beliebiger Momente über dem Ursprung* gilt. Außerdem hat man eine einfache Formel, um auch hier direkt — d.h. ohne den Umweg über (59) nehmen zu müssen — *die Momente über dem Mittel* bestimmen zu können. Zunächst gilt die Gleichung:

(102) $M_{\mathfrak{x}+a}(t) = e^{at}\, M_{\mathfrak{x}}(t),$

wie man unmittelbar durch Einsetzung in die Definition erkennt, welche $E(e^{(\mathfrak{x}+a)t})$ liefert. Denn aus dem unter dem Integralzeichen stehenden Ausdruck $e^{(x+a)t}$ läßt sich nach Umschreibung in $e^{at} \cdot e^{xt}$ das Glied e^{at} herausheben, so daß hinter diesem Glied genau wieder $M_{\mathfrak{x}}(t)$ selbst steht.

Setzt man nun für a den mit negativem Vorzeichen versehenen Erwartungswert ein, also $a = -\mu$, und differenziert k-mal, so erhält man

$$\frac{d^k M_{\mathfrak{x}-\mu}(t)}{dt^k} = \int_{-\infty}^{+\infty} (x - \mu)^k e^{(x-\mu)t} f(x)\, dx .$$

Wird diese Ableitung an der Stelle $t = 0$ gebildet, so wird $e^{(x-\mu)t} = 1$, und der rechte Ausdruck geht über in:

$$\int_{-\infty}^{+\infty} (x - \mu)^k f(x)\, dx = \mu_k,$$

d. h. in das k-te Moment über dem Mittel. Zusammen erhält man also:

(103) $\mathfrak{x}$ sei eine Zufallsfunktion mit gegebener Wahrscheinlichkeitsdichte f. Dann liefert für jedes $k = 1$ die k-te Ableitung der momenterzeugenden Funktion $M_{\mathfrak{x}}(t)$ bezüglich t an der Stelle $t = 0$ das *k-te Moment über dem Ursprung.*
In derselben Weise liefert die Funktion $M_{\mathfrak{x}-\mu}(t)$ durch ihre k-te Ableitung bezüglich t an der Stelle $t = 0$ das *k-te Moment über dem Mittel.*

Die am Ende von 4.b erwähnte umkehrbar eindeutige Entsprechung zwischen Verteilungen und ihren momenterzeugenden Funktionen, die auch im kontinuierlichen Fall gilt, erweist sich hier als besonders wichtig und nützlich. Indem man von Verteilungen zu ihren momenterzeugenden Funktionen übergeht *und an diesen gewisse Grenzoperationen vornimmt*, kann es sich ergeben, daß man wieder die momenterzeugende Funktion einer Verteilung erhält, die dann die *Grenzverteilung* der ursprünglich gegebenen Verteilung bezüglich der fraglichen Grenzoperationen bildet.

Ein Verfahren von dieser Art ist im letzten Absatz von 4.b angedeutet worden: Wenn man in der momenterzeugenden Funktion der Binomialverteilung die Grenzübergänge $n \to \infty$ und $\vartheta \to 0$ bei konstant bleibendem Produkt $n \cdot \vartheta$ vornimmt, so erhält man die momenterzeugende Funktion der Poisson-Verteilung, die damit als Grenzverteilung der Binomialverteilung unter diesen drei Bedingungen erkannt ist.

Eine ganz andersartige *Grenzverteilung* erhält man, wenn man die Bedingungen wie folgt ändert: Den Ausgangspunkt bilde die standardisierte Binomialverteilung. Es soll ϑ konstant bleiben, hingegen soll wieder der Grenzübergang $n \to \infty$ vollzogen werden. Nimmt man diese Operationen unter Zugrundelegung der momenterzeugenden Funktion der standardisierten Binomialverteilung vor, so zeigt sich, daß man die momenterzeugende Funktion der standardisierten Normalverteilung erhält. (Für einen ausführlichen Beweis vgl. Freund, [Statistics], S. 157—159.) Man kann daraus schließen, *daß bei konstantem ϑ die standardisierte Binomialverteilung für $n \to \infty$ in die standardisierte Normalverteilung übergeht*. Die letztere bildet also bei konstantem ϑ die Grenzverteilung der ersteren.

Viele Autoren ziehen es übrigens vor, statt mit Funktionen von der Art $M_{\mathfrak{x}}(t) = E(e^{t\mathfrak{x}})$ mit Funktionen von der Gestalt $E(e^{it\mathfrak{x}})$ zu arbeiten, wobei i die imaginäre Zahl ist, welche die Bedingung $i^2 = -1$ erfüllt. Eine Funktion $E(e^{it\mathfrak{x}})$ wird zum Unterschied von $M_{\mathfrak{x}}(t)$ nicht momenterzeugende Funktion, sondern *charakteristische Funktion* der Verteilung von $\mathfrak{x}$ genannt. Der Grund für diese Bevorzugung von komplexen Funktionen (d.h. von Funktionen mit komplexen Zahlen als Argumenten) gegenüber reellen Funktionen hat einen rein mathematischen Grund: Durch diesen Übergang ist man nämlich der Mühe enthoben, die Frage nach der *Existenz von $M_{\mathfrak{x}}(t)$* zu beantworten; denn zum Unterschied von den momenterzeugenden Funktionen existieren die charakteristischen Funktionen immer.

7. e Produktmomente. Kovarianz. Auch hier gilt wieder die Parallele zu dem in 4.c diskutierten diskreten Fall. $\mathfrak{x}$ und $\mathfrak{y}$ seien zwei Zufallsfunktionen auf demselben Stichprobenraum mit der gemeinsamen Wahrscheinlichkeitsdichte f. Das *q-te und r-te Produktmoment (über dem Ursprung) der gemeinsamen Wahrscheinlichkeitsdichte dieser zwei Zufallsfunktionen* ist $E(\mathfrak{x}^q \mathfrak{y}^r)$. Ebenso ist auch jetzt wieder *das q-te und r-te Produktmoment über den Mitteln der beiden Verteilungen* erklärt durch $E[(\mathfrak{x} - \mu_{\mathfrak{x}})^q (\mathfrak{y} - \mu_{\mathfrak{x}})^r]$. Die Formeln gehen aus (63) und (64) dadurch hervor, daß man stetige Variable wählt und die beiden Summenzeichen durch zwei Integrale von $-\infty$ bis $+\infty$ ersetzt. Insbesondere erhält man für $q = r = 1$ im zweiten Fall die *Kovarianz*, die wir als Beispiel explizit definieren:

$$
\begin{aligned}
Cov(\mathfrak{x}, \mathfrak{y}) &= E[(\mathfrak{x} - \mu_{\mathfrak{x}})(\mathfrak{y} - \mu_{\mathfrak{y}})] \\
&= \int_{-\infty}^{+\infty} \int_{-\infty}^{+\infty} (x - \mu_{\mathfrak{x}})(y - \mu_{\mathfrak{y}}) f(x, y)\, dx\, dy.
\end{aligned}
$$

8. Der zentrale Grenzwertsatz

Bereits zweimal, am Ende von 4.b und am Ende von 7.d, war kurz von Grenzverteilungen die Rede, gegen welche Folgen von Verteilungen konvergieren.

Angenommen, wir haben n Zufallsfunktionen $\mathfrak{x}_1, \ldots, \mathfrak{x}_n$, die auf demselben Stichprobenraum definiert sind. Sie sollen außerdem alle *dieselbe Verteilung* haben und überdies *voneinander unabhängig* sein (im Sinn von (94)). Wir betrachten ein n-Tupel von Werten $\langle x_1, \ldots, x_n \rangle$, wobei für jedes i von 1 bis n x_i ein Wert ist, der von $\mathfrak{x}_i$ angenommen werden kann. Man nennt dieses n-Tupel *eine zufällige Stichprobe von n Elementen.*

Beispiel: Wir wollen ‚die wahre durchschnittliche Lebensdauer' einer Art von Glühbirnen schätzen. Dazu greifen wir 14 Glühbirnen heraus und untersuchen für sie die tatsächliche Brenndauer. Die 14 Beobachtungswerte x_i, welche wir dabei erhalten, fassen wir als mögliche Werte von 14 *unabhängigen* Zufallsveränderlichen auf, die alle *dieselbe* Exponentialverteilung haben, etwa die Verteilung mit dem Parameter $\vartheta = 400$, so daß also die Wahrscheinlichkeitsdichte lautet: $f(x) = \frac{1}{400}\, e^{-\left(\frac{x}{400}\right)}$ für $x > 0$. Wir bilden das *arithmetische Mittel* $\frac{\sum_{i=1}^{14} x_i}{14}$ und wählen dieses als Schätzwert für die wahre durchschnittliche Lebensdauer. Diese Art von praktischer Verwendung führt zu dem folgenden Gedanken.

Der Durchschnitt der n Werte $x_1, \ldots, x_n$ werde mit $\bar{x}_n$ bezeichnet, d.h. $\bar{x}_n = \frac{x_1 + \ldots + x_n}{n}$. Wir definieren jetzt die Zufallsfunktion

$$\bar{\mathfrak{x}}_n =_{\mathrm{Df}} \frac{\mathfrak{x}_1 + \ldots + \mathfrak{x}_n}{n}.$$

Diese Definition ist so zu verstehen: Wenn $\mathfrak{x}_1$ den Wert x_1, $\mathfrak{x}_2$ den Wert $x_2, \ldots, \mathfrak{x}_n$ den Wert x_n annimmt, so nimmt $\bar{\mathfrak{x}}_n$ den Durchschnittswert $\bar{x}_n$ an. Wir fügen der neuen Zufallsfunktion den Index „n" an, so daß im folgenden solche Funktionen $\bar{\mathfrak{x}}_n$ für verschiedene Werte von n (tatsächlich sogar für unendlich viele solche Werte) betrachtet werden. Wir nennen $\bar{\mathfrak{x}}_n$ *das Mittel* der n Zufallsfunktionen $\mathfrak{x}_1 \ldots \mathfrak{x}_n$. (Man beachte, daß im gegenwärtigen Kontext der Ausdruck „Mittel" eine bestimmte *Zufallsfunktion* bezeichnet und nicht den Erwartungswert einer solchen Funktion.) Es läßt sich sehr leicht zeigen, daß unter den genannten Voraussetzungen die folgenden beiden Aussagen gelten:

$$(a)\quad E(\bar{\mathfrak{x}}) = \mu,$$

$$(b)\quad Var(\bar{\mathfrak{x}}) = \frac{\sigma^2}{n},$$

wobei μ und σ^2 Erwartungswert und Varianz der Verteilungen der Zufallsfunktionen $\mathfrak{x}_i$ sind. (Diese Verteilungen sind ja nach Voraussetzung alle miteinander identisch.) (Für einen genauen Beweis vgl. FREUND, [Statistics], Theorem 7.2 auf S. 174f., und Theorem 7.4 auf S. 176f.) Diese beiden

Ergebnisse gestatten es, auf die Zufallsfunktion $\bar{\mathfrak{x}}_n$ das in 7.b geschilderte Standardisierungsverfahren anzuwenden. Wir gewinnen so für jedes n eine neue Zufallsfunktion, die definiert ist durch (vgl. 7.b):

$$\mathfrak{z}_n = \frac{\bar{\mathfrak{x}}_n - \mu}{(\sigma/\sqrt{n})}$$

Diese Funktion heiße *das standardisierte Mittel* der n Zufallsfunktionen $\mathfrak{x}_1, \ldots, \mathfrak{x}_n$. Wir stellen zwei Fragen: (1) ob für $n \to \infty$ die Verteilung dieses standardisierten Mittels gegen eine Grenzverteilung konvergiert; (2) ob man über die Beschaffenheit dieser Grenzverteilung eine allgemeine Aussage machen kann.

Beide Antworten fallen bejahend aus: *Diese Grenzverteilung existiert und ist stets die durch* $N(x; 0, 1)$ *bzw.* $N(0, 1)$ *charakterisierte Normalverteilung.* Wir formulieren den Inhalt dieses Satzes nochmals genauer:

(104) *Zentraler Grenzwertsatz:* Gegeben sei eine unendliche Folge $\mathfrak{x}_1, \mathfrak{x}_2, \ldots, \mathfrak{x}_n, \ldots$ von Zufallsfunktionen, welche die folgenden drei Bedingungen erfüllen:

(α) alle $\mathfrak{x}_i$ sind auf demselben Stichprobenraum definiert;

(β) alle $\mathfrak{x}_i$ haben dieselbe Verteilung mit dem Erwartungswert μ und der Varianz σ^2;

(γ) für jedes $k \geqq 1$ seien die Zufallsfunktionen $\mathfrak{x}_1, \ldots, \mathfrak{x}_k$ unabhängig.

Ferner sei für jedes n

$$\mathfrak{z}_n = \frac{\bar{\mathfrak{x}}_n - \mu}{(\sigma/\sqrt{n})}$$

das standardisierte Mittel der ersten n Zufallsfunktionen $\mathfrak{x}_1, \ldots, \mathfrak{x}_n$ der Folge. f_n und F_n seien die Dichtefunktion und die kumulative Verteilungsfunktion von $\mathfrak{z}_n$. f und F seien die Dichte- bzw. die kumulative Verteilungsfunktion der standardisierten Normalverteilung.

Dann gilt:

für $n \to \infty$ konvergiert f_n bzw. F_n gegen f bzw. F, d.h. ausführlicher:

$$(a)\quad f_n(x) \to \frac{1}{\sqrt{2\pi}}\, e^{-\frac{x^2}{2}} \quad \text{[vgl. (100')]}$$

$$(b)\quad F_n(x) \to \Phi(x) = \frac{1}{\sqrt{2\pi}} \int_{-\infty}^{x} e^{-\frac{x^2}{2}}\, dx \quad \text{[vgl. (101)]}.$$

Anmerkung 1. Obwohl dieser Satz streng genommen nur etwas über die Grenzverteilung für $n \to \infty$ aussagt, wird er doch häufig *für die Berechnung von Näherungswerten* verwendet. Man geht dabei davon aus, daß für ein hinreichend großes n

die Verteilung von $\bar{\mathfrak{x}}_n$ durch eine Normalverteilung mit dem Mittel μ und der Varianz σ^2/n [33] *approximativ* erfaßt wird.

Anmerkung 2. Der zentrale Grenzwertsatz zeigt mit besonderer Deutlichkeit *die außerordentliche Wichtigkeit der Normalverteilung.* Er gibt eine partielle Erklärung für eine immer wieder gemachte merkwürdige Erfahrung, die man umgangssprachlich etwa so ausdrücken könnte: „Sehr viele Vorgänge, von denen wir die Überzeugung haben, daß sie ‚vom Zufall gesteuert' sind, erweisen sich bei empirischer Untersuchung als approximativ normalverteilt".

Kehren wir zur Erläuterung nochmals auf das obige Glühbirnenbeispiel zurück! Aufgrund der Überlegungen in 6.b, (2), gingen wir davon aus, daß die Lebensdauer einer Glühbirne mit Hilfe der Exponentialverteilung (in der dort genauer geschilderten Weise) berechnet wird. Für die Berechnungen der Lebensdauern *einzelner* Glühbirnen, deren jeder wir eine Zufallsfunktion zuordnen, wird also *nicht* von der Normalverteilung, sondern von der *Exponentialverteilung* Gebrauch gemacht (mit gleichbleibenden Werten μ und σ^2). Trotzdem erweist sich die *durchschnittliche* Brenndauer von hinreichend vielen derartigen Glühbirnen — d.h. der Wert der Zufallsfunktion $\bar{\mathfrak{x}}_n$, die man alltagssprachlich durch „die durchschnittliche Brenndauer von n Glühbirnen bei großem n" wiedergeben könnte — als approximativ normalverteilt mit dem Mittelwert μ und der durch die Anzahl der beobachteten Glühbirnen dividierten Varianz σ^2. Der zentrale Grenzwertsatz gibt in dem Sinn eine Erklärung für diesen Sachverhalt, als er zeigt, daß die Approximation der Durchschnittswerte zu einer Normalverteilung unter den genannten Bedingungen erfolgen *muß*.

Anmerkung 3. Man kann in verschiedener Weise versuchen, den Erkenntnisgehalt des zentralen Grenzwertsatzes zu verbessern. *Eine* solche Möglichkeit besteht in der Übertragung auf den *allgemeineren* mehrdimensionalen Fall. Hier wird mit der Verallgemeinerung der von uns allein betrachteten eindimensionalen Normalverteilung zu der der mehrdimensionalen Normalverteilung gearbeitet. (Vgl. dazu etwa L. Schmetterer, [Statistik], S. 107f.)

Anmerkung 4. Wichtiger als die Verallgemeinerungen sind die *Verschärfungen* des zentralen Grenzwertsatzes. Ein guter Teil wahrscheinlichkeitstheoretischer Untersuchungen zielt darauf ab, solche stärkeren Aussagen zu beweisen. Eine derartige Verschärfung besteht in der Abschwächung der Voraussetzungen bei gleichem Resultat. An die Stelle der Forderung, wonach alle Zufallsfunktionen der Folge dieselbe Verteilung haben müssen, treten hier schwächere Annahmen über die Existenz und Beschaffenheit gewisser Momente dieser Verteilungen, welche aber nicht miteinander identisch zu sein brauchen.

Wir können dieses tiefliegende Theorem hier nicht genau beweisen, selbst nicht in der relativ schwachen Form (104). Doch soll ein möglicher Beweis wenigstens soweit skizziert werden, daß der Leser ohne allzu große Mühe die Details, die zur Vervollständigung des Beweises notwendig sind, aus der Literatur einfügen kann.

Unter der Verwendung der Symbole von (104) führen wir die neue Zufallsfunktion $\mathfrak{y}_n = \mathfrak{x}_1 + \dots + \mathfrak{x}_n$ ein (also das n-fache von $\bar{\mathfrak{x}}_n$). Dann können wir $\mathfrak{z}_n$ folgendermaßen umschreiben, indem wir Zähler und Nenner

[33] Man beachte, daß wir hier nicht von $\mathfrak{z}_n$, sondern von $\bar{\mathfrak{x}}_n$ selbst ausgehen, wodurch wir die Standardisierung wieder rückgängig machen, also nicht den Mittelwert 0 und die Varianz 1 zugrundelegen dürfen, sondern die beiden im Text angegebenen Größen verwenden müssen.

mit n multiplizieren:

$$\mathfrak{z}_n = \frac{\mathfrak{y}_n - n\mu}{\sigma\sqrt{n}}$$

Wir führen jetzt zwei Hilfssätze an:

$$(a) \quad M_{\mathfrak{y}_n}(t) = \prod_{i=1}^{n} M_{\mathfrak{x}_i}(t)$$

$$(b) \quad M_{b(\mathfrak{x}+a)}(t) = e^{abt} M_{\mathfrak{x}}(bt)$$

Dabei habe $\mathfrak{y}_n$ in (*a*) die obige Bedeutung, während $\mathfrak{x}$ in (*b*) eine beliebige Zufallsfunktion darstelle. Die Behauptung (*a*) ergibt sich unmittelbar durch Einsetzung in die Definition von M, wenn man einerseits bedenkt, daß $e^{(x_1 + \ldots + x_n)t}$ dasselbe ist wie $e^{x_1 t} \cdot e^{x_2 t} \cdot \cdots \cdot e^{x_n t}$, und andererseits, daß die voranstehenden n Integralzeichen, deren jedes sich auf ein bestimmtes x_i bezieht, auf die entsprechenden Glieder verteilt werden können. Die Aussage (*b*) ergibt sich aus den beiden Gleichungen (102) sowie $M_{b\mathfrak{x}}(t) = M_{\mathfrak{x}}(bt)$. Die letztere gewinnt man wieder unmittelbar durch Einsetzung in die Definition der momenterzeugenden Funktion und Umschreibung von e^{tbx} zu $e^{(bt)x}$.

Nach Voraussetzung haben alle $\mathfrak{x}_i$ dieselbe Verteilung, somit haben sie auch dieselbe momenterzeugende Funktion, die wir $M_{\mathfrak{x}}(t)$ nennen. Nach (*a*) gilt also zunächst: $M_{\mathfrak{y}_n}(t) = [M_{\mathfrak{x}}(t)]^n$ und daraus wegen (*b*) für das in der obigen Gestalt umgeschriebene $\mathfrak{z}_n$ $\left(\text{mit } b = \frac{1}{\sigma\sqrt{n}} \text{ und } ab = -\frac{n\mu}{\sigma\sqrt{n}} = -\frac{\mu\sqrt{n}}{\sigma}\right)$:

$$M_{\mathfrak{z}_n}(t) = e^{-\frac{\mu\sqrt{n}\,t}{\sigma}} \left[M_{\mathfrak{x}}\left(\frac{t}{\sigma\sqrt{n}}\right)\right]^n$$

Wir wollen das rechte Produkt in eine Summe verwandeln und gehen daher zum natürlichen Logarithmus über:

$$\ln M_{\mathfrak{z}_n}(t) = -\frac{\mu\sqrt{n}}{\sigma}\, t + n \ln M_{\mathfrak{x}}\left(\frac{t}{\sigma\sqrt{n}}\right)$$

Für das letzte Glied nehmen wir die bereits in 4.b benützte Potenzreihenentwicklung vor (wobei aber jetzt wieder die Summen durch Integrale zu ersetzen sind und zu beachten ist, daß an die Stelle von t der Ausdruck $t/\sigma\sqrt{n}$ tritt). Es ergibt sich:

$$\ln M_{\mathfrak{z}_n}(t) = -\frac{\mu\sqrt{n}}{\sigma}\, t + n \cdot \ln \left[1 + \frac{t}{\sigma\sqrt{n}} E(\mathfrak{x}) + \frac{t^2}{2\sigma^2 n} E(\mathfrak{x}^2) + \frac{t^3}{6\sigma^3 n\sqrt{n}} E(\mathfrak{x}^3) + \ldots\right]$$

(Hierbei sind die Größen $E(\mathfrak{x}^r)$ die Momente der miteinander übereinstimmenden Verteilungen der Zufallsfunktionen $\mathfrak{x}_i$.)

Auf das Glied innerhalb der Klammer wenden wir die Formel für die Reihenentwicklung für

$$\ln(1+x) = x - \frac{1}{2}x^2 + \frac{1}{3}x^3 - \ldots = \sum_{\nu=1}^{\infty} \frac{(-1)^{\nu+1}}{\nu} x^\nu$$

an, die allerdings nur für $|x| < 1$ Gültigkeit hat. (Für die Reihenentwicklung vgl. etwa DUSCHEK, [Mathematik I], S. 374, oder GRAUERT-LIEB, [I], S. 133). Die eben genannte Bedingung erfüllen wir dadurch, daß wir n hinreichend groß wählen. Wir erhalten dann:

$$\begin{aligned}\ln M_{\mathfrak{z}_n}(t) = -\frac{\mu\sqrt{n}}{\sigma}t + n\Bigg\{\Bigg[&\frac{t}{\sigma\sqrt{n}}E(\mathfrak{x}) + \frac{t^2}{2\sigma^2 n}E(\mathfrak{x}^2)\\ &+\frac{t^3}{6\sigma^3 n\sqrt{n}}E(\mathfrak{x}^3) + \cdots \qquad \cdots\Bigg]\\ &-\frac{1}{2}[\cdots \qquad \cdots]^2\\ &+\frac{1}{3}[\cdots \qquad \cdots]^3\\ &-\cdots\cdots\cdots \qquad \cdots\Bigg\}\end{aligned}$$

(Man beachte, daß der ganze Ausdruck innerhalb einer eckigen Klammer dem x der Reihenentwicklung von $\ln(x)$ entspricht. Die zweite und dritte Potenz sind in der zweiten und dritten Zeile dem Klammerausdruck angefügt; innerhalb der Klammer steht jedesmal dasselbe.)

Wir fassen nun Glieder mit gleichen Potenzen von t zusammen:

$$\begin{aligned}\ln M_{\mathfrak{z}_n}(t) = &\left(-\frac{\mu\sqrt{n}}{\sigma} + \frac{E(\mathfrak{x})\sqrt{n}}{\sigma}\right)t\\ &+\left(\frac{E(\mathfrak{x}^2)}{2\sigma^2} - \frac{E(\mathfrak{x})^2}{2\sigma^2}\right)t^2\\ &+\left(\frac{E(\mathfrak{x}^3)}{6\sigma^3\sqrt{n}} - \frac{E(\mathfrak{x})E(\mathfrak{x}^2)}{2\sigma^3\sqrt{n}} + \frac{E(\mathfrak{x})^3}{3\sigma^3\sqrt{n}}\right)t^3 + \cdots.\end{aligned}$$

Der erste Ausdruck innerhalb der Klammer verschwindet wegen $\mu = E(\mathfrak{x})$. Auf den zweiten Klammerausdruck läßt sich (60) anwenden: $E(\mathfrak{x}^2) - \mu^2 = \sigma^2$. Insgesamt erhält man:

$$\ln M_{\mathfrak{z}_n}(t) = \frac{1}{2}t^2 + \left(\frac{E(\mathfrak{x}^3)}{6} - \frac{\mu E(\mathfrak{x}^2)}{2} + \frac{\mu^3}{3}\right)\frac{t^3}{\sigma^3\sqrt{n}} + \cdots.$$

Bereits der Koeffizient von t^3 ist eine mit $1/\sqrt{n}$ multiplizierte Konstante; allgemein ist der Koeffizient von t^k für $k \geqq 3$ eine Konstante mal $n^{(2-k)/2}$, so daß alle diese weiteren Glieder beim Grenzübergang $n \to \infty$ verschwinden. Somit erhalten wir:

$$\lim_{n\to\infty} \ln \mathrm{M}_{\mathfrak{z}_n}(t) = 1/2\; t^2$$

Da die Operationen ln und lim vertauschbar sind (sofern die Grenzwerte existieren), erhält man nach Übergang zur Exponentialfunktion:

$$\lim_{n\to\infty} M_{\mathfrak{z}_n}(t) = e^{\frac{t^2}{2}}$$

Wenn wir nun wieder Gebrauch machen von der Injektion zwischen Verteilungen und ihren momenterzeugenden Funktionen, so ist damit das Theorem bereits bewiesen. *Denn $e^{\frac{t^2}{2}}$ ist die momenterzeugende Funktion der Standard-Normalverteilung.* (Für einen Beweis dieser Tatsache vgl. FREUND, [Statistics], S. 155f.)

Die statistische Theorie müßte an dieser Stelle eigentlich weitergeführt werden. Insbesondere wären noch die wichtigsten Ergebnisse über *Summen von Zufallsfunktionen* sowie über *Stichprobenverteilungen* zu erwähnen. Da diese Dinge aber nur im Rahmen der späteren Diskussion der Schätzungstheorie benötigt werden, ist die Behandlung dieser Punkte auf Teil III, 10 verschoben worden. Diejenigen Leser, welche ihr Bild von der Statistik abrunden möchten, können an dieser Stelle unmittelbar die Lektüre von Abschnitt 10 von Teil III einschieben.

D. Einige Blicke in höhere Gefilde

9. Der abstrakte Maßbegriff

9.a Prämaße, äußere Maße und Maße. Eine Funktion, welche nur *echte* reelle Zahlen als Werte annehmen kann (also Zahlen, die von $+\infty$ bis $-\infty$ verschieden sind), soll *reelle Funktion* heißen. Dagegen soll *numerische Funktion* jede Funktion genannt werden, die entweder reelle Zahlen oder die „uneigentlichen" Zahlen $+\infty$ und $-\infty$ als Werte annimmt. Der Bildbereich einer reellen Funktion ist also stets in $\mathbb{R}$ eingeschlossen, der Bildbereich einer numerischen Funktion in $\mathbb{R}_a$.

Die in den vorangehenden Überlegungen aufgetretenen Maße waren ausnahmslos Wahrscheinlichkeitsmaße P, also nichtnegative normierte Maße, so daß $P(\Omega) = 1$. Wir verallgemeinern nun diesen Begriff zu dem allgemeinen Begriff des Maßes, indem wir die Normierungsbedingung fallenlassen. Eine derartige numerische Funktion μ[34] mit $D_{II}(\mu) = \mathbb{R}_a$, welche für die Elemente eines σ-Körpers $\mathfrak{A}$ definiert ist, muß die folgenden drei Bedingungen erfüllen:

M1 Für alle $A \in \mathfrak{A}$ ist $\mu(A) \geqq 0$;

M2 $\mu(\emptyset) = 0$, d.h. die leere Menge hat das Maß 0;

M3 Für jede unendliche Folge $(A_i)_{i \in \mathbb{N}}$ paarweise disjunkter Mengen A_i, so daß für alle $i \in \mathbb{N}$ $A_i \in \mathfrak{A}$ ist, gilt:

$$\mu\left(\bigcup_{i=1}^{\infty} A_i\right) = \sum_{i=1}^{\infty} \mu(A_i).$$

Eine auf $\mathfrak{A}$ definierte und diese drei Bestimmungen erfüllende Funktion heiße ein *Maß* (oder: eine *Maßfunktion*) *auf* $\mathfrak{A}$. Wenn statt **M3** dagegen nur die schwächere Bedingung der *endlichen Additivität* verlangt wird (vgl. **A3** von **D3**), so spricht man von einem *Inhalt*.

Wir gehen jetzt zur früheren Definition **D4** zurück. Wenn wir dort durchgängig „μ" statt „P" schreiben und in der letzten Teilbestimmung (*c*) dieser Definition die drei Axiome **A1**, **A2**, **A3** für absolute Wahrschein-

[34] In **B** und **C** haben wir, einem Sprachgebrauch der Statistiker folgend, das Symbol „μ" ausschließlich für den Erwartungswert einer Zufallsfunktion benützt. In den Abschnitten 9–12 von **D** und nur in diesen übernehmen wir die allgemein verbreitete Symbolik der Maßtheorie, wonach durch „μ" eine Maßfunktion bezeichnet wird. Die beiden Verwendungen dieses Symbols haben also gar nichts miteinander zu tun.

lichkeit durch die drei allgemeineren Bestimmungen **M1**, **M2**, und **M3** ersetzen, so haben wir die Definition des Begriffs „σ-additiver Wahrscheinlichkeitsraum" in die allgemeinere Definition des *Maßraumes* $\mathcal{M} = \langle \Omega, \mathfrak{A}, \mu \rangle$ transformiert. Ω heiße die *Grundmenge* dieses Raumes.

Wir haben bereits erwähnt, daß man im allgemeinen Fall nicht $\mathfrak{A} = Pot(\Omega)$ setzen kann, da es nicht immer möglich ist, für die ganze Potenzmenge ein Maß zu definieren. Wir müssen uns daher darauf beschränken, für Teilklassen von $Pot(\Omega)$, die aber doch möglichst umfassend sein sollen, ein Maß zu definieren. Die Leitidee wird der Konstruktion von Maßen für n-dimensionale euklidische Räume entnommen. (Größerer Anschaulichkeit halber setze der Leser $n = 3$): Man definiert ‚Maße'[35] zunächst für einfachere Gebilde, wie z.B. n-dimensionale Intervalle und Vereinigungen von solchen, um daraufhin den Maßbegriff durch Übertragung auf kompliziertere Gebilde zu verallgemeinern. Diese Verallgemeinerung wird jedoch in der Maßtheorie nicht, wie man zunächst erwarten würde, schrittweise vollzogen, sondern erfolgt unter Benützung eines Kunstgriffes sozusagen ‚mit einem Schlag'. Dieser Kunstgriff, welcher auf den Mathematiker C. Carathéodory zurückgeht, besteht aus zwei Schritten. In einem ersten Schritt wird das vorgegebene ‚Maß' μ zu einer für *sämtliche* Teilmengen von Ω (also auf ganz $Pot(\Omega)$) definierten Funktion $\mu^{\#}$ erweitert. Die Funktion $\mu^{\#}$ ist nicht σ-additiv, sondern erfüllt nur eine schwächere Bedingung, nämlich die sog. Subadditivität. In einem zweiten Schritt wird eine *Beschränkung* von $\mu^{\#}$ auf die Klasse der sog. $\mu^{\#}$-meßbaren Mengen vorgenommen. Es stellt sich heraus, daß diese Klasse einen σ-Körper bildet und daß außerdem $\mu^{\#}$ ein Maß auf dieser Klasse darstellt.

Wir schildern zunächst in etwas präziserer Formulierung das abstrakte Verfahren, um es dann im nächsten Unterabschnitt auf den wichtigsten Fall: den n-dimensionalen euklidischen Raum, anzuwenden.

Unter einem *Mengenring* $\mathfrak{R}$ *über* Ω[36] verstehen wir eine Klasse von Teilmengen aus Ω, welche die folgenden Bedingungen erfüllt:

(*a*) $\emptyset \in \mathfrak{R}$;
(*b*) wenn $A, B, \in \mathfrak{R}$, dann $A - B \in \mathfrak{R}$;
(*c*) wenn $A, B, \in \mathfrak{R}$, dann $A \cup B \in \mathfrak{R}$.

Man erkennt leicht, daß aus einem Mengenring genau dann ein Mengenkörper im Sinn von **D1** entsteht, wenn man zu diesen drei Bedingungen als

[35] Wir setzen den Ausdruck unter ein metaphorisches Anführungszeichen, weil der Definitionsbereich dieser Mengenfunktion ja zu Beginn noch kein σ-Körper ist.

[36] Gemäß unserer früheren Vereinbarung über den Gebrauch der Worte „Menge", „Klasse" und „Familie" müßten wir eigentlich statt von einem Mengenring von einem *Klassen*ring etc. sprechen. Doch sind derartige Ausdrücke unüblich. Wir werden später einfach das Wort „Ring" verwenden. Mit den Ausdrücken „Körper" und „σ-Körper" verhält es sich analog.

weitere Bedingung (*d*) $\Omega \in \mathfrak{R}$ hinzunimmt. (*Beweis*: Diese vier Bedingungen seien erfüllt. Dann ist wegen (*b*) und (*d*) mit A auch $\overline{A}$ Element von $\mathfrak{R}$, wenn $\overline{A} = \Omega - A$. Wenn umgekehrt $\mathfrak{R}$ ein Mengenkörper ist, so ist (*a*) wegen $\emptyset = \overline{\Omega}$ erfüllt; und (*b*) ergibt sich aus $A - B = A \cap \overline{B} = \overline{(\overline{A} \cup B)}$, d.h. die Differenz kann mittels der beiden im Mengenkörper zur Verfügung stehenden Operationen der Komplementbildung und der Vereinigung ausgedrückt werden.)

Es sei nun ein Mengenring $\mathfrak{R}$ über Ω und außerdem eine auf $\mathfrak{R}$ definierte Funktion μ gegeben, welche die Bedingungen **M1** bis **M3** erfüllt. Eine solche Funktion μ heißt *Prämaß* auf $\mathfrak{R}$. Es gilt die folgende Behauptung:

(105) *Fortsetzungssatz von* Carathéodory:
Jedes Prämaß μ auf einem Ring $\mathfrak{R}$ kann auf mindestens eine Weise zu einem Maß auf dem durch $\mathfrak{R}$ erzeugten σ-Körper $\mathfrak{A}(\mathfrak{R})$ fortgesetzt werden.

Für den Beweis dieses Theorems müssen wir zwar auf die Literatur verweisen (für sehr klar geschriebene Beweise vgl. z.B. Bauer, [Wahrscheinlichkeitstheorie], S. 27ff., oder Munroe, [Measure], S. 87ff.). Doch seien die beiden genannten Schritte innerhalb des Beweises dieses Satzes genauer geschildert.

Es sei $A \subset \Omega$ beliebig gewählt. Wir betrachten die Klasse aller Folgen von Mengen $(B_i)_{i \in \mathbf{N}}$ mit $B_i \in \mathfrak{R}$, so daß $A \subset \bigcup_{i=1}^{\infty} B_i$. Ist diese Klasse leer, so definieren wir: $\mu^{\#}(A) = \infty$. Ist diese Klasse hingegen nicht leer, so lautet die Definition:

$$\mu^{\#}(A) = \inf \left\{ \sum_{i=1}^{\infty} \mu(B_i) \mid B_i \in \mathfrak{R} \wedge A \subset \bigcup_{i=1}^{\infty} B_i \right\}$$

Wir erklären im zweiten Fall also zum $\mu^{\#}$-Wert von A das Infimum aus allen unendlichen Summen von μ-Werten für Mengen aus $\mathfrak{R}$, die Glieder einer A überdeckenden Mengenfolge bilden. Die Funktion $\mu^{\#}$ ist auf ganz $Pot(\Omega)$ definiert und hat nachweislich die folgenden Eigenschaften:

(α) $\mu^{\#}(\emptyset) = 0$;
(β) für alle $A \subset \Omega$ ist $\mu^{\#}(A) \geqq 0$;
(γ) $\mu^{\#}$ ist bezüglich der Einschlußrelation von Mengen isoton, d.h. wenn für zwei Teilmengen A und B von Ω gilt: $A \subset B$, dann $\mu^{\#}(A) \leqq \mu^{\#}(B)$;
(δ) für jede unendliche Folge $(A_i)_{i \in \mathbf{N}}$ von Mengen[37] $A_i \in Pot(\Omega)$ gilt:

$$\mu^{\#}\left(\bigcup_{i=1}^{\infty} A_i\right) \leqq \sum_{i=1}^{\infty} \mu^{\#}(A_i) \quad \text{(Subadditivität)}$$

Wegen dieser Eigenschaften nennt man $\mu^{\#}$ ein *äußeres Maß* (oder: eine *äußere Maßfunktion*) auf $Pot(\Omega)$.

---

[37] Paarweise Disjunktheit wird hier *nicht* verlangt.

Diese Konstruktion bildet den *ersten Schritt*. In einem *zweiten Schritt* betrachtet man die Menge aller $A \subset \Omega$[38], für welche gilt:

(*) Für jedes $B \subset \Omega$ ist $\mu^{\#}(B) \geqq \mu^{\#}(B \cap A) + \mu^{\#}(B \cap \bar{A})$.

Diese Bedingung wird insbesondere für alle $A \in \mathfrak{R}$ erfüllt, in der Regel aber von noch viel mehr Mengen. Man nennt die Klasse all dieser Mengen *die Klasse der $\mu^{\#}$-meßbaren Mengen*. Es läßt sich beweisen, daß erstens diese Klasse der $\mu^{\#}$-meßbaren Mengen ein σ-Körper ist und daß zweitens die Beschränkung von $\mu^{\#}$ auf diese Klasse ein Maß (auf dieser Klasse) darstellt. Da $\mathfrak{R}$ in der Klasse der $\mu^{\#}$-meßbaren Mengen eingeschlossen ist, gilt dies auch für den durch $\mathfrak{R}$ erzeugten σ-Körper $\mathfrak{A}(\mathfrak{R})$, womit (105) bewiesen ist.

Der eben skizzierte Beweis schildert zugleich die Methode, um zur Einführung eines Maßes auf einem σ-Körper zu gelangen: Diese beiden Begriffe brauchen nicht unabhängig voneinander eingeführt zu werden, sondern der σ-Körper $\mathfrak{A}$ kann mit der Klasse der relativ zu einem äußeren Maß $\mu^{\#}$-meßbaren Mengen identifiziert werden. Damit ist zugleich die Gewähr dafür geschaffen, daß die Beschränkung von $\mu^{\#}$ auf die Klasse der $\mu^{\#}$-meßbaren Mengen tatsächlich ein Maß ist.

Der Beweis zeigt außerdem, daß es nicht wesentlich ist, den Ausgang bei einem Prämaß auf einem Ring zu wählen. Die einzelnen Beweisschritte sind auch dann vollziehbar, wenn folgendes vorgegeben ist: erstens eine Klasse $\mathfrak{K}$ von Mengen, die $\emptyset$ enthält und die außerdem so geartet ist, daß für jedes $A \subset \Omega$ eine Folge $(B_i)_{i \in \mathbf{N}}$ von Mengen aus $\mathfrak{K}$ mit $A \subset \bigcup_{i=1}^{\infty} B_i$ existiert; zweitens eine nichtnegative reelle Mengenfunktion τ, die auf $\mathfrak{K}$ definiert ist und die Bedingung $\tau(\emptyset) = 0$ erfüllt. $\mathfrak{K}$ und τ können dann im Beweis von (105) die Rolle des obigen Ringes $\mathfrak{R}$ und des Prämaßes auf $\mathfrak{R}$ übernehmen. (Dies ist z.B. das Vorgehen von Munroe in [Measure] auf S. 90ff.)

Zwei Anmerkungen dürften von Nutzen sein: (1) Die Meßbarkeit einer Menge ist keine ‚innere' Eigenschaft der Menge, sondern hängt vom (gewählten oder konstruierten) äußeren Maß ab: *ein und dieselbe Menge* kann in bezug auf ein bestimmtes äußeres Maß *meßbar* sein, in bezug auf ein anderes äußeres Maß hingegen *nicht meßbar*. (2) In der Bestimmung (*) soll nicht die merkwürdige Tatsache übersehen werden, daß darin zwar die Meßbarkeit von A erklärt wird, diese Erklärung jedoch nicht mit „$\mu^{\#}(A)$" beginnt, sondern von einer *beliebigen* ‚Testmenge' B ausgeht. Anders ausgedrückt: *die Meßbarkeit von A hat mit dem äußeren Maß von A selbst nichts zu tun*; vielmehr hängt sie davon ab, *ob A mit dem äußeren Maß anderer Mengen ‚dasjenige tut', was (*) beschreibt*. Es ist leicht einzusehen, daß die Ungleichung (*) zur Gleichung verschärft werden kann; denn die Ungleichung in der anderen Richtung gilt wegen (δ). Wenn man von dieser Verschärfung zur Gleichheit ausgeht und außerdem bedenkt, daß im ersten rechten Glied A, im zweiten hingegen dessen Komplement $\bar{A}$ vorkommt, so kann man sich eine gewisse intuitive Vorstellung vom Begriff der Meßbarkeit in der Weise machen, daß man fragt, was es heißt, daß eine Menge C bezüglich $\mu^{\#}$ *nicht* meßbar ist. Während für eine ‚einigermaßen normale' Menge das äußere Maß die in (*) geforderte Additivität herzustellen gestattet, ist C eine Menge, die mit ihrem Komplement $\bar{C}$ in so ‚verrückter Weise' ineinander verschlungen ist, daß die $\mu^{\#}$-Additivität irgendwo an der Grenze zwischen C und $\bar{C}$ zusammenbricht. Eine meßbare Menge M ist demgegenüber so ‚glatt', daß sie keine Menge B derart in zwei Teilstücke $B \cap M$ und $B \cap \bar{M}$ aufbricht, so daß die Additivität bezüglich des äußeren Maßes zerstört ist.

[38] Es sei daran erinnert, daß $A \subset \Omega$ und $A \in Pot(\Omega)$ dasselbe besagen.

Satz (105) lehrt, daß man ein Prämaß auf $\mathfrak{R}$ zu einem Maß auf $\mathfrak{A}(\mathfrak{R})$ erweitern kann. In manchen Fällen ist der Satz sogar dann anwendbar, wenn auf $\mathfrak{R}$ zunächst nur ein *Inhalt* definiert ist, also bloß *endliche* Additivität bekannt ist. Um (105) anwenden zu können, muß man dann nur noch beweisen, daß der gegebene Inhalt außerdem sogar ein Prämaß ist. Dies ist die Situation bei dem in 9.b zu schildernden Prämaß, aus dem das Lebesguesche Maß für Borel-Mengen konstruiert wird.

Häufig wird das, was (105) leistet, im folgenden Sinn als zu schwach empfunden: Man möchte nicht nur eine Gewähr dafür haben, daß ein Prämaß überhaupt, d.h. auf *mindestens eine* Weise zu einem Maß erweitert werden kann, sondern außerdem, daß diese Erweiterung auf *genau eine* Weise erfolgen kann. Läßt sich diese schärfere Behauptung ebenfalls beweisen? Sie gilt nur unter einer zusätzlichen Voraussetzung, die allerdings sehr häufig erfüllt ist. Um sie bündig formulieren zu können, führen wir einige weitere Abkürzungen ein.

$(A_i)_{i\in\mathbb{N}}$ wird *isotone Mengenfolge* genannt, wenn gilt: $A_1 \subset A_2 \subset \cdots \subset A_n \subset \cdots$. Gilt außerdem: $M = \bigcup (A_i)_{i\in\mathbb{N}}$ (genauer: $M = \bigcup \{A_i | i \in \mathbb{N}\}$, d.h. M ist die Vereinigung sämtlicher Glieder dieser isotonen Folge), so drücken wir dies mit H. Bauer durch $A_i \uparrow M$ aus. (Analog kann man für eine antitone Mengenfolge $B_1 \supset B_2 \supset \cdots \supset B_n \supset \cdots$ mit $N = \bigcap (B_i)_{i\in\mathbb{N}}$ schreiben $A_i \downarrow N$; doch dies brauchen wir hier nicht.) Nach dieser Schreibweise besagt insbesondere $A_i \uparrow \Omega$, daß die Mengen A_i Glieder einer isotonen Mengenfolge sind, so daß die Vereinigung aller Glieder mit der ganzen Grundmenge identisch ist.

Angenommen, μ sei ein auf einem Ring $\mathfrak{R}$ definierter Inhalt. μ wird dann *σ-endlich* genannt, wenn eine Folge $(A_i)_{i\in\mathbb{N}}$ von Mengen aus $\mathfrak{R}$ existiert, so daß erstens $A_i \uparrow \Omega$ und zweitens für alle $k \in \mathbb{N}$ gilt: $\mu(A_k) < +\infty$. Da jedes Prämaß trivialerweise ein Inhalt ist, kann der eben definierte Begriff auch auf Prämaße angewendet werden. Die angekündigte Verschärfung von (105) lautet nun:

(106) *Jedes σ-endliche Prämaß μ auf einem Ring $\mathfrak{R}$ kann auf genau eine Weise zu einem Maß auf dem von $\mathfrak{R}$ erzeugten σ-Körper $\mathfrak{A}(\mathfrak{R})$ fortgesetzt werden.*

(Für einen Beweis vgl. Bauer, [Wahrscheinlichkeitstheorie], S. 30f., Richter, Wahrscheinlichkeitstheorie, S. 26ff.)

9.b Borel-Mengen und Lebesguesches Maß. Wir nehmen jetzt an, daß unsere Grundmenge Ω mit dem n-dimensionalen euklidischen Raum $\mathbb{R}^n$ identisch ist ($n = 1, 2, \ldots$). Jene Leser, für welche die Beschäftigung mit n-dimensionalen Räumen für beliebiges endliches n ungewohnt ist, können $n = 1$ setzen. Die Grundmenge Ω ist dann die reelle Zahlengerade; die in der folgenden Konstruktion benützten Ausgangsmengen sind dann die halboffenen (oder offenen oder geschlossenen) Zahlenintervalle; und die am

Ende gewonnenen Begriffe sind die der Borel-Mengen reeller Zahlen sowie des Lebesgueschen Maßes solcher Mengen.

Ein Punkt x von $\mathbb{R}^n$ kann als geordnetes n-Tupel $x = \langle x_1, \ldots, x_n \rangle$ aufgefaßt werden. Für zwei solche Punkte x und y soll $x < y$ bzw. $x \leqq y$ dasselbe besagen wie: für alle $i = 1, 2, \ldots, n$ gilt $x_i < y_i$ bzw. $x_i \leqq y_i$. Der Begriff des *nach rechts halboffenen Intervalls* $[a, b)$ im $\mathbb{R}^n$ ist dann definiert durch

$$[a, b) =_{Df} \{x \mid x \in \mathbb{R}^n \wedge a \leqq x < b\}.$$

(Analog sind die Begriffe des nach links halboffenen Intervalls $(a, b]$, des offenen Intervalls (a, b) sowie des geschlossenen Intervalls $[a, b]$ zu definieren.)

$\mathfrak{J}^n$ sei die Menge aller nach rechts halboffenen Intervalle[39]. Wir können *endlich viele* Elemente aus $\mathfrak{J}^n$ auswählen und daraus die Vereinigungsmenge bilden. Eine solche Menge heiße n-dimensionale *Figur*. $\mathfrak{F}^n$ sei die Klasse aller n-dimensionalen Figuren. Nachweislich ist $\mathfrak{F}^n$ ein Ring über $\mathbb{R}^n$. (Für den Beweis vgl. Bauer, [Wahrscheinlichkeitstheorie], Satz 4.2, S. 23. Für die Durchführung des Beweises ist es wesentlich, zunächst zu zeigen, daß jede Figur als Vereinigung endlich vieler *paarweise elementfremder* nach rechts halboffener Intervalle dargestellt werden kann.)

Man bilde nun den von $\mathfrak{F}^n$ erzeugten σ-Körper $\mathfrak{A}(\mathfrak{F}^n)$ (der offenbar identisch ist mit $\mathfrak{A}(\mathfrak{J}^n)$). Dieser σ-Körper wird mit $\mathfrak{B}^n$ bezeichnet; seine Elemente heißen *Borel-Mengen*. In $\mathfrak{B}^n$ kommen alle Figuren als Elemente vor, ferner Ω selbst; außerdem enthält $\mathfrak{B}^n$ zu jedem Element sein Komplement und für jede abzählbare Folge auch noch deren unendliche Vereinigung (und daher auch deren unendlichen Durchschnitt). Die Klasse aller Borel-Mengen bildet also einen umfassenden σ-Körper im n-dimensionalen euklidischen Raum.

Daß wir mit Intervallen der Gestalt $[a, b)$ begannen, war unwesentlich. Ebenso hätte man z.B. von den offenen oder von den abgeschlossenen Intervallen sowie von weiteren Mengen ausgehen können; vgl. dazu Bauer, a.a.O. S. 32. $\mathfrak{B}^n$ besteht aus einer ungeheuren Mannigfaltigkeit von Mengen. Eine gewisse intuitive Vorstellung von dieser Mannigfaltigkeit liefert die *Borelsche Klassifikation der Mengen*, welche in Munroe, [Measure], S. 64—66 ausführlich beschrieben ist und dort mittels einer graphischen Darstellung anschaulich repräsentiert wird.

Wäre es uns nur um die Einführung des Begriffs der Borel-Menge gegangen, so hätten wir uns wegen $\mathfrak{A}(\mathfrak{F}^n) = \mathfrak{A}(\mathfrak{J}^n)$ den Begriff der Klasse $\mathfrak{F}^n$ ersparen können. Man benötigt diesen Begriff *für die Einführung eines Maßes, das für sämtliche Elemente von* $\mathfrak{B}^n$ *definiert ist.*

Für jedes halboffene Intervall $[x, y) \in \mathfrak{J}^n$ wird die reelle Zahl

$$(y_1 - x_1) \cdot (y_2 - x_2) \cdot \ldots \cdot (y_n - x_n)$$

[39] Nach der früheren Vereinbarung müßten wir auch $\mathfrak{J}^n$ eigentlich als eine *Klasse* bezeichnen, da die Intervalle selbst Punktmengen sind. Damit unsere sprachlichen Ausdrucksmittel nicht vorzeitig erschöpft sind, beschließen wir einfach, die Intervalle *als Elemente* zu nehmen, aus denen wir Mengen bilden können.

der *n-dimensionale Elementarinhalt von* $[x, y)$ genannt. Die Einführung des Lebesgueschen Maßes erfolgt nun in drei Schritten:

1. Es läßt sich zeigen, daß dieser n-dimensionale Elementarinhalt *zu genau einem Inhalt* λ^n auf $\mathfrak{F}^n$ erweitert werden kann, d.h. es existiert genau ein Inhalt λ^n auf $\mathfrak{F}^n$, so daß für jedes Element J auf $\mathfrak{J}^n$ der Wert $\lambda^n(J)$ mit dem n-dimensionalen Elementarinhalt von J identisch ist. (Für einen Beweis vgl. BAUER, a.a.O. Satz 4.3, S. 24.)

2. Dieser Inhalt λ^n auf $\mathfrak{F}^n$ ist überdies ein Prämaß (vgl. Bauer, a.a.O. Satz 4.4, S. 25). Es heißt *Lebesguesches Prämaß* und soll ebenfalls λ^n genannt werden.

3. λ^n ist außerdem σ-endlich. Dies ist leicht einzusehen; denn $\mathbb{R}^n$ kann durch eine Folge von immer größer werdenden Würfeln, deren jeder jedoch einen endlichen Inhalt hat, approximiert werden.

In mathematisch genauerer Sprechweise sieht dies so aus: x_k sei für jedes $k \in \mathbb{N}$ derjenige Punkt aus $\mathbb{R}^n$, dessen sämtliche n Koordinaten den Wert k haben. Es ist $J_k = [-x_k, x_k)$ ein Element von $\mathfrak{J}^n$. Für $k \to \infty$ gilt $J_k \uparrow \mathbb{R}^n$ mit $\lambda^n(J_k) < +\infty$.

Wegen der σ-Endlichkeit von λ^n kann daher nicht nur der Fortsetzungssatz (105), sondern auch dessen Verschärfung (106) angewendet werden. Das auf diese Weise erhaltene eindeutig bestimmte Maß auf $\mathfrak{B}^n$ wird ebenfalls λ^n genannt und als *Lebesgue-Borelsches Maß* (abgekürzt: *L-B-Maß*) auf $\mathbb{R}^n$ bezeichnet. Für jede Menge $B \in \mathfrak{B}^n$ nennt man $\lambda^n(B)$ das *Lebesguesche Maß von B*. Man kann darüber folgendes aussagen:

(107) *Der n-dimensionale Elementarinhalt für Elemente von* $\mathfrak{J}^n$ *läßt sich auf genau eine Weise zu einem Maß auf der Klasse* $\mathfrak{B}^n$ *der Borel-Mengen erweitern. Dieses Maß ist das L-B-Maß* λ^n.

Anmerkung 1. Das L-B-Maß kann zu einem sog. *vollständigen* Maß erweitert werden. Es sei $\mathfrak{B}$ wieder der σ-Körper der Borel-Mengen. (Damit die Symbolik nicht zu unübersichtlich wird, lassen wir den oberen Index „n", der die Dimensionszahl angibt, fort; die folgenden Betrachtungen gelten für beliebige Dimensionszahlen.) Wir erweitern $\mathfrak{B}$ zu der Klasse $\mathfrak{B}'$, die aus allen Mengen der Gestalt $B \cup Z$ besteht, wobei $B \in \mathfrak{B}$ und Z eine Teilmenge einer Menge $A \in \mathfrak{B}$ ist mit $\lambda(A) = 0$; d.h. $\mathfrak{B}'$ ist die Klasse der Vereinigungen von Borel-Mengen mit Teilmengen Z von Borel-Mengen, deren letztere das Maß 0 haben. Da $\emptyset$ selbst ein solches Z ist, gilt einerseits: $\mathfrak{B} \subset \mathfrak{B}'$. Andererseits enthält $\mathfrak{B}'$ mehr Elemente als $\mathfrak{B}$, da nicht alle Teilmengen von Borel-Mengen mit dem Maß 0 selbst wieder Borel-Mengen sind. Dagegen ist auch $\mathfrak{B}'$ wieder ein σ-Körper. Das L-B-Maß λ auf $\mathfrak{B}$ wird zu einem Maß $\bar{\lambda}$ auf $\mathfrak{B}'$ erweitert, indem man für Mengen Z der angegebenen Art (d.h. für Teilmengen von Borel-Mengen mit dem Maß 0) erklärt:

$$\bar{\lambda}(B \cup Z) = \lambda(B) \text{ für } B \in \mathfrak{B}$$

$\bar{\lambda}$ wird die *Vervollständigung von* λ genannt und als das *Lebesguesche Maß* bezeichnet. $\mathfrak{B}'$ ist die Klasse der *Lebesgue-meßbaren Mengen*. Das L-B-Maß λ ist also genau die Beschränkung des Lebesgueschen Maßes auf die Klasse $\mathfrak{B}$ der Borel-Mengen. λ selbst ist kein vollständiges Maß, $\bar{\lambda}$ dagegen ist in dem Sinn ein *voll-*

ständiges Maß, daß der Argumentbereich dieser Funktion jede Teilmenge einer Menge vom Maß 0 enthält. Um terminologische Konfusionen zu vermeiden, bezeichnen einige Autoren das auf $\mathfrak{B}$ definierte Maß λ nicht ebenfalls als Lebesguesches Maß bzw. als L-B-Maß, sondern als *Borelsches Maß*.

Anmerkung 2. Der euklidische Raum $\mathbb{R}^n$ ist bekanntlich deshalb ein sog. *metrischer Raum*, weil der Abstand d zwischen zwei Punkten $x = \langle x_1, \ldots, x_n \rangle$ und $y = \langle y_1, \ldots, y_n \rangle$ erklärt ist durch den (verallgemeinerten) Pythagoreischen Lehrsatz, nämlich durch:

$$d(x,y) = \sqrt{\sum_{i=1}^{n} (y_i - x_i)^2}.$$

In den obigen Überlegungen wird jedoch kein wesentlicher Gebrauch von der Tatsache gemacht, daß die Abstandsfunktion gerade auf diese Weise definiert ist. Die eingeführten Begriffe sowie die angestellten Überlegungen lassen sich daher im Prinzip *für beliebige metrische Räume* nachzeichnen. Einen *metrischen Raum* kann man dabei als ein geordnetes Paar $\langle \Omega, \varrho \rangle$ auffassen, bestehend aus einer Grundmenge Ω und einer auf Ω definierten zweistelligen nichtnegativen *Abstandsfunktion* ϱ, welche die beiden Postulate erfüllt:

SI Für alle $x, y \in \Omega$ ist $\varrho(x, y) = 0$ gdw $x = y$;
SII für alle $x, y, z \in \Omega$ gilt: $\varrho(x, z) \leqq \varrho(x, y) + \varrho(z, y)$ (Dreiecksungleichung).

Der Abstandsbegriff läßt sich auf Mengen erweitern, indem man für nichtleere $A \subset \Omega, B \subset \Omega$ definiert:

$$\varrho(A, B) = \inf \{\varrho(x, y) \mid x \in A \wedge y \in B\}.$$

Mittels des Abstandsbegriffs lassen sich die Begriffe der abgeschlossenen und der offenen Menge definieren, da der Begriff der ε-Umgebung verfügbar ist. Dann aber können auch die Borel-Mengen eingeführt werden. Wenn z.B. $\mathfrak{G}$ die Klasse der abgeschlossenen Mengen des metrischen Raumes ist, so ist der durch $\mathfrak{G}$ erzeugte σ-Körper $\mathfrak{A}(\mathfrak{G})$ mit der Klasse der Borel-Mengen dieses Raumes identisch.

Angenommen nun, $\mu^{\#}$ sei ein *metrisches äußeres Maß* auf Ω, d.h. ein äußeres Maß, welches die zusätzliche Bedingung erfüllt:

(ε) Für $A \subset \Omega, B \subset \Omega$ mit $\varrho(A, B) > 0$ gilt:

$$\mu^{\#}(A \cup B) = \mu^{\#}(A) + \mu^{\#}(B).$$

Dann läßt sich in gewisser Analogie zum obigen Resultat zeigen, *daß jede Borel-Menge $\mu^{\#}$-meßbar ist.* Die Umkehrung gilt nicht. (Für einen Beweis dieses Ergebnisses vgl. Munroe, [Measure], S. 101—106. Das eben erwähnte Resultat findet sich dort auf S. 104. Das Konstruktionsverfahren für metrische äußere Maße wird auf S. 105 beschrieben.)

Dieses Resultat gestattet es also, für viel allgemeinere Räume die Begriffe der Borel-Menge sowie der (in bezug auf ein äußeres Maß) meßbaren Menge einzuführen. Solche Räume können z.B. statt Punkten als Elemente *Funktionen* haben, vorausgesetzt nur, daß für einen derartigen Funktionenraum ein geeigneter Abstandsbegriff definiert ist, wodurch dieser Raum zu einem metrischen Raum wird.

Ein Beispiel für eine derartige Abstandsdefinition sei angeführt: Ω sei die Menge der reellen Funktionen mit dem abgeschlossenen Intervall [0, 1] als Definitionsbereich. Wir machen aus diesem Raum dadurch einen metrischen Raum, daß wir für zwei Elemente $f, g \in \Omega$ definieren:

$$\varrho(f, g) = \sup_{0 \leq x \leq 1} |f(x) - g(x)|$$

(d.h. wir identifizieren per definitionem den Abstand zwischen zwei Funktionen unseres Raumes mit dem Supremum der Absolutbeträge der Differenzen zwischen Funktionswerten von f und g bei gleichen Argumenten aus dem Definitionsbereich).

Bedenken wir, daß die Klasse der Borel-Mengen eine geradezu schwindelerregende Fülle verschiedenartigster Mengen (einschließlich der bekannten ‚üblichen', wie der offenen und geschlossenen Intervalle, der Einpunktmengen[40], Hyperebenen usw.) enthält, so erkennen wir zugleich, daß das eingangs gesteckte Ziel erreicht wurde: Wir haben zwar im Fall überabzählbarer Punktmengen Ω nicht die Potenzmenge von Ω als σ-Körper mit zugehörigem Maß gewinnen können; denn dies ist logisch ausgeschlossen. Wir konnten jedoch mit der Klasse der Borel-Mengen eine *möglichst umfassende* Klasse von Mengen angeben, für die ein bestimmtes Maß, nämlich das L-B-Maß, definierbar ist. Zugleich wurde gezeigt, wie wir von einer relativ bescheidenen Ausgangsbasis aus zu diesem Ziel gelangen können: die Ausgangsbasis besteht nur aus den (offenen oder halboffenen oder geschlossenen) Intervallen und ihren Elementarinhalten.

10. Meßbare Funktionen und ihre Integrale

10.a Meßbare und Borel-meßbare Funktionen. Bildmaße. Zufallsfunktionen als spezielle meßbare Funktionen. Das im vorangehenden Abschnitt skizzierte Verfahren zeigte, wie man für beliebige Mengen Ω dazu gelangen kann, einen möglichst umfassenden σ-Körper $\mathfrak{A}$ über Ω zu bilden sowie ein Maß μ auf $\mathfrak{A}$ zu definieren, so daß $\langle \Omega, \mathfrak{A}, \mu \rangle$ ein Maßraum wird. Ist das Maß überdies normiert, d.h. gilt $\mu(\Omega) = 1$, so enthält das Verfahren zugleich eine Methode zur Konstruktion von σ-additiven Wahrscheinlichkeitsräumen.

In diesem Abschnitt geht es uns darum, in analoger Weise den früheren Begriff der *Zufallsfunktion* zu dem abstrakten Begriff der *meßbaren Funktion* zu verallgemeinern. Wie im vorigen Abschnitt wollen wir dabei zunächst ganz von der probabilistischen Verwendung dieses Begriffs absehen, um erst an späterer Stelle darauf zurückzukommen. Es dürfte das Verständnis nicht erschweren, sondern eher erleichtern, wenn man sich gleich dem abstrakten Fall zuwendet.

Dazu nehmen wir an, daß $\langle \Omega, \mathfrak{A} \rangle$ und $\langle \Omega^*, \mathfrak{A}^* \rangle$ zwei meßbare Räume sind, also zwei geordnete Paare, bestehend aus je einer Grundmenge und

---

[40] Um den Borel-Charakter einer Einpunktmenge mit x als Element rasch zu erkennen, wähle man ein rechtsseitig geschlossenes Intervall mit x als rechtem Endpunkt, ferner ein linksseitig geschlossenes Intervall, welches x als linken Endpunkt enthält, und bilde aus beiden den Durchschnitt.

einem σ-Körper über dieser Grundmenge. Daß auch ein Maß auf $\mathfrak{A}$ bzw. auf $\mathfrak{A}^*$ definiert sei, wird dagegen vorläufig *nicht* angenommen.

Wir erinnern an die folgende Konvention, die wir in (22) sowie in dem darauffolgenden Text einführten: Es sei $\mathfrak{x}: \Omega \mapsto \Omega^*$ eine Abbildung von Ω in Ω^*. Wenn B eine Teilmenge von Ω^* ist, so werde mit $f^{-1}(B)$ die Menge der f-Urbilder der Elemente von B bezeichnet, kurz: das f-Urbild von B, d. h.:

$$f^{-1}(B) =_{\mathrm{Df}} \{x \mid \bigvee y(y \in B \wedge f(x) = y)\}.$$

Wenn wir diese Abkürzung speziell auf Elemente von $\mathfrak{A}^*$ und $\mathfrak{x}$ anwenden, so erhalten wir:

(108) Die Funktion $\mathfrak{x}$ heißt $\mathfrak{A}$-$\mathfrak{A}^*$-*meßbar* gdw für alle $A^* \in \mathfrak{A}^*$ gilt: $\mathfrak{x}^{-1}(A^*) \in \mathfrak{A}$.

Bei dieser Definition werden die beiden Grundräume nicht ausdrücklich erwähnt, da man voraussetzt, daß diese bei der Definition der beiden ausdrücklich angeführten σ-Körper genau angegeben worden sind. Man kann aber eine noch explizitere symbolische Kurzfassung für den Begriff der $\mathfrak{A}$-$\mathfrak{A}^*$-Meßbarkeit von $\mathfrak{x}$ geben:

$$\mathfrak{x}: \langle \Omega, \mathfrak{A} \rangle \mapsto \langle \Omega^*, \mathfrak{A}^* \rangle$$ [41]

Gelegentlich wird dies so ausgedrückt: $\mathfrak{x}$ liefert eine meßbare Abbildung des ersten meßbaren Raumes in den zweiten. Der entscheidende Punkt bei dieser Definition ist die Tatsache, daß das $\mathfrak{x}$-Urbild eines Elementes des zweiten σ-Körpers $\mathfrak{A}^*$ *Element des ersten σ-Körpers* $\mathfrak{A}$ sein muß. In nochmaliger Verallgemeinerung der Konvention für die Charakterisierung von Urbildmengen kann diese Tatsache durch die Formel $\mathfrak{x}^{-1}(\mathfrak{A}^*) \subset \mathfrak{A}$ wiedergegeben werden. Wenn aus dem Zusammenhang ganz klar hervorgeht, welche σ-Körper gemeint sind, so wird statt von $\mathfrak{A}$-$\mathfrak{A}^*$-Meßbarkeit einfach von *Meßbarkeit* gesprochen.

Eine wichtige Klasse von Spezialfällen liegt vor, wenn die erste Grundmenge der n-dimensionale euklidische Raum $\mathbb{R}^n$, die zweite Grundmenge der r-dimensionale euklidische Raum $\mathbb{R}^r$ ist und wenn außerdem die beiden σ-Körper die entsprechenden Klassen der Borel-Mengen $\mathfrak{B}^n$ und $\mathfrak{B}^r$ sind. Zu den $\mathfrak{B}^n$-$\mathfrak{B}^r$-meßbaren Funktionen gehören dann insbesondere *alle stetigen Abbildungen* des Raumes $\mathbb{R}^n$ in den Raum $\mathbb{R}^r$.

Angenommen, I stelle eine (endliche oder unendliche) Indexmenge dar, über welche die Indizes i der meßbaren Räume $\langle \Omega_i, \mathfrak{A}_i \rangle$ sowie der Funktionen $\mathfrak{x}_i$ laufen. Ein und dieselbe Grundmenge Ω des meßbaren Raumes $\langle \Omega, \mathfrak{A} \rangle$ werde durch die Funktionen $\mathfrak{x}_i: \Omega \mapsto \Omega_i$ in die Mengen Ω_i abgebildet. Wir vollziehen nun drei Schritte: Zunächst bilden wir für jedes i die Klasse $\mathfrak{x}_i^{-1}(\mathfrak{A}_i)$, also die $\mathfrak{x}_i$-Urbildklasse des σ-Körpers von $\mathfrak{A}_i$. Sodann

[41] Diese neue Symbolik ist nicht mit der früheren zu verwechseln. Da $\mathfrak{x}$ eine Abbildung von Ω in Ω^* ist, gilt natürlich *auch* die Aussage $\mathfrak{x}: \Omega \mapsto \Omega^*$. Der Pfeil „$\mapsto$" hat also eine andere Bedeutung, je nachdem ob er zwischen zwei Namen von Grundmengen oder zwischen zwei geordneten Paaren, bestehend aus je einem Namen einer Grundmenge und eines σ-Körpers, steht.

bilden wir daraus die Vereinigungsmenge $\bigcup_{i \in I} \mathfrak{x}_i^{-1}(\mathfrak{A}_i)$. Und schließlich wählen wir die so konstruierte Klasse als Erzeuger eines σ-Körpers über Ω, d.h. wir bilden:

(109) $\mathfrak{A}' =_{Df} \mathfrak{A}\left(\bigcup_{i \in I} \mathfrak{x}_i^{-1}(\mathfrak{A}_i)\right)$

Man erkennt leicht, daß dies der kleinste σ-Körper über Ω ist, in bezug auf den *jede* der Funktionen $\mathfrak{x}_i$ mit $i \in I$ $\mathfrak{A}'$-$\mathfrak{A}_i$-meßbar ist. $\mathfrak{A}'$ wird *der von den meßbaren Räumen* $\langle \Omega_i, \mathfrak{A}_i \rangle$ *und den Funktionen* $\mathfrak{x}_i$ *erzeugte* σ*-Körper über* Ω genannt. Wir werden diese Begriffsbildung an späterer Stelle benötigen, um mittels der Projektionsabbildungen einer Produktmenge auf ihre Komponenten auch *Produkte von* σ-Körpern bilden zu können.

Um den Begriff des Bildmaßes einzuführen, gehen wir wieder von zwei meßbaren Räumen $\langle \Omega, \mathfrak{A} \rangle$ und $\langle \Omega^*, \mathfrak{A}^* \rangle$ sowie von einer im Sinn der Bestimmung (108) $\mathfrak{A}$-$\mathfrak{A}^*$-meßbaren Funktion $\mathfrak{x}$ aus. Außerdem sei ein beliebiges, auf $\mathfrak{A}$ definiertes Maß μ gegeben, so daß wir den ersten der beiden Räume *zu einem Maßraum* $\langle \Omega, \mathfrak{A}, \mu \rangle$ *ergänzen* können. Wir stellen uns die Aufgabe, mittels der Abbildung $\mathfrak{x}$ das Maß μ auf den zweiten Raum ‚zu übertragen', so daß auch auf $\mathfrak{A}^*$ ein Maß definiert ist. Dies geschieht einfach in der Weise, daß wir für jede Menge $A \in \mathfrak{A}^*$ zu der in $\mathfrak{A}$ liegenden $\mathfrak{x}$-Urbildmenge zurückgehen und ihr Maß als das Maß von A erklären. Diese Bestimmung ist *sinnvoll*, da wegen der vorausgesetzten Meßbarkeit von $\mathfrak{x}$ die Menge $\mathfrak{x}^{-1}(A)$ ein Element von $\mathfrak{A}$ ist, die somit auch einen μ-Wert haben muß.

(110) Es sei die meßbare Funktion $\mathfrak{x}: \langle \Omega, \mathfrak{A} \rangle \mapsto \langle \Omega^*, \mathfrak{A}^* \rangle$ gegeben. Ferner sei μ ein beliebiges Maß auf $\mathfrak{A}$. Durch die folgende bedingte Definition wird ein Maß auf $\mathfrak{A}^*$ festgelegt:

Für jedes beliebige $A \in \mathfrak{A}^*$ sei

$$\mu^*(A) =_{Df} \mu(\mathfrak{x}^{-1}(A)).$$

μ^* heißt auch das *Bildmaß* von μ, genauer: *das Bild von* μ *bei der Abbildung* $\mathfrak{x}$. Es wird auch mit $\mathfrak{x}(\mu)$ abgekürzt.

Bezüglich der Abkürzung $\mathfrak{x}(\mu)$ für das Bildmaß ist es wichtig, sich zu merken, daß die Anwendung dieses Maßes auf eine beliebige Menge X nicht $\mathfrak{x}(\mu(X))$ lautet, sondern $\mu(\mathfrak{x}^{-1}(X))$!

Damit wurde eine wichtige Aufgabe von meßbaren Funktionen beschrieben. Eine derartige Funktion $\mathfrak{x}$: $\langle \Omega, \mathfrak{A} \rangle \mapsto \langle \Omega^*, \mathfrak{A}^* \rangle$ ermöglicht es, für eine beliebig vorgegebene Erweiterung des meßbaren Raumes $\langle \Omega, \mathfrak{A} \rangle$ um das Maß μ zu einem Maßraum $\langle \Omega, \mathfrak{A}, \mu \rangle$ ein Bildmaß $\mu^* = \mathfrak{x}(\mu)$ zu konstruieren, welches auch den zweiten meßbaren Raum $\langle \Omega^*, \mathfrak{A}^* \rangle$ zu einem Maßraum $\langle \Omega^*, \mathfrak{A}^*, \mu^* \rangle$ zu ergänzen gestattet.

Unser Ziel ist es, aus dem abstrakten Begriff der meßbaren Funktion durch geeignete Spezialisierungen einen brauchbaren Begriff der Zufallsfunktion zu erhalten. Auf der einen Seite muß ein solcher Begriff mit unserer Vorstellung vereinbar sein, daß Zufallsfunktionen das Sprechen über probabilistisch zu beurteilende Ereignisse, die nicht numerisch charakterisiert sind, *in die Zahlensprache übersetzbar* machen sollen; anders ausgedrückt: die durch Zufallsfunktionen erzeugten Bildmaße sollen *für Zahlenmengen* definiert sein (vgl. die Überlegungen in 3.a). Insbesondere muß daher die gesuchte Definition die Bestimmungen von **D6** erfüllen. Auf der anderen Seite muß der gesuchte Begriff doch wieder so *allgemein* gehalten sein, daß er in den jetzigen maßtheoretischen Rahmen hineinpaßt. Wir erreichen dieses Ziel durch Vollzug von zwei einfachen Schritten.

Der erste Schritt besteht darin, den Bildraum Ω^* einer $\mathfrak{A}$-$\mathfrak{A}^*$-meßbaren Funktion mit der reellen Zahlengeraden $\mathbb{R} = \mathbb{R}^1$ und den σ-Körper $\mathfrak{A}^*$ über $\mathbb{R}$ mit dem σ-Körper $\mathfrak{B}^1$ der Borel-Mengen von reellen Zahlen zu identifizieren. Aus Zweckmäßigkeitsgründen wird dabei meist gleich die ‚Kompaktifizierung' beider Mengen durch Hinzufügung der idealen Punkte $+\infty$ und $-\infty$ vollzogen; die Grundmenge ist dann nach unserer früheren Festsetzung mit $\mathbb{R}_a$ zu bezeichnen; entsprechend nennen wir den zugehörigen σ-Körper $\mathfrak{B}^1_a$.

Für eine beliebige Menge $B \in \mathfrak{B}^1$ erhält man die entsprechenden Elemente von $\mathfrak{B}^1_a$, wenn man zu B auch noch die drei Mengen $B \cup \{+\infty\}$, $B \cup \{-\infty\}$, und $B \cup \{+\infty\} \cup \{-\infty\}$ hinzunimmt.

Damit haben wir erreicht, daß die Funktion $\mathfrak{x}$ eine *numerische Funktion* ist. Man spricht daher auch nicht mehr von $\mathfrak{A}$-$\mathfrak{B}^1_a$-meßbaren Funktionen, sondern von *$\mathfrak{A}$-meßbaren numerischen Funktionen auf Ω*. In der obigen Abkürzung könnte die Aussage, welche dieses Prädikat einer Funktion $\mathfrak{x}$ zuschreibt, durch

$$\mathfrak{x} : \langle \Omega, \mathfrak{A} \rangle \mapsto \langle \mathbb{R}^1_a, \mathfrak{B}^1_a \rangle$$

wiedergegeben werden. (Wir haben also hier gleich den ‚Kompaktifizierungsfall' einbezogen, wie dies auch im folgenden geschehen soll.)

Wird für Ω selbst ein Raum $\mathbb{R}^n$ und für $\mathfrak{A}$ die Menge $\mathfrak{B}^n$ gewählt — also der n-dimensionale euklidische Raum zusammen mit der Klasse der n-dimensionalen Borel-Mengen —, so wird die numerische Funktion $\mathfrak{x}$ *Borel-meßbare* oder *Bairesche Funktion* auf $\mathbb{R}^n$ genannt.

Der zweite Schritt besteht darin, daß man vom *allgemeinen* maßtheoretischen Fall zum *probabilistischen* Fall übergeht, was nichts anderes bedeutet als folgendes: Als Maße μ, durch die der meßbare Raum $\langle \Omega, \mathfrak{A} \rangle$ zu einem Maßraum ergänzt werden kann, werden nur Wahrscheinlichkeitsmaße, d.h. *normierte* Maße, zugelassen, also Maße mit $\mu(\Omega) = 1$. Dieser Schritt ist insbesondere dann bedeutungsvoll, wenn man die meßbare Funktion $\mathfrak{x}$ dazu benützt, um Bildmaße zu erzeugen; denn für ein normiertes Maß μ ist auch das Bildmaß $\mathfrak{x}(\mu)$ ein Wahrscheinlichkeitsmaß.

Für viele Anwendungen ist ein Satz von Nutzen, der vier Bedingungen angibt, deren jede mit der Meßbarkeit logisch äquivalent ist:

(111) $\mathfrak{x}$ ist eine $\mathfrak{A}$-meßbare numerische Funktion auf Ω gdw eine der folgenden Bedingungen erfüllt ist:

(*a*) für alle $y \in \mathbb{R}_a$ gilt: $\{\omega \mid \omega \in \Omega \wedge \mathfrak{x}(\omega) \geqq y\} \in \mathfrak{A}$;

(*b*) für alle $y \in \mathbb{R}_a$ gilt: $\{\omega \mid \omega \in \Omega \wedge \mathfrak{x}(\omega) > y\} \in \mathfrak{A}$;

(*c*) für alle $y \in \mathbb{R}_a$ gilt: $\{\omega \mid \omega \in \Omega \wedge \mathfrak{x}(\omega) \leqq y\} \in \mathfrak{A}$;

(*d*) für alle $y \in \mathbb{R}_a$ gilt: $\{\omega \mid \omega \in \Omega \wedge \mathfrak{x}(\omega) < y\} \in \mathfrak{A}$.

(Für Beweise vgl. BAUER, [Wahrscheinlichkeitstheorie], S. 44f.; MUNROE, [Measure], S. 147f.)

Es möge beachtet werden, daß diese Bedingungen auch anders formuliert werden könnten. So z.B. besagt die Bedingung (*c*) genau dasselbe wie: $\mathfrak{x}^{-1}([-\infty, y]) \in \mathfrak{A}$. Während in (111) ***unmittelbar*** gewissen Elementen von $\mathfrak{A}$ Bedingungen auferlegt werden, bilden bei dieser anderen Formulierung gewisse Intervalle aus $\mathfrak{B}^1_a$ den Ausgangspunkt und die Behauptung geht dahin, daß die $\mathfrak{x}$-Urbilder dieser Intervalle Elemente von $\mathfrak{A}$ sind.

Für meßbare Funktionen gelten ähnliche Lehrsätze wie für stetige Funktionen. So ist z.B. für eine meßbare Funktion und eine reelle Zahl a auch $|\mathfrak{x}|$, $a\mathfrak{x}$ sowie $\mathfrak{x} + a$ meßbar; ferner sind für zwei meßbare Funktionen deren Summe und Differenz sowie deren Produkt meßbar; schließlich sind auch Supremum und Infimum von Folgen meßbarer Funktionen meßbar. (Vgl. MUNROE, a.a.O., S. 150ff., oder BAUER, a.a.O., S. 45f. Die oben formulierten Behauptungen gelten nur unter der Voraussetzung, daß die fraglichen Operationen auch *definiert* sind.)

Häufig wird die für die Meßbarkeit notwendige und hinreichende Bedingung (111) (*c*) als Definition der Meßbarkeit benützt. Die eben erwähnten Lehrsätze beinhalten, daß die Meßbarkeitseigenschaft von meßbaren Funktionen erhalten bleibt, wenn diese Funktionen einer der in der Analysis üblichen Operationen unterworfen werden. Die wichtige Rolle, welche die in (111) (*c*) angeführte Klasse (oder eine der anderen drei in (111) angeführten Klassen) spielt, besteht dann darin, ***daß man alle üblichen probabilistischen Fragen in bezug auf Punktfunktionen von der Art der Funktionen $\mathfrak{x}$ von*** (111) ***auf probabilistische Fragen über Mengen zurückführen kann, nämlich über Mengen, die dem σ-Körper angehören, der durch die Klasse aller Mengen von der Gestalt*** $\{\omega \mid \omega \in \Omega \wedge \mathfrak{x}(\omega) \leqq y\}$ ***erzeugt wird.***

Was ist also nun eine *Zufallsfunktion*? Die Antwort lautet: ***eine $\mathfrak{A}$-meßbare numerische Funktion auf Ω, sofern bereits ein bestimmtes Wahrscheinlichkeitsmaß auf $\mathfrak{A}$ definiert worden ist.*** Es werden somit nur dann $\mathfrak{A}$-meßbare Funktionen Zufallsfunktionen genannt, wenn die beiden genannten Schritte als vollzogen vorausgesetzt sind: Der Wertbereich der Funktion muß eine (echte oder unechte) Teilklasse von $\mathbb{R}_a$ sein; und der erste Raum, auf dessen Grundmenge Ω die Funktion definiert ist, darf nicht bloß ein meßbarer Raum sein, sondern hat ein Wahrscheinlichkeitsraum $\langle \Omega, \mathfrak{A}, P \rangle$ mit dem

Wahrscheinlichkeitsmaß P zu sein. So wie früher nennen wir die Elemente $\omega \in \Omega$ *mögliche Resultate*, deren Einermengen $\{\omega\}$ *Elementarereignisse* und die Elemente von $\mathfrak{A}$ *Ereignisse*. $\emptyset$ ist das *unmögliche Ereignis* und Ω das *sichere Ereignis*. Obwohl $\mathfrak{x}$ nur auf Ω definiert ist, sagen wir, daß $\mathfrak{x}$ *auf dem Wahrscheinlichkeitsraum* $\langle\Omega, \mathfrak{A}, P\rangle$ *definiert* sei.

Die in (110) beschriebene *Methode der Bildmaße* kann jetzt *auf Zufallsfunktionen angewendet* werden. Gegeben sei also ein Wahrscheinlichkeitsraum $\langle\Omega, \mathfrak{A}, P\rangle$ und eine Zufallsfunktion[42] $\mathfrak{x}: \langle\Omega, \mathfrak{A}\rangle \mapsto \langle\mathbb{R}, \mathfrak{B}^1\rangle$. $\mathfrak{x}$ ist per definitionem $\mathfrak{A}$-meßbar. Dies bedeutet: Für jede Borel-Menge $B \subset \mathbb{R}$ (mit anderen Worten: für jedes $B \in \mathfrak{B}^1$) ist $\mathfrak{x}^{-1}(B) \in \mathfrak{A}$, d.h. $\mathfrak{x}^{-1}(B)$ ist ein Ereignis. Da für alle Ereignisse das P-Maß erklärt wurde, ist es sinnvoll, vom Wert $P(\mathfrak{x}^{-1}(B))$ zu sprechen. Dieser Wert ist aber nach der obigen Definition nichts anderes als der Wert des Bildmaßes von P bezüglich der Abbildung $\mathfrak{x}$ für die Borel-Menge B. *Das Bildmaß* – jetzt natürlich mit $\mathfrak{x}(P)$ abgekürzt — *liefert uns die Wahrscheinlichkeit dafür, daß die Funktion* $\mathfrak{x}$ *einen in einer vorgegebenen Borel-Menge B gelegenen Wert annimmt.*

Damit wurde eine Verallgemeinerung dessen erreicht, was wir bereits in 3.a und 6.a auf bescheidenerer Basis gewonnen hatten: Durch eine Zufallsfunktion $\mathfrak{x}$ werden die Wahrscheinlichkeiten von Ereignissen (Elementen aus $\mathfrak{A}$) in Wahrscheinlichkeiten von Zahlenmengen transformiert. Die Verallgemeinerung besteht darin, daß wir jetzt nicht nur einpunktige Mengen und Intervalle, sondern *beliebige Borel-Mengen* als Argumente des Bildmaßes verwenden können. Wegen ihrer Wichtigkeit erhalten derartige Bildmaße einen eigenen Namen. In Anlehnung an die frühere Terminologie werden sie Verteilungen, gelegentlich auch Wahrscheinlichkeitsgesetze, genannt und außer durch $\mathfrak{x}(P)$ auch durch $P_\mathfrak{x}$ abgekürzt.

Wir fassen dies alles nochmals zusammen:

(112) $\mathfrak{x}$ sei eine reelle oder numerische Zufallsfunktion, die auf dem Wahrscheinlichkeitsraum $\langle\Omega, \mathfrak{A}, P\rangle$ definiert ist[43]. Unter der *Verteilung von* $\mathfrak{x}$ *bezüglich* P (dem *Wahrscheinlichkeitsgesetz von* $\mathfrak{x}$ *bezüglich* P) verstehen wir das Bildmaß $P_\mathfrak{x} = \mathfrak{x}(P)$, welches dadurch charakterisiert ist, daß es jeder Borel-Menge $B \in \mathfrak{B}^1$ bzw. $B \in \mathfrak{B}^1_a$ das Wahrscheinlichkeitsmaß

$$P(\mathfrak{x}^{-1}(B)) = P(\{\omega \mid \omega \in \Omega \wedge \mathfrak{x}(\omega) \in B\})$$

zuordnet.

Die einfachsten Beispiele von Zufallsfunktionen stellen die sog. Indikatorfunktionen dar. Wenn $\langle\Omega, \mathfrak{A}, P\rangle$ der vorgegebene Wahrscheinlichkeitsraum ist, so nennt man für eine beliebige Teilmenge $A \subset \Omega$ die Funktion 1_A, welche definiert ist durch

$$1_A(\omega) = \begin{cases} 1, \text{ wenn } \omega \in A \\ 0, \text{ wenn } \omega \notin A \end{cases} \qquad \text{für alle } \omega \in \Omega,$$

[42] Wenn wir, so wie hier, nur den reellen Fall explizit erwähnen, ist der allgemeinere numerische Fall stets hinzuzudenken.

[43] $\mathfrak{x}$ soll also nach Voraussetzung $\mathfrak{A}$-$\mathfrak{B}^1$-meßbar oder $\mathfrak{A}$-$\mathfrak{B}^1_a$-meßbar sein.

Indikatorfunktion von A. Es gilt:

(113) 1_A ist eine Zufallsfunktion (eine $\mathfrak{A}$-meßbare Funktion) gdw $A \in \mathfrak{A}$.

Beweis: Nach Definition ist 1_A genau dann $\mathfrak{A}$-meßbar, wenn für eine beliebige Borel-Menge B gilt, daß $1_A^{-1}(B) \in \mathfrak{A}$. Für das letztere gibt es aber nur vier Möglichkeiten: wenn 1 und 0 in B enthalten sind, so ist $1_A^{-1}(B) = \Omega$; wenn weder 1 noch 0 in B vorkommt, so ist dies $\emptyset$; wenn $1 \in B$ aber $0 \notin B$, dann ist $1_A^{-1}(B) = A$; wenn $0 \in B$, aber $1 \notin B$, dann ist $1_A^{-1}(B) = \overline{A}$. Da Ω und $\emptyset$ in jedem Fall Elemente von $\mathfrak{A}$ sind, hängt wegen der beiden letzten Fälle die $\mathfrak{A}$-Meßbarkeit von 1_A somit nur davon ab, ob A (und damit auch sein Komplement) Element von $\mathfrak{A}$ ist. (Der Begriff der Indikatorfunktion einer Menge kann in genau derselben Weise in dem allgemeineren Fall verwendet werden, wo kein Wahrscheinlichkeitsmaß, sondern ein nicht normiertes Maß benützt wird. (113) gilt dann natürlich genau so, weil die Art des Maßes für den Beweis dieser Aussage keine Rolle spielt).

Terminologische Anmerkung. Es sei ausdrücklich darauf aufmerksam gemacht, daß der Ausdruck „meßbar" für zwei ganz verschiedene Prädikate verwendet wird. Wenn man eine *Menge* meßbar nennt, so wird dabei stets ein äußeres Maß $\mu^{\#}$ vorausgesetzt und die Meßbarkeit der Menge bedeutet ihre Zugehörigkeit zu dem σ-Körper, der aus der Klasse der $\mu^{\#}$-meßbaren Mengen besteht und in bezug auf welchen $\mu^{\#}$ sogar ein Maß darstellt. Wenn hingegen eine *Funktion* meßbar genannt wird, so müssen zwei meßbare Räume vorgegeben sein und die fragliche Funktion muß die Grundmenge des ersten Raumes in die Grundmenge des zweiten so abbilden, daß die Urbilder von Elementen des zum zweiten Raum gehörenden σ-Körpers Elemente des ersten σ-Körpers sind.

10.b Der allgemeine Integralbegriff. Der in 10.a eingeführte Begriff der Zufallsfunktion enthält die früheren gleichbenannten Begriffe, umfaßt aber aus dem angeführten Grund noch viel mehr. Ähnlich wird der in diesem Unterabschnitt einzuführende Integralbegriff eine sehr starke Verallgemeinerung des Riemannschen Integralbegriffs darstellen.

Obwohl wir bei der Einführung dieses Begriffs zunächst von seiner wahrscheinlichkeitstheoretischen Verwendung vollkommen abstrahieren wollen, dürfte es das Verständnis erleichtern, *wenn wir dem Integralbegriff selbst eine statistische Deutung geben*. Wir beginnen dabei mit dem bestimmten Riemannschen Integral für eine Funktion f zwischen den Grenzen a und b (für die folgenden Begriffe und Symbole vgl. den Text zwischen (84) und (85)). Greifen wir dazu die zu einer beliebigen Zerlegung gehörende untere Darboux-Summe heraus. Bei geometrischer Deutung gibt uns diese Summe den Flächeninhalt des Polygons, das aus schmalen Rechtecken mit den Grundflächen $x_i - x_{i-1}$ und den Höhen m_i zusammengesetzt ist. Wir können der Summe $s = \sum_{x_i \in Z} m_i(x_i - x_{i-1})$ aber noch eine andere Deutung geben. Danach liefert diese Summe einen *gewogenen Durchschnitt* aus den m_i-Werten, wobei die Intervallängen $x_i - x_{i-1}$ als Wägungskoeffizienten verwendet werden. (Zum Unterschied von der üblichen Durchschnittsbildung ist hier allerdings darauf verzichtet worden, nachträglich durch die Summe der Wägungskoeffizienten zu dividieren.) Das bestimmte Riemannsche Integral ist (unter den in (85) genannten Bedingungen) die obere Grenze dieser monoton wachsenden Folge von Darboux-Summen. Daher kann man das Riemannsche Integral als *‚idealisierten gewogenen Durchschnitt'* aus den f-Werten der integrierbaren Funktion f zwischen den Grenzen a und b deuten. Die Idealisierung besteht in dem Übergang der Folge von Darboux-Summen zu ihrem Grenzwert.

Nach dieser Vorbemerkung wenden wir uns dem Begriff „das Integral von" zu und knüpfen dabei an die Bemerkungen im vorletzten Absatz von Abschnitt 5 an. Wir hatten dort das sog. unbestimmte Integral zu dem der Integralfunktion als einer zweistelligen Funktion verallgemeinert, mit Intervallen als ersten Argumenten und Riemann-integrierbaren (fast überall stetigen) Funktionen als zweiten Argumenten. Jetzt interpretieren wir den analogen Begriff der Integralfunktion als eine dreistellige Funktion $\lambda E\, \lambda \mu\, \lambda f\, \Phi(E, \mu, f)$. Das Leibniz-Symbol „$\int$" fassen wir als Namen dieser Funktion *Das Integral von* auf. Die Funktion ist stets zu relativieren auf einen meßbaren Raum $\langle \Omega, \mathfrak{A} \rangle$. Die Argumente E des ersten Definitionsbereiches von $\int$ sind Teilmengen von Ω, für die gilt: $E \in \mathfrak{A}$; d.h. die Mengen müssen aus dem σ-Körper $\mathfrak{A}$ über Ω genommen werden. Der zweite Definitionsbereich enthält als zulässige Argumente beliebige auf $\mathfrak{A}$ definierte Maße. (Wir beschränken uns im augenblicklichen Kontext nicht auf Wahrscheinlichkeitsräume, sondern ziehen wieder beliebige Maßräume heran.) Zum dritten Definitionsbereich der Integralfunktion gehören alle numerischen, nichtnegativen $\mathfrak{A}$-meßbaren Funktionen.

Daß wir beim Riemannschen Integral nicht einen eigenen Definitionsbereich für die möglichen Maße anzugeben brauchen, beruht, wie bereits angedeutet, darauf, daß in diesem Fall das Maß immer dasselbe ist, nämlich das Lebesguesche Maß, welches für Intervalle als festen Wert die Länge dieses Intervalls liefert.

Wenn wir — nur im augenblicklichen Kontext, um die Doppeldeutigkeit von „λ" als Abstraktionsoperation und als Name des Lebesgue-Borelschen-Maßes zu vermeiden — das Lebesgue-Borelsche-Maß μ_λ nennen, so können wir den Übergang vom allgemeinen zum Riemannschen Integralbegriff durch vier Spezialisierungsschritte beschreiben: (1) Als Grundmengen Ω werden nur euklidische Räume zugelassen. (2) Der erste Argumentbereich der Integralfunktion enthält nicht mehr beliebige Elemente E eines σ-Körpers (bzw. nach Spezialisierung (1): beliebige Borel-Mengen), sondern nur mehr Intervalle J. (3) Der zweite Argumentbereich wird überflüssig, da die zugelassenen Maße auf das einzige Maß μ_λ beschränkt werden. (4) Der dritte Argumentbereich wird beschränkt auf die Klasse der μ_λ-fast überall stetigen Funktionen. Wenn wir die Variable für solche Funktionen mit „f'" bezeichnen, so kann die Spezialisierung dadurch kenntlich gemacht werden, daß man die allgemeine Integralfunktion $\lambda E\, \lambda \mu\, \lambda f\, \Phi(E, \mu, f)$ ersetzt durch $\lambda J\, \lambda f'\, \Phi(J, \mu_\lambda, f')$.

Das *unbestimmte Integral* wird in der obigen Symbolik am zweckmäßigsten als die *einstellige* Funktion $\Phi(\cdot, \mu, f)$ — mit festem μ und festem f — gedeutet, welche Elemente aus $\mathfrak{A}$ als Argumente annehmen kann und für jedes derartige Argument einen festen Wert aus $\mathbb{R}_a$ liefert.

Die drei Argumentbereiche hängen logisch miteinander zusammen. Dies wird besonders in jenen Fällen deutlich, wo die Konstruktion des Maßes nach dem Carathéodory-Verfahren mittels äußerer Maße $\mu^{\#}$ erfolgte. $\mathfrak{A}$ ist dann die Klasse der $\mu^{\#}$-meßbaren Mengen; μ ist die Beschränkung der (auf ganz $Pot(\Omega)$ definierten) Funktion $\mu^{\#}$ auf $\mathfrak{A}$; und der dritte Definitionsbereich besteht aus den $\mathfrak{A}$-meßbaren numerischen Funktionen auf Ω.

Die folgende tabellarische Übersicht soll die Verallgemeinerung, welche mit dem allgemeinen Integralbegriff erzielt wird, verdeutlichen:

	Die Funktion $\int$ (*Das Integral von*):	
	Riemannscher Fall	*Allgemeiner Fall*
1. *Definitionsbereich:*	Intervalle	Meßbare Mengen (= Elemente des σ-Körpers $\mathfrak{A}$)
2. *Definitionsbereich:*	Intervall-Längen (= L-B-Maße oder Borel-Maße von Intervallen)	auf $\mathfrak{A}$ definiertes Maß
3. *Definitionsbereich:*	Riemann-integrierbare Funktionen (= fast überall stetige Funktionen)	$\mathfrak{A}$-meßbare numerische Funktionen auf Ω

Als wichtige Spezialisierung zum allgemeinen Fall ergeben sich für den 1. Definitionsbereich die Borel-Mengen, d.h. die Elemente von $\mathfrak{B}^n$, als 2. Definitionsbereich das n-dimensionale Lebesguesche Maß für Borel-Mengen, und als 3. Definitionsbereich die Baireschen Funktionen auf $\mathbb{R}^n$.

Es sei ein beliebiger Maßraum $\langle \Omega, \mathfrak{A}, \mu \rangle$ gegeben. Für die Konstruktion des allgemeinen Integralbegriffs beschränken wir uns in einem ersten Schritt auf Funktionen auf Ω, die nichtnegativ sowie $\mathfrak{A}$-meßbar sind und die nur endlich viele Werte annehmen. Solche Funktionen heißen ($\mathfrak{A}$-)*Elementarfunktionen*. (Sie entsprechen den Treppenfunktionen bei der Konstruktion des Riemannschen Integrals.) Ihre Gesamtheit werde mit $\mathfrak{E} = \mathfrak{E}(\mathfrak{A})$ bezeichnet. Es sei $u \in \mathfrak{E}$, also eine derartige Funktion, deren Wertbereich $D_{II}(u) = \{a_1, \ldots, a_n\}$ ist. Für jedes i mit $1 \leqq i \leqq n$ ist $A_i = u^{-1}\{a_i\}$ ein Element aus $\mathfrak{A}$; denn einpunktige Mengen sind Borel-Mengen, so daß die Urbilder dieser n einpunktigen Mengen wegen der vorausgesetzten $\mathfrak{A}$-Meßbarkeit von u in $\mathfrak{A}$ liegen müssen. Da u eine Funktion ist, sind die A_i paarweise disjunkt. Da u auf ganz Ω definiert ist, können wir also eine Zerlegung von Ω in n disjunkte Teilmengen $A_1, \ldots, A_n$ bilden und mit Hilfe der Indikatorfunktionen von (113) die folgende *Normaldarstellung* von Elementarfunktionen einführen:

$$u = \sum_{i=1}^{n} a_i \cdot 1_{A_i} \tag{114}$$

Man erkennt unschwer die Ähnlichkeit zu dem Konstruktionsverfahren bei der Bildung der unteren Darboux-Summen des Riemannschen Integrals. Den jetzigen Elementarfunktionen mit den endlich vielen Werten a_i entsprachen dort die Treppenfunktionen, die allerdings nur über Intervallen und nicht über beliebigen Borel-Mengen errichtet worden waren. So wie dort werden wir auch jetzt das Integral mittels der Analoga zu den wachsenden Flächeninhalten von Polygonen definieren. Der Unterschied des gegenwärtigen allgemeinen Falles zum seinerzeitigen Vorgehen besteht darin, daß wir für die Mengen A_i nicht einfach deren Längen nehmen können — denn das ergibt im allgemeinen Fall überhaupt keinen Sinn —, sondern deren *Maße* nehmen müssen. Die erhaltenen Werte stellen die abstrakten Analoga zu den unteren Darboux-Summen dar. Während diese Summen dort unter den bereits bekannten Begriff des Flächeninhaltes fielen, werden sie jetzt als Integrale von Elementarfunktionen definiert. Dies führt zu dem folgenden Begriff:

(115) u sei eine $\mathfrak{A}$-Elementarfunktion, die eine Normaldarstellung von der Gestalt (114) hat. Unter dem *μ-Integral von u über Ω* versteht man die Zahl:

$$\int u\, d\mu = \sum_{i=1}^{n} a_i\, \mu(A_i)$$

Dieser Begriff entspricht dem des bestimmten Riemannschen Integrals in Anwendung auf Treppenfunktionen. Die eben gegebene Definition ist sinnvoll, weil der Wert des Integrals nachweislich von der speziell gewählten Normaldarstellung unabhängig ist. (Für einen Beweis vgl. Bauer, [Wahrscheinlichkeitstheorie], S. 47, 10.2.)

Der Zusammenhang mit dem Begriff des Mittelwertes wird auch diesmal klar ersichtlich: Wir haben mit der Einführung des Integrals nichts anderes getan als den gewogenen Durchschnitt der n Werte a_i zu nehmen, wobei wir für jedes a_i als Wägungskoeffizienten den μ-Wert der Menge A_i wählten, auf welcher der u-Wert gleich a_i ist. (Allerdings haben wir auch diesmal wieder darauf verzichtet, durch die Summe dieser ‚Gewichte' zu dividieren.) Man beachte aber den folgenden Unterschied: Im Fall des Riemannschen Integrals sind die Wägungskoeffizienten immer in derselben Weise bestimmt, nämlich durch die Intervallängen. Im gegenwärtigen Fall hingegen variieren diese Wägungskoeffizienten gemäß den μ-Werten der verschiedenen Mengen A_i. Dieser Unterschied überträgt sich auch auf den allgemeinen Fall (116).

Im nächsten Schritt betrachten wir Folgen $(u_i)_{i\in\mathbf{N}}$ von Elementarfunktionen. Unter $\sup_{i\in\mathbf{N}} u_i$ verstehen wir im Einklang mit der früheren Symbolik (vgl. (79) ff.) den Wert

$$\sup\,\{u_i(\omega)\,|\,i = 1, 2, 3, \ldots\};$$

d.h. wir bilden eine neue Funktion, die für jedes $\omega\in\Omega$ das Supremum aus den (unendlich vielen) Werten $u_i(\omega)$ der Folge auszeichnet. Es läßt sich nachweisen, daß für je zwei isotone Folgen von Elementarfunktionen, die dasselbe Supremum besitzen, auch die Suprema ihrer Integrale miteinander identisch sind. (Vgl. Bauer, a.a.O., S. 50.) Dies ermöglicht es, den allgemeinen Begriff des bestimmten Integrals auf folgende Weise einzuführen:

Es sei $\mathfrak{E}^*$ die Menge der nicht-negativen numerischen Funktionen h auf Ω, zu denen eine isotone Folge $(u_i)_{i\in\mathbf{N}}$ von Elementarfunktionen (also $u_i\in\mathfrak{E}$) existiert, so daß $h = \sup_{i\in\mathbf{N}} u_i$. (Offenbar gilt: $\mathfrak{E}\subset\mathfrak{E}^*$, da man auch Folgen mit identischen Gliedern wählen kann.) Wegen der eben erwähnten Eindeutigkeit können wir die nur von h abhängende und eindeutig bestimmte Zahl $\sup_{i \in \mathbf{N}} \int u_i \, d\mu \in \mathbb{R}_a^+$ auszeichnen[44]. Diese Zahl nennen wir das μ-Integral von h.

(116) Es sei $h \in \mathfrak{E}^*$, ferner $(u_i)_{i \in \mathbf{N}}$ eine isotone Folge von Elementarfunktionen mit $h = \sup_{i \in \mathbf{N}} u_i$. Die eindeutig bestimmte Zahl

$$\int h \, d\mu =_{\mathrm{Df}} \sup_{i \in \mathbf{N}} \int u_i \, d\mu$$

heißt dann das *μ-Integral von f* über Ω[45].

In Analogie zum Riemannschen Fall kann man auch diesmal wieder das μ-Integral von f über Ω als ein ‚*idealisiertes gewogenes arithmetisches Mittel*' auffassen, wobei die Idealisierung diesmal darin besteht, daß wir die Operation sup auf derartige gewogene Durchschnitte anwenden.

Wenn wir das obige Symbol „$\Phi(E, \mu, f)$" für die Funktion $\int$ (*Das Integral von*) benützen, so können wir unsere zwei Schritte folgendermaßen schildern. Bezugnehmend auf den vorgegebenen Maßraum haben wir das erste Argument von Φ mit der Grundmenge Ω und das zweite Argument mit dem vorgegebenen Maß identifiziert. Der erste Schritt bestand in der Einführung der Abbildung:

$$f \mapsto \Phi(\Omega, \mu, f) = \int f \, d\mu,$$

deren Definitionsbereich mit $\mathfrak{E}$ identisch ist und deren Wertbereich eine Teilmenge von $\mathbb{R}_a^+$ bildet. Im zweiten Schritt ist diese Abbildung fortgesetzt worden zu einer Abbildung von $\mathfrak{E}^*$ in $\mathbb{R}_a^+$.

Für die Elemente von $\mathfrak{E}^*$ gilt der wichtige Satz:

(117) $\mathfrak{E}^*$ besteht aus allen nicht-negativen $\mathfrak{A}$-meßbaren Funktionen auf Ω.

Dieser Satz gewährleistet, *daß der Integralbegriff für alle nicht-negativen meßbaren Funktionen definiert ist.*

Der Grund für dieses auf den ersten Blick etwas überraschende Ergebnis liegt in der folgenden Tatsache: Jede nicht-negative meßbare Funktion f, die auf einer Menge M definiert ist, kann als der punktweise Limes einer isotonen Folge von nicht-negativen Elementarfunktionen ausgedrückt werden; d.h. es gibt eine Folge $(f_\nu)_{\nu \in \mathbf{N}}$ von nicht-negativen Elementarfunktionen auf M, so daß für jedes $x \in M$ erstens gilt, daß $f_1(x) \leqq f_2(x) \leqq \cdots = f_n(x) \leqq \cdots$; und zweitens, daß $\lim_{n \to \infty} f_n(x) = f(x)$. Wegen der Isotonie der zur Folge gehörenden Elementarfunktionen könnte auch die Alternativdarstellung gewählt werden: $f = \sup_{\nu \in \mathbf{N}} f_\nu$. Für einen Beweis dieser Tatsache, in welchem zugleich das Konstruktionsverfahren für die

[44] $\mathbb{R}_a^+$ ist die Klasse der nicht-negativen reellen Zahlen unter Einschluß von $+\infty$.

[45] Zum Unterschied vom Riemannschen Integral schreibt man hier den Namen der Funktion (des Integranden) selbst, also „h", unter das Integralzeichen an, und nicht wie dort den Namen eines unbestimmten Wertes des Integranden, also z.B. „$h(\omega)$" oder „$f(x)$".

Glieder f_i der Folge gegeben wird, vgl. MUNROE, [Measure], S. 155, Theorem 21.1, oder BAUER, [Wahrscheinlichkeitstheorie], S. 53, Satz 11.6.

Die Ausdehnung des Integralbegriffs auf *alle* meßbaren Funktionen bietet jetzt keine Schwierigkeiten mehr; denn man hat eine solche Funktion h einfach in einen Positiv- und einen (positiv genommenen) Negativteil zu spalten und für jeden Teil das Integral getrennt zu erklären. Die beiden Teile werden für ein $\mathfrak{A}$-meßbares h definiert durch: $h^+ =_{\mathrm{Df}} \sup(h, 0)$ und $h^- =_{\mathrm{Df}} -\inf(h, 0)$.

Wir haben zwar bereits den Begriff des Integrals eingeführt, nicht jedoch den Begriff der Integrierbarkeit. Das letztere Prädikat wird einer meßbaren numerischen Funktion nur dann zugeschrieben, wenn ihr Integral *endlich* ist. Wir fassen diese beiden letzten Andeutungen nochmals präzise zusammen:

(118) Eine numerische Funktion h auf Ω wird genau dann *μ-integrierbar* genannt, wenn sie die folgenden beiden Bedingungen erfüllt:

(*a*) h ist $\mathfrak{A}$-meßbar;

(*b*) $\int h^+ d\mu$ und $\int h^- d\mu$ sind endlich.

Unter dem *μ-Integral von h (über Ω)* versteht man die Zahl:

$$\int h\, d\mu =_{Df} \int h^+ d\mu - \int h^- d\mu.$$

Für das in (116) definierte Integral gelten ähnliche Lehrsätze wie für das Riemannsche Integral, insbesondere:

(119) Das Integral ist eine positiv-homogene, additive und isotone Funktion auf $\mathfrak{E}^*$, d.h. es gilt:

(*a*) für $g \in \mathfrak{E}^*$ und $c \in \mathbb{R}^+$: $\int (c\,g)\, d\mu = c \int g\, d\mu$

(*b*) für $g, h, \in \mathfrak{E}^*$: $\int (g+h)\, d\mu = \int g\, d\mu + \int h\, d\mu$

(*c*) für $g, h, \in \mathfrak{E}^*$: wenn $g \leqq h$[46], dann $\int g\, d\mu \leqq \int h\, d\mu$.

Es ist wichtig, den Ausdruck „Integral" in (119) nicht mißzuverstehen. In unserer früheren Symbolik ist damit die Funktion $\Phi(\Omega, \mu, \cdot)$ gemeint, also *weder* das bestimmte Integral (welches keine Funktion ist, sondern *eine Zahl*, die man erst berechnen kann, wenn man in diese Funktion $\Phi(\Omega, \mu, \cdot)$ an letzte Argumentstelle eine bestimmte Funktion h eingesetzt hat) *noch* das unbestimmte Integral bezüglich einer Funktion h, welches durch $\Phi(\cdot, \mu, h)$ darzustellen wäre. Diesen letzten Begriff haben wir bisher noch gar nicht verwendet, da wir stets voraussetzten, daß das erste Argument von Φ die Grundmenge Ω sei.

Es gibt verschiedene Möglichkeiten, den Integralbegriff auf beliebige Mengen $A \in \mathfrak{A}$ zu beschränken. Die einfachste Methode dürfte die fol-

[46] Dies bedeutet, daß für jedes ω gilt: $g(\omega) \leqq h(\omega)$.

gende sein: Mit $h \in \mathfrak{E}^*$ ist wegen $1_A \in \mathfrak{E}^*$ auch das Produkt $h \cdot 1_A \in \mathfrak{E}^*$ (vgl. die Hinweise im Anschluß an (111)). Daher kann man definieren:

(120) Unter dem *μ-Integral* von *h über A* versteht man die Zahl:

$$\int_A h\, d\mu =_{\mathrm{Df}} \int h \cdot 1_A\, d\mu$$

Nach dieser Definition gilt insbesondere: $\int\limits_{\Omega} h\, d\mu = \int h\, d\mu$.

Unter dem *unbestimmten μ-Integral von h* kann nun die oben erwähnte Funktion $\Phi(\cdot, \mu, h)$ verstanden werden, deren Definitionsbereich mit $\mathfrak{A}$ identisch ist.

So vorteilhaft die Leibnizsche Integralnotation auch für Rechenzwecke ist, so irreführend ist sie doch hinsichtlich eines exakten logischen Verständnisses des Integralbegriffs. Wenn man $\int_A h\, d\mu$ — noch immer etwas ungenau — durch $\Phi(A, \mu, h)$ wiedergibt, so wird erst deutlich, daß und wie in die dreistellige Funktion Φ bzw. $\int$ drei Argumente eingesetzt worden sind: der untere Index „A" am Integralzeichen bezeichnet das Element des σ-Körpers $\mathfrak{A}$ (die meßbare Menge), *über welche* zu integrieren ist; das erste Symbol „h" hinter dem Integralzeichen ist ein Name für die Funktion, *von der* das Integral zu bilden ist; und das Symbol „μ" in „$d\mu$" gibt *das Maß* an, mit welchem die Elemente aus $\mathfrak{A}$ zu wägen sind und welches im Riemannschen Fall stets das Lebesguesche Maß ist, d.h. die Intervalllänge.

Wir haben im obigen Text die bereits bei der Schilderung des Riemannschen Integralbegriffs erwähnte Punktnotation benützt. Auch diesmal wäre es korrekter, auf die λ-Notation von A. Church zurückzugreifen. Der Begriff *Das Integral von*, symbolisiert durch „$\int$", wäre danach darzustellen als: $\lambda A\, \lambda\mu\, \lambda h\, \Phi(A, \mu, h)$, wobei μ über die Klasse aller Maße, A über einen σ-Körper von μ-meßbaren Mengen und h über die μ-integrierbaren Funktionen läuft. Das *unbestimmte Integral* wäre für vorgegebenes μ und h durch $\lambda A\, \Phi(A, \mu, h)$ zu symbolisieren usw.

Die vermutlich exakteste Einführung der verschiedenen Integralbegriffe, allerdings ohne Verwendung der λ-Notation, findet sich in E. Hewitt und K. Stromberg, [Analysis], Kap. III.

Angenommen, der σ-Körper sei die Klasse $\mathfrak{B}^n$ der n-dimensionalen Borel-Mengen, für deren Elemente B das n-dimensionale L-B-Maß λ_B^n definiert wurde. Wenn dann g eine geeignete Borel-meßbare Funktion auf B ist, so wird das Integral $\int g\, d\lambda_B^n$ häufig in stärkerer Anlehnung an die Notation für das Riemannsche Integral mit $\int_B g(x)\, dx$ bezeichnet. Es wird das *Lebesgue-Integral von g über B* genannt.

10.c Maße mit Dichten. Der Satz von Radon—Nikodym. Wahrscheinlichkeitsdichten. $\langle \Omega, \mathfrak{A}, \mu \rangle$ sei ein beliebiger Maßraum; $\mathfrak{E}^*$ sei wieder die Menge der auf Ω definierten $\mathfrak{A}$-meßbaren numerischen Funktionen $h \geqq 0$. Wir greifen ein beliebiges $h \in \mathfrak{E}^*$ heraus und betrachten die Abbildung ν, welche definiert ist durch:

$$\nu: A \mapsto \int_A h\, d\mu \text{ für alle } A \in \mathfrak{A}.$$

Die Abbildung ν auf $\mathfrak{A}$ ist also dadurch charakterisiert, daß sie bei beliebig vorgegebenem $h \in \mathfrak{E}^*$ jeder Menge $A \in \mathfrak{A}$ das μ-Integral von h über A

zuordnet. Kann man über diese neue Mengenfunktion etwas aussagen? Die Antwort lautet: Auch diese Funktion ν bildet ein Maß. (Für einen kurzen Beweis vgl. BAUER, a.a.O., S. 72.) Den Zusammenhang zwischen diesem neuen Maß ν auf der einen Seite und dem zum vorgegebenen Maßraum gehörenden Maß μ sowie der meßbaren Funktion h auf der anderen Seite drückt man so aus, daß man sagt, man habe ein Maß ν mit der Dichte h bezüglich μ definiert:

(121) Bei vorgegebenem Maßraum $\langle\Omega, \mathfrak{A}, \mu\rangle$ wird für jedes $h \in \mathfrak{E}^*$ durch die für alle $A \in \mathfrak{A}$ erklärte Abbildung: $A \mapsto \int_A h\, d\mu$ ein Maß ν auf $\mathfrak{A}$ definiert. Es wird das *Maß mit der Dichte h bezüglich* μ genannt und mit $\nu = h\mu$ bezeichnet.

Bisher hatten wir das neue Maß aus dem gegebenen Maß μ und einer meßbaren Funktion h konstruiert. Nun fragen wir umgekehrt, unter welchen Bedingungen sich ein derartiger Zusammenhang zwischen zwei vorgegebenen Maßen μ und ν herstellen lasse. Genauer lautet unser Problem folgendermaßen: Gegeben sei diesmal nur ein meßbarer Raum $\langle\Omega, \mathfrak{A}\rangle$. Wenn zwei auf $\mathfrak{A}$ erklärte Maße μ und ν definiert sind, wie kann man dann entscheiden, ob ν eine Dichte bezüglich μ besitzt, d.h. also, ob es eine $\mathfrak{A}$-meßbare numerische Funktion $h \geqq 0$ gibt, so daß die Gleichung gilt: $\nu(A) = \int_A h\, d\mu$? Wir werden ein Theorem anführen, welches diese Frage präzise beantwortet. Für seine Formulierung benötigen wir einen neuen Begriff.

Wir nennen eine Menge des σ-Körpers bezüglich eines vorgegebenen Maßes eine Nullmenge, wenn sie das Maß 0 besitzt. Die gesuchte notwendige und hinreichende Bedingung dafür, daß ν eine Dichte bezüglich μ besitzt, läßt sich dann für den Fall der σ-Endlichkeit von μ[47] bündig so formulieren: *Jede μ-Nullmenge aus $\mathfrak{A}$ ist auch eine ν-Nullmenge*. Ist diese Bedingung erfüllt, so sagt man, daß das Maß ν auf $\mathfrak{A}$ *μ-stetig* sei und kürzt diese Aussage ab durch $\nu \ll \mu$. (Viele Autoren sagen statt „ν ist μ-stetig" auch „ν ist *absolut stetig* bezüglich μ".) Falls ν endlich ist — wie es z.B. immer bei wahrscheinlichkeitstheoretischen Anwendungen der Fall ist —, kann man die μ-Stetigkeit auch durch die folgende damit äquivalente Bedingung ersetzen:

$$\wedge\varepsilon\,\{\varepsilon > 0 \rightarrow \vee\delta\,[\delta > 0 \wedge \wedge A\ (A \in \mathfrak{A} \rightarrow (\mu(A) < \delta \rightarrow \nu(A) < \varepsilon))]\}.$$

(Der eben erwähnte Ausdruck „absolute Stetigkeit" rührt daher, daß die Wahl von δ nur von ε, nicht jedoch von A abhängt, was sich darin ausdrückt, daß der Quantor „$\wedge A$" der innerste der drei Quantoren ist.)

Das angekündigte Theorem lautet:

(122) *Satz von Radon-Nikodym:* μ und ν seien zwei Maße, die auf einem σ-Körper $\mathfrak{A}$ über einer Menge Ω definiert sind. Falls μ

[47] Der Begriff der σ-Endlichkeit wurde in dem Absatz vor (106) definiert.

σ-endlich ist, besitzt ν eine Dichte bezüglich μ genau dann, wenn das Maß ν μ-stetig ist.
(Für Beweise vgl. RICHTER, Wahrscheinlichkeitstheorie, S. 192; BAUER, a.a.O., S. 76; VOGEL, Wahrscheinlichkeitstheorie, S. 125; MUNROE, [Measure], S. 196.)

Auf Grund dieses Satzes gilt somit: Wenn zusätzlich zu einem Maßraum $\langle \Omega, \mathfrak{A}, \mu \rangle$ eine μ-stetige Mengenfunktion $\nu(A)$ für alle $A \in \mathfrak{A}$ definiert ist, so existiert (bei Vorliegen von σ-Endlichkeit) eine $\mathfrak{A}$-meßbare numerische Funktion g, so daß ν als unbestimmtes μ-Integral von g über A darstellbar ist, d. h. für alle $A \in \mathfrak{A}$ gilt: $\nu(A) = \int_A g \cdot d\mu$. g wird auch ein *Radon-Nikodymscher Integrand* oder eine *Radon-Nikodymsche Dichte* von ν bezüglich μ genannt.

Man kann im maßtheoretischen Fall nicht einfach von *der* Ableitung der Mengenfunktion ν sprechen. Denn gewöhnlich hat eine μ-stetige Mengenfunktion *mehrere verschiedene Ableitungen*. Der Begriffsapparat für die Behandlung der Differenziation im allgemeinen maßtheoretischen Fall findet sich auf knappem Raum dargestellt bei R. JEFFREY, [Probability Measures], S. 207–209.

10.d Drei maßtheoretische Konvergenzbegriffe. Tabellarische Übersicht über alle Konvergenzbegriffe. Bereits in 4.e ist hervorgehoben worden, daß man neben der üblichen Konvergenz verschiedene wahrscheinlichkeitstheoretische Konvergenzbegriffe unterscheiden muß und daß sich die verschiedenen Gesetze der großen Zahlen nur mittels dieser probabilistischen Konvergenzbegriffe formulieren lassen. Bei allen diesen Begriffen handelt es sich um Spezialisierungen maßtheoretischer Begriffe für den Fall, daß ein normiertes Maß vorausgesetzt wird.

Für alle Überlegungen dieses Unterabschnittes setzen wir einen Maßraum $\langle \Omega, \mathfrak{A}, \mu \rangle$ als gegeben voraus. Wir nennen eine Menge $N \subset \Omega$ eine μ-Nullmenge gdw $N \in \mathfrak{A}$ und $\mu(N) = 0$. Es sei nun $\Phi(x)$ eine Aussageform, welche für ganz Ω definiert ist, d.h. Einsetzung des Namens eines beliebigen Elementes ω aus Ω für „x" soll aus $\Phi(x)$ eine sinnvolle, wahre oder falsche, Aussage erzeugen. Im Wahrheitsfall sagen wir, daß ein derartiges Element ω die Aussageform erfüllt. (Eine Aussageform drückt das aus, was man gewöhnlich eine Eigenschaft nennt.) Wir sagen, daß *μ-fast alle Elemente $\omega \in \Omega$ die* durch eine Aussageform $\Phi(x)$ ausgedrückte *Eigenschaft besitzen* oder daß *diese Eigenschaft μ-fast überall auf Ω besteht* gdw es eine μ-Nullmenge N gibt, so daß alle Punkte des Komplementes $\overline{N}$ von N diese Eigenschaft besitzen.

Ist μ ein Wahrscheinlichkeitsmaß, so wird statt der Wendung „μ-fast überall" der Ausdruck „*P-fast sicher*" gebraucht. Eine wichtige Anwendung dieses Begriffs hatten wir bereits im sog. starken Gesetz der großen Zahlen (vgl. (71) und (69_{st})) kennengelernt. Die fragliche Eigenschaft, von der dort gesagt wurde, daß sie μ-fast überall bzw. P-fast sicher gilt, war die Konvergenz. Daß eine Funktionenfolge μ-fast überall konvergiert, besagt nach der

Definition von „μ-fast überall“, daß sie überall außerhalb einer Nullmenge konvergiert. Und daß eine solche Folge P-fast sicher konvergiert, besagt, daß sie auf dem Komplement einer Menge vom Wahrscheinlichkeitsmaß 0 konvergiert.

Der Leser verwechsle nicht eine μ-Nullmenge mit einer leeren Menge. Eine μ-Nullmenge kann sogar überabzählbar viele Punkte enthalten. (Das „fast alle“ darf daher *nicht*, wie in der Analysis, übersetzt werden mit „alle mit endlich vielen Ausnahmen“, ja nicht einmal mit „alle mit höchstens abzählbar vielen Ausnahmen“!) Daß etwas P-fast sicher gilt, ist durchaus damit verträglich, daß es — evtl. sogar überabzählbar viele — *Möglichkeiten des Nichtgeltens* gibt. (Dies übersehen zu haben, war, wie schon einmal angedeutet, ein Fehler der früheren Häufigkeitstheorie der Wahrscheinlichkeit.)

Auch in der Integrationstheorie spielt das Prädikat „μ-fast überall“ eine wichtige Rolle. Die Eigenschaft, um die es hierbei geht, ist die μ-fast-überall-Gleichheit zweier $\mathfrak{A}$-meßbarer Funktionen auf Ω. Erfüllen nämlich zwei $\mathfrak{A}$-meßbare Funktionen diese Bedingung, so sind auch ihre μ-Integrale identisch.

Eine wichtige Anwendung dieses Begriffs ergibt sich bei der Aufgabe, eine hinreichende und notwendige Bedingung für die Riemannsche Integrierbarkeit einer Funktion anzugeben, die selbst nicht vom Begriff des Riemannschen Integrals Gebrauch macht. Diese Bedingung hatten wir bereits in Satz (86) formuliert, doch haftete der dortigen Wendung „fast überall“ noch eine Vagheit an, die wir erst jetzt beheben können. Zwar hatten wir erwähnt, daß dieser Ausdruck auf ein Maß bezogen werden müsse, konnten jedoch an der damaligen Stelle nicht sagen, was für ein Maß dies sei. Die Antwort lautet: Gemeint ist in (86) „μ-fast überall“ *in bezug auf das L-B-Maß* (vgl. (107)). Man muß also diesen Maßbegriff zur Verfügung haben, um die Bedingung für die Riemann-Integrierbarkeit (86) mit einem präzisen Sinn versehen zu können.

War im starken Gesetz der großen Zahlen von der wahrscheinlichkeitstheoretischen Spezialisierung von „μ-fast überall“ zu „P-fast sicher“ Gebrauch gemacht worden, so wurde im schwachen Gesetz der großen Zahlen (69) der allgemeine Begriff der μ-stochastischen Konvergenz zum probabilistischen Begriff der Konvergenz nach Wahrscheinlichkeit spezialisiert. Wenn wir uns auf den Fall eines *endlichen* Maßes μ beschränken, so lautet die präzise Definition der μ-stochastischen Konvergenz:

(123) Eine Folge $(f_i)_{i\in\mathbf{N}}$ $\mathfrak{A}$-meßbarer reeller Funktionen auf Ω ist *μ-stochastisch* (oder: *dem Maß μ nach*) *konvergent* gegen eine meßbare reelle Funktion f auf Ω gdw

$$\bigwedge r\,[r\in\mathbb{R}\wedge r>0\rightarrow\lim_{n\rightarrow\infty}\mu(\{\omega\,|\,f_n(\omega)-f(\omega)|\geqq r\})=0]$$

Es gilt das abstrakte Analogon zur Aussage (72) (die, wie wir uns erinnern, die Bezeichnungen „schwaches Gesetz der großen Zahlen“ und „starkes Gesetz der großen Zahlen“ nachträglich rechtfertigte). Darin wird auf *beliebige* Maße Bezug genommen:

(124) *Die Konvergenz μ-fast überall impliziert logisch die Konvergenz dem Maß μ nach* (d.h. genauer: Konvergiert eine Folge $(f_i)_{i\in\mathbf{N}}$ $\mathfrak{A}$-meßbarer reeller Funktionen auf Ω μ-fast überall gegen eine $\mathfrak{A}$-meßbare reelle Funktion f auf Ω, so konvergiert diese Folge auch dem Maß μ nach gegen f). *Die Umkehrung gilt nicht.*

In Anmerkung 3 von 4.e ist ein weiterer Konvergenzbegriff erwähnt worden. Seine Präzisierung sei hier kurz geschildert. Eine $\mathfrak{A}$-meßbare numerische Funktion f wird p-fach μ-integrierbar genannt (für $1 \leq p < +\infty$), wenn $|f|^p$ μ-integrierbar ist. (Dies ist keine triviale Definition, da keineswegs jede integrierbare Funktion auch p-fach integrierbar ist für $1 < p < +\infty$.) Daß eine Folge $(f_i)_{i\in\mathbf{N}}$ von p-fach integrierbaren Funktionen gegen eine p-fach integrierbare Funktion im *p-ten Mittel bezüglich μ konvergiert*, besagt dann dasselbe wie:

$$\lim_{n\to\infty} \int |f_n - f|^p \, d\mu = 0.$$

Auch dieser Begriff ist stärker als der Begriff der μ-stochastischen Konvergenz, d.h. es gilt:

(125) *Konvergenz im p-ten Mittel bezüglich μ impliziert logisch die Konvergenz dem Maß μ nach* (die exakte Formulierung hat in Analogie zu (124) zu erfolgen).

Die Relation zwischen den beiden stärkeren maßtheoretischen Konvergenzbegriffen, nämlich der Konvergenz μ-fast überall und der Konvergenz im p-ten Mittel, ist ziemlich kompliziert; vgl. dazu BAUER, [Wahrscheinlichkeitstheorie], S. 91ff.

Abschließend geben wir eine zusammenfassende Übersicht über sechs Konvergenzbegriffe, eingeschlossen die gewöhnliche Konvergenz sowie die gleichmäßige Konvergenz der Analysis. *Alle* hier angeführten Konvergenzbegriffe beziehen sich auf Folgen von Funktionen auf einer ganzen Menge und nicht auf eine Folge von Funktionswerten in einem Punkt; mit anderen Worten: diese Konvergenzbegriffe bezeichnen *Mengen*eigenschaften und nicht *Punkt*eigenschaften von Funktionen. Zwecks besserer Verständlichkeit geben wir für alle Begriffe sowohl umgangssprachliche als auch formal präzisierte Definitionen. In den Fällen (III) bis (VI) wird in der symbolischen Fassung der Konvergenztyp durch einen darauf verweisenden Ausdruck in eckigen Klammern beigefügt. Der erste Klammerausdruck charakterisiert den *allgemeinen* Fall, der zweite Klammerausdruck hingegen den auf normierte Maße, also auf Wahrscheinlichkeitsmaße, *spezialisierten* Fall. In diesem zweiten Fall ist im Definiens das Symbol „μ" für das Maß stets durch das Symbol „P" für das Wahrscheinlichkeitsmaß zu ersetzen. M sei in allen Fällen eine Menge, auf welcher sämtliche betrachteten Funktionen definiert sind. In den Fällen (III) bis (VI) wird ein Maßraum $\langle \Omega, \mathfrak{A}, \mu \rangle$ als vorgegeben vorausgesetzt mit $M \subset \Omega$.

(I) (*a*) Eine Folge $(f_i)_{i\in\mathbf{N}}$ von Funktionen *konvergiert* auf der Menge M gegen die Grenzfunktion f gdw für jedes x aus M die Folge $(f_i(x))_{i\in\mathbf{N}}$ von Zahlen gegen die Zahl $f(x)$ konvergiert;

(*b*) $\lim_{i\to\infty} f_i = f$ auf M gdw

$\bigwedge x \bigwedge \varepsilon \{(x \in M \wedge \varepsilon \in \mathbb{R} \wedge \varepsilon > 0) \to \bigvee N [N \in \mathbb{N} \wedge \bigwedge n (n \in \mathbb{N} \wedge n > N \to |f_n(x) - f(x)| < \varepsilon)]\}$.

(**II**) (*a*) Eine Folge $(f_i)_{i\in\mathbb{N}}$ von Funktionen *konvergiert gleichmäßig* auf der Menge M gegen die Grenzfunktion f gdw es zu jeder reellen Zahl ε eine natürliche Zahl N gibt, so daß für alle Elemente x von M gilt: $|f_n(x) - f(x)| < \varepsilon$, sofern n mindestens so groß ist wie N;

(*b*) $\lim_{i\to\infty} f_i = f$ [gleichmäßig][48] gdw

$\bigwedge \varepsilon \{(\varepsilon \in \mathbb{R} \wedge \varepsilon > 0) \to \bigvee N [N \in \mathbb{N} \wedge \bigwedge n \bigwedge x (n \geqq N \wedge x \in M \to |f_n(x) - f(x)| < \varepsilon)]\}$[49].

(**III**) (*a*) Eine Folge $(f_i)_{i\in\mathbb{N}}$ von $\mathfrak{A}$-meßbaren Funktionen *konvergiert* auf der Menge M *μ-fast überall* gegen die $\mathfrak{A}$-meßbare Grenzfunktion f gdw diese Folge außerhalb einer μ-Nullmenge $E \subset M$ gegen f konvergiert;

(*b*) $\lim_{i\to\infty} f_i = f$ [*μ-fast überall*] [*P-fast sicher*] gdw

$\bigvee E \{E \subset M \wedge \mu(E) = 0 \wedge \bigwedge \omega \bigwedge \varepsilon [\omega \in M - E \wedge \varepsilon \in \mathbb{R} \wedge \varepsilon > 0 \to \bigvee N (N \in \mathbb{N} \wedge \bigwedge n (n \in \mathbb{N} \wedge n > N \to |f_n(\omega) - f(\omega)| < \varepsilon))]\}$.

(**III**) ist die maßtheoretische Verallgemeinerung von (I). Als nächstes führen wir noch die maßtheoretische Verallgemeinerung von (II) an. Die Art dieser Verallgemeinerung wird durch ein Theorem von EGOROFF motiviert[50].

(**IV**) (*a*) Eine Folge $(f_i)_{i\in\mathbb{N}}$ von $\mathfrak{A}$-meßbaren Funktionen *konvergiert* auf der Menge M *μ-fast gleichmäßig* gegen die $\mathfrak{A}$-meßbare Grenzfunktion f gdw es zu jeder noch so kleinen Zahl $\varepsilon > 0$ eine Menge E mit $\mu(\overline{E}) < \varepsilon$ gibt, so daß die Folge auf E gleichmäßig gegen f konvergiert;

(*b*) $\lim_{i\to\infty} f_i = f$ [*μ-fast gleichmäßig*] [*P-fast gleichmäßig*] gdw

$\bigwedge \varepsilon \{\varepsilon > 0 \to \bigvee E (\mu(\overline{E}) < \varepsilon \wedge \lim_{i\to\infty} f_i = f$ [*gleichmäßig auf E*])$\}$.

(Im letzten Glied könnte hier natürlich direkt das Definiens von (**II**) (*b*) eingesetzt werden.)

(**V**) (*a*) Eine Folge $(f_i)_{i\in\mathbb{N}}$ *konvergiert* auf der Menge M *dem Maß μ nach* gdw zu jedem Paar ε, η von positiven reellen Zahlen ein N existiert, so daß für alle $n > N$ gilt:

$\mu(\{\omega \mid |f_n(\omega) - f(\omega)| \geqq \varepsilon\}) < \eta$

(*b*) $\lim_{i\to\infty} f_i = f$ [*Maß μ*] [*P-stochastisch*]

(als Definiens kann hier wahlweise dasjenige von (123) oder die formalisierte Fassung von (*a*) eingesetzt werden.)

---

[48] Auf die explizite Erwähnung von M soll in diesen symbolischen Formulierungen verzichtet werden.

[49] Man beachte die unterschiedliche Stellung von „$\bigwedge x$" in (**I**) (*b*) und (**II**) (*b*).

[50] Für die genaue Formulierung und den Beweis dieses Theorems vgl. MUNROE, [Measure], S. 157.

(**VI**) (*a*) Es sei $(f_i)_{i\in\mathbf{N}}$ eine Folge von $\mathfrak{A}$-meßbaren Funktionen, so daß für jedes i die Funktion $|f_i|^p$ μ-integrierbar ist. f sei eine $\mathfrak{A}$-meßbare Funktion, für die $|f|^p$ μ-integrierbar ist.

Die Folge $(f_i)_{i\in\mathbf{N}}$ *konvergiert im p-ten Mittel bezüglich μ gegen f* gdw der Grenzwert der μ-Integrale von $|f_i - f|^p$ über Ω für $i \to \infty$ gleich 0 ist.

(*b*) Es seien dieselben Voraussetzungen wie in (*a*) gegeben. Dann gilt: $\lim_{i\to\infty} f_i = f$ [*Mittel*^{p} *bezüglich* μ] [*P-Mittel*^{p}] gdw $\lim_{i\to\infty} \int_\Omega |f_i - f|^p = 0$.

Wenn in (**VI**) der Spezialfall $p = 1$ betrachtet wird, so spricht man in (*a*) von Konvergenz im Mittel; in (*b*) läßt man dann innerhalb der Klammerausdrücke den Exponenten „p" fort.

(Die verschiedenen Zusammenhänge zwischen den Konvergenzbegriffen (**II**) bis (**VI**), von denen wir in (124) und (125) nur zwei anführten, sind sowohl für den allgemeinen Fall als auch für zwei wichtige Klassen von Spezialfällen in übersichtlichen Diagrammen dargestellt in: Munroe, [Measure], S. 237.)

11. Produkte von Maßräumen

11.a Endliche Produkte von Maßräumen. Der Satz von Fubini. Unter nochmaliger Zurückstellung der wahrscheinlichkeitstheoretischen Anwendungen nehmen wir eine weitere Verallgemeinerung des maßtheoretischen Apparates vor, diesmal aber nach einer ganz anderen Richtung hin. Wir gehen jetzt nicht mehr davon aus, daß nur ein einziger Maßraum gegeben sei, sondern daß wir es mit *einer endlichen Folge* $\langle \Omega_i, \mathfrak{A}_i, \mu_i \rangle$ *von n Maßräumen* ($i = 1, 2, \ldots, n$) zu tun haben, deren Maße alle σ-endlich seien. Wir wollen einen neuen Maßraum konstruieren, den man sinnvollerweise als das Produkt der vorgegebenen n Maßräume bezeichnen kann. Dazu müssen seine drei Glieder irgendwie als Produkte der entsprechenden Glieder der vorgegebenen Maßräume eingeführt werden.

Für die neue Grundmenge Ω bildet dies kein Problem. Wir führen sie einfach durch die Definition

$$\Omega =_{\mathrm{Df}} \Omega_1 \times \Omega_2 \times \cdots \times \Omega_n = \prod_{i=1}^{n} \Omega_i$$

ein, wobei das Symbol „$\times$" im Sinn des Cartesischen Produktes (15) zu verstehen ist. Diese Menge heiße die *Produktmenge* der n vorgegebenen Grundmengen.

Um auch die σ-Körper zu einem Produkt zusammenzufassen, geht man von den Abbildungen

$$p_i\colon \Omega \mapsto \Omega_i$$

aus, die jeden Punkt $\langle \omega_1, \ldots, \omega_n \rangle$ von Ω auf seine i-te Koordinate ω_i abbilden. Wir benützen nun dasjenige Verfahren, welches in (109) präzisiert wurde: Es sei I_n die Menge der ersten n natürlichen Zahlen. Wir bilden die von den n Abbildungen p_i erzeugten σ-Körper

$$\mathfrak{A}(p_1, \ldots, p_n) =_{\mathrm{Df}} \mathfrak{A}\left(\bigcup_{i \in I_n} p_i^{-1}(\mathfrak{A}_i)\right),$$

also den kleinsten σ-Körper, in bezug auf welchen jede Projektionsabbildung p_i $\mathfrak{A}$-$\mathfrak{A}_i$-meßbar ist[51]. Wir nennen diesen σ-Körper *das Produkt* der n gegebenen σ-Körper und symbolisieren ihn durch:

$$\bigotimes_{i=1}^{n} \mathfrak{A}_i =_{\mathrm{Df}} \mathfrak{A}(p_1, \ldots, p_n).$$

Schließlich muß noch das Produktmaß für den neuen Maßraum definiert werden. Die Rechtfertigung einer solchen Definition bildet den schwierigsten Teil des Unterfangens. Es erfordert nämlich nichttriviale maßtheoretische Überlegungen zu zeigen, daß auf dem σ-Körper $\bigotimes_{i=1}^{n} \mathfrak{A}_i$ *genau ein* Maß φ existiert, welches die Bedingung erfüllt:

$\varphi(A_1 \times A_2 \times \cdots \times A_n) = \mu_1(A_1) \cdot \mu_2(A_2) \cdot \cdots \cdot \mu_n(A_n)$ für beliebige $A_i \in \mathfrak{A}_i$,

d.h. also die Bedingung, daß für jede ‚n-dimensionale' Menge (= für jedes Element aus $\mathfrak{A}$) der φ-Wert das n-fache Produkt (im arithmetischen Sinn) der gegebenen Maße der n Komponenten-Mengen liefert (vgl. BAUER, [Wahrscheinlichkeitstheorie], S. 96ff.; RICHTER, Wahrscheinlichkeitstheorie, S. 195ff.). Dieses eindeutig bestimmte Maß wird das Produktmaß oder das Produkt der Maße $\mu_1, \ldots, \mu_n$ genannt und durch $\bigotimes_{i=1}^{n} \mu_i$ abgekürzt.

Damit ist der neue Maßraum, *das Produkt der gegebenen n Maßräume* genannt, gebildet. Für ihn wird eine Abkürzung gewählt, welche dasselbe Symbol benützt, das bereits für die Beschreibung des Produktes der σ-Körper und der Maße verwendet worden ist, nämlich:

$$\bigotimes_{i=1}^{n} \langle \Omega_i, \mathfrak{A}_i, \mu_i \rangle =_{Df} \left\langle \prod_{i=1}^{n} \Omega_i, \bigotimes_{i=1}^{n} \mathfrak{A}_i, \bigotimes_{i=1}^{n} \mu_i \right\rangle.$$

Wenn f eine auf einem Produktraum definierte meßbare Funktion ist, so kann das μ-Integral von f in genau derselben Weise eingeführt werden, wie dies in 10.b geschildert wurde. Dies beruht auf der einfachen Tatsache, *daß die Dimension des zugrundeliegenden Raumes bei der Definition des Integralbegriffs überhaupt keine Rolle spielt.* Während man in der üblichen Differential- und Integralrechnung bei der Behandlung mehrdimensionaler Räume und damit mehrstelliger integrierbarer Funktionen den Begriff des *mehrfachen Integrals* benützen muß (wobei jede einzelne Integration über genau eine Dimension läuft), ist dieses Verfahren bei Verwendung des Integralbegriffs von 10.b somit nicht erforderlich. Trotzdem ist es für viele Anwendungen zweckmäßig, auch diesmal für den mehrdimensionalen Fall eine Integration

[51] Vgl. dazu den erläuternden Text zu (109).

durch Iterierung von Integrationen über die einzelnen Dimensionen darstellen zu können. Die Gewähr für eine solche Darstellung wird durch den Satz von FUBINI geliefert. Im Gegensatz zum Vorgehen in der Analysis wird durch diesen Satz das Integral über einen Raum von mehr als einer Dimension *nicht definiert*; vielmehr wird das zunächst gebildete Integral *nachträglich* in Teilintegrale zerlegt.

Das Verfahren sei für den Fall des Produktes zweier Maßräume $\langle \Omega_i, \mathfrak{A}_i, \mu_i \rangle$ $(i = 1,2)$ angedeutet. Der Produktraum ist $\langle \Omega_1 \times \Omega_2, \mathfrak{A}_1 \otimes \mathfrak{A}_2, \mu_1 \otimes \mu_2 \rangle$. h sei eine auf $\Omega_1 \times \Omega_2$ definierte $\mu_1 \otimes \mu_2$-integrierbare Funktion. Gemäß (118) steht uns dann das $\mu_1 \otimes \mu_2$-Integral von h

$$\int_{\Omega_1 \times \Omega_2} h \, d(\mu_1 \otimes \mu_2)$$

bereits zur Verfügung. Für die gewünschte Zerlegung wird h selbst in zwei Klassen von Abbildungen h_{ω_1} und h_{ω_2} zerlegt, die man ω_1- bzw. ω_2-*Schnitte* nennt. Die erste Klasse enthält für jedes $\omega_1 \in \Omega_1$ die *einstellige* (!) Funktion

$$h_{\omega_1} : \Omega_2 \mapsto \mathbb{R}_e \text{ mit } h_{\omega_1}(\omega_2) = h(\omega_1, \omega_2);$$

ebenso enthält die zweite Klasse für jedes $\omega_2 \in \Omega_2$ die einstellige Abbildung

$$h_{\omega_2} : \Omega_1 \mapsto \mathbb{R}_e \text{ mit } h_{\omega_2}(\omega_1) = h(\omega_1, \omega_2).$$

Intuitiv gesprochen wird also in der zweistelligen Funktion h im ersten Fall eines der zulässigen ersten Argumente festgehalten und die Funktion nur mehr als einstellige Funktion ihrer zweiten Argumente gedeutet; im zweiten Fall wird eines der zulässigen zweiten Argumente festgehalten und die Funktion wird nur mehr als einstellige Funktion ihrer ersten Argumente interpretiert.

Die Begründung des angekündigten Satzes erfolgt in der Weise, daß eine Folge von Behauptungen bewiesen wird, deren letztes Glied der gesuchte Satz ist. Es gilt nämlich für ein h von der angegebenen Gestalt:

(*a*) h_{ω_1} ist $\mathfrak{A}_2$-meßbar; h_{ω_2} ist $\mathfrak{A}_1$-meßbar;

(*b*) h_{ω_1} ist sogar für μ_1-fast alle ω_1 μ_2-integrierbar;
h_{ω_2} ist für μ_2-fast alle ω_2 μ_1-integrierbar.

Führt man die in (*b*) für durchführbar erklärten Integrationen aus, so kann man eine Abbildung von ω_1 zum μ_2-Integral von h_{ω_1} bilden (und analog eine Abbildung von ω_2 zum μ_1-Integral von h_{ω_2}) und darüber folgendes aussagen:

(*c*) Die μ_1-fast überall definierte Abbildung:
$\omega_1 \mapsto \int h_{\omega_1} d\mu_2$ ist μ_1-integrierbar;
die μ_2-fast überall definierte Abbildung:
$\omega_2 \mapsto \int h_{\omega_2} d\mu_1$ ist μ_2-integrierbar.

Die Durchführung dieser Integrationen liefert das gesuchte Resultat, d.h. es gilt der:

(126) *Satz von* FUBINI: Wenn zwei σ-endliche Maßräume von der angegebenen Gestalt und eine Funktion h mit den geschilderten Merkmalen gegeben sind, so gilt:

$$\int h d(\mu_1 \otimes \mu_2) = \int \left(\int h_{\omega_2} d\mu_1\right) d\mu_2 = \int \left(\int h_{\omega_1} d\mu_2\right) d\mu_1.$$

Der Satz lehrt also nicht nur, daß die angegebene *Zerlegung in iterierte Integrationen* möglich ist, sondern darüber hinaus, *daß es* bei Anwendung des Iterationsverfahrens *nicht auf die Reihenfolge der Integrationen ankommt.* Der Satz, den wir größerer Anschaulichkeit halber nur für den zweidimensionalen Fall erläutert haben, gilt auch im beliebig endlich-dimensionalen Fall, was mittels (126) durch vollständige Induktion bewiesen werden kann. (Für präzise Formulierungen und Beweise des Theorems von FUBINI vgl. RICHTER, Wahrscheinlichkeitstheorie, S. 201ff.; BAUER, [Wahrscheinlichkeitstheorie], S. 99ff.; MUNROE, [Measure], S. 199ff.; VOGEL, Wahrscheinlichkeitstheorie, S. 114ff.)

11.b Unendliche Produkte von Maßräumen. Das in 11.a skizzierte Verfahren der Bildung von Produkträumen kann fortgesetzt werden. Man geht hierzu aus von einer Familie von Maßräumen $(\langle\Omega_i, \mathfrak{A}_i, \mu_i\rangle)_{i\in I}$, wobei I eine nicht leere Indexmenge ist, die zum Unterschied vom vorigen Fall auch unendlich viele Elemente enthalten darf. Ganz analog zum Fall endlich vieler Faktoren können die unendlichen Produkte Ω und $\mathfrak{A}$ der Grundmengen Ω_i sowie der σ-Körper $\mathfrak{A}_i$ gebildet werden. Wesentlich schwieriger ist der Nachweis, *daß* auch diesmal *ein eindeutig bestimmtes Produktmaß* μ *existiert,* welches für jede endliche Teilmenge $J \subset I$ die Bedingung erfüllt: das endliche Produkt $\bigotimes_{i\in J} \mu_i$ ist identisch mit der J-Projektion $p_J(\mu)$ von μ. p_J ist definiert durch die Bedingung $p_J\colon \Omega \to \Omega_J$. (Der Leser erinnere sich daran, daß $p_J(\mu)$ in Anwendung auf eine bestimmte Menge A den Wert $\mu(p_J^{-1}(A))$ liefert.) (Für den Beweis vgl. BAUER, a.a.O., S. 135–140.)

In naheliegender Verallgemeinerung der Symbolik des vorigen Abschnittes wird der Produktraum durch

$$\bigotimes_{i\in I} (\Omega_i, \mathfrak{A}_i, \mu_i) = \left(\prod_{i\in I} \Omega_i, \bigotimes_{i\in I} \mathfrak{A}_i, \bigotimes_{i\in I} \mu_i\right)$$

bezeichnet.

12. Wahrscheinlichkeitstheoretische Anwendungen

12.a Die maßtheoretischen Konvergenzbegriffe. Diese Begriffe werden, wie durch gelegentliche Andeutungen kenntlich gemacht worden ist, bei verschiedenen Konstruktionen und Beweisen benötigt. Für uns ist vor allem ihre Verwendung bei der Formulierung der Gesetze der großen Zahlen von Wichtigkeit. Darüber ist in 4.e und 10.d bereits alles Wesentliche gesagt worden. Es sei nur nochmals auf die Gefahr hingewiesen, die bei der Interpretation der statistischen Wahrscheinlichkeit akut wird: daß man sich zunächst irgendwie von der Vorstellung leiten läßt, der Sinn einer Aussage müsse ihrer Überprüfungsmethode entnommen werden; daß man in einem zweiten Schritt auf die elementare Tatsache hinweist, daß statistische Hypothesen stets durch Häufigkeitszählungen überprüft werden; daß ferner in einem dritten Schritt diese beiden Gedanken dazu führen, die Definition der statistischen Wahrscheinlichkeit auf der Idee der ‚Häufigkeit auf lange Sicht' beruhen zu lassen; und daß schließlich in einem vierten Schritt die Präzisierung dieser Idee zu jener gedanklichen Vergröberung führt, welche die probabilistische Konvergenz nach Wahrscheinlichkeit und mit Wahrscheinlichkeit 1 auf der einen Seite mit der gewöhnlichen Konvergenz auf der anderen Seite zusammenfließen lassen.

12.b Endliche und unendliche Produkte von Wahrscheinlichkeitsräumen. Wir gehen von folgender Frage aus: Wie lautet das präzise mathematische Modell für n Durchführungen von Zufallsexperimenten, die sich gegenseitig nicht beeinflussen, also voneinander unabhängig sind?

Die n Arten von Zufallsexperimenten seien $\mathfrak{Z}_1, \mathfrak{Z}_2, \ldots, \mathfrak{Z}_n$. Es spielt keine Rolle, ob diese Arten voneinander verschieden oder teilweise miteinander identisch sind. Die Aufgabe wird in zwei Schritten gelöst: Der erste Schritt besteht in der genauen probabilistischen Beschreibung jedes $\mathfrak{Z}_i$. Diese Beschreibung erfolgt durch Zuordnung eines Wahrscheinlichkeitsraumes $\langle \Omega_i, \mathfrak{A}_i, P_i \rangle$ zu $\mathfrak{Z}_i$. Mit der Angabe dieses Raumes ist alles für $\mathfrak{Z}_i$ relevante wahrscheinlichkeitstheoretische Wissen geliefert: wir kennen die Menge der möglichen Resultate, ferner den (σ-)Körper der Ereignisse sowie das Wahrscheinlichkeitsmaß (die Wahrscheinlichkeitsverteilung). Die Lösung der zweiten Aufgabe besteht in der Bildung des Produktraumes $\langle \Omega, \mathfrak{A}, P \rangle$ der n gegebenen Wahrscheinlichkeitsräume. Die drei Glieder Ω, $\mathfrak{A}$ und P dieses Produktraumes sind in der Weise aus den jeweiligen Gliedern Ω_i, $\mathfrak{A}_i$ und P_i der Komponenten-Räume gebildet, wie dies in 11.a (für den allgemeineren Fall *beliebiger* Maße) geschildert worden ist. (Sollten Zufallsfunktionen $\mathfrak{x}_1, \ldots, \mathfrak{x}_n$ auf den n gegebenen Wahrscheinlichkeitsräumen definiert sein, so könnte man die *Produkt-Abbildung* dieser n Zufallsfunktionen formen und für die Konstruktion einer gemeinsamen Verteilung der $\mathfrak{x}_i$ auf $\bigotimes_{i=1}^{n} \mathfrak{A}_i$ benützen. Für technische Details vgl. BAUER, [Wahrscheinlichkeitstheorie], S. 130.)

Der Bernoullische Fall (die Binomialverteilung) ergibt sich aus diesem Modell mittels Spezialisierung, nämlich durch Identifizierung aller $\mathfrak{Z}_i$ und damit auch aller $\langle \Omega_i, \mathfrak{A}_i, P_i \rangle$; denn die Art des Experimentes bleibt hier konstant, ebenso wie die probabilistische Beschreibung dieses Experimentes mit Hilfe von Wahrscheinlichkeitsräumen. Außerdem interessiert man sich jetzt nur dafür, ob ein gewisses Ereignis eintritt (Erfolg) oder nicht eintritt (Mißerfolg). In diesem speziellen Fall ist es allerdings nicht notwendig, das ‚Produktmodell' anzuwenden. Tatsächlich haben wir früher in 2.b und 3.a ein anderes Verfahren gewählt, nämlich *direkt* den entsprechenden Wahrscheinlichkeitsraum zu konstruieren. Wegen der Unabhängigkeit der Ereignisse und der Konstanz der Wahrscheinlichkeiten steht uns diese Alternative hier immer offen. Dieser Vergleich lehrt zweierlei: Erstens ist das zu benützende mathematische Modell nicht immer von vornherein festgelegt; vielmehr können wir häufig zwischen verschiedenen mathematischen Modellen wählen. Zweitens ergibt der Vergleich eine gewisse Überlegenheit des Produktmodells in einer bestimmten Hinsicht: Man kann sich auf die Beschreibung der probabilistischen Struktur *einer einzigen* Durchführung des Experimentes beschränken und für jedes beliebig vorgegebene endliche n auf den n-fachen Produktraum beziehen. Geht man hingegen so vor, wie wir dies früher taten, so muß man für jedes n den entsprechenden Wahrscheinlichkeitsraum *ad hoc* konstruieren. Diese Konstruktion sieht z.B. im Fall des 16maligen Würfelns mit einem (möglicherweise gefälschten) Würfel ganz anders aus als im Fall des 27maligen Würfelns. Das Produktmodell würde hingegen den Wahrscheinlichkeitsraum nur für den elementarsten Fall der einmaligen Durchführung des Experimentes festlegen und dann die Produkträume für $n = 16$ und $n = 27$ bilden.

Das in 11.b angegebene Modell benötigt man für die exakte Beschreibung des folgenden Experimentes $\mathfrak{Z}$: Es sei eine unendliche Folge $(\mathfrak{Z}_i)_{i \in \mathbb{N}}$ von Zufallsexperimenten gegeben. Die Durchführung des Experimentes $\mathfrak{Z}$ bestehe darin, eine unendliche Folge unabhängiger Realisierungen dieser Experimente $\mathfrak{Z}_i$ vorzunehmen.

Der Leser beachte, daß auch dieser allgemeine Fall für drei Spezialisierungen benützt werden kann: Die erste Spezialisierung liegt vor, wenn wieder alle $\mathfrak{Z}_i$ identisch sind. Die zweite Spezialisierung ist gegeben, wenn man sich außerdem nur dafür interessiert, ob das Ereignis A eintritt oder nicht (Bernoulli-Fall. Wenn die Wahrscheinlichkeit des Eintretens von A gleich p ist, und man für das Eintreten von A einfach 1 und für das Nichteintreten 0 schreibt, so ist der elementare Wahrscheinlichkeitsraum $\langle \Omega_1, \mathfrak{A}_1, P_1 \rangle$ hier festgelegt durch: $\Omega_1 = \{0, 1\}$; $\mathfrak{A}_1 = Pot(\Omega_1)$; $P_1(A) = p$, $P_1(\overline{A}) = P_1(\{0\}) = 1 - p$.) Eine weitere Spezialisierung ist gegeben, wenn man annimmt, daß eine Gleichverteilung vorliegt, der elementare Wahrscheinlichkeitsraum also ein Laplace-Raum ist.

Der in 11.b zitierte Beweis liefert die Gewähr dafür, daß auch im Fall des unendlichen Produktes ein eindeutig bestimmtes Wahrscheinlichkeitsmaß existiert.

Man könnte meinen, daß dieser letzte Modellfall nur von rein theoretischem Interesse sei, da eine unendliche Folge von Experimenten bei keiner praktischen Problemstellung vorkommt. Dies wäre jedoch ein Irrtum. Das ‚unendliche Produktmodell' ist nämlich auch dann zu benützen, wenn die Problemstellung von solcher Art ist, daß keine feste endliche Zahl vorgegeben werden kann. Von dieser Natur ist z.B. das von Daniel Bernoulli im Jahre 1738 geschilderte St. Petersburger Experiment.

Dieses Experiment sei kurz analysiert: Eine Münze wird solange geworfen, bis sich *Schrift* einstellt; an diesem Punkt wird das Experiment abgeschlossen. (Dieses Experiment kann man natürlich vielfach variieren; z.B. man wirft immer wieder gleichzeitig drei Würfel und erklärt das Experiment genau dann für beendet, wenn sich das erste Mal drei Sechser einstellen usw.) Rein äußerlich scheint dieses Problem dem Bernoulli-Fall zu ähneln. Die Ähnlichkeit reicht aber nur soweit, als man den elementaren Wahrscheinlichkeitsraum, der die probabilistische Struktur des einmaligen Wurfes charakterisiert, genauso konstruieren kann wie in der eben gegebenen Schilderung. Im übrigen besteht jedoch der elementare Unterschied, daß man diesmal nicht nur die Anzahl der Durchführungen des Experimentes nicht vorgeben kann, sondern daß man nicht einmal eine obere endliche Schranke n anzugeben vermag, so daß das Experiment spätestens nach dem n-ten Versuch zum Stillstand kommt. Nehmen wir der Einfachheit halber an, es handele sich bei dem Münzwurf um ein Laplace-Experiment. Mit 1 für *Schrift* und 0 für *Kopf* haben wir dann: $P(\{1\}) = P(\{0\}) = 1/2$. Die Wahrscheinlichkeit dafür, daß das Experiment bereits nach dem ersten Wurf beendet wird (= die Wahrscheinlichkeit dafür, daß der erste Wurf *Schrift* ergibt), beträgt daher

1/2. Die Wahrscheinlichkeit, daß das Experiment nach dem zweiten Wurf abgeschlossen wird, ist gleich 1/4 (Produktfall für $n = 2$); die Wahrscheinlichkeit, daß das Experiment nach dem dritten Wurf zu beenden ist, beträgt 1/8 (Produktfall für $n = 3$) usw. Alle diese Fälle schließen einander logisch aus; denn das Experiment kommt *entweder* nach dem ersten Versuch *oder* nach dem zweiten *oder* ... *oder* nach dem n-ten Versuch *oder* ... zum Stillstand, wobei das „oder" stets im ausschließenden Sinn zu verstehen ist. Die Wahrscheinlichkeit dafür, daß das Experiment spätestens nach dem n-ten Versuch zum Abschluß gelangt, ist daher gleich der Summe der fraglichen Produktwahrscheinlichkeiten bis einschließlich n, d.h. sie ist $\sum_{k=1}^{n} \frac{1}{2^k}$. Die Wahrscheinlichkeit dafür, daß das Experiment *überhaupt einmal* abgeschlossen wird, ergibt sich durch Summation bis ∞ statt bloß bis n, so daß wir für diese Wahrscheinlichkeit erhalten: $\sum_{k=1}^{\infty} \frac{1}{2^k} = \frac{1}{2} + \frac{1}{4} + \frac{1}{8} + \cdots = 1$. Dieses Resultat steht mit unserer intuitiven Erwartung in Einklang, wonach es praktisch sicher ist, daß das Experiment nach irgendeiner Zahl von Würfen zum Abschluß gelangt. *Abermals ist es jedoch von Wichtigkeit, praktische Sicherheit und logische Notwendigkeit nicht miteinander zu verwechseln.* Es ist logisch möglich, daß die Folge von Würfen (trotz der Richtigkeit der vorausgesetzten Laplace-Wahrscheinlichkeit) niemals zu einem Schriftwurf führt. Anders ausgedrückt: Eine unendliche Folge von Kopfwürfen ist nicht logisch ausgeschlossen; es ist nur *P-fast sicher*, daß eine solche Folge nicht eintreten wird.

Dieses letzte Beispiel kann zugleich als Illustration dafür dienen, daß auch in dem Fall, wo man unendlich viele Möglichkeiten ins Auge fassen muß, das mathematische Modell für die probabilistische Analyse einer Situation nicht eindeutig ausgezeichnet ist. Eine andere Beschreibungsmöglichkeit wäre die folgende: e_k besage (für jede natürliche Zahl k), daß das Experiment nach dem k-ten Versuch beendet wird; e_∞ besage, daß es niemals ans Ende gelangt. Wir verzichten auf die Bildung von Produkträumen und führen statt dessen den *diskreten, aber unendlichen* Möglichkeitsraum $\Omega = \{e_1, e_2, \ldots, e_n, \ldots, e_\infty\}$ ein. Der Bernoulli-Fall wird daraus in der Weise erzeugt, daß wir den Punkten dieses Raumes ‚Gewichte' verleihen und zwar auf Grund der folgenden beiden Bestimmungen: $p(e_k) = 1/2^k$ für $k = 1, 2, \ldots$ und $p(e_\infty) = 0$. Wenn wir den σ-Körper $\mathfrak{A}$ mit $Pot(\Omega)$ identifizieren — wie dies im diskreten Fall ja stets möglich ist —, so ist durch die ‚Gewichtsfunktion' p das Wahrscheinlichkeitsmaß P eindeutig festgelegt. Für jedes $\omega \in \Omega$ ist nämlich $P(\{\omega\}) = p(\omega)$, und für jedes $E \subset \Omega$ ist $P(E)$ gleich der Summe der Gewichte der Elemente aus E.

Durch eine geringfügige Modifikation dieses Verfahrens können wir auch den oben geschilderten Bernoulli-Fall statt durch unendliche Produktbildung eines (sehr primitiven) elementaren Wahrscheinlichkeitsraumes *durch direkte Konstruktion eines Wahrscheinlichkeitsraumes über einem unendlichen Möglichkeitsraum* behandeln. Die Ziffern „0" und „1" sollen wieder die angegebene Bedeutung haben. Ω enthalte alle unendlichen Folgen, die aus Nullen und Einsen bestehen. Jede derartige Folge kann durch eine Funktion ω mit dem Definitionsbereich $D_I(\omega) = \mathbb{N}$ und dem Wertbereich $D_{II}(\omega) = \{0, 1\}$ repräsentiert werden. Diese Repräsentation ist natürlich so zu verstehen, daß das Argument von ω die Stellenzahl der Folge bezeichnet. $\omega(k) = 0\ (=1)$ besagt also, daß das k-te Glied ein Kopfwurf (ein Schriftwurf) sei. $\mathfrak{E}$ sei die Klasse $\{E_1, E_2, \ldots\} = \{E_i | i \in \mathbb{N}\}$ der Ereignisse, die definiert sind durch: $E_i = \{\omega | \omega(i) = 1\}$. Das Ereignis E_i besagt also, daß der i-te Wurf ein Schriftwurf ist. Der untersuchte Ereigniskörper sei der durch $\mathfrak{E}$ erzeugte σ-Körper $\mathfrak{A}(\mathfrak{E})$. Für jedes i sei $P(E_i) = p$. Ferner bilde $\mathfrak{E}$ (und damit auch $\mathfrak{A}(\mathfrak{E})$) eine Klasse unabhängiger Ereignisse. Die Konstruktion ist damit beendet.

Es ist von gewissem Interesse, einige spezielle Ereignisse anzuführen, die zu $\mathfrak{A}(\mathfrak{E})$ gehören. Das Ereignis, daß mindestens ein Wurf ein Schriftwurf ist, kann durch die unendliche Vereinigung $\bigcup \mathfrak{E} = \bigcup_{i=1}^{\infty} \{E_i | i \in \mathbb{N}\}$ ausgedrückt werden. Das Ereignis, daß alle Würfe *Schrift* liefern, wird durch $\bigcap \mathfrak{E}$ ausgedrückt. Wie ist das Ereignis wiederzugeben, daß unendlich viele Würfe *Schrift* liefern? Wenn wir auf die Funktion ω zurückgehen, so erhalten wir zunächst: $\{\omega |$ für unendlich viele i ist $\omega(i) = 1\}$. Wir müssen die umgangssprachliche Wendung in der Mengenbedingung noch präzisieren. Mit den Variablen k und n für natürliche Zahlen erhalten wir: $\wedge k \vee n(n > k \wedge \omega(n) = 1)$. Wenn wir weiter bedenken, daß dem Allquantor die Durchschnittsbildung und dem Existenzquantor die Vereinigungsoperation entspricht, so lautet das gesuchte Ereignis:

$$\bigcap_{k \in \mathbb{N}} \bigcup_{n > k} \{E_n | n \in \mathbb{N}\}.$$

12.c Wahrscheinlichkeitsräume im überabzählbaren Fall. Das Lebesgue-Borelsche Maß. In 9.a ist das prinzipielle Verfahren geschildert worden, um zu einer möglichst umfassenden Klasse zu gelangen, auf der eine Maßfunktion definiert werden kann. Wir knüpfen an die dortigen Überlegungen sowie an die spezielle Klasse von 9.b an. Die beiden folgenden Beispiele sollen zugleich den Unterschied zwischen normierten Maßen, die als Wahrscheinlichkeitsmaße deutbar sind, und nicht normierten Maßen veranschaulichen. „L-B-Maß" wird dabei wieder als Abkürzung für „Lebesgue-Borelsches Maß" verwendet.

Beispiel 1. *L-B-Maß auf dem Einheitswürfel.* Wir wählen als Ω den dreidimensionalen Einheitswürfel $\mathbb{W} =_{\mathrm{Df}} [\mathbf{0}, \mathbf{1}]$ mit $\mathbf{0} =_{\mathrm{Df}} \langle 0, 0, 0\rangle$ und $\mathbf{1} =_{\mathrm{Df}} \langle 1, 1, 1\rangle$ des $\mathbb{R}^3$. $\mathbb{W}$ ist also die Menge aller Tripel von reellen Zahlen, die innerhalb des Einheitswürfels oder auf dem Rande dieses Würfels liegen[52]. Wir spezialisieren die Überlegungen von 9.b auf diesen Teilraum $\mathbb{W}$ des dreidimensionalen Euklidischen Raumes. Dabei benützen wir die bereits in 9.b erwähnte Tatsache, daß es keine Rolle spielt, ob man die Konstruktion mit den dreidimensionalen offenen, halboffenen oder geschlossenen Intervallen beginnt. Wir wählen den letzten Weg;

[52] Diejenigen Leser, welche das anschauliche Vorstellungsvermögen bereits im Dreidimensionalen im Stich läßt, können $n = 2$ oder sogar $n = 1$ wählen. Die folgenden Überlegungen lassen sich natürlich mutatis mutandis auf diese Fälle übertragen. Der Möglichkeitsraum wäre im ersten Fall das Einheitsquadrat, im zweiten Fall das Einheitsintervall, d.h. die Klasse aller reellen Zahlen x, welche die Bedingung $0 \leqq x \leqq 1$ erfüllen.

und zwar beschränken wir uns auf solche dreidimensionale Gebilde, deren Flächen zu den Koordinatenflächen des $\mathbb{R}^3$ parallel sind. Diese Gebilde bezeichnen wir als *Quader*. Ein Quader ist also eine Menge von Punkten $\langle x, y, z \rangle$, welche für sechs bestimmte Zahlen $0 \leqq a_i \leqq b_i \leqq 1$ $(i = 1, 2, 3)$ die drei Bedingungen erfüllen: $a_1 \leqq x \leqq b_1$; $a_2 \leqq y \leqq b_2$; $a_3 \leqq z \leqq b_3$.[53] (Man könnte einen Quader auch als das Kreuzprodukt oder Cartesisches Produkt von drei Teilintervallen des Einheitsintervalles auffassen, wobei diese drei Teilintervalle durch die Punkte a_i und b_i festgelegt sind.) In Anknüpfung an die Terminologie von 9.b nennen wir eine Vereinigung von endlich vielen Quadern eine (dreidimensionale) *Figur*. $\mathfrak{F}$ sei die Klasse der Figuren. Wir übernehmen von 9.b die weitere, auch für unseren Teilraum W gültige Feststellung, daß jede Figur als *endliche Vereinigung elementfremder Quader* darstellbar ist und daß die Klasse aller Figuren einen *Ring* bildet. Wenn A ein Quader ist, so nennen wir seine Endpunkte wie oben a_i und b_i. Für die Klasse der Quader definieren wir eine Mengenfunktion P_0 durch die Festsetzung: $P_0(A) =_{\text{Df}} (b_1 - a_1) \cdot (b_2 - a_2) \cdot (b_3 - a_3)$. Dieser Wert entspricht genau dem, was wir in 9.b den Elementarinhalt nannten. Jetzt nennen wir den P_0-Wert eines Quaders das *Volumen* dieses Quaders.

Mit den Figuren und ihren Volumina haben wir einen vernünftigen und einfachen Ausgangspunkt für die Konstruktion eines Maßes gewonnen, welches sich auf ‚möglichst viele' Teilmengen von W erweitern läßt. Diese möglichst vielen Teilmengen sollen die Borel-Mengen sein.

Zunächst erweitern wir die Definition von P_0 zu einem *Inhalt* P_1 für alle Figuren. Intuitiv gesprochen stellt P_1 *die Erweiterung des Volumenbegriffs auf beliebige Figuren* dar. Wenn die Figur $F \in \mathfrak{F}$ als Vereinigung der endlich vielen disjunkten, d.h. elementfremden Quader $A_1, A_2, \ldots, A_n$ dargestellt wurde, dann soll gelten:

$$P_1(F) = P_1(\bigcup_{i \leqq n} A_i) =_{\text{Df}} P_0(A_1) + P_0(A_2) + \cdots + P_0(A_n).$$

Mit dem Inhalt P_1 haben wir sogar ein Lebesguesches Prämaß auf unserem Raum $\mathfrak{F}$ gewonnen. Dieses Prämaß erweitern wir nach der Methode von 9.a (vgl. die Beweisskizze von (105)) zu einem äußeren Maß $P^{\#}$, welches für *alle* Teilmengen von W, also auf ganz $Pot(W)$, definiert ist. Wir erinnern uns daran, wie dies geschieht: Für eine beliebige Teilmenge $A \subset W$ betrachten wir sämtliche abzählbaren Klassen $\mathfrak{U} = \{B_i\}_{i \in \mathbb{N}}$ von Figuren $B_i \in \mathfrak{F}$ (oder, wie wir sogar sagen können: von Quadern), so daß $A \subset \bigcup_{i=1}^{\infty} B_i$, deren Vereinigung also A überdeckt. Derartige Klassen $\mathfrak{U}$ sollen *Überdeckungsklassen von* A genannt werden. Wir berechnen die Zahlen $\sum_{i=1}^{\infty} P_0(B_i)$ für alle diese Überdeckungsklassen von A und bilden das Infimum davon. Die so erhaltene Zahl wird der Menge A als *äußeres Maß* $P^{\#}(A)$ zugeordnet. (Wir haben hier nur mit etwas anderen Worten die Bildung des Analogons zu $\mu^{\#}$ von 9.a wiederholt.) Jetzt erfolgt die Beschränkung von $P^{\#}$ auf die Klasse der $P^{\#}$-meßbaren Mengen (also auf diejenigen Mengen, welche die Bedingung (*) von 9.a erfüllen). Diese Klasse bildet nach unserem früheren Ergebnis ((105) bis (107)) einen σ-Körper, und zwar genauer den durch die Klasse der Figuren erzeugten σ-Körper, d.h. den σ-Körper $\mathfrak{B}_1^3$ der im Einheitswürfel eingeschlossenen Borel-Mengen[54]. Und $P^{\#}$ stellt in Anwendung auf

[53] Da $a_i = b_i$ wählbar ist $(i = 1, 2, 3)$, ist auch $\emptyset$ ein Quader.

[54] Der untere Index „1" an $\mathfrak{B}_1^3$ soll eben diese Tatsache zum Ausdruck bringen, daß wir es mit der Klasse der auf W beschränkten Borel-Mengen zu tun haben, d.h. genauer: *mit der Klasse der Durchschnitte von Borel-Mengen und dem Einheitswürfel.*

die Elemente von $\mathfrak{B}_1^3$ ein eindeutig bestimmtes Maß dar, nämlich das L-B-Maß auf $\mathfrak{B}_1^3$[55]. Die Elemente von $\mathfrak{B}_1$ sind genau die Lebesgue-meßbaren Teilmengen von W. Für $B \in \mathfrak{B}_1$ definieren wir:

$$P(B) =_{\mathrm{Df}} P^{\#}(B)$$

P ist sogar ein normiertes Maß, da ja der Einheitswürfel selbst Element von $\mathfrak{B}_1^3$ ist und sein Lebesguesches Maß mit seinem Volumen 1 zusammenfallen muß. *Der Maßraum* $\langle W, \mathfrak{B}_1^3, P\rangle$ *bildet also sogar einen Wahrscheinlichkeitsraum!*

Es ist von Nutzen, die Elemente unseres σ-Körpers $\mathfrak{B}_1^3$ noch in anderer Weise zu charakterisieren. Vom intuitiven Standpunkt aus könnte man sagen, daß es sich dabei um diejenigen dreidimensionalen Gebilde innerhalb des Einheitswürfels handele, *denen man sinnvollerweise ein Volumen zuordnen kann.* Dieses Volumen wird durch den P-Wert wiedergegeben. Für die L-B-Meßbarkeit läßt sich eine notwendige und hinreichende Bedingung angeben, welche eine gute geometrische Veranschaulichung dieses Sachverhaltes liefert. Dafür benützen wir den Begriff der *symmetrischen Differenz*

$$A \triangle B =_{\mathrm{Df}} (A - B) \cup (B - A)$$

zweier Mengen A und B. Inhaltlich gedeutet ist die symmetrische Differenz *die Vereinigung der beiden Mengen abzüglich ihres Durchschnittes.* Je stärker sich zwei Mengen überdecken, desto kleiner wird ihre symmetrische Differenz; die symmetrische Differenz liefert also in gewissem Sinn ein Maß für die Güte der Approximation einer Menge durch eine andere. Es läßt sich nun der folgende Satz beweisen:

(127) Eine Menge $A \subset W$ ist genau dann Lebesgue-meßbar, wenn für jede reelle Zahl $\varepsilon > 0$ eine Figur B existiert, so daß $P^{\#}(A \triangle B) < \varepsilon$.

Wenn man sich die Bedeutung der symmetrischen Differenz vor Augen hält und weiter bedenkt, daß diese Meßbarkeitsbedingung für beliebig kleines ε gilt, so besagt dies: Genau jenen dreidimensionalen Gebilden wird ein Volumen zugeordnet, *die mit beliebiger Genauigkeit durch Vereinigungen von Quadern approximiert werden können*, und zwar approximiert in dem genau angegebenen Sinn: das äußere Maß $P^{\#}$ der symmetrischen Differenz zwischen einem solchen Gebilde und einer geeigneten Vereinigung von Quadern muß beliebig klein gemacht werden können[56].

Falls sich die Elemente von $\mathfrak{B}_1^3$ in einer konkreten Anwendung dieses mathematischen Modells als Ereignisse und ihre P-Werte als Wahrscheinlichkeiten ihres Eintreffens deuten lassen, dann kann der Raum $\langle W, \mathfrak{B}_1^3, P\rangle$ auch *in der Anwendung* unmittelbar als Wahrscheinlichkeitsraum dienen. Außerdem kann man es dann immer, wie bereits einmal erwähnt, erreichen, daß das Maß P *als Verteilung einer Zufallsfunktion* auftritt: Als derartige Zufallsfunktion wähle man einfach die identische Abbildung von W auf sich!

---

[55] Wegen der Endlichkeit der Maße aller $P^{\#}$-meßbaren Teilmengen von W sowie der Darstellbarkeit von W als Vereinigung einer beliebigen Teilmenge von W und ihres Komplementes ist die σ-Endlichkeit und damit die Voraussetzung für die Anwendung von (106) trivial erfüllt.

[56] Nebenher bemerkt ist dieser zuletzt erwähnte Sachverhalt einer der Gründe dafür, warum einige Maßtheoretiker von vornherein dem Begriff der symmetrischen Mengendifferenz eine zentrale Bedeutung beimessen, so z.B. Halmos in [Measure]. Diese Operation gestattet auch die Anwendung gruppentheoretischer Lehrsätze; denn die Klasse der Mengen bildet bezüglich der Operation $\triangle$ eine Abelsche Gruppe.

Was hat dieses Beispiel Neues gebracht? Die Antwort lautet: Wahrscheinlichkeitsräume von komplexerer Struktur hatten wir bisher nur in abstracto behandelt. Alle früher geschilderten *konkreten* Wahrscheinlichkeitsräume waren hingegen von einer sehr elementaren Beschaffenheit. Mit dem hier vorgeführten Wahrscheinlichkeitsraum $\langle W, \mathfrak{B}_1^3, P\rangle$ *haben wir erstmals einen Wahrscheinlichkeitsraum mit einem überabzählbaren Möglichkeitsraum effektiv konstruiert*, wobei zugleich das weitere Ziel erreicht worden ist, einen möglichst umfassenden σ-Körper aufzubauen, für den ein festes Wahrscheinlichkeitsmaß definiert wurde.

Zugleich ergibt sich hier eine Art von Erklärung für das, was man als das ‚Paradoxon der Wahrscheinlichkeitsdichte' bezeichnen könnte. Gemeint ist die bei der Behandlung des kontinuierlichen Falles hervorgehobene Tatsache, *daß die Wahrscheinlichkeit des Eintreffens eines ganz bestimmten Wertes stets 0 ist, während die Wahrscheinlichkeitsdichtefunktion für diesen Punkt einen positiven Wert annimmt.* Ohne Benützung von Dichtefunktionen ergibt sich für unser Modellbeispiel die folgende analoge Situation: Es sei B eine Borel-Menge aus $\mathfrak{B}_1^3$, die einen positiven Wahrscheinlichkeitswert hat: $P(B) > 0$. Für alle Elemente dieser Menge, d.h. für sämtliche $x \in B$ gilt jedoch: $P(\{x\}) = 0$, weil das L-B-Maß für alle einpunktigen Mengen den Wert 0 liefert[57].

Daß die Erfüllung der Normierungsbedingung keine Selbstverständlichkeit darstellt, wird das folgende Beispiel lehren.

Beispiel 2. L-B-Maß auf $\mathbb{R}^3$. Diesmal wählen wir als Menge Ω *den ganzen euklidischen Raum*. Analog zum vorigen Fall wählen wir als Ausgangspunkt für die Konstruktion des σ-Körpers die Klasse aller Quader, z.B. aufgefaßt als Cartesische Produkte $[a_1, b_1] \times [a_2, b_2] \times [a_3, b_3]$ von Intervallen mit $a_i \leqq b_i$ (aber diesmal ohne jede weitere Einschränkung bezüglich der Wahl der a_i und b_i). Jede endliche Vereinigung von Quadern — die stets als Vereinigung disjunkter Quader darstellbar ist — werde wieder *Figur* genannt. Vollkommen analog zum vorigen Fall definieren wir den Elementarinhalt (das Volumen) μ_0 von Quadern und den Inhalt (das Volumen) μ_1 von Figuren. Durch das gleiche Approximationsverfahren, welches wir im ersten Beispiel schilderten, lassen sich jetzt die Lebesgue-meßbaren Gebilde von endlichem Volumen einführen, wobei das Volumen das L-B-Maß des Gebildes ist. Wiederum fallen als nichtmeßbar alle Gebilde aus unserer Klasse meßbarer Mengen heraus, die so irregulär sind, daß es sich als unmöglich erweist, sie mit beliebiger Genauigkeit durch endliche Vereinigungen disjunkter Quader zu approximieren. Diesmal fällt aber außerdem noch eine zweite Kategorie von Gebilden aus unserer Klasse heraus: diejenigen, welche ein ‚unendliches Volumen' haben, insbesondere $\mathbb{R}_3$ selbst.

Das letztere ist auch der Grund dafür, daß wir nicht imstande sind, einen σ-Körper von L-B-meßbaren Gebilden zu definieren, solange wir uns auf Gebilde (Mengen) *von endlichem Maß* beschränken. Die Forderung der σ-Additivität ist nämlich verletzt. Dies erkennt man sofort, wenn man bedenkt, daß der ganze dreidimensionale euklidische Raum $\mathbb{R}^3$ als *abzählbare* Vereinigung von disjunkten

---

[57] Es gilt sogar, daß jede abzählbare Teilmenge des gesamten Raumes sowie jede zu einer Koordinatenachse parallele Hyperebene das Maß 0 hat.

Quadern der Gestalt $[j, j+1) \times [k, k+1) \times [m, m+1)$ darstellbar ist (j, k, m sind beliebige ganze Zahlen); jeder dieser Quader hat das Maß 1, ihre Vereinigung wäre hingegen bei Beschränkung auf endliche Maße *nicht* meßbar, da sie kein endliches Maß hat. Um wirklich einen *σ-Körper* zu erhalten, auf welchen der Inhalt μ_1 zu einem Maß μ gemäß Satz (105) fortgesetzt werden kann, muß man die Forderung der Endlichkeit des Maßes fallen lassen und auch zulassen, daß der μ-Wert $+\infty$ sein kann. Insbesondere gilt für das *L-B*-Maß μ, welches für sämtliche Mengen von $\mathfrak{B}^3$ definiert ist: $\mu(\mathbb{R}^3) = +\infty$.

Wenn wir soeben bereits vom *L-B*-Maß sprachen, so haben wir dabei die für die Eindeutigkeit erforderliche σ-Endlichkeit vorausgesetzt (vgl. (106)). Davon, daß diese gilt, haben wir uns aber bereits in 9.b überzeugt (vgl. die dortige Feststellung 3. über λ^n).

Schließlich sei noch ein Merkmal des *L-B*-Maßes im allgemeinen Fall des $\mathbb{R}^n$ erwähnt. Eine Abbildung, die für ein festes $c \in \mathbb{R}^n$ jedem $x \in \mathbb{R}^n$ den Wert $c + x$ zuordnet, werde Translation T_c genannt. Ist auf $\mathbb{R}^n$ ein Maß μ definiert, so ist $T_c(\mu)$ das Bildmaß bezüglich der Translation T_c. Man nennt ein Maß μ *translationsinvariant*, wenn es für eine beliebige reelle Zahl c der Bedingung $T_c(\mu) = \mu$ genügt. Während das *L-B*-Maß λ^n nicht das einzige Maß ist, welches dem n-dimensionalen Einheitswürfel W^n den Wert 1 zuordnet, ist es nachweislich das einzige translationsinvariante Maß von dieser Art, also das einzige Maß, welches *sowohl* die Bedingung $\mu(W^n) = 1$ *als auch* die Bedingung $T_c(\mu) = \mu$ für beliebiges $c \in \mathbb{R}^n$ erfüllt. (Der Beweis dieses Theorems stützt sich auf den Satz von Fubini; vgl. Bauer, [Wahrscheinlichkeitstheorie], S. 101f.)

12.d Verteilungsfunktionen, Lebesgue-Stieltjesche Maße und Wahrscheinlichkeitsdichten. Das zweite Beispiel von 12.c darf natürlich nicht dahingehend mißverstanden werden, als könne auf $\mathfrak{B}^1$ von $\mathbb{R}$ bzw. auf $\mathfrak{B}^n$ von $\mathbb{R}^n$ überhaupt kein Wahrscheinlichkeitsmaß definiert werden. Es ist nur das *Lebesgue-Borelsche Maß*, welches allein auf dem Einheitswürfel *ein Wahrscheinlichkeitsmaß* liefert, auf dem gesamten euklidischen Raum hingegen ein nicht normiertes Maß, das auch den Wert $+\infty$ annimmt.

Betrachten wir etwa den einfachsten Fall des $\mathbb{R}^1 = \mathbb{R}$, so erzeugt jede reelle $\mathfrak{A}$-meßbare Funktion $\mathfrak{x}$ auf Ω für einen gegebenen Wahrscheinlichkeitsraum von der Art $\langle \Omega, \mathfrak{A}, P \rangle$, also jede reelle $\mathfrak{A}$-Zufallsfunktion[58], ein Bildmaß $\mathfrak{x}(P)$, welches offenbar ein Wahrscheinlichkeitsmaß auf $\mathfrak{B}^1$ darstellt (vgl. 10.a).

Die Wahrscheinlichkeitsmaße auf $\mathfrak{B}^1$ lassen sich mit Hilfe von Funktionen, die auf $\mathbb{R}$ (und nicht auf $\mathfrak{B}^1$!) definiert sind, also durch Funktionen *mit reellen Argumenten*, charakterisieren. Um eine klare Übersicht über ihre Struktur zu gewinnen, charakterisieren wir sie auf zwei verschiedene Weisen: einmal sozusagen ‚von außen' und einmal ‚von innen' (d.h. durch innere Eigenschaften), wobei wir bei der ersten Charakterisierung nochmals eine Unterteilung vornehmen. Es wird sich ergeben, daß wir bei dieser Funktion auf eine ‚alte Bekannte' stoßen, nämlich auf die *kumulative Verteilungsfunktion*.

---

[58] Wenn der Wahrscheinlichkeitsraum nicht explizit angegeben ist, so sollte man zur Vermeidung von Mißverständnissen statt von Zufallsfunktionen (auf Ω) von $\mathfrak{A}$-Zufallsfunktionen (auf Ω) sprechen.

1. Methode. Charakterisierung durch vorgegebene Wahrscheinlichkeitsmaße. Unterfall A: Auf der Klasse $\mathfrak{B}^1$ der Borel-Mengen von $\mathbb{R}$ sei ein Wahrscheinlichkeitsmaß P definiert. Da für jedes $x \in \mathbb{R}$ gilt: $(-\infty, x) \in \mathfrak{B}^1$, können wir durch die folgende Festsetzung eine reelle Funktion definieren:

$$F_P(x) =_{\mathrm{Df}} P((-\infty, x)) \qquad (128)$$

F_P wird die *Verteilungsfunktion*[59] *von* P genannt. Der Wert $F_P(x)$ gibt die Wahrscheinlichkeit dafür an, daß eine reelle Zahl kleiner ist als x, wobei die Wahrscheinlichkeit selbst durch P gemessen wird.

Unterfall B: Diesmal gehen wir davon aus, daß P nicht unmittelbar auf $\mathfrak{B}^1$ definiert ist, sondern daß zunächst ein Wahrscheinlichkeitsraum $\langle \Omega, \mathfrak{A}, P_0 \rangle$ sowie eine $\mathfrak{A}$-Zufallsfunktion auf Ω gegeben ist. Das Wahrscheinlichkeitsmaß P sei *die Verteilung* (das Wahrscheinlichkeitsgesetz) *von* $\mathfrak{x}$ *bezüglich* P_0, also *das Bildmaß* $\mathfrak{x}(P_0)$ im Sinn von (112). Nachdem P auf diese Weise gewonnen worden ist, verfahren wir weiter wie im Unterfall A; wir definieren also die Verteilungsfunktion F_P von P durch (128).

2. Methode. Charakterisierung durch innere Eigenschaften: Wir erklären eine Funktion F dann zu einer Verteilungsfunktion, wenn sie die folgenden drei Merkmale besitzt:

(*a*) F ist isoton;

(*b*) F ist linksseitig stetig[60];

(*c*) $\lim\limits_{x \to -\infty} F(x) = 0$ und $\lim\limits_{x \to +\infty} F(x) = 1$[61].

Um zu zeigen, daß es sich bei den zwei Methoden nur um zwei verschiedene Darstellungsweisen handelt, muß man zeigen, daß beide Charakterisierungen auf dasselbe hinauslaufen. Genauer bedeutet dies: Wenn für ein gegebenes Wahrscheinlichkeitsmaß P — sei dieses direkt gegeben, wie im Unterfall A, sei es als Verteilung einer Zufallsfunktion konstruiert, wie im Unterfall B — eine Verteilungsfunktion F_P gemäß (128) definiert wird, so besitzt sie die drei eben angeführten Merkmale. Ist umgekehrt eine reelle Funktion F mit den Merkmalen (*a*) bis (*c*) gegeben, so ist sie eine Verteilungsfunktion für ein bestimmtes Wahrscheinlichkeitsmaß P auf $\mathfrak{B}^1$. Wir halten dies fest in dem folgenden wichtigen Satz:

---

[59] Das Adjektiv „kumulativ" lassen wir jetzt fort, da wir hier nur Funktionen von dieser Art betrachten.

[60] Stattdessen könnte man auch umgekehrt die rechtsseitige Stetigkeit verlangen.

[61] Vgl. die Bestimmung (87). Die dortige Teilbestimmung (*b*) war schärfer als die jetzige, da wir uns damals von vornherein auf solche Verteilungsfunktionen beschränkten, welche Dichtefunktionen besitzen und deren Werte daher als Integrale darstellbar sind. Diese Einschränkung machen wir jetzt nicht.

(129) *Eine auf* $\mathbb{R}$ *definierte Funktion F ist genau dann die Verteilungsfunktion eines Wahrscheinlichkeitsmaßes P auf* $\mathfrak{B}^1$ (also $F = F_P$), *wenn F die drei eben angeführten Merkmale* (*a*), (*b*) *und* (*c*) *besitzt.*

Beweisskizze: (1) F sei die Verteilungsfunktion F_P für ein bestimmtes P. Aufgrund der Definition (128) ist dann *die Isotonie von F* eine Folge der Isotonie von P. Als σ-additives Maß ist P stetig von unten, d.h. für jede Folge $(A_i)_{i \in \mathbf{N}}$ von Mengen aus $\mathfrak{A}$ mit $A_i \uparrow A$ und $A \in \mathfrak{A}$ gilt: $\lim_{n \to +\infty} P(A_i) = P(A)$[62]. Wenn wir daher eine isotone Folge $(a_\nu)_{\nu \in \mathbf{N}}$ von reellen Zahlen mit $a = \lim_{\nu \to \infty} a_\nu$ betrachten, so gilt für die Mengenfolge $((-\infty, a_\nu))_{\nu \in \mathbf{N}}$: $(-\infty, a_\nu) \uparrow (-\infty, a)$; und daher wegen (128), der eben erwähnten, für P geltenden Stetigkeit von unten, sowie dem Folgenkriterium der Stetigkeit[63]: $\lim_{\nu \to \infty} F_P(a_\nu) = P((-\infty, a)) = F_P(a)$. Damit ist für beliebiges $a \in \mathbb{R}$ *die linksseitige Stetigkeit von F* gezeigt, außerdem für $a = +\infty$ *die zweite Hälfte der Bedingung* (*c*). Die erste Hälfte von (*c*) ist eine Folge der $\emptyset$-Stetigkeit von P (vgl. dazu wieder Bauer, a.a.O., S. 21). Daß das Maß P eindeutig bestimmt ist, ergibt sich im wesentlichen daraus, daß für zwei Wahrscheinlichkeitsmaße P_1 und P_2 mit $F_{P_1} = F_{P_2}$ für jedes Intervall von der Gestalt $[a, b)$ gilt: $P_1([a, b)) = F_{P_1}(b) - F_{P_1}(a) = F_{P_2}(b) - F_{P_2}(a) = P_2([a, b))$[64].

(2) Jetzt sei umgekehrt F eine reelle Funktion mit den drei Eigenschaften (*a*), (*b*) und (*c*). In vollkommener Analogie zu dem Beweis dafür, daß der Elementarinhalt eines halboffenen Intervalls $[x, y)$ zu *genau einem* Inhalt auf dem Ring der eindimensionalen Figuren erweitert werden kann, läßt sich zeigen, daß genau ein Inhalt μ auf diesem Ring existiert, der für sämtliche Intervalle $[x, y)$ der Gleichung $\mu([x, y)) = F(x) - F(y)$ genügt. Für diesen Beweis wird nur (*a*) benötigt. Aus der Stetigkeitsbedingung (*b*) folgt, daß zu jedem Intervall $[a, b)$ sowie zu jedem $\varepsilon > 0$ ein Intervall $[a, c)$ mit $[a, c) \subset [a, b)$ existiert, so daß $\mu([a, b)) - \mu([a, c)) = F(b) - F(c) \leqq \varepsilon$. Daraus kann man folgern, daß μ ein endliches Prämaß auf dem Ring der eindimensionalen Figuren ist. (Die Details dieser Schlußweise finden sich bei Bauer, a.a.O. im Beweis des Satzes 4.4 auf S. 25f.) Nach dem Fortsetzungssatz (106) kann μ *auf genau eine Weise* zu einem Maß $\mathfrak{B}^1$ fortgesetzt werden. Wegen der Bedingung (*c*) ist dieses Maß ein Wahrscheinlichkeitsmaß.

Bei der Behandlung des kontinuierlichen Falles waren wir, um den Einklang mit dem diskreten Fall sowie mit den dortigen inhaltlichen Erläuterungen herzustellen, nicht wie in der obigen Annahme (*b*) von der linksseitigen, sondern von der *rechtsseitigen* Stetigkeit ausgegangen. Letztere entsteht aus der ersteren dadurch, daß in der P-Formel von (128) das rechtsseitig offene durch das rechtsseitig geschlossene Intervall $(-\infty, x]$ ersetzt wird (vgl. die Definition im Anschluß an (87)). Der eben skizzierte Beweis müßte dafür entsprechend dualisiert werden (vgl. dazu Richter, Wahrscheinlichkeitstheorie, S. 34f.).

[62] Bezüglich der Äquivalenz dieser Feststellung mit der der σ-Additivität vgl. Bauer, [Wahrscheinlichkeitstheorie], S. 21.

[63] Dieses Kriterium wurde unterhalb von (82) genau formuliert.

[64] Genau genommen muß hier noch der Eindeutigkeitssatz für Maße benützt werden, der z.B. bei Bauer, a.a.O., auf S. 29 als Satz 5.5 formuliert und bewiesen wird.

Ein Wahrscheinlichkeitsmaß P kann auf der Klasse der Borel-Mengen reeller Zahlen also auf zwei Weisen gewonnen worden sein: (1) *direkt festgelegt*, nämlich entweder unmittelbar als normiertes Maß auf $\mathfrak{B}^1$ definiert oder eingeführt als Bildmaß, d.h. als Wahrscheinlichkeitsverteilung einer Zufallsfunktion; (2) *indirekt festgelegt* durch eine auf $\mathbb{R}$ definierte Verteilungsfunktion. Ebenso kann eine Verteilungsfunktion F auf zwei Weisen eingeführt werden: (1) als *direkt definierte Funktion*, welche die obigen drei Eigenschaften (*a*) bis (*c*) hat; (2) *indirekt eingeführt* durch definitorische Zurückführung (128) auf ein gegebenes Wahrscheinlichkeitsmaß (wobei für dieses Maß abermals die beiden erwähnten Unterfälle in Betracht kommen). *In jedem Fall ist P durch F bzw. F durch P eindeutig festgelegt.* Es ist wichtig, nicht zu übersehen, daß P und F in folgendem Sinn *von kategorial verschiedener Struktur* sind: P ist eine *Mengenfunktion* auf $\mathfrak{B}^1$; F ist eine *Punktfunktion* auf $\mathbb{R}$.

Wahrscheinlichkeitsmaße auf $\mathbb{R}$, welche durch Verteilungsfunktionen festgelegt werden, heißen *Lebesgue-Stieltjesche Wahrscheinlichkeitsmaße auf der Zahlengeraden.* Die Maßkonstruktion, welche hier benützt wird, stellt eine Verallgemeinerung des Verfahrens zur Einführung von Lebesgueschen Maßen dar. Der Unterschied läßt sich anschaulich auf die folgende knappe Kurzformel bringen: *Während bei den Lebesgueschen Maßen für die Intervalle* $[a, b)$ *die Elementarinhalte* $b - a$ *den Ausgangspunkt für die Maßkonstruktion bildeten, ist es diesmal der Wert* $F(b) - F(a)$ *für eine vorgegebene Verteilungsfunktion F, der die Grundlage der Maßeinführung darstellt.* Dabei ist der folgende, ganz wesentliche Unterschied zu beachten: Das Lebesguesche Maß eines Intervalls ist stets die Intervallänge, *ganz gleichgültig, wo sich dieses Intervall auf der Zahlengeraden befindet.* Der Wert des Lebesgue-Stieltjeschen Maßes eines Intervalls *kann hingegen von der Lage dieses Intervalls auf der Zahlengeraden abhängen* (und kann daher, falls eine solche Abhängigkeit besteht, *nicht* mit dem Inhalt übereinstimmen).

Das Verfahren zur Einführung von Lebesgue-Stieltjeschen Maßen läßt sich nach zwei Richtungen hin verallgemeinern.

Die erste Verallgemeinerung, welche hier nicht weiter interessiert, besteht in der Preisgabe der Normierungsannahme: Die wechselseitige Festlegung von Maßen und Verteilungsfunktionen im weiteren Sinne gilt nämlich für *beliebige* Maße. (Für eine ausführliche Diskussion dieses allgemeinen Falles vgl. Munroe, [Measure], Kap. III, S. 115ff.)

Die andere Verallgemeinerung besteht im Übergang von dem eben betrachteten eindimensionalen zum mehrdimensionalen Fall. Bevor wir diese Verallgemeinerung untersuchen, sollen *die wichtigsten Typen von eindimensionalen Verteilungsfunktionen* angeführt werden.

Typ I: *Die singuläre Verteilung.* Dies ist derjenige Grenzfall einer diskreten Verteilung, bei dem die gesamte ‚Wahrscheinlichkeitsmasse' an einem einzigen Punkt konzentriert ist. Dies sei etwa der Punkt $x_0 \in \mathbb{R}$ für einen meßbaren Raum $\langle \mathbb{R}, \mathfrak{A} \rangle$. Die Verteilungsfunktion F ist dann definiert durch:

$$F(x) = \begin{cases} 0 \text{ für } x \leqq x_0 \\ 1 \text{ für } x > x_0 \end{cases}$$

Ein Ereignis $E \in \mathfrak{A}$ hat die Wahrscheinlichkeit 1 oder 0, je nachdem ob $x_0 \in E$ oder $x_0 \notin E$. Mit $F = F_P$ ist nach (129) das Wahrscheinlichkeitsmaß eindeutig festgelegt, so daß der meßbare Raum bei vorgegebenem F eindeutig zu dem Wahrscheinlichkeitsraum $\langle \mathbb{R}, \mathfrak{A}, P \rangle$ erweitert werden kann.

(Diesen letzten Schritt denken wir uns in den folgenden Fällen bereits vollzogen, so daß wir stets gleich von einem Wahrscheinlichkeitsraum ausgehen können.)

Typ II: *Die diskrete Verteilung.* Hier liegt eine höchstens abzählbare (d.h. endliche oder abzählbar unendliche) Folge von Punkten $x_1 < x_2 < \cdots$ mit $x_i \in \mathbb{R}$ vor, welche die Bedingungen erfüllen: (*a*) $P(\{x_1, x_2, \ldots\}) = 1$; (*b*) $P(\{x_i\}) = p_i > 0$ für jedes x_i der Folge. Die Verteilungsfunktion hat diesmal die Gestalt:

$$F(x) = \begin{cases} 0 \text{ für } x \leqq x_1 \\ p_1 \text{ für } x_1 < x \leqq x_2 \\ p_1 + p_2 \text{ für } x_2 < x \leqq x_3 \\ \vdots \\ p_1 + p_2 + \cdots + p_n \text{ für } x_n < x \leqq x_{n+1} \\ \vdots \end{cases}$$

Das St. Petersburger Experiment kann in dieser Weise dargestellt werden, nachdem wir den dortigen Möglichkeitsraum Ω durch die Gleichsetzung $x_i = i$ in einen Zahlenraum transformiert haben. Wir haben jetzt nichts weiteres zu tun, als $p_k = 1/2^k$ zu setzen.

Die singuläre Verteilung kann als derjenige entartete Fall einer diskreten Verteilung aufgefaßt werden, bei dem die Folge auf eine Einpunktfolge zusammenschrumpft.

Typ III: *Die stetige Verteilung.* Zu dem früher behandelten Fall (87) gelangen wir, wenn wir F als überall stetig sowie in einem Intervall (a, b) als stetig differenzierbar annehmen, wobei F diesem Intervall überdies den Wert 1 zuordne. Wegen der stetigen Differenzierbarkeit existiert eine Funktion f, die wir so wie früher die *Wahrscheinlichkeitsdichte* nennen, so daß $F(x)$ als Riemannsches Integral $\int\limits_{-\infty}^{x} f(x)\, dx = \int\limits_{a}^{x} f(x)\, dx$ beschrieben werden kann:

$$F(x) = \begin{cases} 0 \text{ für } x \leqq a \\ \int_a^x f(x)\,dx \text{ für } a < x \leqq b \\ 1 \text{ für } b < x \end{cases}$$

Zur Riemannschen Integraldarstellung gelangt man durch die starke Zusatzvoraussetzung der stetigen Differenzierbarkeit von F.

Der Satz (122) von Radon-Nikodym liefert die begrifflichen Hilfsmittel, um diesen Fall der Darstellbarkeit von F durch ein Integral zu verallgemeinern[65]. Das gegebene Maß sei das Lebesguesche Maß λ auf $\mathfrak{B}$ (bzw. im n-dimensionalen Fall: λ^n auf $\mathfrak{B}^n$). λ-stetige (λ^n-stetige) Wahrscheinlichkeitsmaße sollen *Lebesgue-stetig* genannt werden. Nach (122) gilt für alle Lebesgue-stetigen Wahrscheinlichkeitsmaße P: $P = f\lambda$ (bzw. $P = f\lambda^n$), d.h. P ist ein Maß mit der Dichte f bezüglich λ (bzw. bezüglich λ^n). Wenn man bedenkt, daß eine Dichtefunktion f stets nicht-negativ ist, ferner daß $P(\mathbb{R}) = 1$ (bzw. $P(\mathbb{R}^n) = 1$) gelten muß und daß schließlich f bezüglich desjenigen σ-Körpers meßbar zu sein hat, auf dem das vorgegebene Maß λ (bzw. λ^n) definiert ist, so erhalten wir das weitere Ergebnis, daß f eine $\mathfrak{B}$-meßbare (bzw. eine $\mathfrak{B}^n$-meßbare) Funktion sein muß, also nach der in 10.a eingeführten Terminologie eine Borel-meßbare oder Bairesche Funktion $f \geqq 0$ mit $\int f\,d\lambda = 1$ (bzw. $\int f\,d\lambda^n = 1$).

(130) Alle Lebesgue-stetigen Wahrscheinlichkeitsmaße besitzen Wahrscheinlichkeitsdichten; genauer: Lebesgue-stetige Wahrscheinlichkeitsmaße P sind für das Lebesguesche Maß λ (λ^n) genau diejenigen Maße μ, welche eine Borel-meßbare (Bairesche) Funktion $f \geqq 0$ als Dichte besitzen, also $\mu = f\lambda$ ($\mu = f\lambda^n$), so daß die Bedingung

$$\int f\,d\lambda = 1 \quad \left(\int f\,d\lambda^n = 1\right)$$

erfüllt ist. Die $\mathfrak{B}$-meßbare Funktion f wird *die Wahrscheinlichkeitsdichte von P bezüglich* λ genannt. Dem Maßraum $\langle \mathbb{R}, \mathfrak{B}, \lambda \rangle$ ($\langle \mathbb{R}^n, \mathfrak{B}^n, \lambda^n \rangle$) wird also ein Wahrscheinlichkeitsraum $\langle \mathbb{R}, \mathfrak{B}, P \rangle$ ($\langle \mathbb{R}^n, \mathfrak{B}^n, P \rangle$) durch die folgende Regel zugeordnet:

Für alle $E \in \mathfrak{B}$: $P(E) = \int_E f\,d\lambda$

(bzw. für alle $E \in \mathfrak{B}^n$: $P(E) = \int_E f\,d\lambda^n$).

Eine Verteilungsfunktion, die einem Lebesgue-stetigen Wahrscheinlichkeitsmaß im Sinn von (129) entspricht, wird selbst *Lebesgue-stetig* genannt. Alle in der üblichen Statistik für den kontinuierlichen Fall behandel-

---

[65] Der Leser möge sich hierbei an den Text von 10.c erinnern. Der dortige Begriff der μ-Stetigkeit wird hier zu dem der λ-Stetigkeit spezialisiert.

ten Verteilungen sind Lebesgue-stetig, insbesondere also die in **C** angeführten Verteilungen, wie die Normalverteilung, die Exponentialverteilung etc.

Typ IV: *Die gemischte Verteilung. (Die diskret-stetige Verteilung).* Angenommen, das Wahrscheinlichkeitsmaß P auf $\mathfrak{B}^1$ sei durch die folgenden Merkmale gekennzeichnet: $P(\mathbb{R} - [0, 1]) = 0$ (d.h. die gesamte Wahrscheinlichkeit ist auf das abgeschlossene Einheitsintervall konzentriert); ferner haben die Einermengen von 0 und von 1 je den Wert 1/3, d.h. $P(\{0\}) = P(\{1\}) = 1/3$; schließlich soll die Wahrscheinlichkeit jedes Teilintervalls des offenen Einheitsintervalls proportional zur Länge dieses Intervalls sein, d.h. für $0 < a \leqq b < 1$ ist $P([a, b]) = (b - a)/3$. Dieses Wahrscheinlichkeitsmaß wird vollständig durch die folgende Verteilungsfunktion beschrieben:

$$F(x) = \begin{cases} 0 \text{ für } x \leqq 0 \\ \frac{1+x}{3} \text{ für } 0 < x \leqq 1 \\ 1 \text{ für } 1 < x \end{cases}$$

An den Punkten 0 und 1 ist je 1/3 der ‚Wahrscheinlichkeitsmasse' konzentriert; dazwischen besteht eine stetige Verteilung, welche durch die Funktion $y = (1 + x)/3$ beschrieben wird.

Wir wenden uns nun noch kurz Verteilungsfunktionen F für Lebesgue-Stieltjesche Wahrscheinlichkeitsmaße P im allgemeinen n-dimensionalen Fall zu; und zwar beschränken wir uns auf die Betrachtung von n-dimensionalen Intervallen. (Für eine genaue Schilderung der Konstruktion der Verteilungsfunktionen vgl. Munroe, [Measure], S. 115ff.) Es sei zunächst $n = 2$. Das P-Flächenmaß eines Rechteckes X, das durch die beiden x-Werte a_1 und b_1 mit $a_1 < b_1$ sowie durch die beiden y-Werte a_2 und b_2 mit $a_2 < b_2$ festgelegt ist, bestimmt sich nach der Formel: $P(X) = F(b_1, b_2) - F(a_1, b_2) - F(a_2, b_1) + F(a_1, a_2)$. Das letzte Glied ergibt sich daraus, daß der Wert der unendlichen Fläche $F(a_1, a_2)$ wegen der beiden negativen Mittelglieder zweimal abgezogen wurde, weshalb eine dieser Subtraktionen rückgängig gemacht werden muß. (Für eine anschauliche graphische Illustration vgl. Jeffrey, [Probability Measures], S. 179—180.)

Für den allgemeinen n-dimensionalen Fall nehmen wir an, daß wir es mit einem n-dimensionalen Parallelepiped X (= Verallgemeinerung des Begriffs des Quaders für beliebig viele Dimensionen) zu tun haben, wobei die Parallele zur i-ten Koordinatenachse von a_i bis b_i läuft ($1 \leqq i \leqq n$). $P(X)$ ist die Summe von 2^n F-Werten $\pm F(\alpha_1, \ldots, \alpha_n)$; dabei ist $\alpha_i = a_i$ oder $\alpha_i = b_i$; das positive Vorzeichen ist zu wählen, wenn die Zahl der a-Argumente gerade ist, das negative Vorzeichen hingegen, wenn die Zahl der a-Argumente ungerade ist. Diese Summe wird gewöhnlich $\Delta^n F$ genannt.

(Diese Abkürzung ist insofern irreführend, als dabei die Abhängigkeit vom Intervall (a, b) mit $a = \langle a_1, \ldots, a_n \rangle$ und $b = \langle b_1, \ldots, b_n \rangle$ unerwähnt bleibt.)

Unter Verwendung der eben eingeführten Abkürzung *kann man eine n-dimensionale Verteilungsfunktion F auf* $\mathbb{R}^n$ *durch die folgenden drei Merkmale auszeichnen:*

(a) $\Delta^n F \geqq 0$ für $a \leqq b$;

(b) F ist bezüglich jeder Koordinate linksseitig stetig[66];

(c_1) der F-Wert konvergiert gegen 0, wenn auch nur ein Koordinatenwert gegen $-\infty$ konvergiert;

(c_2) der F-Wert konvergiert gegen 1, wenn alle Koordinatenwerte gegen $+\infty$ konvergieren.

Wenn eine n-dimensionale Verteilungsfunktion F gegeben ist, so wird durch die Festsetzung:

$$P([a, b)) = \Delta^n F$$

ein eindeutig bestimmtes Wahrscheinlichkeitsmaß P definiert.

Bei diesem Maß handelt es sich um ein *vollständiges Maß*. Es ist also auf einer *umfassenderen* Klasse als der Klasse $\mathfrak{B}^n$ der Borel-Mengen definiert. Bezüglich des Begriffs des vollständigen Maßes vgl. Anmerkung 1 unterhalb von (107). Wenn μ das Lebesguesche Maß auf $\mathbb{R}$ im Sinne jener Anmerkung darstellt, so wird $\int_A f \, d\mu$ das *Lebesguesche Integral von f auf A* genannt; dabei ist die Menge A von reellen Zahlen ein Element der Klasse der μ-meßbaren Mengen, und f ist als bezüglich dieser Menge meßbar vorausgesetzt. Ist $A = [a, b]$ und f Riemann-integrierbar, *so ist das Lebesguesche Integral mit dem Riemannschen Integral identisch.*

Anmerkung: Der Begriff des Lebesgue-Stieltjeschen Maßes kann schließlich sogar auf den Fall des $\mathbb{R}^\infty$ ausgedehnt werden. Die Punkte dieses Raumes sind unendliche Folgen reeller Zahlen oder, wie man es einfacher ausdrücken kann, reellwertige Funktionen, welche die Menge der ganzen Zahlen als Definitionsbereich haben. $\mathbb{R}^\infty$ läßt sich somit als die Klasse aller dieser reellwertigen Funktionen deuten. Das Neuartige bildet in diesem Fall die Tatsache, daß den Ausgangspunkt für die Konstruktion eines σ-Körpers diesmal die Klasse der *endlichdimensionalen* Intervalle bildet, d. h. der Mengen von der Gestalt $\prod_{i=1}^{\infty} C_i$[67], bei denen für nur endlich viele Indizes $i_1, \ldots, i_k$ die Mengen $C_{i_j}(j = 1, \ldots, k)$ endliche Intervalle von reellen Zahlen darstellen, während für alle übrigen C_i's gilt: $C_i = \mathbb{R}$. Für eine knappe Schilderung der Methode, auch in diesem Fall zur Einführung einer Maß- sowie einer Verteilungsfunktion zu gelangen, vgl. JEFFREY, [Probability Measures], S. 182.

12.e Wahrscheinlichkeitsintegrale und Erwartungswerte. Wir haben festgestellt, daß bei stetig differenzierbarer Verteilungsfunktion F Wahrscheinlichkeiten als Riemannsche Integrale darstellbar sind. In 12.d konnten wir dieses Resultat durch Bezugnahme auf den Satz von RADON-NIKODYM

[66] Wieder kann man statt dessen die rechtsseitige Stetigkeit verlangen.

[67] „Π" steht hier für das unendliche Cartesische Produkt (Kreuzprodukt) der Mengen der Folge $(C_i)_{i \in \mathbb{N}}$.

dahingehend verallgemeinern, daß die Möglichkeit einer Integraldarstellung für alle Lebesgue-stetigen Wahrscheinlichkeitsmaße gilt; denn alle derartigen Maße besitzen Dichtefunktionen. Generell ist zu sagen: „das Wahrscheinlichkeitsmaß P besitzt eine Dichtefunktion" ist logisch äquivalent mit der Behauptung, daß die P-Werte als Integrale darstellbar sind.

Scharf zu unterscheiden von der Integraldarstellung von Wahrscheinlichkeiten sind die sogenannten Wahrscheinlichkeitsintegrale. Dabei handelt es sich um die mathematische Präzisierung des Begriffs des Erwartungswertes für den allgemeinen maßtheoretischen Fall. Von den früheren Diskussionen auf elementarerer Ebene her wissen wir, daß der Begriff des Erwartungswertes auf eine Zufallsfunktion zu relativieren ist (vgl. **D8** sowie (57)—(59) und (96) bis (98)). Auch jetzt sprechen wir vom *Erwartungswert* $E(\mathfrak{x})$ *einer Zufallsfunktion* $\mathfrak{x}$, wobei aber nunmehr der Begriff der Zufallsfunktion in dem sehr allgemeinen Sinn von 10.a zu verstehen ist: Bei gegebenem Wahrscheinlichkeitsraum $\langle \Omega, \mathfrak{A}, P\rangle$ ist $\mathfrak{x}$ eine $\mathfrak{A}$-meßbare numerische Funktion auf Ω. Um den Begriff des Erwartungswertes einführen zu können, muß zusätzlich vorausgesetzt werden, daß entweder die $\mathfrak{x}$-Werte stets $\geqq 0$ sind oder daß $\mathfrak{x}$ P-integrierbar ist. Der Erwartungswert von $\mathfrak{x}$, symbolisch $E(\mathfrak{x})$ oder genauer $E_P(\mathfrak{x})$, ist dann definiert durch:

$$\int_{\Omega} \mathfrak{x}\, dP < +\infty$$

(d.h. der Erwartungswert wird nur unter der Voraussetzung als existent angesehen, daß es ein endlicher Wert ist.)

Der Erwartungswert von $\mathfrak{x}$ läßt sich noch auf eine andere Weise darstellen. Dazu benützen wir die in (110) angeführte Tatsache, daß jede meßbare Funktion auf dem σ-Körper, der zu ihrem Bildbereich gehört, ein Bildmaß erzeugt. Im Fall einer Zufallsfunktion ist der Bildbereich $\mathbb{R}_a$, und die Klasse der Teilmengen von $\mathbb{R}_a$, die den fraglichen σ-Körper ausmachen, ist mit $\mathfrak{B}_a^1$ identisch. Das Bildmaß $\mathfrak{x}(P)$ nennen wir μ_P. x sei eine numerische Zahlenvariable (Koordinatenvariable) auf $\mathbb{R}_a$. Die Integration kann nun statt in bezug auf das ursprüngliche Maß P vielmehr bezüglich des Bildmaßes vorgenommen werden. Dadurch erhält man die zwei Alternativdarstellungen des Erwartungswertes:

(131) $\langle \Omega, \mathfrak{A}, P\rangle$ sei ein Wahrscheinlichkeitsraum. $\mathfrak{x}$ sei eine zugehörige Zufallsfunktion, d.h. eine auf Ω definierte $\mathfrak{A}$-meßbare numerische Funktion. Für den *Erwartungswert* $E(\mathfrak{x})$ *von* $\mathfrak{x}$, auch das *Wahrscheinlichkeitsintegral von* $\mathfrak{x}$ genannt, ergeben sich dann die folgenden beiden gleichwertigen Darstellungen:

$$E(\mathfrak{x}) = \int_{\Omega} \mathfrak{x}\, dP = \int_{\mathbb{R}_a} x\, d\mu_P$$

Daß der Begriff des Erwartungswertes unabhängig von der Art der mathematischen Darstellung festgelegt sein sollte — also entweder durch Integration über dem Urbildraum Ω oder durch Integration über dem Bildraum $\mathbb{R}_a$ —, ist von vornherein anzunehmen. Es ist jedoch keine Selbstverständlichkeit, daß die obige *Definition* des Erwartungswertes diese logische Konsequenz hat. Daß die angeführte Gleichung gilt, muß mathematisch bewiesen werden; vgl. dazu etwa Munroe, [Measure], S. 211.

Mit der Einführung des Begriffs des Erwartungswertes ist die Grundlage für die übrigen in der Statistik benötigten Begriffe der r-ten Momente über dem Ursprung und über dem Mittel geschaffen. Eine Zusammenstellung der wichtigsten mathematischen Eigenschaften des Erwartungswertes findet sich in Jeffrey, [Probability Measures], S. 193, (5—4).

Der Begriff des Wahrscheinlichkeitsintegrals soll anhand zweier Beispiele genauer verdeutlicht werden. Wir gehen dabei methodisch so vor, daß wir in einem ersten Schritt nur den elementaren Begriff des Erwartungswertes der diskreten Statistik von 4.a heranziehen und dafür eine einfache Illustration liefern. In einem zweiten Schritt modifizieren wir dieses Beispiel auf solche Weise, daß die Apparatur der Maßtheorie angewendet werden muß und zwar gerade in der in (131) beschriebenen Form. Dieses zweite Beispiel stammt im wesentlichen von Jeffrey (vgl. [Probability Measures], S. 188—192).

1. Beispiel: Jemand erhält als Geschenk ein Lotterielos. Zusätzlich bekommt er die folgende Information: Es wurden 1000 Lose ausgegeben, von denen 3 einen Preis gewinnen. Der erste Preis ist ein Goldstück im Wert von 4000,— DM; der zweite Preis ist ein Goldstück im Wert von 1500,— DM; und der dritte Preis ist ein Goldstück im Wert von 500,— DM. Weitere Preise gibt es nicht. *Welchen Wert hat das Geschenk für ihn?* Um diese Frage beantworten zu können, muß erstens eine zusätzliche stillschweigende Annahme explizit formuliert werden; und zweitens muß die Frage selbst eine exakte Deutung erhalten. Die unausgesprochene Annahme geht dahin, daß jedes Los *dieselbe Wahrscheinlichkeit* besitzt, gezogen zu werden. Und die Frage ist *als Frage nach dem Erwartungswert* zu interpretieren.

Nach dieser vorbereitenden Klärung wissen wir, daß wir es mit einem Laplace-Raum mit 1000 möglichen Resultaten zu tun haben. Wir denken uns die Lose durchnumeriert; für die formale Repräsentation seien die Nummern die Elemente des Möglichkeitsraumes. Die auf dem Möglichkeitsraum definierte Zufallsfunktion $\mathfrak{x}$ diene der Beschreibung des gemachten Gewinnes. Der Wertbereich dieser Funktion ist eine Klasse von vier Zahlen, nämlich: $\{4000, 1500, 500, 0\}$. Wegen der Gleichwahrscheinlichkeit berechnet sich der Wert $E(\mathfrak{x})$ gemäß **D 8** (unter sofortiger Zusammenfassung der 997 Fälle, die leer ausgehen) als:

$$4000 \times 0{,}001 + 1500 \times 0{,}001 + 500 \times 0{,}001 + 0 \times 0{,}997 = 6.$$

Der Wert des Geschenkes beträgt also 6,— DM.

2. Beispiel: Wir benützen einige stärkere Idealisierungen. Gegeben sei eine unzerstörbare Münze, die man unbegrenzt oft werfen kann. Außerdem sei eine quadratische Goldplatte G vorgegeben, die unbegrenzt halbiert werden kann. Schließlich machen wir auch noch einen hypothetischen Spieler S dadurch zu einer metaphysischen Persönlichkeit, daß wir ihm eine unbegrenzte Lebensdauer zusprechen. Diesmal werde dem unsterblichen Spieler ein Geschenk gemacht: S darf die Münze unbegrenzt oft werfen. Für jedes $n = 1, 2, \ldots$ gelte: Erzielt er beim n-ten Wurf *Kopf*, so erhält er ein $1/2^n$-tes Teilstück von G; wirft er beim n-ten Wurf *Schrift*, so erhält er nichts. *Welchen Wert hat dieses Spiel für S?*

Um das Problem präzise angehen zu können, machen wir die Annahme, daß die Münze homogen sei, so daß die beiden möglichen Ausgänge *Kopf* und *Schrift* dieselbe Wahrscheinlichkeit 1/2 besitzen. Außerdem seien die einzelnen Würfe voneinander unabhängig. Der Wert werde wieder als *Erwartungswert* interpretiert.

Statt *Kopf* schreiben wir 1 und statt *Schrift* schreiben wir 0. Der Möglichkeitsraum Ω besteht dann aus der Menge der unendlichen Folgen, die aus Nullen und Einsen bestehen; d.h. wir verstehen unter einem möglichen Resultat *eine ganz bestimmte unendliche Folge von Wurfergebnissen* (nach Übersetzung in die Sprache der Nullen und Einsen). Jede derartige Folge kann durch eine Funktion ω mit $D_{\mathrm{I}}(\omega) = \mathbb{N}$ und $D_{\mathrm{II}}(\omega) = \{0, 1\}$ repräsentiert werden. Wir können sogar sagen, daß jede derartige Folge mit einer Funktion identifizierbar sei, die natürliche Zahlen als Argumente hat und deren Wertbereich $\{0, 1\}$ sei (vgl. dazu die frühere Definition von „Folge", 2. Absatz unterhalb von (22)). Nach dieser Deutung sind die Elemente von Ω *Funktionen* ω, so daß $\omega(n) = i$ besagt: der n-te Wurf mit der Münze ist ein Kopfwurf bzw. ein Schriftwurf, je nachdem ob $i = 1$ oder $i = 0$. K_n sei eine Abkürzung für $\{\omega \mid \omega(n) = 1\}$. K_n repräsentiert also dasjenige Ereignis, welches durch die Worte wiedergegeben werden kann: „der n-te Wurf ist ein Kopfwurf". (Man beachte, daß K_n unendlich viele, ja sogar überabzählbar viele Elemente hat, nämlich alle Funktionen ω, die für das Argument n den Wert 1 liefern.) $\mathfrak{A}$ sei der σ-Körper, der durch die Mengen $K_1, K_2, \ldots, K_n, \ldots$ erzeugt wird (d.h. genauer: wir wählen $\mathfrak{A} = \mathfrak{A}(\mathfrak{E})$ mit dem Erzeuger $\mathfrak{E} = \{K_i \mid i \in \mathbb{N}\}$). Das Wahrscheinlichkeitsmaß P ist nach unserer Grundannahme gemäß dem Ergebnis von 11.b bereits eindeutig festgelegt (denn unser Wahrscheinlichkeitsraum kann als der in 12.b beschriebene unendliche Produktraum gedeutet werden mit eindeutig bestimmtem unendlichen Produktmaß). Damit ist die Konstruktion des Wahrscheinlichkeitsraumes $\langle \Omega, \mathfrak{A}, P \rangle$ beendet.

Im nächsten Schritt müssen wir uns darum bemühen, geeignete Zufallsfunktionen einzuführen, die als Punktfunktionen auf Ω zu konstruieren sind.

Damit der Leser nicht durch die sprachliche Formulierung verwirrt werde, sei ausdrücklich auf folgendes aufmerksam gemacht: Jedes $\omega \in \Omega$ ist nach Konstruktion eine *Funktion*. Außerdem ist jedes derartige ω ein *Punkt*; denn unter Punkten verstehen wir immer die Elemente des Möglichkeitsraums. Trotzdem ist selbstverständlich ein derartiges ω *keine Punktfunktion*; denn darunter ist nach Definition eine Funktion *auf* Ω zu verstehen, also eine Funktion, welche diese ω's als Argumente annimmt. Es muß daher der im folgenden beschriebene Kunstgriff angewendet werden, um den ω's Punktfunktionen zuzuordnen, da nur solche Punktfunktionen als Zufallsfunktionen wählbar sind.

Wir wählen eine unendliche Folge $(\mathfrak{x}_i)_{i \in \mathbb{N}}$ von Zufallsfunktionen, wobei $\mathfrak{x}_n(\omega)$ den Reingewinn[68] des Spielers S *nach n Würfen* unter der Voraussetzung darstellt, daß das Resultat ω eingetreten ist. (Man beachte, daß der Wert von $\mathfrak{x}_n(\omega)$ für alle Funktionen ω identisch ist, die sich erst für Argumente $r \geqq n + 1$ zu unterscheiden beginnen.) Die Glieder der Folge sind im Einklang mit der inhaltlichen Erläuterung definiert durch die Bedingung:

$$\mathfrak{x}_n(\omega) = \sum_{i=1}^{n} \frac{\omega(i)}{2^i}$$

Die Folge der $\mathfrak{x}_n$ ist isoton; denn für jedes ω gilt: $\mathfrak{x}_1(\omega) \leqq \mathfrak{x}_2(\omega) \leqq \cdots \leqq \mathfrak{x}_n(\omega) \leqq \cdots$. Da die Werte nach oben beschränkt sind, konvergiert die Folge gegen eine Grenzfunktion, d.h. es gibt eine Funktion $\mathfrak{x}$, so daß für jedes $\omega \in \Omega$ gilt: $\lim_{n \to \infty} \mathfrak{x}_n(\omega) = \mathfrak{x}(\omega)$. Die Funktion $\mathfrak{x}$ ordnet jedem $\omega \in \Omega$ den Gewinn $\mathfrak{x}(\omega)$ zu,

[68] Diesen Reingewinn schreiben wir nur durch Angabe derjenigen Zahl x an, so daß der x-te Teil des Goldstückes G den effektiven Gewinn darstellt.

den der Spieler S im Fall des Resultates ω erhält. Der Wert des Spiels, also der Erwartungswert $E(\mathfrak{x})$, ist somit nach (131) gleich

$$(*) \qquad \int_{\Omega} \mathfrak{x}\, dP = \lim_{n\to\infty} \int_{\Omega} \mathfrak{x}_n\, dP.$$

Um den Wert des linken Wahrscheinlichkeitsintegrals zu ermitteln, berechnen wir für ein beliebiges $\mathfrak{x}_n$ den Wert des rechten Integrals und nehmen am Ende den vorgeschriebenen Grenzübergang vor. Zunächst bedenken wir, daß jedes $\mathfrak{x}_n$ nur endlich viele verschiedene mögliche Werte annehmen kann. Denn da $\omega(i)$ stets entweder 0 oder 1 ist, folgt aus der Definition von $\mathfrak{x}_n$, daß $\mathfrak{x}_n(\omega)$ für beliebiges ω eine Summe von einigen oder allen Gliedern der endlichen Folge

$$0, \frac{1}{2}, \frac{1}{4}, \ldots, \frac{1}{2^n}$$

sein muß. Der niedrigste mögliche Wert ist 0, der nächst höhere $1/2^n$, der nächst höhere $2/2^n$ usw.; der größtmögliche Wert ist die Summe der geometrischen Reihe:

$$\frac{1}{2} + \frac{1}{4} + \ldots + \frac{1}{2^n} = \frac{1-\left(\frac{1}{2}\right)^{n+1}}{1-\frac{1}{2}} - 1 = 1 - \frac{1}{2^n} = \frac{(2^n-1)}{2^n}.$$

Wir haben also eine Folge von 2^n möglichen Werten von $\mathfrak{x}_n(\omega)$: $0, \frac{1}{2^n}, \frac{2}{2^n}, \ldots, \frac{(2^n-1)}{2^n}$, die dadurch entstehen, daß man den kleinsten positiven dieser Werte, nämlich $1/2^n$, sukzessive mit den ersten 2^n nichtnegativen Zahlen multipliziert (also mit: $0, 1, 2, \ldots, 2^n - 1$). Wegen der Endlichkeit des Wertbereiches ist somit jede Funktion $\mathfrak{x}_n$ eine *Elementarfunktion* im früheren Sinn. Für *jeden* dieser 2^n Werte gibt es *genau eine* Folge von n ersten Würfen mit dieser Münze, für die $\mathfrak{x}_n$ diesen Wert annimmt. Wenn wir die Integraldefinition für Elementarfunktionen (115) anwenden, so erhalten wir also:

$$(**) \qquad \int_{\Omega} \mathfrak{x}_n\, dP = \sum_{i=0}^{2^n-1} \frac{i}{2^n} P\left(\left\{\omega \,|\, \mathfrak{x}_n(\omega) = \frac{i}{2^n}\right\}\right)$$

Nach der eben getroffenen Feststellung gibt es für jedes i mit $1 \leqq i \leqq 2^n - 1$ genau eine Folge $\alpha_1, \ldots, \alpha_n$, wobei jedes α_j entweder 0 oder 1 ist, so daß:

$$(a) \qquad \left\{\omega \,|\, \mathfrak{x}_n(\omega) = \frac{i}{2^n}\right\} = \bigcap_{k=1}^{n} \{\omega \,|\, \omega(k) = \alpha_k\}$$

Wir können also das Argument der Wahrscheinlichkeitsfunktion P in (**) durch die rechte Seite der letzten Gleichung ersetzen. Da wir es mit einer Bernoullischen Folge zu tun haben (*Unabhängigkeit* der Würfe!), gilt aber:

$$(b) \qquad P\left(\bigcap_{k=1}^{n} \{\omega \,|\, \omega(k) = \alpha_k\}\right) = \prod_{k=1}^{n} P(\{\omega \,|\, \omega(k) = \alpha_k\})$$

(wobei „Π“ das Zeichen für das gewöhnliche arithmetische Produkt darstellt.)

Schließlich machen wir von der *gleichen Wahrscheinlichkeit* 1/2 von 0 und 1 für jeden Wurf Gebrauch. Das Ereignis, wonach beim k-ten Wurf 0 erzielt wird, ist in der Sprache der Funktion ω durch die Menge $\{\omega \mid \omega(k) = 0\}$ zu beschreiben; Analoges gilt für das Ereignis „beim k-ten Wurf wird 1 erzielt". Die Annahme, daß der Laplace-Fall gegeben sei, führt daher zu der weiteren Aussage:

$$(c) \quad P(\{\omega \mid \omega(k) = 0\}) = P(\{\omega \mid \omega(k) = 1\}) = \frac{1}{2}$$

Wenn wir (*a*) bis (*c*) miteinander kombinieren, so erhalten wir, da wir es mit einem n-fachen Produkt zu tun haben:

$$P\left(\left\{\omega \mid \mathfrak{x}_n(\omega) = \frac{i}{2^n}\right\}\right) = \frac{1}{2^n}$$

Die rechte Seite von (**) wird damit zu:

$$\sum_{i=0}^{2^n-1} \frac{i}{2^n} \cdot \frac{1}{2^n} = \frac{1}{2^{2n}} \sum_{i=0}^{2^n-1} i = \frac{1}{2^{2n}} 2^{n-1}(2^n - 1)^{69} = \frac{2^n - 1}{2^{n+1}} = \frac{1}{2} - \frac{1}{2^{n+1}}$$

Wenn wir schließlich zu (*) zurückgehen, so erhalten wir sofort den gesuchten Wert:

$$E(\mathfrak{x}) = \int_\Omega \mathfrak{x}\, dP = \lim_{n \to \infty} \int_\Omega \mathfrak{x}_n\, dP = \lim_{n \to \infty} \left(\frac{1}{2} - \frac{1}{2^{n+1}}\right) = \frac{1}{2}$$

Das Spiel ist für unseren unsterblichen Spieler also genau die Hälfte des Goldstückes G wert.

Unter Benützung der Tatsache, daß das Integral die Eigenschaft der abzählbaren Linearität besitzt, läßt sich dieses Beispiel wesentlich einfacher und rascher behandeln.

Wir gehen diesmal von einer Folge $(\mathfrak{y}_i)_{i \in \mathbf{N}}$ von Zufallsfunktionen aus, wobei $\mathfrak{y}_n(\omega)$ den Wert 1 oder 0 hat, je nachdem ob der n-te Wurf *Kopf* oder *Schrift* ergab. Auf Grund der Bedeutung von ω können wir diese Zufallsfunktionen in sehr einfacher Weise definieren, nämlich durch:

$$\mathfrak{y}_n(\omega) =_{\mathrm{Df}} \omega(n)$$

Die Formel (115) liefert diesmal:

$$(+) \quad \int_\Omega \mathfrak{y}_n\, dP = 1 \cdot P(\{\omega \mid \omega(n) = 1\}) + 0 \cdot P(\{\omega \mid \omega(n) = 0\})$$
$$= 1 \cdot \frac{1}{2} + 0 \cdot \frac{1}{2} = \frac{1}{2}$$

Die zweite Gleichung ist dabei eine unmittelbare Folge der Annahme, daß der Laplace-Fall vorliegt.

$g_n = 1/2^n$ ist der *Reingewinn*, den der Spieler *aus dem n-ten Wurf* erzielt, *sofern dieser Kopf ergibt*. Wegen (+) gilt für $n = 1, 2, \ldots$:

$$(d) \qquad g_n \int_\Omega \mathfrak{y}_n\, dP = \frac{1}{2^{n+1}}$$

und daher:

$$(e) \qquad \sum_{i=1}^{\infty} g_i \int_\Omega \mathfrak{y}_i\, dP = \frac{1}{2} \cdot \sum_{i=1}^{\infty} \frac{1}{2^i} = \frac{1}{2}$$

---

[69] Hier wurde die Formel für die Berechnung einer arithmetischen Reihe angewendet: Die Anzahl der Glieder ist 2^n; das erste Glied ist 0, das letzte $2^n - 1$.

Die Summenformel liefert daher: $\sum_{i=0}^{2^n-1} i = \frac{2^n}{2}(0 + 2^n - 1) = 2^{n-1}(2^n - 1)$.

Wenn das Resultat ω lautet, so hat der gesamte Reingewinn den Wert: $\sum_{i=1}^{\infty} g_i \mathfrak{y}_i(\omega)$. Daher ist der Erwartungswert des Spieles:

$$(f) \qquad \int_{\Omega} \sum_{i=1}^{\infty} g_i \mathfrak{y}_i(\omega)\, dP$$

Die abzählbare Linearität besagt, daß die Symbole „$\int_{\Omega}$" und „$\sum_{i=1}^{\infty}$" vertauschbar sind, sofern die daraus entstehenden beiden Ausdrücke wohldefiniert sind. Wir können daher (*f*) durch die linke Seite von (*e*) ersetzen und erhalten abermals das Resultat, *daß das Spiel eine Hälfte des Goldstückes G wert ist.*

Bibliographie

Aus der sehr großen Anzahl von Lehrbüchern wird hier nur eine enge Auswahl angeführt, insbesondere von solchen Werken, die bei der Abfassung dieses Teiles verwendet wurde.

Barner, H. [Differentialrechnung I], *Differential- und Integralrechnung, I: Grenzwertbegriff, Differentialrechnung*, Berlin 1963.

Bauer, H. [Wahrscheinlichkeitstheorie], *Wahrscheinlichkeitstheorie und Grundzüge der Maßtheorie*, Berlin 1968.

Duschek, A. [Mathematik I], *Höhere Mathematik, Erster Band*, Wien 1965.

Duschek, A. [Mathematik II], *Höhere Mathematik, Zweiter Band*, Wien 1963.

Feller, W. [Probability Theory], *An Introduction to Probability Theory and its Applications*, Vol. 1, 8. Aufl. New York-London 1964, Vol. II New York-London 1966.

Fisz, M., *Wahrscheinlichkeitsrechnung und Mathematische Statistik*, Berlin 1965.

Freund, J. E., *Mathematical Statistics*, Englewood Cliffs, N. J. 1962.

Grauert, H. und Lieb, I. [I], *Differential- und Integralrechnung I*, Berlin-Heidelberg-New York 1967.

Grauert, H. und Fischer, W. [II], *Differential- und Integralrechnung II*, Berlin-Heidelberg-New York 1968.

Halmos, P. R. [Measure], *Measure Theory*, Princeton, N. J. 1962.

Hewitt, E. und Stromberg, K. [Analysis], *Real and Abstract Analysis*, Berlin-Heidelberg-New York 1965.

Jeffrey, R. C. [Probability Measures], *Probability Measures and Integrals*, in: Carnap, R. und Jeffrey, R. C. (Hrsg.), *Studies in Inductive Logic and Probability, Vol. I*, Berkeley-Los Angeles-London 1971.

Krickeberg, K., *Wahrscheinlichkeitstheorie*, Stuttgart 1963.

Kyburg, H. E., *Probability Theory*, Englewood Cliffs, N. J. 1969.

Lindley, D. V., *Introduction to Probability and Statistics from a Bayesian Viewpoint, Part 1.: Probability, Part 2.: Inference*, Cambridge 1965.

Loève, M., *Probability Theory*, Princeton, N. J. 1963.

Meschkowski, H., *Wahrscheinlichkeitsrechnung*, BI Mannheim 1968.

Munroe, M. E. [Measure], *Introduction to Measure and Integration*, 2. Aufl. Reading, Mass. 1959.

Rényi, A. [Wahrscheinlichkeitsrechnung], *Wahrscheinlichkeitsrechnung mit einem Anhang über Informationstheorie*, Berlin 1962.

Révész, P. [Gesetze], *Die Gesetze der großen Zahlen*, Basel-Stuttgart 1968.

Richter, H., *Wahrscheinlichkeitstheorie*, 2. Aufl. Berlin-Heidelberg-New York 1966.

Schmetterer, L. [Statistik], *Einführung in die Mathematische Statistik*, Wien 1956.

Vogel, W., *Wahrscheinlichkeitstheorie*, Göttingen 1970.

Waerden, B. L. van der [Statistics], *Mathematical Statistics*, Berlin-Heidelberg-New York 1969.